핀란드 중학교 수학교과서 ⑦

Teuvo Laurinolli,
Raija Lindroos-Heinänen,
Erkki Luoma-aho, Timo sankilampi,
Riitta Selenius,
Kirsi Talvitie,
Outi Vähä-Vahe

해설 및 정답 : 남호영(삼성고등학교, 전국수학교사모임 출판국장)

일러두기

일상생활에서는 참값보다 근삿값을 쓰는 경우가 훨씬 많습니다. 그래서 핀란드 중학교 수학교과서에서도 문제의 답을 구할 때 근삿값으로 처리해야 하는 문제가 많이 나옵니다. 그런데 반올림하는 자릿수를 일일이 지정해주는 우리나라의 교과서와는 달리 핀란드 교과서는 문제마다 반올림하는 자릿수가 달라 해설하는 과정에서 상당히 곤혹스러웠습니다. 추측건대, 일상생활에서 어떤 문제를 계산할 때 사람들은 자신의 필요에 맞게 반올림하여 계산하지 않을까요? 어떻게 보면 누군가가 반올림하는 자릿수를 지정해준다는 것이 더 비현실적인 것이 아닐까 싶습니다. 우리가 시험을 치르기 때문에 그 용이성 때문에 항상 모든 문제의 참값을 구하는 것과는 상당히 다른 방식이 아닐까 합니다.

또한 우리와 달리 계산기를 사용하는 경우가 많습니다. 계산기 사용 문제의 경우 문제 옆에 계산기 표시가 있거나, 그 페이지 전체에서 계산기 사용하라고 하는 경우에는 페이지의 위쪽에 계산기 표시가 있습니다. 그리고 책의 옆에 계산기 사용법이 주어져 있는데, 이 경우 계산기는 시중의 간단한 계산기가 아니라, 공학용 계산기임을 알려드립니다.

이번 핀란드 중학교 수학교과서들을 해설한 저희들은 핀란드 수학교과서와 우리나라 수학교과서의 가장 큰 차이점 중의 하나가 바로 실용성이라고 생각합니다.

이 책의 근삿값과 계산기 문제를 접하게 될 때 그런 관점에서 이해해주셨으면 합니다.

핀란드 중학교 수학교과서 7

초판 1쇄 발행 2014년 10월 31일
8쇄 발행 2024년 3월 15일

지 은 이 | 테우보 라우리놀리 · 라이야 린드로스-헤이나넨 · 에르키 루오마-아호 · 티모 상키람피
리이타 셀레니우스 · 키르시 탈비티에 · 오우티 바하-바헤
옮 긴 이 | 이지영
기   획 | 도영
표   지 | page9
내 지 디 자 인 | 최종명
전 산 편 집 | 정지혜
편   집 | 김미숙 · 안영수
일 러 스 트 | 양숙희 · 손은실
마 케 팅 | 김영란
해설 및 정답 | 남호영
문 제 점 검 | 이형원 · 권태호 · 김영진 · 문기동 · 이도형 · 고인용 · 김일태

발 행 인 | 도영
발 행 처 | 솔빛길 출판사
등 록 번 호 | 2012-000052
주   소 | 서울시 마포구 동교로 142, 5층(서교동)
전   화 | 02) 909-5517
팩   스 | 0505) 300-9348
E-mail | anemone70@hanmail.net
ISBN | 978-89-98120-18-4   부가기호 | 54410

값 | 23,000원

선생님들에게

이 책은 중학교 7학년 수학교과서입니다. 이 책은 많은 초등학교에서 사용하여 많은 학생들에게 익숙한 Laskutaito 시리즈입니다. Laskutaito 1~9권과 Laskutaito 10권(통계와 확률)은 종합학교 수학과목의 필수 교과내용이 모두 담겨 있는 수학교과서 시리즈입니다.

이 중 Laskutaito 7권은 수와 식, 평면도형, 식과 방정식 등 3부로 이루어져 있습니다. 각 부는 26~29개의 소단원으로 나누어져 있습니다. 각 부의 마지막 장인 응용편은 심화한 내용이며, 나머지 단원들은 종합학교 교육의 일반적인 목표와 관련 있는 여러 가지 테마에 응용한 내용입니다. 한 부의 내용은 28~30교시 동안에 천천히 다룰 수 있도록 구성하였습니다.

각 단원은 이론이 실려 있는 짝수 쪽과 문제가 실려 있는 홀수 쪽으로 구성되어 있습니다. 짝수 쪽에서는 이론부분에서 학습한 내용을 간단한 예제를 풀어봄으로써 확인할 수 있고, 새롭게 배우는 내용은 눈에 잘 뜨이도록 정의하여 따로 틀 안에 넣었습니다. 홀수 쪽에는 바로 수업시간 안에 풀어볼 수 있는 연습-기본문제와 심화-응용문제가 있습니다. 다른 학생들보다 진도가 빠른 학생들을 위해서는 각 단원별로 책 뒤편에 심화학습 문제와 숙제 문제가 있습니다. 심화학습 문제는 연구문제들을 배치하여 학생들이 좀 더 깊이 있는 수학적 사고력과 문제해결 능력을 연습할 수 있도록 하였습니다.

Laskutaito 시리즈에서는 이론과 문제를 가능한 한 명확하고 쉽게 이해할 수 있도록 구성하였습니다. Laskutaito 교과서를 이용해서 수업을 계획하면 실제 수업시간에 학습능력에 있어 편차가 다양한 학생들의 요구를 좀 더 융통성 있게 수용할 수 있을 것입니다.

학생들에게

종합학교 고학년을 시작하는 것을 환영합니다! 여러분의 손에는 지금 새로운 7학년 수학교과서가 들려 있습니다.

종합학교 고학년 수학과목은 쉽지 않은 과목이지만, 여러분 모두 아래에서 제시하는 것처럼 잘 따라 하면 누구나 수학을 잘 할 수 있습니다.

• 수업시간에 집중해서 잘 듣고, 이해가 안 될 때는 질문하세요.
• 숙제가 있으면 꼭 하세요. 직접 풀어봐야 수학실력이 늘게 됩니다.
• 공책은 깨끗이 쓰는 습관을 가지세요. 자를 사용하세요. 필기가 깔끔해야 본인도 잘 알아볼 수 있습니다.
• 계산기는 필요할 때 절제해서 사용하는 습관을 들이세요. 암산을 연습하는 것이 좋습니다.

연습만이 전문가를 만든다!

지은이들

근래 들어 핀란드 교육은 서로 도울 줄 알고 서로 소통하며 존중하고 협력하는 교육, 그러면서도 높은 학업성취도를 보이는 교육으로 관심을 끌고 있습니다. 그곳에서는 어떤 식으로 수업하는지, 교과서는 우리와 어떻게 다른지 당연히 궁금할 것입니다. 이 책은 그 궁금증을 조금이라도 풀어보기 위해 소개하는 책으로, 핀란드의 중학교 1학년 수학교과서입니다.

이 책은 수학을 가르치는 사람이나 수학을 배우는 사람 모두에게 핀란드의 수학 교육을 간접적으로 엿느낄 수 있게 해줍니다. 특히, 이 책으로 수학을 공부한다면 우리나라 책으로 공부하는 것과는 색다른 맛을 볼 수 있습니다. 등장하는 인명(라우리, 빌레 등), 동물명(말코손바닥사슴, 늑대, 스라소니, 울버린 등), 지명(이위베스퀼레, 라플란드 등)이 흔하게 접하는 우리나라나 영미권과는 달라서 또 다른 재미가 있고, 인용하는 통계(2007년 핀란드 가축 마릿수, 2007년 세계 육상 선수권 대회 여자 100미터 장애물달리기 결승전 기록, 2002년 로카 호수의 월별 수심 등)가 매우 폭이 넓고 실질적이어서 응용문제-실생활 문제도 생동감이 넘칩니다.

이 책은 수와 식, 평면도형, 식과 방정식 등 3부로 구성되어 있습니다. 각 부의 앞부분에 있는 장들은 배워야 할 지식들로 구성되어 있고, 마지막 장은 응용편입니다. 각 장들은 20여 개의 소단원으로 구성되어 있으며, 각 소단원은 펼친 면으로 구성되어 있습니다. 즉, 왼쪽 짝수 쪽에는 학습내용이 매우 쉽고 간결하게 설명되어 있고, 오른쪽 홀수 쪽에는 기본적인 연습문제와 퍼즐처럼 재미있는 응용문제가 제시되어 있습니다. 그리고 책의 뒷부분에는 각 단원에 해당하는 심화학습과 숙제가 묶여 있습니다. 각 소단원의 학습이 끝난 후에, 예를 들면 10~11쪽의 정수를 학습한 후에는 뒤부분에서 '심화학습 10－11쪽'과 '숙제 10－11쪽'을 추가로 학습하면 좋습니다. 본문과 심화학습, 숙제로 입체적인 학습이 가능하도록 구성되어 있습니다.

핀란드와 우리나라는 교육과정이 다르기 때문에 이 책으로 학습할 때 유의해야 할 사항이 있습니다. 이 책의 순서를 따라서 공부하면 핀란드 학생과 같은 순서로 공부하는 셈이고 어떤 개념을 완결성 있게 소개하는 이 책의 구성상의 장점을 누릴 수 있습니다. 그러나 우리나라의 진도에 맞추어 이 책에서 해당 소단원만 골라서 학습을 할 수도 있습니다. 우리나라에서는 다루지 않는 오목다각형, 우각과 같은 용어가 등장하더라도 이 책에서의 설명에 따라 공부하면 됩니다. 우리나라에서는 사용하지 않지만 핀란드에서는 사용하는 용어가 어려운 것이 아니기도 하고 핀란드의 교육을 가감 없이 보여주기 위하여 삭제하기보다는 그대로 두는 쪽을 선택했습니다.

백야의 나라, 오로라가 보인다는 핀란드를 상상하며 이 책으로 즐거운 수학공부의 세계로 빠져들어가기 바랍니다.

삼성고등학교 교사, 전국수학교사모임 출판국장 남호영

CONTENTS

C O N T E N T S

제1부

수와 식

- 음수를 계산하는 방법을 알아봅시다.
- 분수를 계산하는 방법을 연습하고 거듭제곱에 대해 알아봅시다.

1 기온과 높이

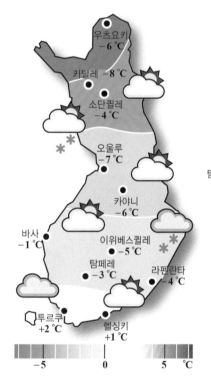

예제 1

각 도시의 아침 기온이 다음 표와 같이 변했다. 낮의 기온을 계산하시오.

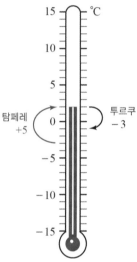

도시명	아침 기온	기온의 변화
헬싱키	+1	+3
탐페레	-3	+5
투르쿠	+2	-3
이위베스퀼레	-5	-2
오울루	-7	+4

낮의 기온은 다음과 같이 계산한다.

헬싱키	+1+3=+4
탐페레	-3+5=+2
투르쿠	+2-3=-1
이위베스퀼레	-5-2=-7
오울루	-7+4=-3

예제 2

오울루의 아침 기온은 -7℃이다. 만약에 기온이 다음과 같이 변하면 낮의 기온은 몇 도인가?

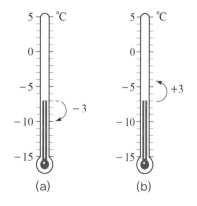

a) 기온이 3도 내려갔다.
   $-7-3=-10$

b) 기온이 3도 올라갔다.
   $-7+3=-4$

정답 : a) -10 ℃   b) -4 ℃

지역	최고봉	높이(m)	최저점	깊이(m)
남극	빈슨매시프	5 140	벤틀리 서브글레이셜 트렌치	−2 555
중국	에베레스트	8 850	투르판 분지	−154
아시아	에베레스트	8 850	사해	−415
핀란드	할티	1 328	발트해	0
러시아	고라 엘브루스	5 642	카스피해	−28

●●●○○ 연습

001 가장 낮은 온도부터 높은 온도 순서로 쓰시오.

① 냉동고 온도 −18 ℃
② 수은이 녹는 온도 −39 ℃
③ 물이 끓는 온도 100 ℃
④ 얼음이 녹는 온도 0 ℃
⑤ 산소가 끓는 온도 −183 ℃

002 바사의 아침 기온은 7 ℃이다. 기온이 다음과 같이 변하면 낮의 기온은 몇 ℃인가?

a) 2 ℃ 내려갔다.   b) 5 ℃ 올라갔다.
c) 12 ℃ 내려갔다.   d) 13 ℃ 올라갔다.

003 8쪽의 지도에 표시된 기온이 오전에 6 ℃ 올라간다면 다음 도시들의 낮 기온은 몇 ℃인가?

a) 우츠요키   b) 투르쿠
c) 이위베스퀼레   d) 라펜란타

004 8쪽의 지도에 표시된 기온이 오후에 9 ℃ 내려간다면 다음 도시들의 저녁 기온은 몇 도인가?

a) 카야니   b) 소단퀼레
c) 키틸레   d) 바사

005 위의 표를 보고 작은 수부터 차례대로 나열하시오.

a) 봉우리의 높이   b) 최저점의 깊이

●●●○○ 응용

006 온도계가 아침에 −5 ℃를 가리켰다. 기온이 아래와 같이 변하면 저녁 온도는 몇 도인가?

a) 2 ℃ 올라갔다.
b) 7 ℃ 올라갔다.
c) 7 ℃ 내려갔다.
d) 11 ℃ 내려갔다.

007 8쪽의 지도를 보고 다음 빈칸을 채우시오.

a) 헬싱키보다 바사가 (   ) ℃ 더 춥다.
b) 오울루보다 키틸레가 (   ) ℃ 더 춥다.
c) 투르쿠보다 우츠요키가 (   ) ℃ 더 춥다.

008 다음 장소에 높이가 150 m인 깃대를 세울 경우, 해수면에서부터 깃대의 꼭대기까지 높이는 몇 m인가?

a) 할티 정상   b) 사해 최저점

009 다음 높이의 차를 계산하시오.

a) 할티의 정상과 사해 최저점
b) 남극의 최고봉과 최저점
c) 사해와 카스피해의 최저점

010 나그네쥐가 할티를 향해 간다. 낮에는 7 km씩 앞으로 가고 밤에는 3 km씩 뒤로 간다. 할티까지의 거리가 19 km라면 이와 같은 속도로 갈 때, 출발부터 도착까지 며칠이 걸리나?

2 정수

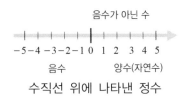

음수가 아닌 수

$-5\ -4\ -3\ -2\ -1\ 0\ 1\ 2\ 3\ 4\ 5$

음수   양수(자연수)

수직선 위에 나타낸 정수

- 양수 $+1,\ +2,\ +3,\cdots$ 는 보통 양의 부호($+$)를 생략하여 1, 2, 3,$\cdots$ 과 같이 나타낸다.
- 음수는 $-1,\ -2,\ -3,\ \cdots$ 과 같이 항상 음의 부호($-$)를 붙인다.
- 0은 음수도 아니고 양수도 아니다.
- 양의 정수 1, 2, 3,$\cdots$ 등은 자연수라고 부르기도 한다.

부등호의 사용

$=$	같다
$<$	작다
$\leq$	작거나 같다
$>$	크다
$\geq$	크거나 같다

예제 1

a) $2=2$ 읽기 : 2와 2는 같다.

b) $1<3$ 읽기 : 1은 3보다 작다.

c) $1\leq3$ 읽기 : 1은 3보다 작거나 같다. 즉, 1은 3 이하이다.

d) $5>2$ 읽기 : 5는 2보다 크다.

e) $5\geq2$ 읽기 : 5는 2보다 크거나 같다. 즉, 5는 2 이상이다.

예제 2

다음 설명에 해당하는 정수를 나열하시오.

a) 2보다 크거나 같은 정수

b) -5보다 크고 음수인 정수

c) 4보다 작으면서 음수가 아닌 정수

a) 2, 3, 4, 5, $\cdots$

(마지막에 있는 세 개의 점은 나열하는 수가 끝이 없이 계속됨을 뜻한다.)

$-5\ -4\ -3\ -2\ -1\ 0\ 1\ 2\ 3\ 4\ 5$

b) $-4,\ -3,\ -2,\ -1$

$-5\ -4\ -3\ -2\ -1\ 0\ 1\ 2\ 3\ 4\ 5$

c) 0, 1, 2, 3

011 다음 수를 작은 수부터 차례로 나열하시오.

$$-3, \quad 1, \quad -5, \quad 0, \quad 2, \quad -10, \quad 3, \quad -2$$

012 다음에서 알맞은 수를 고르시오.

$$-2, \quad 99, \quad 0, \quad 25, \quad -146, \quad -14$$

a) 정수   b) 자연수
c) 양의 정수   d) 음의 정수
e) 음수가 아닌 정수

013 수직선 위에 있는 A, B, C, D에 해당하는 수를 쓰시오.

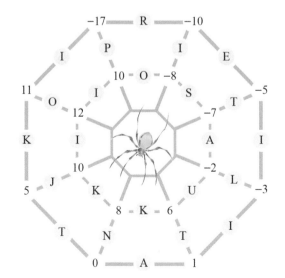

A   B   C   D
-1 0 1

014 부등호 < 와 >를 사용하여 다음 수들의 대소 관계를 나타내시오.

a) 5와 7   b) 9와 -11
c) 0과 -9 d) -12와 -13

015 수직선을 그리고 다음 수를 표시하시오.

$$4, \quad -2, \quad 0, \quad 3, \quad -5, \quad -1$$

016 다음 거미줄 위에 수가 써 있다. 가장 작은 수부터 가장 큰 수까지 갈 때, 지나가야 하는 수와 알파벳을 차례로 쓰시오. 어떤 단어가 만들어지는가?

-17 — R — -10
I   P   I   E
10 — O — -8
11   I   S   -5
O   12   -7   T
K   I   A   I
10   -2
J   K   U   L
5   -3
8 — K — 6
T   N   T   I
0 — A — 1

017 <, >, = 중 빈칸에 알맞은 기호를 쓰시오.

a) $+9\,℃$ ☐ $9\,℃$
b) $-3\,℃$ ☐ $3\,℃$
c) $0\,℃$ ☐ $-4\,℃$
d) $-8\,℃$ ☐ $-10\,℃$

018 다음에 해당하는 수를 모두 쓰시오.

a) 7보다 작은 자연수
b) 4보다 작거나 같은 자연수
c) -2보다 작거나 같은 자연수

019 빈칸에 들어갈 정수를 모두 구하시오.

a) ☐ ≥ 74 b) ☐ > -4
c) ☐ < 3 d) ☐ ≤ 99

020 수직선에서 7에서 출발하여 왼쪽으로 3칸씩 6번을 가면 어떤 수에 도착하는가?

021 > 또는 < 중 빈칸에 알맞은 기호를 쓰시오.

a) -3 ☐ -2
b) -5 ☐ -10
c) -23 ☐ -24
d) -89 ☐ -73

022 다음에 해당하는 수는 무엇인지 쓰시오.

a) -999보다 1 큰 수
b) -999보다 1 작은 수
c) -15 와 -11의 가운데 수

023 수 27을 기준으로 다음을 알아보시오.

a) 33은 27보다 얼마나 큰가?
b) 12는 27보다 얼마나 작은가?
c) -4는 27보다 얼마나 작은가?

024 가장 작은 두 자리 정수와 가장 큰 세 자리 정수 사이에는 정수가 몇 개 있는가?

3 절댓값이 같고 부호가 다른 수

-3   0   3

예제 1

3은 수직선 위 0에서 3만큼 떨어진 위치에 있다. 0에서 3만큼 떨어져 있는 또 다른 수는 무엇인가?

정답 : −3

절댓값이 같고 부호가 다른 수

• 절댓값이 같고 부호가 다른 수란 수직선 위에서 0에서부터 같은 거리에 있는 수들을 말한다.
• 수 앞에 음의 부호(−)를 붙이면 절댓값이 같고 부호가 다른 수가 된다.
• 수 +3과 절댓값이 같고 부호가 다른 수는 −(+3)=−3이다.
• 수 −3과 절댓값이 같고 부호가 다른 수는 −(−3)=+3=3이다.

-3   0   +3

예제 2

다음에서 괄호를 없애시오.

a) $+(+11)$ b) $+(-11)$
c) $-(+11)$ d) $-(-11)$

a) $+(+11)=11$ b) $+(-11)=-11$
c) $-(+11)=-11$ d) $-(-11)=11$

예제 3

다음 수와 절댓값이 같고 부호가 다른 수를 구하시오.

a) $+7$ b) -7

a) $-(+7)=-7$ b) $-(-7)=+7=7$

예제 4

수직선 위 0에서부터의 거리가 3보다 작은 정수를 모두 찾으시오.

$-2, -1, 0, 1, 2$

-5-4-3-2-1 0 1 2 3 4 5

025 다음 정수를 구하시오.

a) 수직선 위 0에서부터 거리가 1인 정수
b) 수직선 위 0에서부터 거리가 1000인 정수

026 다음 물음에 답하시오.

a) +5와 절댓값이 같고 부호가 다른 수
b) −2와 절댓값이 같고 부호가 다른 수

027 다음에서 괄호를 없애시오.

a) −(+100)   b) +(−100)
c) +(+25)   d) −(−25)
e) +(−72)   f) −(+72)

028 다음 정수와 절댓값이 같고 부호가 다른 수를 구하시오.

a) +10   b) −13
c) 23

029 수직선을 그리고 그 위에 아래의 수를 표시하시오.

a) 정수 −8, 7, −1
b) 정수 −8, 7, −1과 절댓값이 같고 부호가 다른 수

030 다음 빈칸에 양수 또는 음수 중에 알맞은 말을 넣으시오.

a) 양수와 부호가 다른 수는 _____이다.
b) 음수와 부호가 다른 수는 _____이다.

031 아래의 표를 완성하시오.

수	절댓값이 같고 부호가 다른 수
18	
−15	
	29
	−31
	0

032 다음에서 조건에 맞는 수를 찾으시오.

> 17, 67, −154, −155, 68

a) 절댓값이 같고 부호가 다른 수가 가장 큰 수
b) 절댓값이 같고 부호가 다른 수가 가장 작은 수

033 먼저 괄호를 없앤 후에, <, >, = 중 알맞은 기호를 빈칸에 쓰시오.

a) 0 ☐ −(+6)
b) +8 ☐ +(−8)
c) −101 ☐ −(−102)
d) −(+52) ☐ +(−53)

034 다음 수와 절댓값이 같고 부호가 다른 수를 구하시오.

a) +112   b) −313
c) 233

035 다음 물음에 답하시오.

a) 수직선 0에서부터 거리가 5보다 작은 정수를 모두 쓰시오.
b) 수직선 0에서부터 거리가 8보다 크거나 같은 정수를 모두 모두 쓰시오.

036 다음 물음에 답하시오.

a) 4와 절댓값은 같고 부호가 다른 수보다 큰 정수를 모두 쓰시오.
b) 11과 절댓값은 같고 부호가 다른 수보다 작은 정수를 모두 쓰시오.
c) −9와 절댓값은 같고 부호가 다른 수보다 크거나 같은 정수를 모두 쓰시오.

037 괄호를 없애시오. (도움말 : 가장 안쪽에 있는 괄호부터 계산하시오.)

> 예 +(−(+6))=+(−6)=−6

a) +(+(+60))   b) +(+(−61))
c) +(−(+62))   d) −(+(−63))
e) −(−(−64))   f) −(−(+65))
g) +(−(−66))   h) −(+(+67))

4 양의 정수의 덧셈과 뺄셈

예제 1

수직선을 이용하여 다음을 계산하시오.

a) $2+5$ b) $-2+5$

수직선 위에서 양의 방향으로 5만큼 옮긴다.

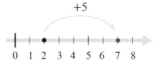 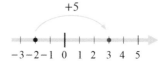

a) $2+5=7$ b) $-2+5=3$

예제 2

수직선을 이용하여 다음을 계산하시오.

a) $2-5$ b) $-2-5$

수직선 위에서 음의 방향으로 5만큼 옮긴다.

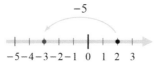 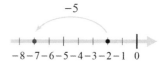

a) $2-5=-3$ b) $-2-5=-7$

예제 3

-3과 절댓값이 같고 부호가 다른 수와 -3의 합을 계산하시오.

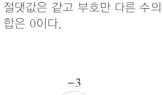

절댓값은 같고 부호만 다른 수의 합은 0이다.

수 -3과 절댓값이 같고 부호가 다른 수는 3이다.
수직선에서 알 수 있듯이 $-3+3=0$이다.
절댓값은 같고 부호만 다른 수의 합은 0이다. **정답** : 0

예제 4

$2-3+4$를 계산하시오

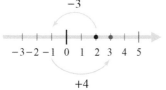

왼쪽에서 오른쪽으로 차례로 계산한다.
$2-3+4$ ■ $2-3$을 계산한다.
$=-1+4$ ■ $-1+4$를 계산한다.
$=3$ **정답** : 3

038 수직선 위에 나타나 있는 계산을 식으로 쓰시오.

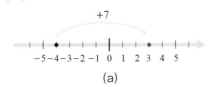

(a)

(b)

039 수직선을 이용하여 다음 식을 계산하시오.

a) $3+4$ b) $-3+1$

c) $2-4$ d) $-2-3$

e) $-5+5$ f) $-4+6$

040 다음 식을 계산하시오. a)부터 i)까지 해당 알파벳을 찾으면 어떤 단어가 완성되는지 알아보시오.

a) $-8+19$ b) $4-11$

c) $-2+6$ d) $-12+19$

e) $-8+3$ f) $-8-2$

g) $4-4$ h) $23-7$

i) $-6+7$

K	I	V	A	S	I	L	L	I
16	-7	11	1	-10	-5	4	7	0

041 다음 식을 계산하시오.

a) $-7+10+7$ b) $-5+3+2$

c) $81-121+40$ d) $-2+781-79$

042 원 안에 있는 두 수를 더할 때, 다음의 수가 나오는 두 수를 찾으시오.

a) 18   b) -20

c) -12 d) 6

043 다음 식을 계산하시오.

a) $15-4-7+1$

b) $-4+5-3+2$

c) $-9+6-8+1$

d) $-14+23-11+1$

044 다음 식을 계산하시오.

a) $-2+7+3-1$

b) $3-5+4-7$

c) $-12+10-5+3$

d) $5-6-8-3+11$

045 빈칸에 알맞은 수를 쓰시오.

a) $10-\boxed{}=-20$

b) $\boxed{}-5=-25$

c) $-9+\boxed{}+4=1$

d) $-3+\boxed{}+7=4$

046 다음 피라미드의 빈칸에 알맞은 수를 쓰시오. 아래 이웃한 두 수를 더하여 위 칸에 쓰시오.

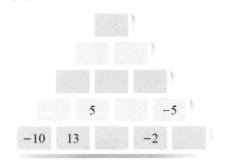

047 다음 굵은 선 안의 흰색 빈칸에 1, 2, 3, 4, 5, 6 중 알맞은 수를 골라 채우시오.

9	$-$		$-$		$=$	2
$-$		$-$		$-$		
	$+$		$-$	8	$=$	1
$-$		$-$		$+$		
7	$-$		$+$		$=$	6
$=$		$=$		$=$		
-3		-6		0		

5 | 음의 정수의 덧셈과 뺄셈

예제 1

수직선을 이용하여 다음 식을 계산하시오.

a) $2+(-5)$ b) $-2+(-5)$

음수 -5를 더할 때는 수직선 위에서 음의 방향(왼쪽)으로 5만큼 움직인다.

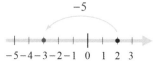

a) $2+(-5)=2-5=-3$ b) $-2+(-5)=-2-5=-7$

예제 2

수직선을 이용하여 다음 식을 계산하시오.

a) $2-(-5)$ b) $-2-(-5)$

음수 -5를 뺄 때는 수직선 위에서 양의 방향(오른쪽)으로 5만큼 움직인다.

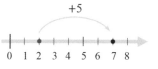

a) $2-(-5)=2+5=7$ b) $-2-(-5)=-2+5=3$

예제 3

다음 식을 계산하시오.

a) $7+(-3)$ b) $7-(-3)$
c) $-7-(-3)$

a) $7+(-3)$ ■ 괄호를 없앤다.
　$=7-3$ ■ 뺄셈을 한다.
　$=4$
b) $7-(-3)$ ■ 괄호를 없앤다.
　$=7+3$ ■ 덧셈을 한다.
　$=10$
c) $-7-(-3)$ ■ 괄호를 없앤다.
　$=-7+3$ ■ 덧셈을 한다.
　$=-4$

가장 깊이 잠수한 새는 황제펭귄
으로, 1990년 남극에서 483 미터
깊이로 잠수했다.

048 수직선을 이용하여 다음 식을 계산하시오.

a) $4+(-2)$ b) $-3-(-1)$
c) $-2+(-1)$ d) $1-(-3)$

049 괄호를 없애시오.

a) $+(+114)$ b) $+(-13)$
c) $-(-1)$ d) $-(+6)$
e) $-(-5)$ f) $+(+7)$

050 다음 식을 계산하시오.

a) $0-10$ b) $0-(-10)$
c) $10-(-10)$ d) $10+(-10)$
e) $-10-(-10)$ f) $0+(-10)$

051 괄호를 없애고 계산하시오. a)부터 g)까지 해당 알파벳을 찾으면 어떤 단어가 완성되는지 알아보시오.

a) $-6-(-10)$ b) $4+(-9)$
c) $-2+(-1)$ d) $-2-(-2)$
e) $1+(-8)$ f) $-17-(-21)$
g) $4-(-4)$

J	A	N		B	I	D
-7	4	8		-5	-3	0

052 원 안에 있는 수에서 다른 수를 뺄 때, 다음의 수가 나오는 두 수를 찾으시오.

a) 8 b) -4
c) -12 d) -16

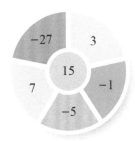

가장 높이 나는 새는 얼룩민목독수리로 1973년 코트디부아르 공화국의 아비장의 고도 11300 m에서 비행기에 부딪혔다. 남극에서 가장 깊이 잠수한 황제펭귄과 얼룩민목독수리의 기록의 차는 얼마인가?

053 괄호를 없애고 계산하시오.

a) $-3-7+(-9)$ b) $5-(-9)+(-7)$
c) $-8-(-4)-1$ d) $6+(-2)-(-3)$

054 다음 두 사각형 안에 있는 수의 합이 각각 -10이 되도록 수 하나씩을 다른 사각형으로 옮기시오.

-13 -7 6 -8 -9 11

055 가로와 세로의 합이 같아지도록 빈칸에 알맞은 수를 쓰시오.

a) 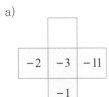 b)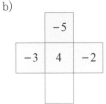

c) 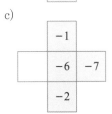 d)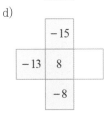

056 다음 계산식의 빈칸에 알맞은 수를 쓰시오.

a) $2+\square=-14$ b) $7-\square=12$
c) $-5+\square=-22$ d) $-19-\square=0$

예제 1

다음 식을 계산하시오.

a) $-9-(-2)-(+3)+5$　　　b) $(3-5)+12+(-13-4)$

a) $-9-(-2)-(+3)+5$
　　$=-9+2-3+5$
　　$=-7-3+5$
　　$=-5$
- 괄호를 없앤다.
- 왼쪽에서 오른쪽으로 계산한다.

b) $(3-5)+12+(-13-4)$
　　$=-2+12+(-17)$
　　$=-2+12-17$
　　$=10-17$
　　$=-7$
- 괄호 안을 먼저 계산한다.
- 괄호를 없앤다.
- 왼쪽에서 오른쪽으로 계산한다.

정답 : a) -5　b) -7

예제 2

7과 −13에 대하여 물음에 답하시오.

a) 두 수를 더하시오.　　　b) 7에서 −13을 빼시오.

a) $7+(-13)=7-13=-6$　　　b) $7-(-13)=7+13=20$

정답 : a) -6　b) 20

흰긴수염고래는 세상에서 가장 큰 동물이다. 이 동물의 조상은 천만 년 전에 출현하였다.

057 다음 식을 계산하시오.

    a) $1-(+2)-(-3)$

    b) $4-(-5)+(-6)$

    c) $-7+(+8)+(-9)$

    d) $-10-(-11)-(-1)$

    e) $2+(-8)-(+3)$

    f) $-10+(+3)-(-7)$

058 다음 식을 계산하고 a)부터 i)까지 해당 알파벳을 찾으면 어떤 단어가 완성되는지 알아보시오.

    a) $-(-15)+(-30)-(-5)$

    b) $4-(-7)+(-4)$

    c) $7-3-9$

    d) $3-(-21)-37$

    e) $3+(5-17)$

    f) $-8-(-5)-(-11)$

    g) $11-(+4)+(-6)-(-3)$

    h) $-8-(-13)-(+3)+(-5)$

    i) $20-31-(-9)+14$

N	S	A	V	I	L	A	S	I
-5	12	-3	-9	7	4	8	-10	-13

059 다음 두 수를 덧셈식으로 나타내고 계산하시오.

    a) $25,\ -11$ b) $17,\ -21$

    c) $-7,\ -13$ d) $-1,\ -3$

060 앞의 수에서 뒤의 수를 빼는 식을 쓰고 계산하시오.

    a) $18,\ -41$ b) $-5,\ -13$

    c) $12,\ -4$ d) $-8,\ -22$

061 다음 식을 계산하시오.

    a) $40-(11-5)$

    b) $56-(2+5)$

    c) $13-(1-2)+7$

    d) $17-(-2)+5-(-9-2)$

장수거북은 지구에서 1억 년 전부터 살아왔다. 현재의 인간, 호모 사피엔스는 약 10만 년 전부터 진화해 왔다. 흰긴수염고래나 인간에 비교했을 때 장수거북은 얼마나 더 오랫동안 지구에서 살아왔는가?

062 다음을 식으로 나타내고 계산하시오.

    a) 8에 -13을 더한다.

    b) -7에 -16을 더한다.

    c) 2에서 $+12$를 뺀다.

    d) -11에서 -1을 뺀다.

063 다음 물음에 답하시오.

    a) $-2,\ -9,\ +1,\ -3,\ +7$의 합을 식으로 나타내고 계산하시오.

    b) 위 (a)의 수들과 절댓값이 같고 부호가 다른 수들의 합을 계산하시오.

064 다음을 식으로 나타내고 계산하시오.

    a) 7에서 -5와 9의 합을 빼시오.

    b) -7과 5의 합에서 19에서 -31을 뺀 수를 빼시오.

065 큰 삼각형 안에 있는 모든 수를 합하면 -2가 된다. 각각의 비어 있는 작은 삼각형 안에 들어갈 알맞은 수를 쓰시오.

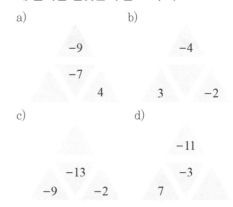

7 | 두 정수의 곱셈과 나눗셈

주의

곱 $(-2) \cdot 3$은 괄호 없이 $-2 \cdot 3$으로 표기해도 되지만, $3 \cdot (-2)$에는 괄호가 반드시 필요하다.

예제 1

다음 식을 계산하시오.

a) $3 \cdot (-2)$ 　　　　　 b) $-3 \cdot (-2)$

a) $3 \cdot (-2) = (-2) + (-2) + (-2) = -6$
b) $3 \cdot (-2) = -6$이므로 $-3 \cdot (-2) = -(-6) = 6$이다.

예제 2

다음 식을 계산하시오.

a) $-6 \div 3$ 　　　　　 b) $\dfrac{-6}{-3}$

a) $3 \cdot (-2) = -6$이므로 $-6 \div 3 = -2$이다.
b) $-3 \cdot 2 = -6$이므로 $\dfrac{-6}{-3} = 2$이다.

두 정수의 곱과 몫

$-3 \cdot (-2) = 6$ 　　 • 부호가 같은 두 정수의 곱과 몫은 양수이다.
$-6 \div 3 = -2$ 　　 • 부호가 서로 다른 두 정수의 곱과 몫은 음수이다.

두 정수의 곱셈과 나눗셈을 하는 방법

1. 답의 부호를 결정한다.
2. 부호 없이 곱셈이나 나눗셈을 한다.
3. 답을 쓴다.

예제 3

다음을 계산하시오.

a) $-5 \cdot (-5)$ 　　　　 b) $18 \div (-3)$

a) 부호가 같은 두 수의 곱은 양수이므로
$-5 \cdot (-5) = 5 \cdot 5 = 25$이다.
b) 부호가 다른 두 수의 몫은 음수이므로
$18 \div (-3) = -18 \div 3 = -6$이다.

예제 4

12와 -3에 대하여 다음 물음에 답하시오.

a) 두 수의 곱을 구하시오. 　　 b) 12를 -3으로 나누시오.

주의

나눗셈에서 나누는 수가 음수인 경우 괄호 안에 표시한다.

a) $12 \cdot (-3) = -36$ 　　　　 b) $12 \div (-3) = -4$

066 다음 곱셈식을 덧셈식으로 나타내고 계산하시오. (앞 쪽의 예제1을 참고하시오.)

    a) $2 \cdot (-10)$ b) $4 \cdot (-4)$

    c) $3 \cdot (-13)$ d) $5 \cdot (-7)$

067 다음 식을 곱셈식으로 나타내고 계산하시오.

    a) $-6 + (-6) + (-6) + (-6) + (-6)$

    b) $-11 + (-11) + (-11) + (-11)$

068 다음 곱셈표를 완성하시오.

×	7	5	0	−5	−7
2					
−2					

069 다음 곱셈식에서 답의 부호를 결정하고 계산하시오.

    a) $4 \cdot (-3)$ b) $-5 \cdot (-9)$

    c) $-8 \cdot 4$ d) $-7 \cdot 0$

070 다음 식의 부호를 결정하고 나눗셈을 하시오. 답을 곱셈식으로 검산하시오.

    a) $\dfrac{-48}{6}$ b) $\dfrac{40}{-5}$

    c) $-42 \div 6$ d) $-56 \div (-8)$

071 다음 식을 계산하시오.

    a) $\dfrac{7}{1}$ b) $\dfrac{7}{-1}$

    c) $\dfrac{-16}{-8}$ d) $\dfrac{0}{-5}$

072 -1000과 25에 대하여 다음 물음에 답하시오.

    a) 두 수를 더하시오.

    b) -1000에서 25를 빼시오.

    c) 두 수를 곱하시오.

    d) -1000을 25로 나누시오.

073 -60과 -4에 대하여 다음 물음에 답하시오.

    a) 두 수를 더하시오.

    b) -60에서 -4를 빼시오.

    c) 두 수를 곱하시오.

    d) -60을 -4로 나누시오.

074 다음의 곱셈 피라미드를 완성하시오. 아래의 두 수의 곱셈의 결과를 위 칸에 쓰시오.

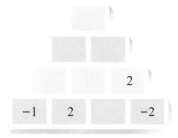

075 다음 식을 계산하시오.

    a) $-7 \cdot (-21)$ b) $6 \cdot (-15)$

    c) $-13 \cdot (-4)$ d) $-19 \cdot 3$

076 다음 식을 계산하시오.

    a) $\dfrac{-168}{-2}$ b) $\dfrac{-168}{3}$

    c) $\dfrac{135}{-5}$ d) $\dfrac{-246}{6}$

077 다음 곱셈표를 완성하시오.

곱	×6	답
4	▶	24
−2	▶	
	▶	48
0	▶	
	▶	−30

078 다음 빈칸에 알맞은 수를 쓰시오.

    a) $8 \cdot \boxed{} = -48$ b) $\boxed{} \div (-7) = 9$

    c) $\boxed{} \cdot (-4) = 64$ d) $45 \div \boxed{} = -5$

079 $57 \cdot (-72) = -4104$이다. 다음 식을 계산하시오.

    a) $-57 \cdot (-72)$ b) $58 \cdot (-72)$

    c) $57 \cdot (-71)$ d) $114 \cdot (-72)$

8 │ 정수의 곱셈과 나눗셈

예제 1

다음 식을 계산하시오.

a) $-1 \cdot (-2) \cdot (-3) \cdot (-5)$ b) $\dfrac{-2 \cdot (-4) \cdot 3}{-6}$

순서대로 계산하면 된다.

a) $-1 \cdot (-2) \cdot (-3) \cdot (-5) = 2 \cdot (-3) \cdot (-5) = -6 \cdot (-5) = 30$

b) $\dfrac{-2 \cdot (-4) \cdot 3}{-6} = \dfrac{8 \cdot 3}{-6} = \dfrac{24}{-6} = -4$

정답 : a) 30   **b)** -4

정수의 곱셈과 나눗셈

$-1 \cdot (-1) \cdot (-1) \cdot (-1) = 1$ • 짝수개의 음수의 곱이나 몫은 양수이다.

$-1 \cdot 2 \cdot (-1) \cdot (-1) = -2$ • 홀수개의 음수의 곱이나 몫은 음수이다.

정수가 여러 개 있는 곱셈과 나눗셈

1. 답의 부호를 결정한다.
2. 부호 없이 곱셈이나 나눗셈을 한다.
3. 답을 쓴다.

예제 2

다음 식을 계산하시오.

a) $-1 \cdot 2 \cdot (-3) \cdot (-2)$

b) $\dfrac{-3 \cdot (-20)}{-2 \cdot (-5)}$

a) 음수가 3개 있으므로 곱은 음수가 된다.

$-1 \cdot 2 \cdot (-3) \cdot (-2) = -1 \cdot 2 \cdot 3 \cdot 2 = -12$

b) 음수가 4개 있으므로 몫은 양수가 된다.

$\dfrac{-3 \cdot (-20)}{-2 \cdot (-5)} = \dfrac{3 \cdot 20}{2 \cdot 5} = \dfrac{60}{10} = 6$ **정답 : a)** -12 **b)** 6

예제 3

다음 식을 계산하시오.

a) $7 \cdot 0 \cdot (-9)$ b) $\dfrac{0}{-7}$

a) 0에 어떤 수를 곱해도 항상 0이므로

$7 \cdot 0 \cdot (-9) = 0$

b) 0을 어떤 수로 나누어도 항상 0이므로 $\dfrac{0}{-7} = 0$ **정답 : a)** 0   **b)** 0

080 다음 물음에 답하시오.

  a) $-9 \cdot (-1) \cdot 2 \cdot (-100)$에서 음수는 몇 개인가?

  b) 위 곱셈식을 계산하시오.

081 다음 식을 계산하고 a)부터 g)까지 해당 알파벳을 찾으면 어떤 단어가 완성되는지 알아보시오.

  a) $-10 \cdot (-10) \cdot (-10)$

  b) $-2 \cdot (-3) \cdot 5$

  c) $-4 \cdot 5 \cdot (-7)$

  d) $3 \cdot (-3) \cdot (-3)$

  e) $-2 \cdot (-3) \cdot (-1)$

  f) $-1 \cdot (-2) \cdot (-5)$

  g) $8 \cdot 5 \cdot (-1)$

A	R	K	I	U	N	I
-40	27	-1000	30	-6	-10	140

082 다음 식을 계산하시오.

  a) $-6 \cdot (-3) \cdot (-1) \cdot 2$

  b) $-1 \cdot (-2) \cdot (-3) \cdot (-4)$

  c) $5 \cdot (-1) \cdot (-2) \cdot 7$

083 다음 식을 계산하시오.

  a) $2 \cdot (-8) \cdot 0 \cdot (-11)$

  b) $-2 \cdot (-23) \cdot (-9) \cdot 0$

  c) $0 \div 117$

084 다음 식을 계산하시오.

  a) $\dfrac{-2 \cdot 9}{6}$ b) $\dfrac{-3 \cdot 8}{-4}$

  c) $\dfrac{4 \cdot (-6)}{-3}$ d) $\dfrac{-8 \cdot 0}{4}$

  e) $\dfrac{6 \cdot (-15)}{-9}$ f) $\dfrac{-2 \cdot (-42)}{-28}$

085 $<$, $>$, $=$ 중 빈칸에 알맞은 기호를 쓰시오.

  a) $-99 \cdot (-2) \cdot (-1) \cdot 99 \;\boxed{}\; 0$

  b) $-17 \cdot (-12) \cdot 13 \cdot 12 \;\boxed{}\; 0$

  c) $\dfrac{47 \cdot 51 \cdot (-2)}{-31 \cdot (-2)} \;\boxed{}\; 0$

  d) $-10 \cdot 0 \cdot (-67) \cdot 30 \;\boxed{}\; 0$

086 답의 부호를 먼저 결정하고 계산하시오.

  a) $\dfrac{-2 \cdot 15}{3 \cdot (-5)}$

  b) $\dfrac{-9}{-3 \cdot (-3)}$

  c) $\dfrac{-6 \cdot (-8)}{-2 \cdot 2}$

  d) $\dfrac{-6 \cdot 10}{-3 \cdot (-4) \cdot (-5)}$

  e) $\dfrac{32}{4 \cdot (-2)}$ f) $\dfrac{-40}{-4 \cdot (-5)}$

087 다음 빈칸에 알맞은 수를 쓰시오.

  a) $\dfrac{\boxed{}}{-7} = 3 \cdot (-1)$

  b) $\dfrac{4 \cdot 5}{\boxed{}} = -5$

088 다음 물음에 답하시오.

  a) -5에 어떤 수를 곱해야 355가 되는가?

  b) 몫이 -14가 되려면 84를 몇으로 나누어야 하는가?

089 다음 문장을 계산식으로 바꾸고 답을 구하시오.

  a) -18을 -3으로 나누고 2를 곱한다.

  b) -9와 7을 곱하고 -3으로 나눈다.

  c) 98을 -2와 -7을 곱한 수로 나눈다.

090 두 사각형 안에 있는 수들 중 하나씩을 옮겨서 사각형 안의 수들의 곱의 결과가 같게 하려고 한다. 각각 어떤 수를 옮기면 되는가?

4	-2	20		-3	3	10

9 ❙ 혼합식

계산순서

1. 괄호 안에 있는 식을 먼저 계산한다.
2. 곱셈과 나눗셈을 왼쪽부터 계산한다.
3. 덧셈과 뺄셈을 한다.

계산기 사용법

예제 1

다음 식을 계산하시오.

a) $10-8 \cdot 3+1$ b) $(10-8) \cdot 3+1$

a) $10-8 \cdot 3+1$
 $=10-24+1$
 $=11-24$
 $=-13$

b) $(10-8) \cdot 3+1$
 $=2 \cdot 3+1$
 $=6+1$
 $=7$

- 곱셈을 한다.
- 부호가 같은 수를 더한다.
- 뺄셈을 한다.

- 괄호 안을 먼저 계산한다.
- 곱셈을 한다.
- 덧셈을 한다.

정답 : a) -13 **b)** 7

예제 2

계산기를 이용하여 $\dfrac{-2+16}{7-9}$ 을 계산하시오.

나눗셈 기호와 괄호를 이용하여
$(-2+16) \div (7-9)$로 쓰고, 계산기를 사용하면
그 결과는 -7이다.

정답 : -7

예제 3

반타 시의 11월 어느 한 주의 낮 기온은 $+2$, -6, -8, 0, $+2$, -6, $+2$ ℃였다. 낮 기온의 평균을 계산하시오.

평균을 계산하려면, 수를 모두 더한 값을 그 개수로 나눈다.
기온의 합은
$2+(-6)+(-8)+0+2+(-6)+2$
$=2-6-8+2-6+2$
$=-14$
평균은 $\dfrac{-14}{7}=-2$이다.

정답 : -2 ℃

연습

091 다음 식을 계산하시오. a)부터 j)까지 해당하는 알파벳을 찾으면 어떤 단어가 완성되는지 알아보시오.

a) $2 \cdot 3 - 9$　　b) $-4 \cdot 2 + 3$
c) $1 - 3 \cdot 3$　　d) $-3 \cdot (-1) - 2$
e) $2 \cdot (-3) + 6$　f) $-2 - 3 \cdot (-2)$
g) $5 + 3 \cdot (-1)$　h) $1 + 3 \cdot (-4)$
i) $(-2 + 1) \cdot 4$　j) $(3 - 1) \cdot 2 - 5$

L	A	I	T	O
0	-3	1	-8	4

N	P	I	P	O
-5	-11	-1	-4	2

▌ [92~94] 문제를 풀 때 푸는 과정까지 쓰시오.

092 다음 식을 계산하시오.

a) $(6 - 5) \cdot 7$　　b) $6 - 5 \cdot 7$
c) $6 - 5 \cdot (7 + 3)$　d) $(6 - 5) \cdot (7 + 3)$
e) $1 - 2 \cdot (-2 + 3)$　f) $3 - 2 \cdot 4 + 4$

093 다음 식을 계산하시오.

a) $9 - 5 \cdot 6 - 11$　　b) $5 \cdot 6 - 7 \cdot 8$
c) $\dfrac{12}{3} - 4 \cdot 7$　　d) $10 \div 2 - 18 \div 3$

094 다음 식을 계산하시오.

a) $5 \cdot (6 - 7) \cdot 8$
b) $2 \cdot (3 - 6) + 5$
c) $(17 - 23) \div 3 - 2 \cdot 5$
d) $2 \cdot (23 - 32) \div (-6) - 3$

095 계산기 없이 계산한 후에, 계산기를 이용하여 답을 확인하시오.

a) $\dfrac{12}{2 \cdot 3}$　　b) $\dfrac{-480}{2 \cdot 10}$

c) $\dfrac{18}{3 + 3}$　　d) $\dfrac{100}{50 - 75}$

응용

096 다음 식을 계산하시오.

a) $-13 \cdot (58 - 14)$
b) $(233 - 458) \div 9 + 4$
c) $(256 + 176) \div (32 - 248)$
d) $\dfrac{45 \cdot (-24)}{-18 \cdot 30}$

097 다음 식을 계산하시오.

a) $\dfrac{28}{56 - 4 \cdot 7}$

b) $\dfrac{12 + 34 \cdot 6}{27 - 15}$

c) $\dfrac{343 - 133}{15 - 3 \cdot (-2)}$

d) $\dfrac{3 \cdot 65}{2 \cdot 6 - 3 \cdot 17} + 8$

098 -9와 27에 대하여 다음을 구하시오.

a) -9와 27의 합과 -9에서 27을 뺀 수의 곱
b) -9에서 27을 뺀 수를 -9와 27의 합으로 나눈 몫

099 -9, -9, 0, -9, 7의 평균을 계산하시오.

100 기온 -12, -4, -7, -11, -9, -5 (℃)의 평균을 계산하시오.

101 $+$, $-$, $\times$, $\div$ 중 빈칸에 알맞은 기호를 쓰시오.

a) $-3 \; \square \; (5 \; \square \; 8) = 9$
b) $-5 \; \square \; (-6) \; \square \; (-7) = 23$
c) $-3 \; \square \; (2 \; \square \; 4) = -18$

10 거듭제곱

거듭제곱

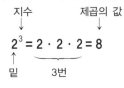

$$2^3 = 2 \cdot 2 \cdot 2 = 8$$

지수 · 제곱의 값

밑 · 3번

- 거듭제곱이란 어떤 수를 여러 번 곱하는 것을 말한다. 밑은 곱한 수, 지수는 밑을 곱한 횟수를 뜻한다.
- 2^3은 2의 세제곱이라고 읽는다. 2를 3번 곱한다는 뜻이다. 밑을 두 번 곱하면 제곱이라 하고, 밑을 세 번 곱하면 세제곱이라고 한다.

예제 1

다음의 거듭제곱을 곱셈식으로 나타내고 계산하시오.

a) 5^2 b) 2^5 c) 1^4

d) 7^1 e) 0^2

a) $5^2 = 5 \cdot 5 = 25$ b) $2^5 = 2 \cdot 2 \cdot 2 \cdot 2 \cdot 2 = 32$

c) $1^4 = 1 \cdot 1 \cdot 1 \cdot 1 = 1$ d) $7^1 = 7$

e) $0^2 = 0 \cdot 0 = 0$

예제 2

20에 대하여 다음을 구하시오.

a) 제곱   b) 세제곱

a) 제곱은 수를 두 번 곱한 것이다.
$$20^2 = 20 \cdot 20 = 400$$
b) 세제곱은 수를 세 번 곱한 것이다.
$$20^3 = 20 \cdot 20 \cdot 20 = 8000$$

정답 : a) 400   b) 8000

예제 3

다음을 거듭제곱으로 나타내고 계산하시오.

a) 변의 길이가 7 cm인 정사각형의 넓이

b) 모서리의 길이가 5 cm인 정육면체의 부피

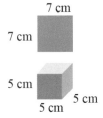

a) 정사각형의 넓이는 한 변의 길이의 제곱이다.
$$7^2 = 7 \cdot 7 = 49$$
b) 정육면체의 부피는 한 모서리의 길이의 세제곱이다.
$$5^3 = 5 \cdot 5 \cdot 5 = 125$$

정답 : a) 49 cm^2 b) 125 cm^3

102 밑과 지수를 구분해서 쓰시오.

a) 5^4　　b) 4^5　　c) 8^3　　d) 1^8

103 다음 거듭제곱을 곱으로 나타내고 계산하시오.

a) 8^2　　b) 5^3　　c) 0^5　　d) 100^2

104 다음 곱을 거듭제곱으로 나타내고 계산하시오.

a) $10 \cdot 10$　　　　b) $0 \cdot 0 \cdot 0$

c) $3 \cdot 3 \cdot 3$　　　　d) $1 \cdot 1 \cdot 1 \cdot 1 \cdot 1$

105 다음을 거듭제곱으로 나타내고 계산하시오.

a) 밑이 2이고 지수가 3

b) 밑이 3이고 지수가 2

c) 밑이 1이고 지수가 4

106 다음 표는 1부터 10까지의 자연수와 그 수의 제곱을 기록해 놓은 표이다. 표를 완성하시오.

수	수의 제곱
1	$1^2 = 1$
2	
3	

107 다음을 계산하여 보기에서 고르시오.

144	1600	5	10
64	1	4	0	32

a) 1^3　　　b) 2^5　　　c) 0^{100}

d) 10^1　　　e) 40^2　　　f) 12^2

108 다음을 거듭제곱으로 나타내고 계산하시오.

a) 2의 6제곱　　　b) 11의 제곱

c) 6의 일제곱　　　d) 13의 제곱

e) 6의 세제곱

109 다음 표는 1부터 5까지의 자연수와 그 수의 세제곱을 기록해 놓은 표이다. 표를 완성하시오.

수	세제곱
1	$1^3 = 1$
2	
3	

110 다음 표는 1부터 10^6까지의 10의 거듭제곱과 그 수를 한글로 기록해 놓은 표이다. 표를 완성하시오.

제곱	수	수의 이름
10^1	10	십
10^2		
10^3		
10^4		
10^5		
10^6		

111 정사각형의 한 변의 길이가 다음과 같을 때, 거듭제곱을 이용하여 정사각형의 넓이를 나타내시오.

a) 3 mm　　b) 100 cm　　c) 50 m

112 정육면체 한 모서리의 길이가 다음과 같을 때, 거듭제곱을 이용하여 정육면체의 부피를 구하시오.

a) 3 mm　　b) 100 cm　　c) 50 m

113 다음 수들을 작은 수부터 차례로 쓰시오.

a) 3^2, $3 \cdot 2$, 2^3　　b) 5^2, $5 \cdot 2$, 2^5

114 다음 수들은 어느 자연수의 제곱인가?

a) 49　　　　　　b) 1

c) 900　　　　　d) 169

115 다음 수들은 어느 자연수의 세제곱인가?

a) 0　　　　　　b) 8

c) 1000　　　　d) 64

116 내 나이는 1년 전에는 어느 자연수의 제곱이었고, 1년 뒤에는 또 다른 자연수의 세제곱이 될 것이다. 지금 내 나이는 몇 살인가?

11 | 제곱식

계산순서

1. 괄호 안에 있는 식을 먼저 계산한다.
2. 거듭제곱을 계산한다.
3. 곱셈과 나눗셈을 왼쪽에서부터 계산한다.
4. 덧셈과 뺄셈을 한다.

예제 1

다음 식을 계산하시오.

a) $2+5^2$ 　　　　　b) $16 \cdot 10^2$

a) $2+5^2$ 　　　　　■ 제곱을 계산한다.
　$=2+25$ 　　　　　■ 덧셈을 계산한다.
　$=27$

b) $16 \cdot 10^2$ 　　　　■ 제곱을 계산한다.
　$=16 \cdot 100$ 　　　■ 곱셈을 계산한다.
　$=1600$

정답 : a) 27 　b) 1600

예제 2

다음 식을 계산하시오.

a) 3^2+4^2 　　　　　b) $7^2-2 \cdot 6^2$

a) 3^2+4^2 　　　　　■ 제곱을 계산한다.
　$=9+16$ 　　　　　■ 덧셈을 계산한다.
　$=25$

b) $7^2-2 \cdot 6^2$ 　　　　■ 제곱을 계산한다.
　$=49-2 \cdot 36$ 　　　■ 곱셈을 계산한다.
　$=49-72$ 　　　　　■ 뺄셈을 계산한다.
　$=-23$

정답 : a) 25 　b) -23

예제 3

다음 식을 계산하시오.

a) $(2 \cdot 10-3 \cdot 6)^3$ 　　b) $6^2 \div 3-20$

┃(2 ✕ 10 − 3 ✕ 6)┃
┃∧ 7 ═┃

계산기 사용 순서

a) $(2 \cdot 10-3 \cdot 6)^3$ 　　■ 괄호 안의 곱셈을 계산한다.
　$=(20-18)^3$ 　　　■ 괄호 안의 뺄셈을 계산한다.
　$=2^3$ 　　　　　　■ 세제곱을 계산한다.
　$=8$

b) $6^2 \div 3-20$ 　　　　■ 제곱을 계산한다.
　$=36 \div 3-20$ 　　　■ 나눗셈을 계산한다.
　$=12-20$ 　　　　　■ 뺄셈을 계산한다.
　$=-8$ 　　　　　　**정답** : a) 8 　b) -8

117 다음 식을 계산하시오. a)부터 i)까지 해당 알파벳을 찾으면 어떤 단어가 완성되는지 알아보시오.

a) $(3+4)^2$　　b) $2^2 \cdot 3^2$　　c) $5 \cdot 3^2$

d) $(5-3)^2$　　e) $(2 \cdot 4)^2$　　f) $4^2 - 2^3$

g) $2^2 + 4^2$　　h) $9 - 2^2$　　i) $3 + 4^2$

K	O	T	I	K	E	R	M	A
5	8	20	4	64	36	45	49	19

118 다음 식을 계산하시오.

a) $1 + 4 \cdot 3^2$　　b) $4 \cdot 5^2 - 4 \cdot 5$

c) $82 \cdot 10^2$　　d) $3 \cdot 10^3 - 2700$

119 다음 식을 계산하시오.

a) $\dfrac{2 \cdot 3^3}{6}$　　b) $\dfrac{1 - 4^2}{3}$

c) $13 \cdot 10^2 + 127$　　d) $(2 \cdot 5)^4 - 11 \cdot 10^3$

120 다음 빈칸에 알맞은 양수를 쓰시오.

a) $\boxed{}^2 = 36$

b) $\boxed{}^3 = 8$

c) $\boxed{}^2 = 25$

d) $\boxed{}^2 = 10000$

121 다음 식을 계산하시오.

a) 2^{10}　　b) 2^{15}　　c) 2^{20}

122 다음 식을 계산하시오.

a) $25^2 - 5^4$

b) $6^4 - (10 \cdot 5^3 + 45)$

c) $(2^8 - 16^2 + 1^8)^{12}$

123 다음 식을 계산하시오.

a) $\dfrac{7^4 + 10^2 - 1^4}{5^3}$　　b) $\dfrac{2 \cdot 3^4 + 6^4}{2 \cdot 3^6}$

c) $\dfrac{12^3 - 128}{2^{10} + 24^2}$　　d) $\dfrac{-4 \cdot 3^5}{22^2 + 2}$

124 다음 문제의 식을 쓰고 계산하시오.

a) 6과 8의 제곱의 합

b) -3과 7의 합의 세제곱

c) 8에서 -3을 뺀 수의 제곱

125 다음 빈칸에 알맞은 양수를 쓰시오.

a) $3 \cdot \boxed{}^2 - 12 = 0$

b) $\boxed{}^3 - 64 = 0$

c) $\dfrac{\boxed{}^2}{81} = 1$

d) $\dfrac{\boxed{}^2 - 5}{20} = 1$

126 다음 십자 모양에서 가로의 합과 세로의 합이 같아지도록 만드는 양수의 제곱을 빈칸에 쓰시오. (단, 같은 수의 제곱은 한 번씩만 사용할 수 있다.)

a)

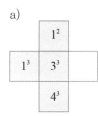

b)

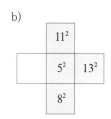

127 정육면체의 한 모서리의 길이가 3 cm일 때, 다음 모형의 겉넓이와 부피를 구하시오.

a)

b)

● ● ● 연습

128 수직선을 그리고 수 $5, -3, 0, -4, -6, 1$ 을 표시하시오.

129 $<, >, =$ 중 빈칸에 알맞은 부호를 쓰시오.

a) $5 \ \square \ -5$ b) $-6 \ \square \ -4$

c) $0 \ \square \ -1$ d) $+7 \ \square \ 7$

130 다음 수 중에서 물음에 해당하는 수를 찾으 시오.

-13	300	0	-299	-1	1

a) 정수   b) 자연수

c) 양의 정수   d) 음의 정수

e) 음수가 아닌 정수

131 다음 빈칸에 알맞은 정수를 모두 구하시오.

a) $\square > 99$ b) $\square \geq -3$

c) $\square \leq 1$ d) $\square \leq 189$

132 다음 표는 주어진 수와, 그 수와 절댓값은 같고 부호는 다른 수이다. 표를 완성하시오.

수	절댓값은 같고 부호가 다른 수
10	
-9	
0	
-12	
15	

133 다음 수를 괄호를 없애고 나타내시오.

a) $-(+23)$ b) $+(-23)$

c) $+(+45)$ d) $-(-45)$

134 다음 식을 계산하시오.

a) $8-11$ b) $3-2+12-17$

c) $9-(-4)$ d) $-14-3-(-5)$

135 다음 식을 계산하시오.

a) $-6+(-3)$

b) $-18+5-(-4)$

c) $-20-(-5+1)$

d) $-5+(-8)-(-6+6)$

136 다음 식을 계산하시오.

a) $5 \cdot (-4)$ b) $-2 \cdot (-6) \cdot 3 \cdot (-1)$

c) $\dfrac{-18}{-3}$ d) $\dfrac{-10 \cdot 2 \cdot (-2)}{-5 \cdot 4}$

137 -6과 3에 대하여 다음을 계산하시오.

a) 두 수의 합   b) -6에서 3을 뺀 수

c) 두 수의 곱   d) -6을 3으로 나눈 수

138 다음 식을 계산하시오.

a) 2^4 b) 0^7 c) 10^5

d) 5^2 e) 15^1 f) 1^8

139 다음을 식으로 나타내고 계산하시오.

a) 5의 세제곱   b) 3의 제곱

c) 6의 제곱   d) 10의 세제곱

140 다음 물음에 답하시오.

a) -5에 어떤 수를 곱해야 35가 되는가?

b) 56을 어떤 수로 나누어야 -14가 되는가?

c) 어떤 수를 -3으로 나누어야 7이 되는가?

141 다음 식을 계산하시오.

a) $9-3 \cdot 9+3$ b) $\dfrac{-17+3 \cdot 2}{3 \cdot 3+2}$

c) $-2 \cdot (-8+3)$ d) $\dfrac{5 \cdot 3-7}{6 \cdot (\ 2)\ 8}$

e) $2 \cdot 4^2-3$ f) $\dfrac{3-3^3}{-6}-1$

g) $(1-3^2) \cdot 3$ h) $5 \cdot (13-7)^2+1$

142 기온 -10, 11, 0, -2, 6 (℃)의 평균값을 구하시오.

143 다음의 수를 구하시오.

a) -12보다 10 더 큰 수

b) 2보다 5 작은 수

c) -1보다 8 작은 수

144 $+$, $-$, $\cdot$, $\div$ 중 빈칸에 알맞은 기호를 쓰시오.

a) $24 - 8 \boxed{} 4 = 22$

b) $24 - 8 \boxed{} 4 = 20$

c) $24 - 8 \boxed{} 4 = 12$

d) $24 - 8 \boxed{} 4 = -8$

145 다음 수 중에서 물음에 해당하는 수를 찾으시오.

$$13 \quad -31 \quad -70 \quad 21 \quad -5 \quad 1$$
$$-9 \quad 0 \quad 23 \quad 4 \quad 19$$

a) 차이가 가장 큰 두 수

b) 합이 0에 가장 가까운 두 수

c) 곱과 절댓값은 같고 부호가 다른 수가 가장 큰 두 수

146 $<$, $>$, $=$ 중 빈칸에 알맞은 기호를 쓰시오.

a) $-89 \cdot (-4) \cdot (-5) \cdot 12 \boxed{} 0$

b) $-7 \cdot (-2) \cdot (-6) \boxed{} 7 \cdot 2 \cdot 6$

c) $\dfrac{33 \cdot 25 \cdot (-2)}{1 \cdot (-2)} \boxed{} 0$

d) $101 \cdot 0 \cdot 771 \cdot 239 \boxed{} 0$

147 다음 식을 계산하시오.

a) $6 \cdot (4^2 - 2^2)$

b) $9 + 2 \cdot (3^2 - 2^3)$

c) $2^3 \cdot 2^2 - 5^2$

d) $(2 + 4^2) - (6^2 - 2 \cdot 5)$

148 다음 빈칸에 알맞은 수를 쓰시오.

a) $-4 - (-5) - \boxed{} = 0$

b) $8 + (\boxed{}) - 2 = -4$

c) $1 - (-2) - \boxed{} = -11$

149 다음을 식으로 쓰고 계산하시오.

a) -3과 4를 더한 수와 -3에서 4를 뺀 수의 곱

b) -4와 -5의 곱에서 16을 -8로 나눈 수를 뺀 수

c) 8과 -12의 합과 절댓값은 같고 부호는 다른 수

150 다음을 식으로 쓰고 계산하시오.

a) 4의 세제곱에서 -4를 뺀 수를 -4로 나눈다.

b) 4를 2로 나눈 수를 다섯 제곱 한다.

c) 3의 세제곱에서 3의 제곱을 뺀 후 2를 곱한다.

151 합이 16이고 차가 6인 두 자연수를 구하시오.

152 다음 빈칸에 알맞은 자연수를 쓰시오.

a) $\boxed{}^2 = 10000$ b) $\boxed{}^3 = 8000$

c) $\dfrac{\boxed{}^2}{2} = 18$ d) $\dfrac{\boxed{}^3}{64} = 1$

153 다음 빈칸에 알맞은 수를 쓰시오.

a) $-4 \cdot \boxed{} \cdot (-2) = -48$

b) $\dfrac{\boxed{} \cdot (-2)}{-7} = -18$

c) $\dfrac{45}{3 \cdot \boxed{}} = -15$

d) $\dfrac{\boxed{}^2 - 9}{2} = 20$

154 $2^9 = 512$이다. 다음을 계산하시오.

a) 2^{10} b) 2^8

c) $-2 \cdot 2^9$ d) $\dfrac{2^9}{2^8}$

제 2 장 | **나누기**

13 배수와 약수

배수와 약수

- 15는 3으로 나누어떨어진다. $\dfrac{15}{3}=5$이고 나머지는 0이다.
- 15＝3・5이므로, 3과 5는 15의 약수이다.

다음 수의 약수를 구하시오.

a) 6　　　　　　　　　　　　b) 5

a) 6의 약수는 1, 2, 3, 6이다. 왜냐하면, 6＝1・6 또는 6＝2・3과 같은 곱으로 나타낼 수 있기 때문이다.

b) 5의 약수는 1과 5뿐이다. 5＝1・5 외에는 두 수를 곱해 5가 되는 자연수는 없다. **정답 : a)** 1, 2, 3, 6　**b)** 1, 5

1・6

2・3

3・2

배수의 규칙

2, 3, 5, 9, 10의 배수는 다음과 같다.

2의 배수	• 일의 자리 수가 0, 2, 4, 6, 8 등 짝수인 수
5의 배수	• 일의 자리 수가 0과 5인 수
10의 배수	• 일의 자리 수가 0인 수
3의 배수	• 각 자리 수의 합이 3으로 나누어떨어지는 수
9의 배수	• 각 자리 수의 합이 9로 나누어떨어지는 수

예제　2

배수의 규칙을 잘 살펴보고, 다음 수가 2, 3, 5, 9, 10 중 어느 수로 나누어떨어지는지 알아보시오.

a) 765430　　　　　　　　　b) 498735

a) 수 765430의 일의 자리 수는 0이므로 2, 5, 10으로 나누어떨어진다. 수의 각 자리 수의 합은 25이므로 3이나 9로 나누어떨어지지 않는다.

b) 수 498735의 일의 자리 수는 5이므로 5로 나누어떨어지지만, 2나 10으로는 나누어떨어지지 않는다. 각 자리 수의 합이 36이므로 3, 9로 나누어떨어진다. **정답 : a)** 2, 5, 10　**b)** 3, 5, 9

155 나누기를 해서 다음을 확인하시오.

a) 4가 64의 약수인가?

b) 4가 454의 약수인가?

c) 7이 177의 약수인가?

d) 11이 253의 약수인가?

156 1 이외의 서로 다른 두 수를 곱하여 다음 수가 되도록 두 가지 다른 식으로 나타내시오.

a) 12　　　　b) 36　　　　c) 48

157 다음 수의 약수를 모두 쓰시오.

a) 10　　　　b) 18　　　　c) 13

158 다음 물음에 답하시오.

a) 42와 63의 약수를 구하시오.

b) 위의 약수 중 공통인 약수는 무엇인가?

c) 공통인 약수들 중 가장 큰 수는 무엇인가?

159 다음 수들의 공약수 중 가장 큰 수를 찾으시오.

a) 6, 15　　　　　　b) 14, 28

c) 36, 45　　　　　　d) 26, 65

160 다음 표에서 주어진 수가 2, 3, 5, 9, 10으로 나누어떨어지면 ○표를 표시하시오.

	2	3	5	9	10
30	○	○	○		○
45					
95					
423					
729					
1260					

161 배수의 규칙을 이용하여, 다음의 수가 2, 3, 5, 9, 10으로 나누어떨어지는지 알아보시오.

a) 531　　　　　　b) 49

c) 1279　　　　　　d) 3

e) 0　　　　　　　f) 21780

162 51□이 다음의 수로 나누어떨어지려면 빈 칸에 어떤 수가 들어가야 하는지 모두 구하시오.

백	십	일
5	1	

a) 2　　　　b) 3　　　　c) 5

d) 9　　　　e) 10

163 1□1이 다음의 수로 나누어떨어지려면 빈 칸에 어떤 수가 들어가야 하는지 모두 구하시오.

백	십	일
1		1

a) 2　　　　b) 3　　　　c) 5

d) 9　　　　e) 10

164 넓이가 다음과 같은 서로 다른 사각형을 각각 3개씩 그리시오.

a) 16 cm^2　　　　b) 24 cm^2

165 한 반의 학생 수가 다음과 같을 때, 조별 인원수가 같도록 조로 나누려고 한다. 몇 명씩 나누면 되겠는가?

a) 8명　　　　b) 15명　　　　c) 30명

166 강당에 의자를 480개 놓으려고 한다. 강당에는 의자를 최대 40줄 놓을 수 있고, 한 줄에는 최대 30개 놓을 수 있다. 의자 480개를 놓되, 모든 줄의 길이를 같게 하려고 한다. 의자를 놓는 방법은 몇 가지인가?

167 970보다 큰 수 중 다음 수로 나누어떨어지는 가장 작은 수를 찾으시오.

a) 5　　　b) 3　　　c) 9　　　d) 6

168 두 자리 수 중 다음 수가 약수인 가장 작은 수를 찾으시오.

a) 2, 4, 7　　　　　　b) 3, 4, 7

169 2와 3으로 나누어떨어지는 다음 수를 찾으시오.

a) 가장 작은 세 자리 수

b) 가장 큰 세 자리 수

소수와 소인수

1	2	3	4	5
6	7	8	9	10
11	12	13	14	15
16	17	18	19	20

- 소수는 1보다 큰 자연수 중에 약수가 1과 자기 자신뿐인 수이다.
- 소인수는 소수인 약수를 말한다.

수 100보다 작은 소수 목록은 해설에 있다.

예제 1

다음 수가 소수인지 확인하시오.

a) 15   b) 19

a) 15는 1과 자기 자신 외에 3과 5를 약수로 가지므로 소수가 아니다.

b) 19는 1보다 큰 자연수이고, 1이나 19 외에는 약수가 없으므로 소수이다.

정답 : a) 소수가 아니다.   **b)** 소수이다.

예제 2

다음 물음에 답하시오.

a) 60의 소인수를 모두 찾으시오.

b) 60을 소인수의 곱으로 나타내시오.

a) 60을 작은 소수부터 차례대로 나누어 소인수를 구할 수 있다.

$$60$$ ■ 60을 2로 나눈다.

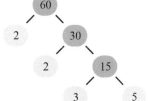

수 60의 소인수분해

$$= 2 \cdot 30$$ ■ 30을 2로 나눈다.
$$= 2 \cdot 2 \cdot 15$$ ■ 15를 3으로 나눈다.
$$= 2 \cdot 2 \cdot 3 \cdot 5$$ ■ 수 5는 소수이다.

b) $60 = 2 \cdot 2 \cdot 3 \cdot 5$

정답 : a) 2, 3, 5   **b)** $60 = 2^2 \cdot 3 \cdot 5$

- 소수는 끝없이 많다.
- 2008년 8월, 알려진 가장 큰 소수는
  $2^{43112609} - 1$ 이다.
- 이 수는 12978189 자리 수이다.

170 다음의 수는 소수인가, 아닌가? 그 이유를 설명하시오.

a) 9   b) 23   c) 68

d) 123   e) 29   f) 1

171 30보다 작은 소수를 모두 쓰시오.

172 다음은 소인수분해를 하는 과정이다. 빈칸을 채우고 주어진 수를 소인수분해하여 나타내시오.

a)

b)

173 다음은 소인수분해를 하는 과정이다. 빈칸을 채우고 주어진 수를 소인수분해하여 나타내시오.

a)

b)

174 다음 수를 소인수분해하시오.

a) 126   b) 180   c) 350

175 다음 물음에 답하시오.

a) 가장 작은 두 자리 수의 소수를 구하시오.

b) 가장 큰 두 자리 수의 소수를 구하시오.

176 다음 수의 소인수를 모두 구하시오.

a) 짝수

b) 3으로 나누어 떨어지는 수

c) 10으로 나누어 떨어지는 수

177 다음 수를 소인수분해하시오.

a) 612   b) 1050   c) 1470

178 다음 그림은 어떤 수를 소인수분해한 것인가?

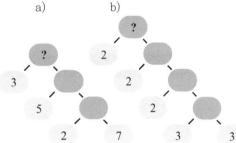

179 다음 물음에 답하시오.

a) 56과 70을 소인수분해하시오.

b) 공통된 소인수는 무엇인지 쓰시오.

c) 56과 70의 공약수를 쓰시오.

180 다음이 참인지 거짓인지 판단하고, 그 이유를 설명하시오.

a) 6은 소수가 아니다.

b) 7과 17은 공통의 소인수가 있다.

c) 111은 소수이다.

181 짝수인 소수는 하나뿐이다. 그 소수는 무엇이며, 왜 짝수인 소수는 하나뿐인지 그 이유를 쓰시오.

182 합성수는 1보다 크고 소수가 아닌 자연수이다. 가장 작은 합성수 5개를 쓰시오.

183 다음 두 조건을 모두 충족하는 세 자리 수 중에서 소수는 무엇인가?

• 수를 이루는 세 개의 수는 각각 소수이다.

• 수를 이루는 세 개의 수의 합은 10이고 곱은 30이다.

제 3 장 | 유리수와 유리수의 계산

15 분수

분수와 대분수

분수 $\dfrac{3}{5}$, 즉 5분의 3은 전체를 똑같이 5등분했을 때 그중에 3개를 말한다.

분수

$$\dfrac{3}{5}\ \bullet\!-\text{분자}$$
$$\phantom{\dfrac{3}{5}}\ \bullet\!-\text{분모}$$

대분수

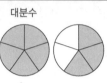

$$1\dfrac{3}{5}\ \bullet\!-\text{분수}$$
$$\bullet$$
$$|\ \text{정수}$$

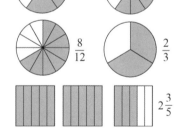

$\dfrac{3}{5}$ $\dfrac{6}{10}$

$\dfrac{8}{12}$ $\dfrac{2}{3}$

$2\dfrac{3}{5}$

1

a) $\dfrac{3}{5}$ 을 분모가 10인 분수로 나타내시오.

b) $\dfrac{8}{12}$ 을 분모가 3인 분수로 나타내시오.

c) 대분수 $2\dfrac{3}{5}$ 을 가분수로 나타내시오.

분모, 분자에 똑같은 수를 곱하거나 나누어도 분수의 값은 변하지 않는다.

a) $\dfrac{3}{5}=\dfrac{2\cdot3}{2\cdot5}=\dfrac{6}{10}$ ■ 분자와 분모에 각각 2를 곱한다.

b) $\dfrac{8}{12}=\dfrac{4\cdot2}{4\cdot3}=\dfrac{2}{3}$ ■ 약수의 곱으로 나타낸 후 4로 약분한다.

c) $2\dfrac{3}{5}=2+\dfrac{3}{5}$ ■ 먼저 정수를 분모가 5인 분수로 나타낸다.

$$=\dfrac{10}{5}+\dfrac{3}{5}=\dfrac{13}{5}$$

2

$\dfrac{3}{2}$ 과 $\dfrac{4}{3}$ 중 어느 분수가 더 큰가?

두 분수를 모두 분모가 6인 분수로 나타낸다. 즉 분모를 통분한다.

$$\dfrac{3}{2}=\dfrac{9}{6},\ \dfrac{4}{3}=\dfrac{8}{6}$$

$9>8$이므로 $\dfrac{3}{2}>\dfrac{4}{3}$ 이다.

$$\begin{array}{ccccc} 1 & \dfrac{8}{6} & \dfrac{9}{6} & & 2 \end{array}$$

36 제 1 부 수와 식

184 각 원의 색칠한 부분을 분수로 쓰시오.

a)   b)   c)

185 다음 분수를 바꾸어 나타내시오.

a) $\dfrac{1}{2}$ 을 분모가 10인 분수로 나타내시오.

b) $\dfrac{3}{4}$ 을 분모가 8인 분수로 나타내시오.

c) $\dfrac{2}{5}$ 를 분모가 15인 분수로 나타내시오.

186 다음 분수를 바꾸어 나타내시오.

a) $\dfrac{10}{15}$ 을 분모가 3인 분수로 나타내시오.

b) $\dfrac{4}{16}$ 를 분모가 4인 분수로 나타내시오.

c) $\dfrac{20}{24}$ 을 분모가 6인 분수로 나타내시오.

187 수직선 위의 A, B, C, D가 가리키는 분수를 쓰되, 가능하면 대분수로 쓰시오.

188 다음을 대분수로 나타내시오.

a) $2+\dfrac{1}{4}$ b) $7+\dfrac{2}{3}$ c) $3+\dfrac{5}{6}$

189 다음 대분수를 가분수로 나타내시오.

a) $3\dfrac{1}{4}$ b) $2\dfrac{5}{6}$ c) $5\dfrac{2}{5}$

190 다음 가분수를 대분수로 나타내시오.

a) $\dfrac{17}{5}$ b) $\dfrac{13}{9}$ c) $\dfrac{15}{4}$

191 다음 분수를 기약분수로 나타내시오.

a) $\dfrac{12}{16}$ b) $\dfrac{25}{30}$

c) $\dfrac{150}{210}$ d) $\dfrac{45}{135}$

192 VÄSTÄRÄKKI는 '까치'를 뜻하는 핀란드 말이다. 이 단어에서 전체 알파벳의 개수에 대한 다음의 알파벳의 개수를 분수로 나타내시오.

a) Ä   b) K

c) 모음   d) 자음

193 다음 그림에서 전체 넓이에 대한 각각의 색의 넓이를 분수로 나타내시오.

a)   b)

 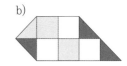

194 다음 분수들을 통분하시오. 그리고 큰 수에 ○표를 하시오.

a) $\dfrac{1}{2}$, $\dfrac{5}{8}$ b) $\dfrac{3}{5}$, $\dfrac{2}{3}$ c) $\dfrac{3}{4}$, $\dfrac{5}{6}$

195 다음의 분수들을 작은 수부터 차례로 나열하시오.

$$\dfrac{3}{5}, \quad \dfrac{7}{12}, \quad \dfrac{13}{20}, \quad \dfrac{17}{30}, \quad \dfrac{37}{60}$$

196 빈칸에 알맞은 수를 쓰시오.

a) $\dfrac{3}{4}=\dfrac{\square}{8}$ b) $\dfrac{8}{9}=\dfrac{40}{\square}$

c) $\dfrac{\square}{7}=\dfrac{20}{\square}=\dfrac{40}{56}=\dfrac{\square}{70}$

197 다음에서 a) 0, b) $\dfrac{1}{2}$, c) 1에 가장 가까운 수를 찾으시오.

$$\dfrac{1}{5}, \quad \dfrac{3}{7}, \quad \dfrac{11}{10}, \quad \dfrac{3}{2}, \quad \dfrac{5}{35}$$

198 아이들이 누가 피자를 가장 많이 먹었는지 얘기하고 있다. 에투는 피자의 $\dfrac{3}{5}$ 을 먹었다. 유호는 피자의 $\dfrac{6}{8}$ 을 먹었다. 예레는 피자의 $\dfrac{1}{4}$ 만 안 먹고 남겼다고 한다. 이 세 명 중에 피자를 가장 많이 먹은 사람은 누구인가? 또, 가장 적게 먹은 사람은 누구인가?

16 분수의 덧셈과 뺄셈 (1)

예제 **1**

다음 식을 계산하시오.

a) $\dfrac{5}{8} + \dfrac{1}{8}$ b) $\dfrac{1}{3} - \dfrac{1}{6}$

c) $2 - \dfrac{3}{5}$ d) $\dfrac{1}{6} - \dfrac{1}{3}$

a) $\dfrac{5}{8} + \dfrac{1}{8}$

$= \dfrac{5+1}{8}$ ■ 분자의 합을 계산한다.

$= \dfrac{6}{8}$ ■ 약분한다.

$= \dfrac{3}{4}$

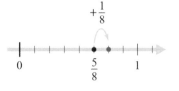

b) $\dfrac{1}{3} - \dfrac{1}{6}$ ■ 두 수를 통분한다.

$= \dfrac{2}{6} - \dfrac{1}{6}$ ■ 분수를 계산한다.

$= \dfrac{1}{6}$

c) $2 - \dfrac{3}{5}$ ■ 두 수를 통분한다.

$= \dfrac{10}{5} - \dfrac{3}{5}$ ■ 분수를 계산한다.

$= \dfrac{7}{5}$

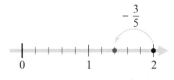

이 문제는 2를 대분수 $1\dfrac{5}{5}$ 로 바꾸고, 분수 부분만을 계산해서 해결할 수도 있다.

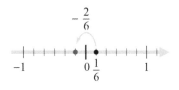

d) $\dfrac{1}{6} - \dfrac{1}{3}$ ■ 두 수를 통분한다.

$= \dfrac{1}{6} - \dfrac{2}{6}$ ■ 분수를 계산한다.

$= -\dfrac{1}{6}$

정답 : a) $\dfrac{3}{4}$ b) $\dfrac{1}{6}$ c) $\dfrac{7}{5}$ d) $-\dfrac{1}{6}$

199 다음 식을 계산하시오.

a) $\dfrac{1}{7} + \dfrac{1}{7}$ 　　　b) $\dfrac{1}{5} + \dfrac{1}{5} + \dfrac{1}{5}$

c) $\dfrac{1}{10} + \dfrac{2}{10} + \dfrac{4}{10}$ 　　d) $\dfrac{3}{7} + \dfrac{4}{7}$

200 다음 식을 계산하시오.

a) $\dfrac{5}{9} - \dfrac{1}{9}$ 　　　b) $\dfrac{5}{7} - \dfrac{2}{7}$

c) $\dfrac{5}{6} - \dfrac{1}{6}$ 　　　d) $\dfrac{3}{4} - \dfrac{1}{4}$

201 다음 식을 계산하시오.

a) $\dfrac{3}{8} + \dfrac{1}{4}$ 　　　b) $\dfrac{1}{8} + \dfrac{3}{4}$

c) $\dfrac{5}{6} + \dfrac{1}{18}$ 　　d) $\dfrac{3}{5} + \dfrac{1}{15}$

202 다음 식을 계산하시오.

a) $\dfrac{8}{9} - \dfrac{1}{3}$ 　　　b) $\dfrac{9}{10} - \dfrac{3}{5}$

c) $\dfrac{5}{6} - \dfrac{1}{12}$ 　　d) $\dfrac{6}{7} - \dfrac{5}{14}$

203 다음 식을 계산하시오.

a) $1 - \dfrac{1}{3}$ 　　　b) $2 - \dfrac{3}{4}$

c) $5 - \dfrac{6}{7}$ 　　　d) $9 - \dfrac{5}{11}$

204 다음 식을 계산하시오.

a) $\dfrac{3}{5} - \dfrac{4}{5}$ 　　　b) $\dfrac{3}{8} - \dfrac{7}{8}$

c) $\dfrac{1}{4} - \dfrac{1}{2}$ 　　　d) $\dfrac{4}{9} - \dfrac{2}{3}$

205 다음 물음에 답하시오.

a) 마이야와 안티는 케이크를 나누어 먹었다. 마이야는 케이크의 $\dfrac{2}{5}$를 먹고 안띠가 남은 것을 먹었다. 안티는 케이크를 얼마나 먹었는가?

b) 니세와 키아는 아이스크림 한 통을 나누어 먹었다. 니세는 아이스크림의 $\dfrac{1}{3}$을 먹었고 키아가 남은 것을 먹었다. 키아는 아이스크림을 얼마나 먹었는가?

206 다음 식을 계산하고 a)부터 g)까지 해당 알파벳을 찾으면 어떤 단어가 완성되는지 알아보시오.

a) $\dfrac{17}{45} - \dfrac{2}{45}$ 　　b) $\dfrac{3}{5} + \dfrac{3}{20}$

c) $1 - \dfrac{4}{3}$ 　　　d) $\dfrac{3}{10} + \dfrac{3}{10}$

e) $\dfrac{15}{24} + \dfrac{1}{8}$ 　　f) $\dfrac{5}{12} - \dfrac{2}{3}$

g) $\dfrac{6}{21} - \dfrac{3}{7}$

L	Ä	R	S	K	I
$-\dfrac{1}{4}$	$-\dfrac{1}{7}$	$\dfrac{1}{3}$	$-\dfrac{1}{3}$	$\dfrac{3}{5}$	$\dfrac{3}{4}$

207 다음 식을 계산하시오.

a) $\dfrac{2}{3} + \dfrac{2}{3}$ 　　　b) $\dfrac{1}{2} + \dfrac{3}{4}$

c) $2\dfrac{4}{9} + \dfrac{8}{9}$ 　　d) $\dfrac{5}{6} + 1\dfrac{5}{12}$

208 다음 식을 계산하시오.

a) $\dfrac{4}{9} - \dfrac{7}{9}$ 　　　b) $2\dfrac{3}{4} - 2\dfrac{1}{4}$

c) $10 - \dfrac{3}{2}$ 　　　d) $2 - \dfrac{6}{5}$

209 다음 빈칸에 알맞은 수를 쓰시오.

a) $\dfrac{2}{9} + \dfrac{\boxed{}}{9} = 1$

b) $\dfrac{14}{35} - \dfrac{\boxed{}}{5} = 0$

c) $\dfrac{1}{4} + \dfrac{1}{\boxed{}} = \dfrac{3}{4}$

d) $\dfrac{7}{\boxed{}} - \dfrac{1}{16} - \dfrac{13}{16}$

예제 1

다음 식을 계산하시오.

a) $\dfrac{1}{4} + \dfrac{2}{3}$ b) $2\dfrac{1}{4} + \dfrac{4}{5}$ c) $-\dfrac{1}{2} - \dfrac{1}{5}$

두 분수를 더하거나 뺄 때는 먼저 통분한다.

a) $\dfrac{1}{4} + \dfrac{2}{3}$

    ■ 분모를 12로 통분한다.

$\quad = \dfrac{3}{12} + \dfrac{8}{12}$

    ■ 분자의 합을 계산한다.

$\quad = \dfrac{11}{12}$

b) $2\dfrac{1}{4} + \dfrac{4}{5}$

    ■ 대분수를 가분수로 바꾼다.

$\quad = \dfrac{9}{4} + \dfrac{4}{5}$

    ■ 분모를 20으로 통분한다.

$\quad = \dfrac{45}{20} + \dfrac{16}{20}$

    ■ 분자의 합을 계산한다.

$\quad = \dfrac{61}{20}$

c) $-\dfrac{1}{2} - \dfrac{1}{5}$

    ■ 분모를 10으로 통분한다.

$\quad = -\dfrac{5}{10} - \dfrac{2}{10}$

    ■ 분자를 계산한다.

$\quad = -\dfrac{7}{10}$

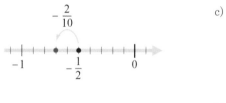

예제 2

티나는 과자의 반을 먹고 키티는 $\dfrac{3}{7}$ 을 먹었다. 남은 과자는 강아지 무스티에게 주었다. 무스티는 과자를 얼마만큼 먹었는가?

과자 전체의 양은 1이다. 따라서, 티나가 먹은 양은 $\dfrac{1}{2}$ 이고 키티가 먹은 양은 $\dfrac{3}{7}$ 이다. 아이들이 먹은 양을 합하면,

$\dfrac{1}{2} + \dfrac{3}{7} = \dfrac{7}{14} + \dfrac{6}{14} = \dfrac{13}{14}$ 이다.

즉, 무스티가 먹은 과자의 양은

$1 - \dfrac{13}{14} = \dfrac{14}{14} - \dfrac{13}{14} = \dfrac{1}{14}$ 이다.

정답 : 무스티는 과자를 $\dfrac{1}{14}$ 만큼 먹었다.

210 다음 식을 계산하시오.

a) $\dfrac{1}{2}+\dfrac{1}{5}$　　　　b) $\dfrac{2}{7}+\dfrac{2}{3}$

c) $\dfrac{5}{6}-\dfrac{3}{4}$　　　　d) $\dfrac{4}{9}-\dfrac{1}{6}$

211 다음 식을 계산하시오.

a) $\dfrac{2}{3}+\dfrac{3}{4}$　　　　b) $\dfrac{3}{7}+\dfrac{3}{5}$

c) $\dfrac{1}{8}-\dfrac{1}{2}$　　　　d) $\dfrac{1}{4}-\dfrac{2}{5}$

212 다음 식을 계산하시오.

a) $1\dfrac{1}{2}+\dfrac{1}{4}$　　　　b) $1\dfrac{2}{5}+\dfrac{1}{3}$

c) $1\dfrac{1}{6}-\dfrac{1}{3}$　　　　d) $1\dfrac{5}{7}-\dfrac{1}{2}$

213 다음 식을 계산하고 a)부터 g)까지 해당 알파벳을 찾으면 어떤 단어가 완성되는지 알아보시오.

a) $\dfrac{7}{8}-1\dfrac{1}{2}$　　　　b) $-\dfrac{1}{12}-\dfrac{2}{3}$

c) $\dfrac{2}{7}-\dfrac{13}{21}$　　　　d) $-\dfrac{1}{4}-\dfrac{3}{8}$

e) $\dfrac{7}{10}-\dfrac{19}{20}$　　　　f) $2\dfrac{5}{6}-3\dfrac{1}{3}$

g) $\dfrac{1}{6}-\dfrac{13}{24}$

N	O	I	T	U	A
$-\dfrac{3}{8}$	$-\dfrac{3}{4}$	$-\dfrac{1}{2}$	$-\dfrac{5}{8}$	$-\dfrac{1}{3}$	$-\dfrac{1}{4}$

214 다음 식을 계산하시오.

a) $1+\left(-\dfrac{3}{4}\right)$

b) $\dfrac{1}{9}-\left(-\dfrac{1}{18}\right)$

c) $1-\left(\dfrac{3}{4}+\dfrac{1}{8}\right)$

d) $1-\left(\dfrac{3}{5}-\dfrac{1}{10}\right)$

215 다음 식을 계산하시오.

a) $\dfrac{7}{12}-\left(\dfrac{5}{6}-\dfrac{1}{2}\right)$　　b) $3-\left(1\dfrac{3}{7}+\dfrac{1}{14}\right)$

b) $\left(\dfrac{3}{5}+\dfrac{1}{4}\right)-1$　　　d) $-1\dfrac{1}{4}-\left(\dfrac{3}{5}+\dfrac{1}{4}\right)$

216 넓이가 24칸인 직사각형을 그리시오.

a) 직사각형의 $\dfrac{5}{12}$는 노란색으로, $\dfrac{1}{4}$은 초록색으로 칠하시오.

b) 직사각형에서 아무 색도 칠하지 않은 부분을 분수로 나타내시오.

217 세탁기 세제통에 세제가 $15\dfrac{1}{2}$ mL 들어 있다. 세제를 다음과 같이 사용하면, 통에는 세제가 얼마나 남게 되는가?

a) $4\dfrac{3}{4}$ mL　　　　b) $7\dfrac{1}{2}$ mL

c) $13\dfrac{1}{4}$ mL

218 오렌지주스 $\dfrac{3}{4}$ L, 사과주스 $\dfrac{1}{3}$ L, 물을 $\dfrac{1}{2}$ L 섞어서 음료수를 만들었다. 이 음료수를 $1\dfrac{1}{2}$ L짜리 병에 담을 수 있는지 설명하시오.

219 케이크를 아이 셋에게 나누어 주려고 한다. 아르투는 케이크의 $\dfrac{3}{8}$, 라우리는 케이크의 $\dfrac{1}{4}$을 받았다. 레비가 받을 케이크의 양은 얼마인가?

220 야코는 수집한 우표의 $\dfrac{1}{5}$은 얀네에게, $\dfrac{1}{4}$은 토미에게, $\dfrac{1}{3}$은 리카에게 팔았다. 우표를 팔고 야코에게 남은 우표의 양은 얼마인가? 계산 과정도 쓰시오.

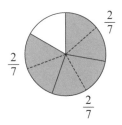

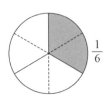

예제 1

다음 식을 계산하시오.

a) $3 \cdot \dfrac{2}{7}$ b) $\dfrac{1}{3} \div 2$

a) $3 \cdot \dfrac{2}{7} = \dfrac{2}{7} + \dfrac{2}{7} + \dfrac{2}{7} = \dfrac{6}{7}$

b) 그림에 나타나듯이, $\dfrac{1}{3}$ 의 반은 $\dfrac{1}{6}$ 이므로 $\dfrac{1}{3} \div 2 = \dfrac{1}{6}$ 이다.

   정수로 나눌 때에는 나누는 수 2를 분모에 곱해도 같은 결과를 얻는다.

$$\dfrac{1}{3} \div 2 = \dfrac{1}{3 \cdot 2} = \dfrac{1}{6}$$

정답 : a) $\dfrac{6}{7}$ b) $\dfrac{1}{6}$

정수와 분수의 곱셈과 나눗셈

$3 \cdot \dfrac{2}{7} = \dfrac{3 \cdot 2}{7} = \dfrac{6}{7}$ • 분수와 정수를 곱할 때는 분자에 정수를 곱한다.

$\dfrac{1}{3} \div 2 = \dfrac{1}{3 \cdot 2} = \dfrac{1}{6}$ • 분수를 정수로 나눌 때는 분모에 나누는 정수를 곱한다.

예제 2

다음 식을 계산하시오.

a) $14 \cdot \dfrac{6}{7}$ b) $2\dfrac{2}{5} \div 8$

a) $14 \cdot \dfrac{6}{7}$ ■ 분자에 14를 곱한다.

  $= \dfrac{14 \cdot 6}{7}$ ■ 7로 약분한다.

  $= 12$

b) $2\dfrac{2}{5} \div 8$ ■ 대분수를 가분수로 바꾼다.

  $= \dfrac{12}{5} \div 8$ ■ 분모에 8을 곱한다.

  $= \dfrac{12}{5 \cdot 8} = \dfrac{3}{10}$ ■ 4로 약분한다.

정답 : a) 12 b) $\dfrac{3}{10}$

221 다음 분수에 2를 곱하시오. 계산과정을 쓰시오.

a) $\frac{1}{2}$

b) $\frac{1}{4}$

c) $\frac{2}{3}$

d) $\frac{5}{6}$

222 다음 분수를 2로 나누고 계산과정을 쓰시오.

a) $\frac{1}{2}$　　　　b) $\frac{1}{4}$

c) $\frac{2}{3}$　　　　d) $\frac{5}{6}$

223 다음 식을 계산하시오.

a) $7 \cdot \frac{6}{7}$　　b) $5 \cdot \frac{2}{25}$　　c) $4 \cdot \frac{5}{6}$

d) $\frac{4}{5} \cdot 15$　　e) $\frac{1}{6} \cdot 6$　　f) $13 \cdot \frac{3}{52}$

224 다음 식을 계산하시오.

a) $\frac{3}{4} \div 3$　　b) $\frac{6}{7} \div 6$　　c) $\frac{2}{5} \div 5$

d) $\frac{8}{9} \div 4$　　e) $\frac{3}{8} \div 8$　　f) $\frac{12}{13} \div 3$

225 다음 식을 계산하고 a)부터 f)까지 해당 알파벳을 찾으면 어떤 단어가 완성되는지 알아보시오.

a) $2 \div 6$　　　　　　b) $5\frac{1}{4} \div 7$

c) $1\frac{1}{2} \cdot 2$　　　　d) $1\frac{1}{3} \div 4$

e) $2\frac{1}{3} \div 7$　　　　f) $3 \cdot 1\frac{1}{4}$

K	I	L	I
$\frac{1}{3}$	$3\frac{3}{4}$	3	$\frac{3}{4}$

226 다음 물음에 답하시오.

a) $\frac{4}{13}$ 에 3을 곱하시오.

b) $\frac{4}{13}$ 의 분모와 분자에 3을 곱하시오.

c) $\frac{9}{12}$ 를 3으로 나누시오.

d) $\frac{9}{12}$ 를 3으로 약분하시오.

227 답의 부호를 결정하고 계산하시오.

a) $-5 \cdot 1\frac{1}{5}$　　　　b) $-6 \cdot (-\frac{3}{8})$

c) $-9 \cdot 2\frac{2}{3}$　　　　d) $-2\frac{1}{2} \div 5$

e) $-\frac{2}{5} \div (-6)$　　　f) $8\frac{1}{10} \div (-9)$

228 다음을 계산하시오.

a) 40의 $\frac{4}{5}$　　　　b) 9의 $\frac{2}{3}$

c) 100의 $\frac{3}{4}$　　　d) 50의 $\frac{3}{5}$

229 다음 표를 완성하시오.

빵반죽 레시피			
재료	양		
	분량	3배 분량	$\frac{1}{2}$배 분량
우유	$2\frac{1}{2}$ dL		
생이스트	$\frac{1}{2}$ 개		
소금	1 스푼		
캐러웨이씨	$1\frac{1}{2}$ 티스푼		
물엿	$\frac{3}{4}$ dL		
식용유	$\frac{1}{4}$ dL		
밀가루	$\frac{1}{2}$ kg		

230 다음에서 할머니와 마리 이모는 주스를 각각 몇 L 만들었는가?

a) 할머니는 $\frac{3}{4}$ L짜리 병 11개에 주스를 만들었다.

b) 마리 이모는 $\frac{3}{4}$ L짜리 병 8개와 $\frac{1}{2}$ L짜리 병 5개에 주스를 만들었다.

19 분수의 곱셈

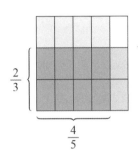

$\dfrac{2}{3}$

$\dfrac{4}{5}$

예제 1

$\dfrac{2}{3} \cdot \dfrac{4}{5}$ 를 계산하시오.

왼쪽 그림에서 보듯이 $\dfrac{2}{3}$ 와 $\dfrac{4}{5}$ 의 겹치는 부분은 $\dfrac{8}{15}$ 이다.

$$\dfrac{2}{3} \cdot \dfrac{4}{5} = \dfrac{8}{15}$$

정답 : $\dfrac{8}{15}$

분수의 곱셈

$$\dfrac{2}{3} \cdot \dfrac{4}{5} = \dfrac{2 \cdot 4}{3 \cdot 5} = \dfrac{8}{15}$$

분수의 곱셈은 분자는 분자끼리 분모는 분모끼리 곱한다.

예제 2

다음 식을 계산하시오.

a) $\dfrac{4}{7} \cdot \dfrac{3}{5}$　　　　b) $-\dfrac{2}{15} \cdot \dfrac{10}{11}$　　　　c) $\dfrac{2}{5} \cdot \dfrac{5}{2}$

a) $\dfrac{4}{7} \cdot \dfrac{3}{5} = \dfrac{4 \cdot 3}{7 \cdot 5} = \dfrac{12}{35}$

b) 먼저 부호를 결정한다.

$$-\dfrac{2}{15} \cdot \dfrac{10}{11} = -\dfrac{2 \cdot 10}{15 \cdot 11} = -\dfrac{2 \cdot 2}{3 \cdot 11} = -\dfrac{4}{33}$$

c) $\dfrac{2}{5} \cdot \dfrac{5}{2} = \dfrac{2 \cdot 5}{5 \cdot 2} = 1$

정답 : a) $\dfrac{12}{35}$　　b) $-\dfrac{4}{33}$　　c) 1

분수의 역수

$$\dfrac{2}{5} \cdot \dfrac{5}{2} = 1$$

- 분수의 역수는 분자와 분모를 서로 바꿔서 만든나.
- $\dfrac{2}{5}$ 의 역수는 $\dfrac{5}{2}$ 이다.
- 역수들의 곱은 1이다.

231 아래 그림을 참고하여 다음 분수의 곱셈을 계산하시오.

a) $\dfrac{3}{5} \cdot \dfrac{3}{4}$ b) $\dfrac{3}{5} \cdot \dfrac{1}{4}$

c) $\dfrac{3}{4} \cdot \dfrac{5}{6}$ d) $\dfrac{1}{4} \cdot \dfrac{6}{7}$

232 다음 식을 계산하시오. 먼저 약분을 하고 곱하시오.

a) $\dfrac{3}{4} \cdot \dfrac{1}{15}$ b) $\dfrac{1}{7} \cdot \dfrac{14}{21}$

c) $\dfrac{5}{8} \cdot \dfrac{7}{5}$ d) $\dfrac{1}{3} \cdot \dfrac{12}{39}$

e) $\dfrac{5}{6} \cdot \dfrac{24}{9}$ f) $\dfrac{3}{8} \cdot \dfrac{36}{5}$

233 곱셈을 해서 다음 수들이 서로 역수인지 알아보시오.

a) $\dfrac{3}{5},\ \dfrac{5}{3}$ b) $\dfrac{4}{7},\ 7$

c) $-\dfrac{9}{4},\ -\dfrac{4}{9}$ d) $5,\ \dfrac{1}{5}$

234 다음 표를 완성하시오.

수	역수	절댓값이 같고 부호가 다른 수
$\dfrac{1}{5}$		
$-\dfrac{3}{4}$		
2		
$1\dfrac{2}{5}$		

235 다음 식을 계산하고 a)부터 f)까지 해당 알파벳을 찾으면 어떤 단어가 완성되는지 알아보시오.

a) $\dfrac{3}{2} \cdot \dfrac{7}{9}$ b) $\dfrac{2}{3} \cdot \dfrac{1}{5}$

c) $\dfrac{5}{2} \cdot \dfrac{3}{10}$ d) $\dfrac{5}{12} \cdot \dfrac{6}{5}$

e) $\dfrac{39}{7} \cdot \dfrac{7}{13}$ f) $\dfrac{4}{3} \cdot \dfrac{1}{6}$

K	O	R	I	N	A
3	$1\dfrac{1}{6}$	$\dfrac{2}{15}$	$\dfrac{2}{9}$	$\dfrac{1}{2}$	$\dfrac{3}{4}$

236 부호를 먼저 결정하고 계산하시오.

a) $-\dfrac{3}{8} \cdot \dfrac{4}{9}$ b) $-4 \cdot \left(-\dfrac{1}{12}\right)$

c) $-\dfrac{5}{6} \cdot \left(-\dfrac{3}{10}\right)$ d) $\dfrac{9}{26} \cdot \left(-\dfrac{2}{3}\right)$

237 대분수를 가분수로 바꾸고 계산하시오.

a) $2\dfrac{1}{4} \cdot 5\dfrac{1}{3}$ b) $1\dfrac{1}{4} \cdot 2\dfrac{2}{5}$

c) $2\dfrac{2}{9} \cdot 4\dfrac{1}{2}$ d) $3\dfrac{3}{7} \cdot 1\dfrac{3}{4}$

238 다음 계산을 하시오.

a) $1\dfrac{1}{2}$ 의 $\dfrac{4}{7}$ b) $2\dfrac{1}{2}$ 의 $\dfrac{3}{5}$

239 어떤 조사에 의하면 청소년의 $\dfrac{4}{5}$ 가 운동을 즐긴다. 이들 중 $\dfrac{7}{40}$ 이 축구를 하고 $\dfrac{1}{8}$ 은 아이스하키를 한다. 축구를 하는 청소년들 중 $\dfrac{1}{7}$ 과 아이스하키를 하는 청소년들 중 $\dfrac{1}{20}$ 이 여자이다. 청소년 전체 중의 a)축구를 하는 여자와 b) 아이스하키를 하는 여자는 얼마나 되는지 분수로 나타내시오.

240 다음을 계산하시오. 먼저 약분을 하고 곱셈을 하시오.

a) $\dfrac{1}{2} \cdot \dfrac{4}{9} \cdot \dfrac{3}{8}$

b) $-1\dfrac{1}{2} \cdot \dfrac{8}{15} \cdot \left(-\dfrac{3}{4}\right)$

c) $-\dfrac{1}{3} \cdot \left(-1\dfrac{1}{6}\right) \cdot \left(-2\dfrac{4}{7}\right)$

예제 1

$\dfrac{2}{3} \div \dfrac{1}{3}$ 을 계산하시오.

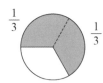

$\dfrac{1}{3}$ 을 두 번 더하면 $\dfrac{2}{3}$ 가 된다.

따라서, 몫은 2이다.

$\dfrac{2}{3}$ 에 나누는 수 $\dfrac{1}{3}$ 의 역수 $\dfrac{3}{1}$ 을 곱해서 답을 구할 수도 있다.

$\dfrac{2}{3} \div \dfrac{1}{3} = \dfrac{2}{3} \cdot \dfrac{3}{1} = \dfrac{2 \cdot 3}{3 \cdot 1} = 2$

정답 : 2

분수의 나눗셈

$\dfrac{1}{3} \div \dfrac{2}{5} = \dfrac{1}{3} \cdot \dfrac{5}{2} = \dfrac{5}{6}$

분수의 나눗셈은 나누는 수의 역수를 곱해서 구한다.

예제 2

다음 나눗셈을 하시오.

a) $\dfrac{2}{5} \div \dfrac{5}{7}$ b) $\dfrac{4}{5} \div \dfrac{8}{15}$

a) $\dfrac{2}{5} \div \dfrac{5}{7}$ ■ 나눗셈을 곱셈으로 바꾼다.

$= \dfrac{2}{5} \cdot \dfrac{7}{5}$ ■ 곱셈을 계산한다.

$= \dfrac{14}{25}$

b) $\dfrac{4}{5} \div \dfrac{8}{15}$ ■ 나눗셈을 곱셈으로 바꾼다.

$= \dfrac{4}{5} \cdot \dfrac{15}{8}$ ■ 분자와 분모를 구분한다.

$= \dfrac{4 \cdot 15}{5 \cdot 8}$ ■ 약분하고 곱셈을 계산한다.

$= \dfrac{3}{2}$

정답 : a) $\dfrac{14}{25}$ b) $\dfrac{3}{2}$

241 다음 도형을 이용하여 나눗셈을 하시오.

a) $\dfrac{1}{2} \div \dfrac{1}{8}$ b) $\dfrac{4}{5} \div \dfrac{2}{5}$

242 다음 식을 계산하시오.

a) $\dfrac{3}{5} \div \dfrac{2}{5}$ b) $\dfrac{2}{3} \div \dfrac{1}{4}$

c) $\dfrac{5}{12} \div \dfrac{3}{4}$

243 정수를 유리수로 나타낸 후 계산하시오.

a) $4 \div \dfrac{2}{5}$ b) $15 \div \dfrac{5}{3}$

c) $6 \div \dfrac{1}{6}$

244 다음 식을 계산하시오. 곱하기 전에 약분하시오.

a) $\dfrac{9}{11} \div \dfrac{9}{11}$ b) $\dfrac{40}{7} \div \dfrac{5}{7}$

c) $\dfrac{2}{5} \div \dfrac{6}{5}$ d) $\dfrac{13}{7} \div \dfrac{26}{7}$

e) $\dfrac{2}{9} \div \dfrac{9}{2}$ f) $\dfrac{7}{13} \div \dfrac{14}{3}$

245 다음 식을 계산하시오. a)부터 i)까지 해당 알파벳을 찾으면 어떤 단어가 완성되는지 알아보시오.

a) $\dfrac{3}{5} \div \dfrac{1}{5}$ b) $2\dfrac{2}{3} \div \dfrac{2}{3}$

c) $1\dfrac{3}{5} \div \dfrac{4}{5}$ d) $\dfrac{3}{8} \div \dfrac{9}{4}$

e) $2\dfrac{1}{2} \div \dfrac{15}{16}$ f) $\dfrac{4}{5} \div \dfrac{3}{5}$

g) $\dfrac{1}{2} \div \dfrac{1}{3}$ h) $15 \div \dfrac{5}{6}$

i) $\dfrac{2}{5} \div \dfrac{1}{3}$

K	A	R	K	U	T	A	P	A
$1\dfrac{1}{3}$	2	$\dfrac{1}{6}$	$1\dfrac{1}{5}$	3	$1\dfrac{1}{2}$	$2\dfrac{2}{3}$	4	18

246 다음 물음에 답하시오.

a) 엘사는 사과를 $3\dfrac{1}{2}$ kg 사고, $2\dfrac{1}{2}$ 유로를 냈다. 사과 1 kg의 가격은 얼마인가?

b) 아이노는 감자를 $2\dfrac{1}{5}$ kg 샀다. 감자는 1 kg에 $1\dfrac{1}{2}$ 유로이다. 아이노가 산 감자의 가격은 얼마인가?

247 $\dfrac{5}{6}$ 와 $\dfrac{3}{5}$ 에 대하여 다음을 계산하시오.

a) 두 수를 더한 수

b) $\dfrac{5}{6}$ 에서 $\dfrac{3}{5}$ 을 뺀 수

c) 두 수를 곱한 수

d) $\dfrac{5}{6}$ 를 $\dfrac{3}{5}$ 으로 나눈 수

248 부호를 먼저 결정하고 계산하시오.

a) $\dfrac{1}{3} \div (-2)$ b) $-8 \div \dfrac{4}{5}$

c) $-\dfrac{3}{10} \div \left(-\dfrac{4}{5}\right)$ d) $\dfrac{5}{6} \div \left(-\dfrac{2}{3}\right)$

e) $-1\dfrac{1}{12} \div 1\dfrac{2}{11}$ f) $-1\dfrac{3}{8} \div \left(-2\dfrac{1}{16}\right)$

249 딸기를 $\dfrac{1}{5}$ L짜리 냉동용기에 담아 냉동실에 보관하려고 한다. 딸기가 다음 양만큼 있을 때, 용기는 몇 개 필요한가?

a) 1 L   b) 2 L   c) $\dfrac{1}{2}$ L

250 딸기주스를 10 L 만들어 냉장고에 보관하려고 한다. 병의 크기가 다음과 같을 때 병은 몇 개가 필요한가?

a) $\dfrac{1}{3}$ L   b) $\dfrac{3}{4}$ L

계산 순서

1. 대분수의 표현을 바꾼다.
2. 괄호 안부터 계산한다.
3. 거듭제곱을 계산한다.
4. 곱셈과 나눗셈을 한다.
5. 덧셈과 뺄셈을 한다.

예제 1

다음 식을 계산하시오.

a) $\dfrac{2}{3} \cdot \left(2 - 1\dfrac{1}{4}\right)$

b) $\left(\dfrac{3}{4}\right)^2$

a) $\dfrac{2}{3} \cdot \left(2 - 1\dfrac{1}{4}\right)$

$= \dfrac{2}{3} \cdot \left(1\dfrac{4}{4} - 1\dfrac{1}{4}\right)$

$= \dfrac{2}{3} \cdot \dfrac{3}{4}$

$= \dfrac{1}{2}$

- 2를 대분수 $1\dfrac{4}{4}$ 로 표기한다.
- 괄호 안을 계산한다.
- 약분한다.

b) $\left(\dfrac{3}{4}\right)^2$

$= \dfrac{3}{4} \cdot \dfrac{3}{4}$

$= \dfrac{9}{16}$

- 거듭제곱을 곱으로 나타낸다.
- 곱셈을 한다.

정답 : a) $\dfrac{1}{2}$ b) $\dfrac{9}{16}$

예제 2

파이 요리법에 따르면 5인분의 파이를 만드는 데 밀가루는 $3\dfrac{1}{3}\,\mathrm{dL}$가 사용된다. 파이를 3인분 만들려면 밀가루는 얼마나 필요한가?

밀가루는 5인분 양의 $\dfrac{3}{5}$ 만큼 필요하다.

$3\dfrac{1}{3} \cdot \dfrac{3}{5} = \dfrac{10}{3} \cdot \dfrac{3}{5} = \dfrac{2}{1} = 2$

정답 : 밀가루는 2 dL 필요하다.

251 다음 식을 계산하시오.

a) $\dfrac{3}{8} \cdot \left(\dfrac{3}{4} - \dfrac{1}{4} \right)$ b) $\left(\dfrac{4}{8} - \dfrac{1}{8} \right) \div 3$

c) $\left(\dfrac{2}{6} - \dfrac{1}{6} \right) \div \dfrac{5}{6}$ d) $\dfrac{5}{2} \div \left(\dfrac{7}{4} - \dfrac{3}{2} \right)$

252 다음 식을 계산하시오.

a) $\left(\dfrac{1}{9} \right)^2$ b) $\left(\dfrac{4}{5} \right)^2$

c) $\left(1\dfrac{3}{4} \right)^2$

253 다음 식을 계산하시오.

a) $\dfrac{3}{4} \cdot \dfrac{2}{15} - \dfrac{7}{10}$ b) $\dfrac{7}{4} + \dfrac{5}{8} \div \dfrac{5}{2}$

c) $\dfrac{1}{2} \cdot \dfrac{3}{4} \div 1\dfrac{1}{2}$ d) $\dfrac{1}{3} \div \dfrac{1}{6} \cdot \dfrac{4}{7}$

254 마이야는 우표를 수집하였다. 그중 $\dfrac{1}{3}$이 핀란드 우표이고, 핀란드 우표의 $\dfrac{3}{4}$이 자연을 주제로 한 것이다.

a) 외국 우표의 양은 얼마인가?
b) 핀란드 우표 중에서 자연을 주제로 하지 않은 우표의 양은 얼마인가?

255 다음 식을 계산하고 a)부터 f)까지 해당 알파벳을 찾으면 어떤 단어가 완성되는지 알아보시오.

a) $\dfrac{1}{2} \div \dfrac{4}{5} - \dfrac{7}{8}$ b) $6 \cdot \dfrac{1}{4} - \dfrac{1}{2}$

c) $-\dfrac{2}{7} \div 1\dfrac{1}{7} + \dfrac{3}{4}$ d) $\dfrac{15}{16} + \dfrac{14}{8} \div 4$

e) $8 - 6 \cdot \left(3\dfrac{1}{2} - 2\dfrac{1}{3} \right)$ f) $\left(\dfrac{2}{5} + \dfrac{3}{10} \right) \cdot \left(-\dfrac{4}{7} \right)$

R	E	I	Ä	N
$1\dfrac{3}{8}$	$\dfrac{1}{2}$	1	$-\dfrac{2}{5}$	$-\dfrac{1}{4}$

256 리사와 라우리의 이모는 유산의 $\dfrac{2}{5}$를 리사에게, $\dfrac{1}{3}$은 라우리에게 상속하였다. 핀란드 적십자사에서는 나머지 유산의 $\dfrac{3}{4}$을 받았고, 핀란드 유니세프에서는 $\dfrac{1}{4}$을 받았다.

a) 구호 단체들에서 받은 유산은 전체 유산의 얼마인가?
b) 핀란드 적십자사에서 받은 유산은 전체 유산의 얼마인가?

257 창고를 청소하는 일을 처음에는 삼 남매가 똑같이 나누어서 하기로 했다. 그런데, 한나는 피아노 레슨 때문에 청소 중간에 그만두어야 했다. 그래서 한나가 할 청소 양의 절반은 욘나가, $\dfrac{1}{5}$은 이로가 대신했다.

a) 아이들은 각각 청소를 얼마만큼씩 했는가?
b) 엄마는 아이들에게 청소의 대가로 20유로를 주었다. 아이들이 받아야 할 돈은 각각 얼마인가?

258 아래는 즐기는 운동의 가짓수에 따른 3세~18세의 아이들의 비율을 나타낸 것이다. 다음 물음에 답하시오.

a) 즐기는 운동이 2가지인 청소년의 비율
b) 즐기는 운동이 최대 2가지인 청소년의 비율
c) 즐기는 운동이 최소 2가지인 청소년의 비율
d) 즐기는 운동이 최소 3가지인 청소년의 비율

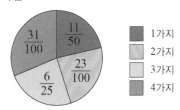

3~18세의 아이들이 등록된 스포츠클럽에 참가하여 즐기는 운동의 가짓수
출처 : 2005~2006년 운동 조사
젊은 핀란드 법인.

다음 수를 소수로 나타내시오.

a) $\dfrac{2}{5}$ b) $2\dfrac{1}{4}$ c) $\dfrac{7}{11}$

정수 부분			소수 부분		
5	**7**	**9.**	**2**	**4**	**1**

백의 자리
십의 자리
일의 자리
소수 첫째 자리
소수 둘째 자리
소수 셋째 자리

a) 나누기를 하면 $\dfrac{2}{5}=0.4$가 된다. 분수의 분모를 10으로 바꾸어 계산해도 된다.

$$\dfrac{2}{5}=\dfrac{4}{10}=0.4$$

b) $\dfrac{1}{4}=0.25$ 이므로 $2\dfrac{1}{4}=2.25$이다.

c) 나누기를 하면 $\dfrac{7}{11}=0.636363\cdots=0.\dot{6}\dot{3}$

이 수는 6과 3이 계속해서 한없이 되풀이되는 순환소수이다. 반복되는 수는 숫자 위에 점을 찍어서 나타낸다.

소수

$$2\dfrac{1}{4}=2.25$$

$$\dfrac{7}{11}=0.63636363\ldots=0.\dot{6}\dot{3}$$

- 유리수는 모두 소수로 나타낼 수 있다. 유리수를 소수로 나타내면 유한소수 또는 무한소수(순환소수)가 된다.
- 모든 유한소수 또는 무한소수(순환소수)는 유리수로 바꿀 수 있다.

다음 소수를 분수로 바꾸시오.

a) 0.72 b) -1.3

a) $0.72=\dfrac{72}{100}=\dfrac{18}{25}$ b) $-1.3=-\dfrac{13}{10}$

$0.72=\dfrac{72}{100}$ $\dfrac{18}{25}$

259 다음 수에서 3은 각각 어느 자리에 있는가?

  a) 1.03   b) 35.291   c) 307.0432

260 다음 소수를 읽는 그대로 쓰시오.

  a) 0.305   b) 51.3   c) 642.1

261 수직선 위의 A, B, C가 나타내는 소수를 쓰시오.

  a)

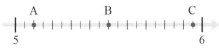

  b)

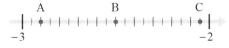

262 다음 수들을 작은 수부터 차례로 쓰시오.

  -0.3 -0.320 -0.302

  -0.312 -0.321 -0.03

263 다음 분수를 소수로 나타내시오.

  a) $\dfrac{3}{10}$ b) $-\dfrac{87}{100}$

  c) $2\dfrac{175}{1000}$

264 다음 분수를 소수로 나타내시오.

  a) $\dfrac{1}{2}$ b) $1\dfrac{1}{4}$

  c) $-2\dfrac{1}{5}$ d) $-\dfrac{3}{2}$

  e) $\dfrac{1}{3}$ f) $\dfrac{3}{11}$

265 다음 소수를 분수로 나타내고 약분하시오.

  a) 0.6   b) 0.75

  c) 0.125   d) 5.5

  e) 1.7   f) 1.25

266 다음 소수를 분수로 나타내고 약분하시오.

  a) -0.8 b) -0.64

  c) 0.725   d) 1.15

  e) 4.45   f) 7.52

267 다음은 2007년 9월 2일 오사카에서 열린 남자 창던지기 세계 챔피언십 경기의 결승전 결과이다.

남자 창던지기		
이바노프	러시아	85.16 m
토르킬센	노르웨이	88.61 m
그리어	미국	86.21 m
야니크	폴란드	83.38 m
우스토이젠	남아프리카공화국	84.52 m
피카마키	핀란드	90.33 m
야르벤파	핀란드	82.10 m
바실브스키	라트비아	85.19 m

창던지기 결승전 결과를 잘한 순서부터 차례로 쓰시오.

268 다음 수를 쓰시오.

  a) 1.056보다 소수점 아래 첫째 자리가 1 작은 수

  b) 12.013보다 소수점 아래 둘째 자리가 2 큰 수

  c) 0.0142보다 소수점 아래 셋째자리가 5 작은 소수

269 소수 2.3보다 크고 2.4보다 작은 수를 소수점 아래 둘째 자리까지 쓰시오.

270 다음 소수를 모두 쓰시오.

  a) 4.65보다 크고 4.71보다 작은 수를 소수점 아래 둘째 자리까지 3개만 쓰시오.

  b) -0.08보다 크고 -0.07보다 작은 수를 소수점 아래 셋째 자리까지 3개만 쓰시오.

271 수직선 위에서 다음 두 수와 같은 거리에 있는 수를 쓰시오.

  a) 8과 9   b) 6.5와 6.6

  c) 4.50과 4.55   d) -0.3과 0.2

272 0, 1, 2를 이용하여 소수점 아래 둘째 자리까지 있는 0보다 작은 수를 만들려고 한다. 만들 수 있는 모든 수를 찾아 작은 수부터 차례로 쓰시오.

23 소수의 계산

예제 1

다음 식을 계산하시오.

a) $1000 \cdot 0.91$ b) $0.01 \cdot 703.6$ c) $0.3 \cdot 0.25$

a) $1000 \cdot 0.91 = 910$ ■ 곱하는 수가 1000배로 커진다.

b) $0.01 \cdot 703.6 = 7.036$ ■ 곱하는 수가 $\frac{1}{100}$ 배로 작아진다.

c) $0.3 \cdot 0.25$ ■ 곱하는 수를 먼저 분수로 바꾼다.

$\quad = \frac{3}{10} \cdot \frac{25}{100} = \frac{75}{1000} = 0.075$

예제 2

다음 식을 계산하시오.

a) $931.4 \div 100$ b) $16.7 \div 1000$ c) $1.2 \div 0.2$

a) $931.4 \div 100 = 9.314$ ■ 나누는 수는 $\frac{1}{100}$ 배로 작아진다.

b) $16.7 \div 1000 = 0.0167$ ■ 나누는 수는 $\frac{1}{1000}$ 배로 작아진다.

c) $1.2 \div 0.2 = 12 \div 2 = 6$ ■ 분자와 분모에 먼저 10을 곱한다.

예제 3

암산으로 계산하시오.

a) $2.15 + 1.63$ b) $0.3 - 0.5$

a) $2 + 1 = 3$, $15 + 63 = 78$이므로 답은 3.78이다.
b) $3 - 5 = -2$이므로 답은 -0.2이다.

예제 4

상점에 두 종류의 치즈가 있다. 핀란드산은 $200\,g$짜리 한 팩이 $5.10\,€$이고, 프랑스산은 $250\,g$짜리 한 팩이 $6.20\,€$ 이다. 어느 치즈가 kg당 가격이 더 싼가?

가격을 양으로 나눠서 단위당 가격을 구한다.
■ 핀란드산 치즈 $5.10\,€ \div 0.2\,kg = 25.50\,€/kg$
■ 프랑스산 치즈 $6.20\,€ \div 0.25\,kg = 24.80\,€/kg$
가격의 차이는 $25.50\,€/kg - 24.80\,€/kg = 0.70\,€/kg$이다.

정답 : 프랑스산 치즈의 kg당 가격이 70센트 더 싸다.

273 다음 식을 계산하시오.

a) $100 \cdot 3.1415$ b) $1000 \cdot 0.717$

c) $6.45 \cdot 10000$ d) $0.1 \cdot 27$

e) $0.01 \cdot 42.1$ f) $0.3 \cdot 0.01$

274 다음 식을 계산하시오.

a) $1234 \div 100$ b) $97.3 \div 1000$

c) $0.76 \div 100$ d) $1.6 \div 0.1$

e) $125 \div 0.1$ e) $139.3 \div 0.01$

275 다음은 아래 줄의 두 칸의 합을 위 칸에 쓴 덧셈 계단이다. 계단을 완성하시오.

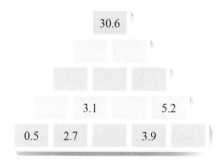

276 다음 식을 계산하고, 보기에서 답을 확인하시오.

0.46	-0.442	-0.45
3.3	-0.424	-0.068

a) $0.30+0.16$ b) $4.1-0.8$

c) $0.2 \cdot (-0.34)$ d) $-0.8 \cdot 0.53$

e) $0.230-0.672$ f) $-1.8 \div 4$

277 분자와 분모에 같은 수를 곱해서 분자가 정수가 되도록 한 후, 기약분수로 나타내시오.

a) $\dfrac{0.05}{0.45}$ b) $\dfrac{0.09}{0.072}$

c) $\dfrac{0.014}{0.28}$ d) $\dfrac{1.6}{0.25}$

278 다음 식을 계산하시오.

a) $4.2 \div 0.2$ b) $0.35 \div 0.5$

c) $0.093 \div 0.03$ d) $5.5 \div 0.11$

- 1.5 L 우유 한 팩, 1.38 €
- 0.5 L 아이스크림 한 팩, 1.39 €
- 400 g 치즈 한 덩이, 5.60 €
- 200 g 요구르트 한 개, 0.45 €

279 다음 물건의 가격은 얼마인가?

a) 치즈 200 g

b) 치즈 100 g

c) 치즈 500 g

280 위 상품들의 kg당 가격을 계산하시오.

281 다음 물음에 답하시오.

a) 화니는 요구르트를 8개 샀다. 10 € 짜리 지폐를 내면 거스름돈은 얼마인가?

b) 화니는 거스름돈으로 아이스크림을 몇 팩 살 수 있는가?

282 올리는 아이스크림 0.5 L짜리를 한 팩 사고 우유 1.5 L짜리를 두 팩 샀다. 10 € 짜리 지폐를 내면 거스름돈은 얼마인가?

283 학생 1인 수영장 입장권은 2.30 €이고 매 6번째 학생은 무료로 입장할 수 있다. 수영장에 24명이 입장하려면 입장권의 총 가격은 얼마인가?

284 한나는 일행을 대표해서 20 € 지폐로 기차표를 구입하고 거스름돈으로 2.60 €를 받았다. 일행이 6명이었다면, 기차표는 1인당 얼마인가?

24 근삿값

예제 1

2007년 말 에스포시의 인구는 238047명이었다. 인구 수를 다음 자리에서 반올림하시오.

a) 천의 자리   b) 백의 자리   c) 십의 자리

a) 23│8047 ≒ 240000   b) 238│047 ≒ 238000

c) 2380│47 ≒ 238000

근삿값과 유효숫자

0.166 ≒ 0.17
소수 셋째 자리에서 반올림하면 유효숫자는 두 개가 된다.

5023 ≒ 5020
일의 자리에서 반올림했으므로 유효숫자는 세 개이다.

- 어떤 수의 근삿값은 수를 원하는 자리에서 반올림 또는 버림해서 얻을 수 있다.

- 근삿값과 같이 비슷한 값은 기호 ≈ 또는 ≒로 나타낼 수 있다.

- 근삿값 0.023에서 소수점 아래의 0, 근삿값 5020에서 일의 자리 0은 유효숫자가 아니다.

예제 2

2002년 핀란드에서 잡힌 가장 큰 농어는 포르티파흐타 호수에서 잡혔다. 이 농어는 1974 g이었다. 이 농어의 무게를 다음 자리에서 반올림하고 근삿값의 유효숫자는 몇 개인지 구하시오.

a) 일의 자리   b) 십의 자리

a) 1974 g = 197│4 g ≒ 1970 g
근삿값에는 세 개의 유효숫자가 있다.

b) 1974 g = 19│74 g ≒ 2000 g
근삿값에는 두 개의 유효숫자가 있다.

계산결과 반올림하기

7.5 + 1.12 = 8.62 ≒ 8.6
소수 첫째 자리   소수 첫째 자리

1.5 × 126 = 189 ≒ 190
유효숫자 2개

- 근삿값의 덧셈과 뺄셈을 한 후에는 근삿값 중 오차의 한계가 큰 수의 끝자리에 맞추어 반올림한다.

- 근삿값의 곱셈과 나눗셈을 한 후에는 유효숫자의 개수를 근삿값 중 유효숫자 개수가 적은 쪽으로 맞추어 반올림한다.

285 아래 문장에서 다음을 찾으시오.

> • 어느 반의 학생 수는 20명이다.
> • 핀란드의 인구는 5300만 명이다.
> • 오토의 키는 167 cm 이다.
> • 지갑에는 32유로 50센트가 있다.

a) 참값　　　　　　b) 근삿값

286 다음 근삿값에는 유효숫자가 각각 몇 개 있는가?

a) 방의 길이 3.02 m
b) 사탕봉지의 가격 1.90 €
c) 편지봉투의 무게 0.045 kg
d) 비행 거리 2500 km
e) 스키점프 선수의 속도 92.8 km/h
f) 어느 가족의 집 대출금 45230 €

287 소수 둘째 자리에서 반올림해서 얻은 근삿값이 아래와 같은 수를 모두 나열하시오.
(단, 소수 셋째 자리부터는 모두 0인 수이다.)

a) 1.4　　　　　　b) 3.0
c) 0.9

288 유효숫자가 두 개가 되도록 다음 수를 반올림하시오.

a) 지구 적도의 길이 6378.140 km
b) 진공 상태에서의 빛의 속도
　299792 km/s
c) 호수에서 잡은 민물 농어의 무게
　2.845 kg

289 물이 녹는 온도는 273.15 K(켈빈온도)이다. 다음 자리에서 반올림하시오.

a) 십의 자리　　　b) 소수 첫째 자리
c) 소수 둘째 자리

290 다음 식을 계산하고 반올림하시오.

a) 3.1 m · 4.66 m
b) 11.2 s · 15 m/s
c) 1300 kg/m³ · 0.23 m³
d) 1.2 m · 0.32 m · 0.15 m

291 다음 식을 계산하고 반올림하시오.

a) 2.3 m − 0.42 m
b) 25.3 s + 13.9 s − 33.55 s
c) 32.0 kg − 2370 g
d) 120.0 cm − 232 mm − 16 mm

292 단위(kg, m) 가격을 계산하시오.

a) 오이 0.351 kg이 1.05 €
b) 쇠고기 613 g이 10.36 €
c) 나무 판넬 126 m가 162.50 €
d) 플리스 천 160 cm가 26.88 €

293 단위 가격이 아래와 같을 때 다음과 같이 사면 얼마인가?

> • 오렌지 1.99 €/ kg
> • 사과 2.15 € / kg
> • 바나나 2.45 €/ kg

a) 오렌지 0.636 kg
b) 사과 1.389 kg
c) 바나나 0.556 kg

294 우유 한 잔은 165 g이다. 우유 한 잔에 들어 있는 다음의 양을 구하시오.

> 우유 100 g에 들어 있는 영양성분
> • 에너지 164 kJ/39 Kcal
> • 단백질 3.3 g
> • 탄수화물 3.1 g
> • 락토스 0 g
> • 지방 1.5 g
> • 칼슘 120 mg(15%*)
> • 비타민 D 0.5 µg(10%*)
> (* 1일 권장섭취량 중에서)

a) 에너지　　　　　b) 단백질
c) 탄수화물　　　　d) 지방
e) 칼슘　　　　　　f) 비타민 D

25 여행지에서

화폐	단위	화폐약자	환율/유로화
미국	달러	USD	1.5753
일본	엔	JPY	162.8200
영국	파운드	GBP	0.80145
스웨덴	크로나	SEK	9.2993
스위스	프랑	CHF	1.6228
노르웨이	크로네	NOK	7.8550
러시아	루블	RUB	37.1710

공식환율, 2008년 5월 21일 유럽중앙은행 발표

환율은 1유로로 살 수 있는 해당 국가의 화폐를 말한다. 예를 들어 1유로로 1.5753 달러를 살 수 있다.

예제 1

2008년 5월 21일에 100유로로 다음을 얼마나 살 수 있는가?

a) 미국 달러 b) 스위스 프랑

a) 1유로로 1.5753 USD를 살 수 있으므로 100유로로는
   $100 \cdot 1.5753$ USD=157.53 USD를 살 수 있다.
b) 1유로로 1.6228 CHF를 살 수 있으므로 100유로로는
   $100 \cdot 1.6228$ CHF=162.28 CHF를 살 수 있다.

정답 : a) 157.53 USD **b)** 162.28 CHF

예제 2

2008년 5월 21일에 다음으로 살 수 있는 유로화는 얼마인가?

a) 미국 화폐 100 달러 b) 영국 화폐 100 파운드

a) 1유로로 미국 화폐 1.5753 USD를 살 수 있으므로, 100 USD로는
   $\frac{100}{1.5753}$ 유로=63.48유로를 살 수 있다.
b) 1유로로 0.80145 GBP를 살 수 있으므로, 100 GBP로는
   $\frac{100}{0.80145}$ 유로=124.77유로를 살 수 있다.

정답 : a) 63.48 유로 **b)** 124.77 유로

피오르드

‖ 환율 계산을 하기 위하여 옆 페이지에 나와 있는 환율을 사용하시오.

295 1유로로 살 수 있는 다음 나라의 화폐는 얼마인지 쓰시오. (단, 소수 둘째 자리까지 구하시오.)

a) 노르웨이 크로네   b) 영국 파운드화

c) 일본 엔

296 100유로를 살 수 있는 다음 나라의 화폐는 얼마인지 쓰시오. (단, 소수 둘째 자리까지 구하시오.)

a) 스웨덴 크로나   b) 러시아 루블

297 다음 금액으로 살 수 있는 유로화는 얼마인가? (단, 소수 둘째 자리까지 구하시오.)

a) 노르웨이 1크로네

b) 스위스 1프랑

c) 러시아 1루블

298 다음 금액으로 살 수 있는 유로화는 얼마인가? (단, 소수 둘째 자리까지 구하시오.)

a) 스웨덴 100크로나화

b) 일본 100엔

299 아래 도표를 완성하시오. (단, 소수 둘째 자리까지 구하시오.)

EUR	SEK	CHF	RUB
1			
5			
10			
20			

300 금 1 kg의 가격은 33580 USD이다. 유로화로 금 1 kg은 얼마인가?

301 밀라는 베른에 다녀왔다. 지갑에는 스위스 56 프랑이 남아 있다. 스위스 돈 56 프랑은 유로화로 얼마인가?

302 미코는 런던에 일주일간 여행을 가서 하루에 70 € 씩 사용할 계획이다. 파운드화로 얼마를 바꾸어야 하는가?

래프팅

303 다음은 구간 사이의 길이와 기차요금이다. 물음에 답하시오.

경로	길이	요금
헬싱키 – 오울루	680 km	72.00 EUR
스톡홀름 – 말뫼	597 km	801 SEK
오슬로 – 베르겐	489 km	739 NOK

위 국가들의 기차 요금은 2008년 5월 21일 가격이다.

a) km당 기차요금을 유로화로 계산하시오.
b) 어느 구간의 km당 요금이 가장 저렴한가?

304 자동차 기름 1 L의 가격은 핀란드에서 1.569유로, 캘리포니아에서 0.956달러이다. 100 km에 6.5 L를 소비하는 차량을 이용해서 1000 km를 운전할 때, 핀란드에서는 캘리포니아에서보다 기름값이 얼마나 더 드는가? (단, 유로로 계산하다.)

305 도쿄의 나리타 공항은 도쿄에서 동쪽으로 65 km 떨어져 있다. 공항에서 도심까지 택시를 이용하면 1시간 30분이 걸리고 요금은 21500엔이다. 공항철도를 이용하면 53분이 걸리고 요금은 2940엔이다. 다음의 경우에 요금은 유로화로 얼마인가?

a) 택시로 갔을 때   b) 기차로 갔을 때

길이	음표	쉼표
$\dfrac{1}{1}$	𝅝	▬
$\dfrac{1}{2}$	𝅗𝅥	▬
$\dfrac{1}{4}$	♩	𝄽
$\dfrac{1}{8}$	♪	𝄾
$\dfrac{1}{16}$	♬	𝄿

모든 음표와 쉼표에는 정해진 길이가 있다. 음표나 쉼표 뒤에 점이 있으면 그 길이를 원래 길이의 반만큼 늘린다.

예제 1

음표와 쉼표의 길이를 계산하시오.

a) 𝅗𝅥. b) ♩. c) 𝄾.

a) $\dfrac{1}{2} + \dfrac{1}{4} = \dfrac{2}{4} + \dfrac{1}{4} = \dfrac{3}{4}$

b) $\dfrac{1}{4} + \dfrac{1}{8} = \dfrac{2}{8} + \dfrac{1}{8} = \dfrac{3}{8}$

c) $\dfrac{1}{8} + \dfrac{1}{16} = \dfrac{2}{16} + \dfrac{1}{16} = \dfrac{3}{16}$

8분의 1 음표와 16분의 1 음표는 여러 개를 한꺼번에 나타낼 수 있다. 예를 들어 8분의 1 음표 두 개 ♪♪는 ♫로 쓸 수 있고, 16분의 1 음표 세 개 ♪♪♪는 ♬로 쓸 수 있다. 음표와 쉼표는 세로줄로 표시하는 마디 단위로 나뉜다. 곡의 박자는 악보 가로줄 가장 왼쪽에 수 2개를 분수 꼴로 써서 나타낸다. 아래의 수는 음표의 길이, 위의 수는 한 마디에 들어가는 음표의 개수를 말한다. 예를 들면, $\dfrac{2}{4}$는 한 마디에 $\dfrac{1}{4}$ 음표가 두 개가 들어간다는 뜻이다. 그래서 한 마디에 들어가는 음표와 쉼표의 길이의 합은 $\dfrac{1}{2}$이다.

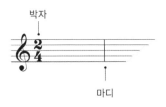

박자

마디

예제 2

다음은 몇 박자 곡인가?

첫째 마디   둘째 마디   셋째 마디

첫째 마디 $\dfrac{1}{4} + \dfrac{1}{2} = \dfrac{3}{4}$

둘째 마디 $3 \cdot \dfrac{1}{4} = \dfrac{3}{4}$

셋째 마디 $\dfrac{1}{4} + \dfrac{1}{2} = \dfrac{3}{4}$

정답 : $\dfrac{3}{4}$ 박자 곡이다.

칸텔레(핀란드 민속악기)

피리는 오래된 악기 중 하나이다. 연주자가 피리 속으로 공기를 불어넣으면 피리 내부의 공기기둥이 떨리면서 소리가 난다. 소리의 높낮이는 떨리는 공기기둥의 길이에 따라 정해진다. 부는 방법에 따라 피리는 가로 피리와 세로 피리로 나뉜다.

●●● 연습

306 다음 음표의 길이의 합을 계산하시오.

a) ♩♩♩
b) ♩♩
c) ♪♪♪♪
d) ♫♫♫ ♫♫♫

307 다음 음표 또는 쉼표의 길이를 계산하시오.

a) ♪.
b) .
c) 𝄽.
d) ♪.

308 다음의 잇단음표들의 길이와 같은 음표를 아래에서 고르시오. a)부터 f)까지 해당 알파벳을 찾으면 어떤 단어가 완성되는지 알아보시오.

a) ♫♫♫
b) ♫♫
c) ♫♫♫♩
d) ♫♩
e) ♫♩
f) ♫♫♫♩

L	Ä	H	D	E	N
o	♪	♪.	♩	♩	♩.

●●● 응용

309 다음 음표들의 길이의 합을 계산하시오.

a) ♫♫ ♩
b) ♫♫ ♩
c) ♪♩.
d) ♪♩.

310 다음 곡들에 해당하는 알맞은 박자를 보기에서 고르시오.

$$\frac{2}{4} \quad \frac{3}{4} \quad \frac{4}{4}$$

a)

b)

c)

d)

311 A, B, C에 들어갈 알맞은 음표를 그리시오.

a)

b)

c)

d)

●●●○ 연습

312 다음 물음에 답하시오.

a) 성냥개비를 한 개 옮겨서 다른 방향으로 걸어가는 개를 만드시오.

b) 성냥개비를 다섯 개 옮겨서 술잔 두 개를 집 모양으로 바꾸시오.

c) 성냥개비를 한 개 옮겨서 세 개의 사각형을 만드시오.

313 다음 스도쿠를 완성하시오.

- 수 1, 2, 3, 4는 네 개의 작은 사각형에 각각 한 번씩만 들어가야 한다.
- 수 1, 2, 3, 4는 큰 사각형의 가로와 세로에 각각 한 번씩 들어가야 한다.

a)

	3	1	
4			
	4	3	

b)

1			4
		1	
			3
2			

314 다음 스도쿠를 완성하시오.

- 1부터 6까지의 자연수는 여섯 개의 작은 사각형에 각각 한 번씩만 들어가야 한다.
- 1부터 6까지의 자연수는 큰 사각형의 가로와 세로에 각각 한 번씩 들어가야 한다.

2			5		
	1			3	
		3			6
4			3		
	6			4	
		1			2

315 엘사, 세이야, 타냐는 조각피자를 1개씩 사 먹었다. 피잣값으로 셋은 각자 6유로씩 냈다. 그런데, 피자집 주인은 한 테이블에 조각피자를 세 개 시키면 13유로에 할인을 해 주겠다고 약속했었다. 직원의 실수를 알게 된 주인은 더 받은 5유로를 돌려주라고 직원에게 말했다. 손님의 뒤를 쫓아가면서 직원은, 어떻게 3명에게 5유로를 똑같이 나누어 줄지 고민하다가, 손님에게 1유로씩 주고 2유로는 자기가 가지기로 결정했다. 세 명의 손님은 피잣값으로 각자 5유로를 낸 셈이다. 즉, 피자 세 조각은 15 € 이고, 직원은 2 € 를 갖게 되어서 15 € + 2 € = 17 € 이다. 1 유로는 어디로 사라졌는가?

316 세이야와 일라리가 가지고 있는 돈의 액수가 같다. 세이야가 일라리보다 6유로 더 많이 가지려면, 일라리가 세이야에게 얼마를 주면 될까?

317 5 L, 8 L, 20 L 들이 용기가 있다. 다음의 물의 양을 어떻게 만들 수 있을까?

a) 1 L   b) 2 L   c) 3 L

d) 4 L   e) 6 L   f) 19 L

●●○ 응용

318 삼포, 페카, 마티는 캠핑을 떠났다. 삼포는 소시지를 5개 챙겼고, 페카는 4개 챙겼다. 먹을 것을 깜빡 잊고 챙겨오지 않은 마티는 친구들에게 6유로를 주었다. 세 친구는 소시지를 3개씩 먹었다. 삼포와 페카는 마티가 준 6유로를 어떻게 나눠 가져야 할까?

319 테로는 개 한 마리, 고양이 한 마리와 개의 사료 한 봉지를 섬으로 옮기려고 한다. 고무보트가 너무 작아서 한 번에 테로와 개 또는 테로와 고양이 또는 테로와 개 사료만 같이 탈 수 있다. 만약 개와 고양이를 같이 둔다면, 바로 싸울 것이고 개와 사료만 두면 개가 사료를 먹어치울 것이다. 또, 물살이 너무 세기 때문에 테로는 개나 고양이를 헤엄쳐 건너게 할 수도 없다. 어떻게 해야 개, 고양이, 개의 사료를 다 섬으로 옮길 수 있을까?

320 요키넨 씨, 야르비넨 씨, 비르타넨 씨에게는 각각 아들이 한 명씩 있다. 아들들의 이름은 아스코, 에스코, 우스코이다. 아들들은 모두 아버지의 성을 따른다. 이외에 다음을 알고 있다.

1. 야르비넨 씨는 대머리이다.
2. 에스코의 머리길이는 어깨까지 내려온다.
3. 요키넨 씨는 비행기를 타 본 적이 없다.
4. 에스코의 아버지는 머리가 짧다.
5. 세 남자 중 한 명은 조종사이며, 그의 머리카락은 에스코처럼 길다.
6. 우스코의 아버지는 비르타넨 씨와 일요일마다 낚시를 한다.

a) 아스코의 성은 무엇인가?
b) 아버지들 중 누가 조종사인가?
c) 에스코의 성은 무엇인가?

(1979년 6월 27일 공과대학교 입학시험 문제)

● ● ● ○ 연습

321 다음 가분수를 대분수로 나타내시오. 가능하면, 먼저 약분하시오.

a) $\dfrac{7}{4}$ b) $\dfrac{17}{5}$

c) $\dfrac{22}{8}$ d) $\dfrac{18}{15}$

322 다음 분수를 소수로 바꾸시오.

a) $\dfrac{8}{10}$ b) $\dfrac{1}{5}$

c) $3\dfrac{3}{4}$ d) $1\dfrac{15}{100}$

323 다음 소수를 분수로 바꾸시오. 약분해서 기약분수로 나타내시오.

a) 0.9 b) 0.65 c) 0.04

324 다음 수를 수직선 위에 나타내시오.

a) $0.8,\ -1.1$ b) $-\dfrac{2}{5},\ \dfrac{1}{2}$

325 분모를 통분하고 큰 수에 ○표를 하시오.

a) $\dfrac{4}{5},\ \dfrac{6}{7}$ b) $-\dfrac{1}{2},\ -\dfrac{2}{3}$

c) $-2\dfrac{3}{4},\ -2\dfrac{4}{5}$

326 <, > 중 빈칸에 알맞은 기호를 쓰시오.

a) $0.32 \;\square\; 0.30$ b) $-1.1 \;\square\; 0.1$

c) $-0.01 \;\square\; -0.011$ d) $-1.26 \;\square\; 0.25$

327 다음 문제를 푸시오.

a) $103.164\ \mathrm{cm}$를 소수 둘째 자리에서 반올림하시오.

b) $227.71\,€$의 유효숫자가 세 개가 되도록 반올림하시오.

c) $55352.1\ \mathrm{km}$를 십의 자리에서 반올림하시오.

d) $499.16\ \mathrm{kg}$의 유효숫자가 두 개가 되도록 반올림하시오.

328 세로줄의 수를 가로줄의 수 2, 3, 5, 9, 10으로 나눌 수 있으면 ○표를 하시오.

	2	3	5	9	10
6	○	○			
27					
39					
85					
102					
1044					
4230					

329 다음 수를 소인수분해하시오.

a) 42 b) 180 c) 105

330 다음 식을 계산하시오.

a) $1\dfrac{1}{5}+\dfrac{4}{5}$ b) $\dfrac{14}{15}-\dfrac{3}{5}$ c) $-1\dfrac{1}{2}+2\dfrac{1}{3}$

331 다음 식을 계산하시오.

a) $-3\cdot\dfrac{4}{3}$ b) $\dfrac{3}{4}\cdot\dfrac{8}{9}$ c) $\dfrac{4}{9}\div\dfrac{2}{3}$

d) $\left(\dfrac{4}{5}\right)^2$ e) $\dfrac{3}{5}\cdot 1\dfrac{5}{6}$ f) $\dfrac{3}{8}\div 2\dfrac{1}{4}$

332 다음 식을 계산하시오.

a) $2.3+1.74$ b) $1.5\cdot 1000$

c) $8.31-7.03$ d) $0.68\div 100$

e) $0.4\cdot 0.26$ f) $0.5\cdot 0.15$

333 분모가 정수가 되도록 분자와 분모에 같은 수를 곱하고 계산하시오.

a) $\dfrac{3.6}{0.06}$ b) $\dfrac{0.56}{0.8}$ c) $\dfrac{0.054}{0.27}$

334 소수점 아래 둘째 자리에서 반올림했을 때 근삿값이 3.9인 수를 모두 쓰시오. (단, 소수점 아래 셋째 자리 이하는 모두 0이라고 하자.)

335 다음 물음에 답하시오.

a) 28과 42의 공약수를 쓰시오.

b) 168과 240의 공약수들 중에서 최대공약수를 쓰시오.

336 $2\frac{2}{3}$와 $\frac{5}{6}$에 대하여 다음 물음에 답하시오.

a) 두 수의 합 b) $2\frac{2}{3}$에서 $\frac{5}{6}$을 뺀 수

c) 두 수의 곱 d) $2\frac{2}{3}$를 $\frac{5}{6}$로 나눈 수

337 다음 식을 계산하시오.

a) $1\frac{1}{3} + \frac{3}{8} \div \frac{1}{2}$ b) $\frac{2}{9} \div 4 + \frac{1}{2} \cdot \frac{5}{9}$

338 다음 수들의 평균값을 구하시오.

a) $2\frac{1}{2}$, $\frac{1}{3}$, $\frac{3}{4}$ b) 0.5, 0.71, 1.13

339 보석장수는 보석 120개를 판매하고 있다. 보석에서 다이아몬드는 $\frac{1}{6}$, 루비는 $\frac{1}{5}$, 에메랄드는 $\frac{1}{4}$이고 나머지는 사파이어이다. 보석장수가 가지고 있는 사파이어는 몇 개인가?

340 올리, 닐로와 투오마스는 아이스크림 한 통에서 각각 $\frac{1}{3}$씩 나누어 받았다. 닐로는 자신의 아이스크림의 반을 먹고 나머지 반을 올리에게 주었다. 투오마스는 자신의 아이스크림의 $\frac{3}{4}$을 먹고 나머지를 올리에게 주었다. 이 세 명이 먹은 아이스크림의 양은 각각 얼마인가?

341 블루베리 $4\frac{1}{2}$ L를 냉동실에 보관해야 한다. 이 블루베리를 $\frac{3}{4}$ L짜리 냉동용기에 담아 보관한다고 할 때, 냉동용기는 몇 개가 필요한가?

342 다음의 단위당 가격을 구하시오. (단위 : kg)

a) 살구 0.500 kg이 1.99 €이다.

b) 초콜릿건포도 200 g이 1.58 €이다.

c) 바나나 0.450 kg이 0.90 €이다.

▌ [343−345] 다음 가격을 참고하여 물음에 답하시오.

- 감자 0.65 € / kg
- 수박 2.60 € / kg

343 다음과 같이 구입하면 얼마를 지불해야 하는가?

a) 감자 0.4 kg b) 수박 600 g

344 다음에서 감자, 수박을 구입한 무게를 구하시오.

a) 감자를 3.90 € 만큼 샀다.

b) 수박을 3.90 € 만큼 샀다.

345 다음 물음에 답하시오.

a) 카이야는 감자 2 kg과 수박 800 g짜리 한 덩이를 샀다. 5유로짜리 지폐를 내면 거스름돈은 얼마인가?

b) 감자 4.4 kg의 가격과 같은 수박 한 덩이는 몇 kg인가?

346 다음 식에서 빈칸에 들어갈 수를 구하시오.

a) $\frac{11}{12} - \frac{2}{3} = \frac{1}{2} + \frac{\square}{4}$

b) $-\frac{15}{16} + \frac{1}{4} = -\frac{\square}{8} - \frac{5}{16}$

347 수영장에 있는 수도꼭지에서 물이 1분에 20방울씩 떨어진다. 물 한 방울은 0.2 mL 이다.

a) 0.25 L 의 물이 모이려면 물이 몇 방울 떨어져야 하는가?

b) 물이 72 L 떨어지는데 걸리는 시간은 얼마인가?

• 정수

수직선 위의 정수

$$-5 \; -4 \; -3 \; -2 \; -1 \; 0 \; 1 \; 2 \; 3 \; 4 \; 5$$

음수　　　　양수 (자연수)

• 절댓값은 같고 부호가 다른 수

$$-3 \qquad 0 \qquad 3$$

• 정수의 계산

덧셈과 뺄셈

$2+(+5)=2+5=7$

$2+(-5)=2-5=-3$

$2-(-5)=2+5=7$

곱셈과 나눗셈

1. 먼저 부호를 결정한다.

2. 부호 없이 곱하거나 나눈다.

$2 \cdot (-5)=-2 \cdot 5=-10$

제곱

$$2^3 = 2 \cdot 2 \cdot 2 = 8$$

밑

지수는 수를 곱한 횟수를 나타낸다.

두 번 곱하면 제곱, 세 번 곱하면 세제곱이다.

• 계산 순서

1. 괄호 안의 식을 계산한다.

2. 거듭제곱을 계산한다.

3. 왼쪽에서부터 오른쪽으로 곱셈과 나눗셈을 한다.

4. 덧셈과 뺄셈을 한다.

• 나누기, 약수, 소수

$15 = 3 \cdot 5$ 이므로, 15는 3과 5로 나누어떨어진다.

3과 5는 15의 약수이다.

소수는 1보다 큰 자연수 중, 오직 1과 자기 자신으로만 나누어떨어지는 수이다.

• 유리수의 계산

덧셈과 뺄셈

1. 분모를 통분한다.

2. 분자를 더하거나 뺀다.

$$\frac{1}{4}+\frac{2}{3}=\frac{3}{12}+\frac{8}{12}=\frac{11}{12}$$

곱셈

분자는 분자끼리, 분모는 분모끼리 곱한다.

$$\frac{4}{7} \cdot \frac{3}{5}=\frac{4 \cdot 3}{7 \cdot 5}=\frac{12}{35}$$

나눗셈

나누는 수의 분자와 분모를 서로 바꾼 뒤 곱한다.

$$\frac{2}{3} \div \frac{3}{4}=\frac{2}{3} \cdot \frac{4}{3}=\frac{2 \cdot 4}{3 \cdot 3}=\frac{8}{9}$$

• 소수

유한소수 : 1.7

순환소수 : $0.6161 \cdots = 0.\dot{6}\dot{1}$

소수의 근삿값

근삿값은 반올림해서 구한다.

$1572 \approx 1570$ 　　유효숫자 3개로 반올림한다.

$21.48 \approx 21.5$ 　　소수 둘째 자리에서 반올림한다.

• 근삿값의 계산

오차의 한계가 큰 수에 맞추어 답의 근삿값을 반올림한다.

－덧셈과 뺄셈의 계산에서는 유효숫자를 오차의 한계가 큰 수에 맞춘다.

－곱셈과 나눗셈의 계산에서는 유효숫자의 개수를 오차의 한계가 큰 수에 맞춘다.

제 2 부

평면도형

■ 평면과 좌표에서의 각, 원과 다각형의 성질에 대해서 공부해봅시다.

■ 기하학적으로 그리는 것의 원칙을 배우고, 평면도형의 대칭과 이동에 대해서 알아봅시다.

29 각과 각의 종류

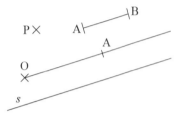

- 평면도형의 기본 요소는 점, 선분, 반직선, 직선, 각이다.
- 점은 점 P와 같이 대문자로 표시한다. 선분은 선분 AB와 같이 두 점의 이름을 이용하여 표시한다. 반직선은 시작점과 직선 위에 있는 점을 이용해 그림의 반직선 OA와 같이 나타낸다. 직선은 직선 s와 같이 보통 소문자로 표시한다.

각과 변

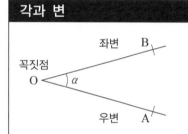

- 각 AOB는 반직선 OA가 꼭짓점 O를 중심으로 반직선 OB까지 회전하면서 만들어진다. 그림에서 보듯이 만들어진 각은 작은 호를 그려 표시한다.
- 반직선 OA와 OB는 각 AOB의 변이다.
- 점 O는 각의 꼭짓점이다. 각의 표시는 ∠으로 한다.
  $\angle AOB = \angle O = \angle \alpha$

$$\alpha \qquad \beta \qquad \gamma \qquad \delta$$

알파   베타   감마   델타

그리스 문자
(해설 및 정답 91쪽 참조)

각은 다음과 같이 표시할 수 있다.
- 꼭짓점을 이용해서 나타낸다. 각 O, 즉 ∠O
- 변에 있는 점과 꼭짓점을 이용하여 순서대로 이름을 붙인다.
  각 AOB, 즉 $\angle AOB = \angle BOA$
- 그리스 문자 α, β, γ 등을 이용하여 각 안쪽에 표기한다.

각의 종류

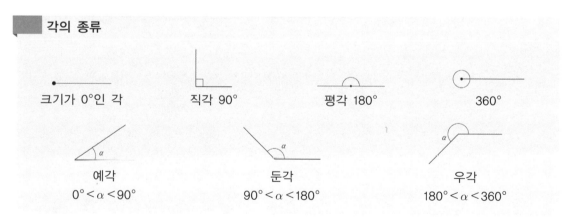

크기가 0°인 각   직각 90°   평각 180°   360°

예각   둔각   우각
$0° < \alpha < 90°$ $90° < \alpha < 180°$ $180° < \alpha < 360°$

348 다음을 그리시오.

　　a) 점 Q　　　　　b) 선분 CD
　　c) 직선 t　　　　d) 반직선 RS

349 다음 그림을 보고 물음에 답하시오.

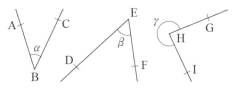

　　a) α, β, γ를 이용하여 각을 나타내시오.
　　b) 세 점을 이용하여 각을 나타내시오.
　　c) 꼭짓점을 이용하여 각을 나타내시오.

350 다음 각을 세 가지 방법을 이용하여 나타내시오.

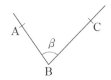

351 보기에서 다음 각을 고르시오.

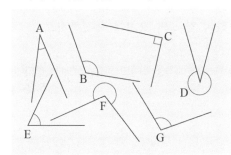

　　a) 예각　　　　　b) 둔각
　　c) 직각　　　　　d) 우각

352 다음 각을 그리시오.

　　a) 평각　　　　　b) 직각
　　c) 360°　　　　　d) 0°

353 다음 각을 그리고 문자를 적당한 위치에 쓰시오.

　　a) 예각 α　　　　b) 둔각 ABC
　　c) 우각 O

354 보기에서 다음 각을 고르시오.

| 153° | 90° | 12° | 330° |
| 180° | 78° | 360° | 91° |

　　a) 예각　　　　　b) 둔각
　　c) 직각　　　　　d) 우각
　　e) 평각

355 다음 각을 그리고 문자를 적당한 위치에 쓰시오.

　　a) 직각 ABC　　　b) 예각 DEF
　　c) 평각 GHI　　　d) 둔각 JKL

356 다음 물음에 답하시오.

　　a) 평각의 반은 몇 도인가?

　　b) 평각의 $\frac{1}{3}$은 몇 도인가?

　　c) 평각의 $\frac{1}{5}$은 몇 도인가?

357 종이 한 장을 어떻게 접으면 다음 각이 나올 수 있을지 생각해 보시오.

　　a) 평각　　　　　b) 직각
　　c) 45°　　　　　d) 22.5°

358 아래 그림은 프리즘에 쏜 빛이 일부는 반사되고 일부는 프리즘을 통과하면서 분해되는 과정이다. 프리즘과 빛이 만나 생기는 각 중, 다음 각은 각각 몇 개인가?

　　a) 예각　　　　　b) 둔각
　　c) 직각　　　　　d) 우각

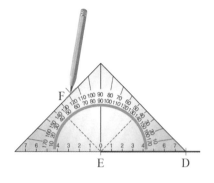

예제 1

각도기를 이용하여 각 DEF = 118°를 그리시오.

1. 반직선 ED를 그린다.
2. 각도기를 반직선 ED에 대어 118°를 찾고 점 F를 표시한다.
3. 반직선 EF를 그린다.
4. 작은 호를 그려 각 DEF를 표시한다.

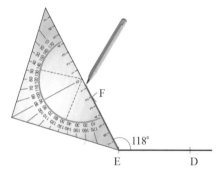

예제 2

각도기를 이용하여 각 α의 크기를 측정하시오.

먼저 각도기를 이용해서 예각을 측정한 뒤 360°에서 뺀다.
즉, $\alpha = 360° - 47° = 313°$ **정답**: $\alpha = 313°$

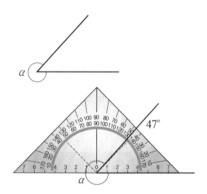

예제 3

각도기를 이용하여 각 265°를 그리시오.

먼저 둔각 $360° - 265° = 95°$를 그린다.
반대편에 작은 호를 그려서 각 265°를 표시한다.

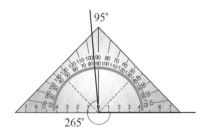

359 각 α, β, γ의 크기를 예측하시오. 각도기를 이용하여 각을 측정하고 예측한 값과 비교하시오.

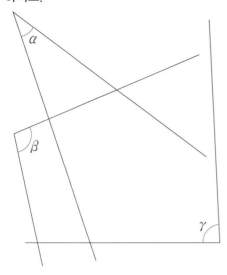

360 각도기를 이용하여 다음의 각을 그리시오.

a) 30°   b) 85°

c) 98°   d) 300°

361 다음 그림에서 각도기를 이용하여 ∠A, ∠B, ∠C 를 측정하시오.

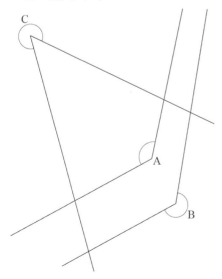

362 다음 삼각형에서 각 A, B, C의 크기를 측정하고 세 각의 크기의 합을 계산하시오.

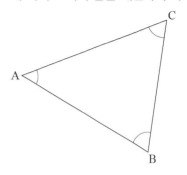

363 다음 사각형 ABCD 내각의 크기를 모두 측정하고 내각의 합을 계산하시오.

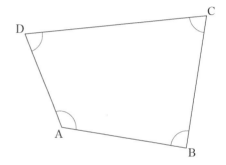

364 다음 물음에 답하시오.

a) 축구경기에서 페널티킥을 차는 지점에서 골대의 양쪽 기둥에 이르는 두 변이 이루는 각은 37°이다. 37°를 그리시오.

b) DC9 비행기의 몸체가 이륙 직후 수평선과 이루는 각은 17°이다. 17°를 그리시오.

만나는 직선	평행선	수직선

만나는 직선

• 직선 l과 s가 만난다.
• 직선이 만나 이룬 각 α는 두 각 중 작은 각을 말한다.

평행선

• 직선 l과 s가 만나지 않는다.
• 기호로 $l /\!/ s$와 같이 쓴다.

수직선

• 직선 n과 s가 만나서 직각을 이룬다.
• 직선은 서로 수직이고 기호로 $n \perp s$와 같이 쓴다.

예제 1

각도기를 이용하여 다음 물음에 답하시오.

a) 직선 l과 만나지 않는 직선 s를 그리시오.

b) 점 P에서 직선 l에 수선을 그려 점 P와 직선 l 사이의 거리를 측정하시오.

a) 각도기의 변이 점 P를 지나게 놓고, 직선 l 위에 각도기의 눈금이 같은 수가 오도록 하여 직선 s를 긋는다.

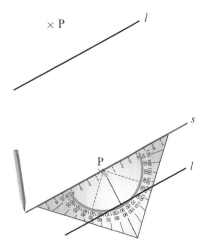

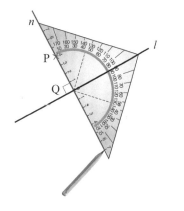

b) 점에서 직선까지의 거리란 점에서 직선까지의 가장 짧은 거리를 말한다.

그림에서 점 P에서 직선 l에 내린 수선의 교점을 Q라고 할 때, 선분 PQ의 길이가 점 P에서 직선 l까지의 거리이다. 각도기의 변이 점 P를 지나게 놓고, 각도기의 90°를 나타내는 선이 직선 l과 포개어지도록 하여 수선 n을 긋는다. 자로 재면 4.0 cm이다.

정답 : b) 4.0 cm

365

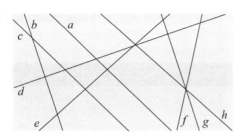

각도기를 이용하여 그림에서 다음 직선을 찾으시오.

a) 서로 평행한 직선
b) 서로 수직인 직선

366 세 점을 이용하여 직선 l과 s 사이의 각을 나타내시오.

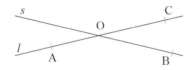

367 앞의 예제1과 같은 방법으로 점 P를 지나는 다음 직선을 그리시오.

a) 직선 l과 평행인 직선 s
b) 직선 l의 수선 n

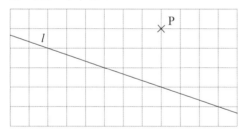

368 다음을 직접 측정하시오.

a) 점 P에서 직선 s까지의 최단 거리
b) 점 P에서 직선 l까지의 최단 거리
c) 직선 l과 직선 s 사이의 각

× P

369 두 개의 직선을 그리되, 다음의 각을 만드시오.

a) $45°$　　b) $25°$　　c) $90°$　　d) $0°$

370 직선들 중 선분 AB에 대하여 다음을 찾으시오.

a) 수선　　　　　　b) 수직이등분선

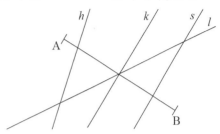

371 선분 AB에 대하여 다음 물음에 답하시오.

a) 각도기와 자를 이용하여 선분의 중점을 찾으시오.
b) 선분의 중점을 지나는 수직선을 그리시오.

372 다음과 같이 점이 주어졌을 때, 주어진 점을 모두 지나는 직선을 몇 개 그릴 수 있는지 그림을 그려 알아보시오.

a) 점 2개　　b) 점 3개　　c) 점 1개

373 두 직선이 $40°$로 만나는 그림을 그리시오. 두 직선의 교점을 지나면서 두 직선에 수직인 선을 각각 그리시오. 수선 사이의 각은 몇 도인가?

374 정사각형 안에 서로 평행하지 않은 직선 5개를 그리면 정사각형 내부는 몇 개의 영역으로 나누어진다. 이제 각 영역에 색을 칠하는데, 이웃한 영역들을 모두 다른 색으로 칠하려고 한다. 최소한 몇 가지 색이 필요한가?

맞꼭지각

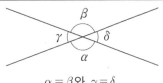

$\alpha = \beta$와 $\gamma = \delta$

맞꼭지각이란 두 직선의 교점에 생기는 마주 보는 각이다.

정리 : 맞꼭지각은 서로 크기가 같다.

보각

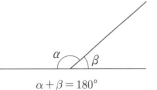

$\alpha + \beta = 180°$

평각 180°를 반직선으로 나누면 두 개의 각이 생기는 데, 이 각 α와 β를 서로 보각이라고 한다.

정리 : 보각의 합은 180°이다.

예제　1

각 α의 크기를 계산하시오.

각 35°와 α는 보각이므로, $\alpha = 180° - 35° = 145°$

정답 : $\alpha = 145°$

예제　2

각 α, β, γ의 크기를 계산하시오.

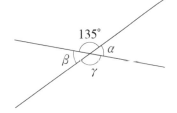

각 135°와 α는 보각이므로 $\alpha = 180° - 135° = 45°$
각 α와 β는 맞꼭지각이므로 $\beta = 45°$
각 γ와 135°는 맞꼭지각이므로 $\gamma = 135°$

정답 : $\alpha = 45°$, $\beta = 45°$, $\gamma = 135°$

375 각 α의 크기를 구하고, 답을 구하는 과정을 설명하시오.

a)   b)

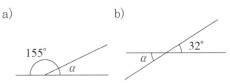

376 다음 그림을 보고 물음에 답하시오.

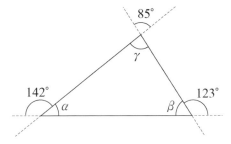

a) 각 α, β, γ의 크기를 구하고, 답을 구하는 과정을 설명하시오.
b) 삼각형의 세 내각 $\alpha+\beta+\gamma$의 합을 구하시오.

377 각 25°에 대하여 다음 각을 구하시오.

a) 맞꼭지각의 크기
b) 보각의 크기

378 다음 그림에서 각 α와 β의 크기를 계산하고, 답을 구하는 과정을 설명하시오.

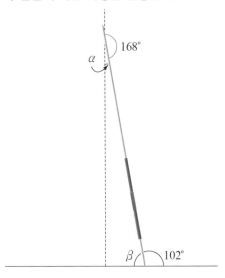

379 각 137°에 대하여 다음 각을 구하시오.

a) 맞꼭지각의 크기
b) 보각의 크기

380 다음 각을 그리시오.

a) 맞꼭지각이 83°인 각
b) 보각이 30°인 각
c) 보각이 126°인 각

381 다음 그림에서 각 α의 크기를 구하시오.

a)   b)

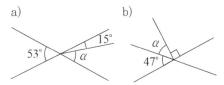

382 다음 그림에서 각 α, β, γ의 크기를 구하시오.

a)   b)

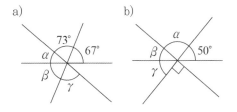

383 다음 물음에 답하시오.

a) 둔각의 보각은 어떤 각인가?
b) 예각의 맞꼭지각은 어떤 각인가?
c) 맞꼭지각과 보각의 크기가 서로 같은 각의 크기는?
d) 크기가 200°인 각에는 보각이 없는 이유가 무엇인가?

384 다음 각의 크기를 구하시오.

a) 보각보다 18° 큰 각
b) 보각보다 24° 작은 각
c) 보각과 크기가 동일한 각

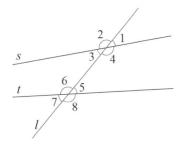

직선 l이 직선 s, 직선 t와 만날 때, 그림과 같이 4쌍의 동위각이 생긴다.

- 각 1과 5
- 각 2와 6
- 각 3과 7
- 각 4와 8

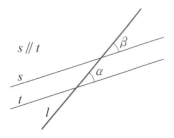

동위각의 크기

정리 : 한 직선이 서로 평행인 두 직선과 만날 때 동위각의 크기가 같다.

$s /\!/ t$이면, $\alpha = \beta$이다.

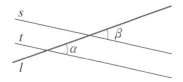

정리 : 동위각의 크기가 같으면, 두 직선은 평행이다.

$\alpha = \beta$이면, $s /\!/ t$이다.

예제   1

직선 l과 직선 s가 평행일 때, 각 α와 β는 몇 도인가? 과정을 설명하시오.

각 $48°$과 β는 맞꼭지각이므로 각 $\beta = 48°$이다.

$l /\!/ s$이므로 동위각 $\alpha = \beta = 48°$이다.   **정답** : $\alpha = \beta = 48°$

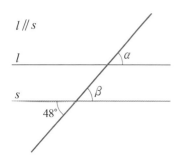

385 아래 그림에서 다음 각의 동위각을 찾으시오.

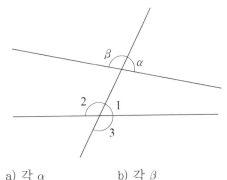

a) 각 α b) 각 β

386 다음 그림에서 직선 l과 직선 s는 평행인가? 아닌가? 그 이유를 설명하시오.

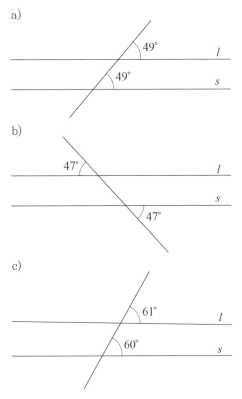

a)

b)

c)

387 다음 물음에 답하시오.

a) 평행인 직선 s와 t를 그리시오.
b) 두 직선과 만나는 직선 l을 그리시오.
c) 한 쌍의 동위각을 표시하시오.

388 다음에서 직선 l과 s는 평행이다. 각 α의 크기를 구하고, 그 과정을 설명하시오.

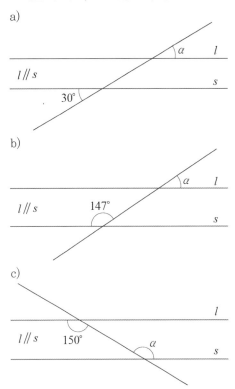

a)

b)

c)

389 다음 그림에서 직선 l은 평행인 두 직선 s, t와 만난다. 각 α와 β의 크기를 구하고, 그 과정을 설명하시오.

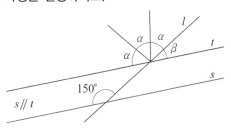

390 다음 그림에서 직선 l과 직선 t 사이의 각의 크기를 구하시오.

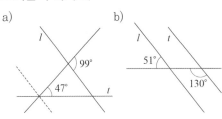

a) b)

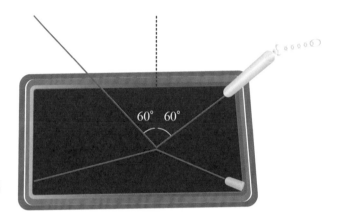

거울 표면에 빛이 60°로 부딪히면 그 빛
은 같은 각도로 반사된다.

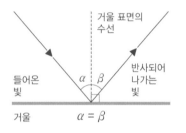

입사각은 들어오는 빛과 거울 표면의 수선 사이의 각이다. 반사각
은 반사되는 빛과 거울 표면의 수선 사이의 각이다.
빛은 거울의 표면에서 입사각 α와 반사각 β의 크기가 같게 반사
된다.

예제 **1**

당구공이 당구대 옆면에 부딪혀 튕겨나갈 때 입사각과 반사
각의 크기가 같다고 하자. 당구대의 한 지점 F에서 45° 각
도로 공을 쳐보자.

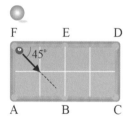

당구대의 크기가 2 × 4이면
당구공은 구멍 B로 들어간다.

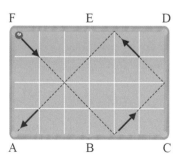

당구대의 크기가 4 × 6이면
당구공은 여러 번 부딪혀서
구멍 A로 들어간다.

391 거울에 부딪힌 빛은 A, B, C 중 어느 점을 지나서 반사되는가?

a)   b)

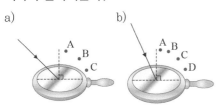

392 당구공을 F 위치에서 45°로 치려고 한다. 당구대의 크기가 다음과 같을 때, 공은 어느 구멍으로 들어갈까?

a) 2×8   b) 1×8
c) 3×8   d) 4×8

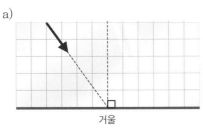

393 빛이 어떻게 반사되는지 경로를 그리시오.

a)

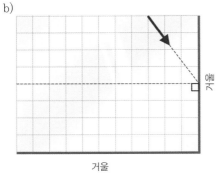

b)

394 거울의 표면과 이 표면에 수직인 선을 그린 후에, 빛이 다음의 각도로 들어올 때 반사되어 나가는 빛을 그리시오.

a) 75°   b) 30°   c) 0°

395 다음 그림에서 선수 P가 다른 선수 Q에게 퍽을 패스할 수 있는 방법이 몇 가지인지 알아보시오.

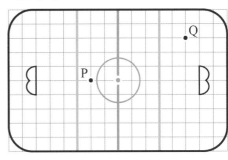

a) 퍽이 경기장 벽을 한 번 칠 때
b) 퍽이 경기장 벽을 두 번 칠 때

396 다음 그림에서 선수 A가 퍽으로 경기장 벽 어느 지점을 맞추어야 그 퍽이 다른 선수 B에게 패스가 될지 알아보시오.

a)

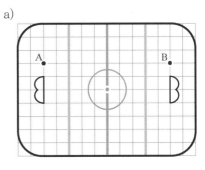

b)

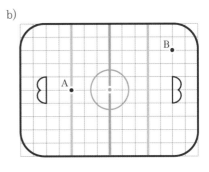

35 원

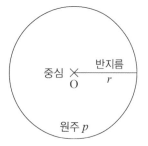

원은 평면에서 중심으로부터 거리가 같은 점들로 이루어진다.

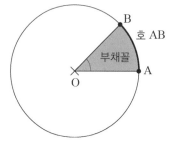

호는 원주 위의 두 점 사이의 구간이다. 부채꼴은 두 개의 반지름과 반지름 사이의 호로 둘러싸인 부분이다. 부채꼴의 중심각은 두 반지름 사이의 각이다.

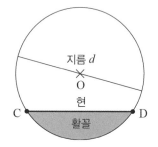

현은 원 위 두 점 사이의 선분이다. 중심을 통과하는 현은 지름이다. 활꼴은 현과 호로 둘러싸인 부분이다.

할선과 접선

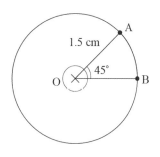

- 할선은 원과 두 점에서 만나는 직선이다.

- 접선은 원과 만나는 점이 하나뿐인 직선이다.

정리 : 접선은 접점을 지나는 반지름과 직교한다.

예제 1

a) 우각 AOB의 크기를 계산하시오.

b) 원의 지름의 길이를 계산하시오.

a) 각 BOA의 크기는 45°이므로,
  $\angle AOB = 360° - 45° = 315°$

b) 원의 지름의 길이는 반지름 길이의 두 배이다.
  $2 \cdot 1.5 \text{ cm} = 3.0 \text{ cm}$　　　　　**정답** : a) 315°　b) 3.0 cm

397 문자 두 개를 이용하여 다음을 나타내시오.

a) 반지름
b) 현
c) 지름

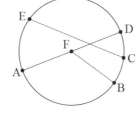

398 다음 원에 표시된 문자가 무엇을 나타내는지 쓰시오.

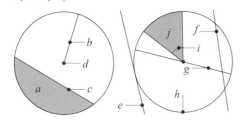

399 반지름의 길이가 다음과 같은 원을 그리시오.

a) 2.0 cm   b) 6.0 cm

400 반지름의 길이가 다음과 같다면 원의 지름의 길이는 얼마인가?

a) 2.1 cm   b) 5.7 cm

401 다음 물음에 답하시오.

a) 반지름의 길이가 4.0 cm인 원을 그리시오.
b) 원주 위에 점 P를 표시하고, 점 P에서 시작하는 길이가 6 cm인 현을 모두 그리시오.
c) 점 P에서 시작하는 길이가 가장 긴 현을 그리시오. 그 현의 길이는 얼마인가?

402 다음 그림을 보고 같은 모양을 그리시오.

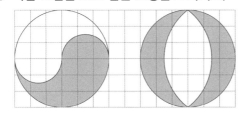

403 다음 물음에 답하시오.

a) 반지름의 길이가 3 cm인 원을 그리고 원의 바깥에 점 P를 표시하시오.
b) 점 P를 지나는 원의 접선 2개를 그리시오.

404 다음 물음에 답하시오.

a) 지름의 길이가 12 cm인 원을 그리시오.
b) 이 원에 중심각의 크기가 135°인 부채꼴을 그리시오.

405 다음 물음에 답하시오.

a) 반지름의 길이가 4.5 cm인 원을 그리고 중심을 문자 O로 나타내시오.
b) 원주 위의 두 점 사이의 거리가 반지름의 길이와 같은 점 A와 점 B를 표시하시오.
c) 각 AOB의 크기를 재시오.

406 원을 다음과 같이 같은 크기로 나눌 때, 부채꼴의 중심각의 크기를 계산하시오.

a) 5개   b) 12개

407 다음 물음에 답하시오.

a) 반지름의 길이가 3.5 cm인 원 O를 그리고, 원주에 점 A를 표시하시오.
b) 점 O와 A를 지나는 할선을 그리시오.
c) $\overline{AP}$ = 4.0 cm 가 되도록 원 밖에 있는 할선 위에 점 P를 표시하시오.
d) 점 P에서 시작하는 원의 접선을 그리고, 두 접선이 이루는 각의 크기를 재시오.

• 원을 그릴 때는 컴퍼스를 사용하시오.
• 먼저 중심을 꼭 표시하시오!
• 핀란드 학교(초중등)에서는 공책을 나누어 주는데, 수학 공책으로는 모눈종이처럼 줄이 쳐진 공책이다.

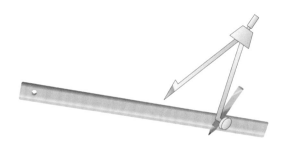

작도 할 때에는 컴퍼스와 눈금이 없는
자만 사용한다.

예제 1

선분 AB와 길이가 같은 선분을 직선 l 위에 작도하시오.

자로 직선 l을 긋고 그 위에 점 C를 잡는다.
컴퍼스로 $\overline{AB}$의 길이를 잰다.
점 C를 중심으로 반지름의 길이가 $\overline{AB}$인 원을 그려서 직선 l과의 교
점을 D라고 하면 선분 CD는 선분 AB와 길이가 같다.

예제 2

크기가 각 α와 같은 각을 직선 l 위에 작도하시오.

① 각의 꼭짓점을 중심으로 원을 그려서 각의 변과
의 교점을 E, F라고 한다.
② 컴퍼스를 벌린 간격을 그대로 유지한 채 컴퍼스
의 촉을 직선 l 위에 있는 점 G에 놓고 원을 그린
다. 점 H는 호가 직선과 만나는 점이다.
③ 컴퍼스로 점 E와 F 사이의 거리를 재어 점 H를
중심으로 하고 반지름의 길이가 $\overline{EF}$인 원을 그
린다. 위 ②에서 그린 원과 만나는 점을 I라고 한다.
④ 반직선 GI를 그린다. 각 HGI가 문제에서 요구하
는 각이다.

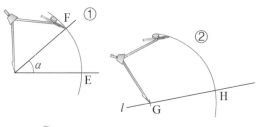

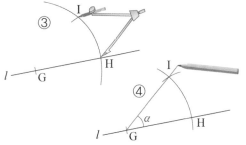

408 다음과 길이가 같은 선분 또는 크기가 같은
각을 작도하시오.

a) 선분 AB   b) 각 α

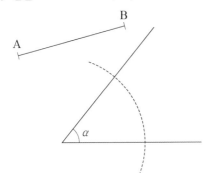

409 크기가 다음 각 α와 β와 같은 각을 작도하
시오.

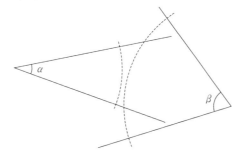

410 다음 그림과 같이 직선 l과 점 P가 있다. 다
음을 직선 l 위에 작도하시오.

a) 선분 AB와 길이가 같은 선분
b) 각 α와 크기가 같은 각

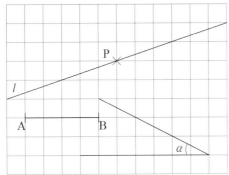

411 다음 길이와 같은 선분을 작도하시오.

a) $2a$ b) $a+b$ c) $b-a$

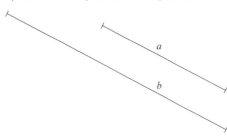

412 다음을 작도하시오.

a) 각 α와 각 β와 크기가 같은 각
b) 각 $(\alpha+\beta)$와 크기가 같은 각
c) 각 $(\beta-\alpha)$와 크기가 같은 각

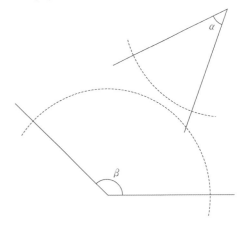

413 다음 삼각형과 합동인 삼각형을 작도하시오.

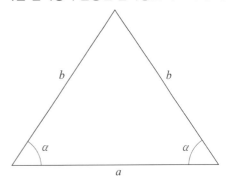

37 선분의 수직이등분선과 각의 이등분선

선분의 수직이등분선

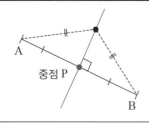

중점 P

• 선분의 수직이등분선은 선분의 중점을 지나는 수선이다.

• 수직이등분선 위에 있는 점에서 선분의 양 끝점까지의 거리는 같다.

예제 1

선분 AB의 수직이등분선을 작도하시오.

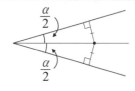

① 점 A와 B를 각각 중심으로 하여 반지름의 길이가 같은 원을 그린다.
② 두 원의 교점 C, D를 이은 직선이 선분 AB의 수직이등분선이다.

각의 이등분선

$\dfrac{\alpha}{2}$

$\dfrac{\alpha}{2}$

• 각의 이등분선은 각 α를 크기가 같은 두 개의 각으로 나누는 반직선이다.
• 각의 이등분선 위에 있는 점에서 각의 두 변까지의 거리는 같다.

예제 2

컴퍼스와 자를 이용하여 예각 α의 이등분선을 그리시오.

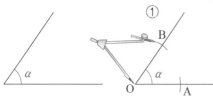

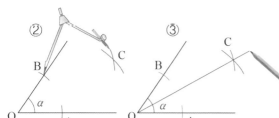

① 컴퍼스를 이용하여 예각 α의 양 변에 점 O에서 거리가 같은 두 점 A와 B를 표시한다.
② 점 A와 B를 각각 중심으로 하여 반지름의 길이가 같은 원을 그린다.
③ 중점 O에서 두 원의 교점을 잇는 반직선을 그리면 예각 α의 이등분선이 된다.

414 다음을 작도하시오.

a) 선분 AB를 이등분하시오.
b) 선분 AB를 사등분하시오.

A ⊢———————————⊣ B

415 다음을 작도하시오.

a) 길이가 7 cm인 선분 AB를 그리시오.
b) 선분 AB의 중점을 작도하시오.
c) 선분 AB의 수직이등분선을 작도하시오.

416 다음 순서에 따라 수직이등분선 위의 점에서 선분의 양 끝점까지의 거리에 대하여 알아보시오.

a) 선분 AB를 그리시오.
b) 선분 AB의 수직이등분선을 작도하시오.
c) 수직이등분선 위에 점 P를 표시하고 선분의 점 A와 B까지의 거리를 각각 측정하시오. 어떤 결과가 나오는지 설명하시오.

417 다음 그림을 보고 물음에 답하시오.

a) 점 O에서 출발한 반직선 OB가 각 AOC의 이등분선인지 측정해서 알아보시오.
b) 어느 반직선이 각 AOE의 이등분선인가?

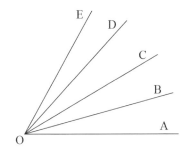

418 다음 각을 이등분하시오.

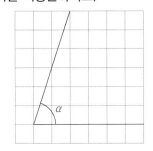

419 다음 각을 임의로 그리고 이등분하시오.

a) 예각   b) 둔각

420 다음을 작도하시오.

a) 선분 CD의 중점을 작도하시오.
b) 선분 CD를 사등분하시오.

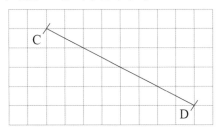

421 다음을 작도하시오.

a) 선분 AB를 그리시오.
b) 선분 AB의 양 끝에서 거리가 같은 점 C를 표시하시오.
c) 직선 위의 모든 점에서 선분 AB의 양 끝까지의 거리가 동일한 직선을 작도하시오.

422 다음 조건에 맞는 선분을 작도하시오.

a) 선분 AB 길이의 반이다.
b) 선분 AB 길이의 $\frac{3}{4}$ 이다.
c) 선분 AB 길이의 1.5배이다.

A ⊢————————————————⊣ B

423 각 α를 이등분하시오.

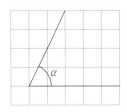

424 다음 각을 임의로 그리고 이등분하시오.

a) 우각   b) 평각

425 삼각형을 그리고 삼각형의 각들을 이등분하시오.

426 다음 각을 작도하시오.

a) 45°   b) 135°   c) 22.5°

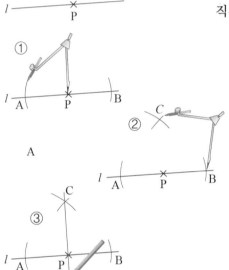

예제 1

직선 l 위의 점 P를 지나는 수선을 작도하시오.

① 컴퍼스를 이용해서 직선 l 위에 점 P에서 거리가 같은 점 A
와 B를 작도한다.

② 점 A와 B를 각각 중심으로 해서 원을 그리고 교점을 C라고
한다.

③ 점 P와 교점 C를 지나는 직선이 구하는 수선이다.

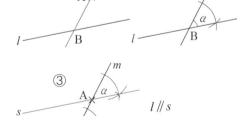

예제 2

점 A를 지나고 직선 l과 평행인 직선 s를 작도하시오.

① 자를 이용해서 점 A를 지나고 직석 l 위의 점 B를 지나는
직선 m을 그린다.

② 점 B에 만들어진 각 α를 직선 m 위의 점 A로 옮긴다. 직선
m은 각의 좌변이 된다.

③ 점 A에서 직선 m과 각 α를 이루는 직선 s가 l과 평행인
직선이다.

427 점 P를 지나고 직선 l 위에 수직인 직선을 작도하시오.

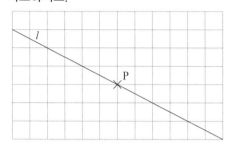

428 다음을 작도하시오.

a) 직선 l을 그리고 직선 위에 점 P를 표시하시오.

b) 직선 l 위의 점 P를 지나는 수직선을 작도하시오.

429 다음을 작도하시오.

a) 직선 m과 점 R을 공책에 그리시오.

b) 점 R을 지나면서 직선 m과 평행인 직선 n을 작도하시오.

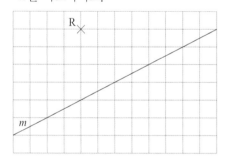

430 다음을 작도하시오.

a) 직선 l을 그리고 직선 바깥에 점 B를 표시하시오.

b) 점 B를 지나면서 직선 l과 평행인 직선 t를 작도하시오.

431 다음을 작도하시오.

a) 서로 평행인 직선 l과 직선 k를 그리고 직선 l 위에 점 P를 표시하시오.

b) 직선 l 위의 점 P를 지나는 수선 n을 작도하시오.

c) 직선 k와 직선 n의 각을 측정하시오.

432 다음을 작도하시오.

a) 직선 l의 바깥에 점 R을 표시하시오.

b) 점 R을 지나는 직선 l의 수선을 작도하시오.

433 다음을 작도하고 직선 l과 m의 관계를 알아보시오.

a) 직선 l을 그리고 직선 바깥에 점 P를 표시하시오.

b) 점 P를 지나는 직선 l의 수선 n을 작도하시오.

c) 점 P를 지나는 직선 n의 수선 m을 작도하시오.

d) 직선 l과 m은 어떤 관계에 있는가?

434 다음을 작도하시오.

a) 직선 k를 그리고 직선 바깥에 점 A를 표시하시오.

b) 점 A를 지나면서 직선 k와 평행인 직선 l을 작도하시오.

435 다음을 작도하시오.

a) 직선 l을 그리고 직선 바깥에 점 P를 표시하시오.

b) 점 P를 지나면서 직선 l과 평행인 직선 k를 작도하시오.

c) 직선 l과 평행이고, 직선 l과의 거리가 직선 l과 직선 k와의 거리와 같은 직선 m을 작도하시오.

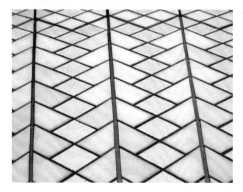

●●○○ 연습

436 다음 그림을 보고 물음에 답하시오.

a) 각 α와 β를 점 세 개를 이용하여 나타내시오.

b) 각 α와 β의 크기를 추측하시오.

c) 각도기를 이용해서 각의 크기를 측정하시오.

d) 각을 추측한 값과 측정값의 차이를 계산하시오.

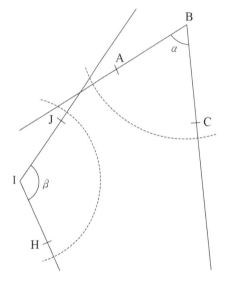

437 보기의 각에서 다음 각을 찾으시오.

109°	360°	263°	91°	178°
52°	355°	180°	33°	90°

a) 예각   b) 둔각   c) 직각

d) 우각   e) 평각

438 다음 크기의 각을 그리시오.

a) 28°   b) 137°   c) 221°

439 다음 각을 그리고 이등분하시오.

a) 80°   b) 140°

440 두 직선이 이루는 각의 크기가 다음과 같은 두 직선을 그리시오.

a) 25°   c) 85°

441 컴퍼스를 이용해서 점 P를 지나는 다음 직선을 그리시오.

a) 직선 l의 수선

b) 직선 l의 평행선

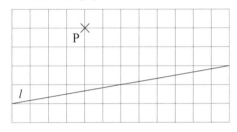

442 다음 그림에서 각 문자가 무엇인지 쓰시오.

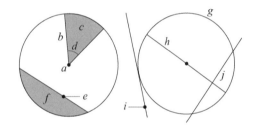

443 다음을 작도하시오.

a) 직선 ℓ을 그리고 직선 ℓ 위에 점 P를 표시하시오.

b) 문제 436의 각 β와 크기가 같은 각을 점 P에 작도하시오.

444 각 45°에 대하여 다음을 구하시오.

a) 맞꼭지각   b) 보각

445 다음 그림에서 각 α의 크기를 계산하시오.

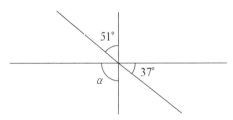

446 그림에서 다음 각의 동위각을 찾으시오.

a) 각 α

b) 각 β

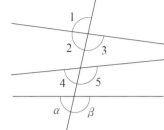

447 직선 l과 직선 s가 평행인가? 아닌가? 그 이유를 서술하시오.

a)

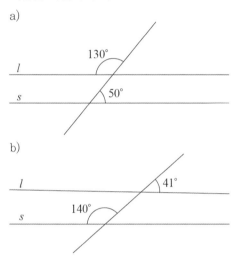

b)

448 중심이 O이고 반지름의 길이가 5 cm인 원을 그리고, 그 위에 다음을 그리시오.

a) 반지름 OA

b) 지름 BC

c) 지름이 아닌 현 DE

d) 부채꼴의 중심각이 55°이고 한쪽 변이 OA인 부채꼴

449 길이가 6.0 cm인 선분 AB를 그리고 다음을 작도하시오.

a) 선분 AB의 수직이등분선을 그리시오.

b) 선분 AB를 사등분하시오.

450 직선 l을 그리고 직선 바깥에 점 A와 P를 표시한 뒤 다음을 작도하시오.

a) 점 P를 지나는 직선 l의 수선 n

b) 점 A를 지나는 직선 l과 평행인 직선 s

451 문제 436의 각 α와 β를 이용해서 다음 각을 그리시오.

a) $2 \cdot \alpha$　　　b) $\alpha + \beta$　　　c) $\beta - \alpha$

452 다음 각 α와 β의 크기를 계산하시오.

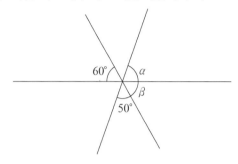

453 다음 각 α, β, γ의 크기를 계산하시오.

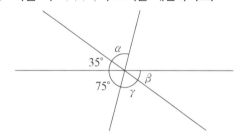

454 보각의 크기가 150°인 각을 그리시오.

455 직각보다 30°를 이등분한 각만큼 작은 각의 크기를 구하시오.

456 다음 각을 그리시오.

a) 90°　　　b) 45°　　　c) 315°

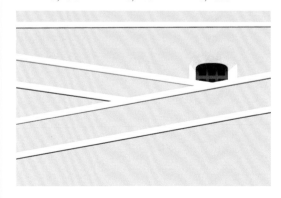

40 다각형

다각형은 선분으로 둘러싸인 도형이다.

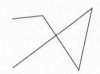
서로 교차하는 선분

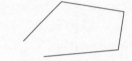
서로 교차하지 않는 선분

서로 교차하지 않고 닫힌 선분

> **다각형**
>
> 서로 교차하지 않고 닫혀 있는 선분은 다각형을 만든다.

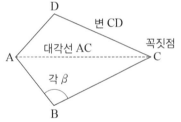

변 CD
대각선 AC
꼭짓점
각 β

다각형의 이름은 변의 개수에 따라 정한다.

다각형

■ 대각선은 꼭짓점 두 개를 잇는 선으로 변이 아닌 선을 말한다.
■ 둘레의 길이는 모든 변들의 길이의 합이다.
■ 각은 두 변 사이에 있는 각으로 다각형 안에 있다.

예제 1

다음 그림의 다각형의 이름을 말하고 대각선의 개수를 계산하시오.

도형 ABC는 삼각형이다.
삼각형에는 대각선이 없다.

도형 ABCD는 사각형이다.
사각형의 대각선은 두 개이다. 대각선 BD는 사각형 안에 있고, 대각선 AC는 밖에 있다.

도형 ABCDE는 오각형이다.
오각형의 대각선은 다섯 개이다.

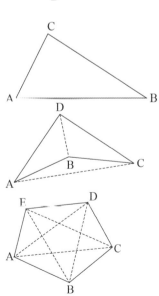

457 보기에서 다각형을 모두 고르시오.

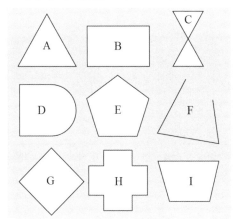

458 자를 이용해서 오각형을 그리고 다음 물음에 답하시오.

a) 오각형의 대각선을 모두 그리시오.
b) 대각선으로 이루어진 별 모양의 도형을 색칠하시오.

459 다음 그림의 다각형의 변의 길이를 mm 단위까지 재어 둘레의 길이를 구하시오.

a)

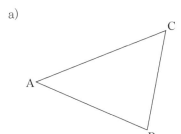

b)

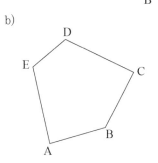

460 육각형을 그리고 다음 물음에 답하시오.

a) 한 꼭짓점에서 시작하는 대각선을 모두 그리시오.
b) 위 a)의 대각선을 그리면 육각형이 몇 개의 삼각형으로 나뉘는가?

461 다음 사각형에 대하여 물음에 답하시오.

a) 다음 사각형 ABCD의 변의 길이를 mm 단위까지 재어 둘레의 길이를 계산하시오.
b) 각의 크기를 재어 내각의 크기의 합을 계산하시오.

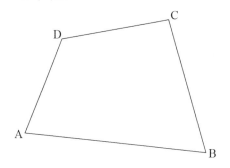

462 직각이 3개 있는 다음의 다각형을 그리시오.

a) 사각형   b) 오각형

463 다음 그림에서 오각형, 육각형, 칠각형, 팔각형, 구각형, 십각형을 찾아 그 이름을 쓰시오.

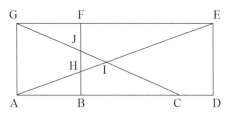

464 다음이 참인지 거짓인지 말하고, 증명하시오.

a) 모든 선분은 다각형을 만든다.
b) 팔각형에는 각이 8개 있다.
c) 다각형의 대각선은 서로 옆에 있는 두 개의 꼭짓점을 잇는 선분이다.
d) 다각형에는 최소한 두 개의 대각선이 있다.
e) 육각형은 대각선이 9개 있다.
f) 삼각형은 다각형이다.

삼각형의 종류

  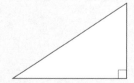

모든 각이 예각인 삼각형을 예각삼 각형이라고 한다.

한 개의 각이 둔각인 삼각형을 둔각삼 각형이라고 한다.

한 개의 각이 직각인 삼각형을 직각삼 각형이라고 한다.

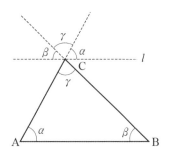

예제 1

삼각형 ABC의 각은 α, β, γ이다. 그림을 참고하여 삼각형 의 세 각의 합을 추측하시오.

꼭짓점 C를 지나면서 변 AB와 평행인 직선 ℓ을 그린다. 점 C 주변에 변 AC와 변 BC의 연장선을 그린다.
꼭짓점 C에는 세 개의 각이 생긴다.
꼭짓점 C 주위의 각에 각 α의 동위각, 각 β의 동위각, 각 γ의 맞꼭지 각을 표시하면 그림과 같다.
이 세 개의 각의 크기는 α, β, γ이고 세 각의 합은 평각이므로
$\alpha+\beta+\gamma=180°$이다. **정답** : $180°$

삼각형의 각의 합

정리 : 삼각형의 세 내각의 합은 $180°$이다.

예제 2

그림의 삼각형에서 각 β의 크기를 계산하시오.

삼각형의 세 내각의 합은 $180°$이므로, 각 β의 크기는
$\beta=180°-47°-68°=65°$ **정답** : $65°$

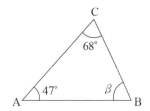

465 다음 삼각형에서 각 α의 크기를 계산하시오.

a) b)

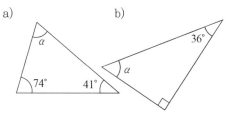

466 세 각의 크기가 다음과 같은 삼각형은 예각삼각형, 둔각삼각형, 직각삼각형 중 어느 삼각형인가?

a) $10°$, $70°$, $100°$　　b) $55°$, $35°$, $90°$

c) $23°$, $82°$, $75°$　　d) $50°$, $70°$, $60°$

467 다음 물음에 답하시오.

a) 둔각삼각형 ABC를 그리시오.

b) 각도기를 이용해서 삼각형 ABC 세 내각의 크기를 측정하시오.

c) 세 내각의 합을 계산하시오.

468 삼각형에서 두 각의 크기가 다음과 같을 때 또 다른 각의 크기를 구하시오.

a) $26°$, $67°$　　　b) $30°$, $45°$

469 직각삼각형의 한 각의 크기가 다음과 같을 때, 다른 각의 크기를 구하시오.

a) $30°$　　　b) $68°$

470 다음 그림에서 각 α의 크기를 계산하시오.

a) b)

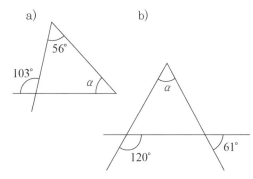

471 어떤 둔각삼각형의 각이 $120°$와 $10°$이다. 또 다른 각의 크기를 구하고, 이 삼각형을 그리시오.

472 다음 물음에 답하시오.

a) 두 각이 각각 $25°$일 때, 나머지 한 각의 크기는 얼마인가?

b) 삼각형의 한 각이 $68°$이고 나머지 두 각의 크기가 같을 때 두 각의 크기는 각각 얼마인가?

473 다음 그림에서 각 α의 크기를 구하시오.

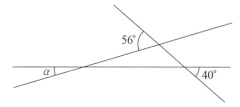

474 삼각형 ABC의 각 C를 삼등분했다. 각 α와 β의 크기를 구하시오.

같은 크기의 각은 작은 선으로 표시한다.

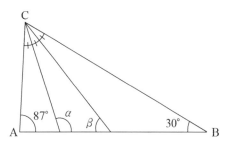

475 직선 l과 t는 평행이다. 각 α의 크기는 얼마인가?

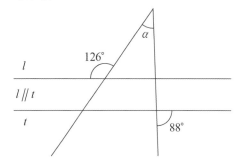

476 다음 직각삼각형에서 직각이 아닌 두 각 α와 β의 크기를 구하시오.

a) 각 α가 β의 두 배일 때

b) 각 α가 β의 다섯 배일 때

이등변삼각형과 정삼각형

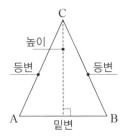

높이
등변 등변
밑변

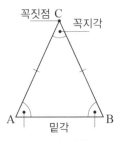

꼭짓점 C 꼭지각

A 밑각 B

변의 길이가 같음은 짧은 선을 그려 표시한다.

그림의 이등변삼각형 ABC에서 두 변 AC와 BC는 삼각형 ABC의 등변이며 변 AB는 밑변이다. 각 A와 B는 밑각이고, 각 C는 꼭지각이다.

이등변삼각형

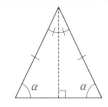

- 삼각형의 두 변의 길이가 같을 때, 이등변삼각형이라고 한다.
- 이등변삼각형에서 꼭짓점 C를 지나 밑변 AB에 수직인 선은 꼭지각과 밑변을 이등분한다.

정리 : 이등변삼각형의 두 밑각은 크기가 같다.

정삼각형

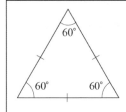

세 변의 길이가 모두 같은 삼각형을 정삼각형이라고 한다.

정리 : 정삼각형의 세 각의 크기는 모두 60°이다.

예제 1

이등변삼각형 ABC의 꼭지각은 32°이다. 밑각의 크기를 계산하시오.

두 밑각의 합은
$180° - 32° = 148°$
이등변삼각형의 밑각은 크기가 같으므로 밑각의 크기는
$\dfrac{148°}{2} = 74°$

정답 : $74°$

477 아래 이등변삼각형에서 다음을 쓰시오.

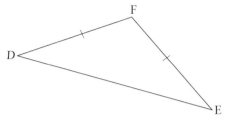

a) 등변   b) 꼭지각   c) 밑변

478 보기의 삼각형들의 변의 길이를 재어 다음 삼각형을 고르시오.

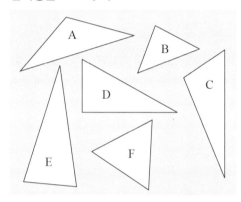

a) 정삼각형   b) 이등변삼각형

479 삼각형의 세 각의 크기가 다음과 같을 때, 정삼각형은 어느 것인가?

a) $33°$, $45°$, $102°$ b) $60°$, $60°$, $60°$

c) $122°$, $29°$, $29°$ d) $45°$, $90°$, $45°$

480 다음 그림에서 각 α와 β의 크기를 계산하시오.

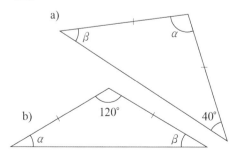

481 이등변삼각형에서 밑각의 크기가 다음과 같을 때, 꼭지각의 크기를 구하시오.

a) $50°$ b) $20°$

482 이등변삼각형의 꼭지각이 $70°$이다. 밑각의 크기는 얼마인가?

483 아래 그림에서 다음의 삼각형을 찾으시오.

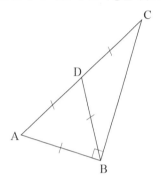

a) 직각삼각형   b) 이등변삼각형

c) 정삼각형   d) 둔각삼각형

484 이등변삼각형의 밑각의 크기가 다음과 같을 때, 꼭지각의 보각의 크기를 구하시오.

a) $40°$ b) $75°$

485 꼭지각이 $30°$이고 양 변의 길이가 $5.5\,cm$인 이등변삼각형을 그리시오.

486 이등변삼각형의 밑변의 길이가 $6.0\,cm$이고 높이가 $5.0\,cm$이다. 이 삼각형을 그리시오. 양 변의 길이와 삼각형의 각의 크기를 측정하시오.

487 밑변이 $5.6\,cm$이고 양 변이 $7.5\,cm$인 이등변삼각형을 그리시오. 높이와 삼각형의 세 각의 크기를 측정하시오.

> 방법 : 선분 AB$=5.6\,cm$를 그린다. 컴퍼스의 반지름을 $7.5\,cm$로 잡고 두 점 A와 B를 중심으로 해서 서로 만나는 호를 그린다.

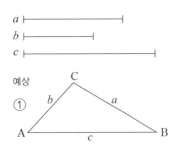

예제 1

선분 a, b, c를 세 변으로 하는 삼각형을 작도하시오.

① 먼저 문제에서 요구하는 삼각형의 모양을 예상한다.

② 직선을 그리고 선분 c의 위에 점 A를 표시한다. 선분 c의 다른 끝을 문자 B로 표시한다.

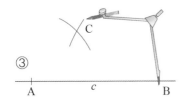

③ 점 A를 중심, 선분 b를 반지름으로 하는 원을 그린다. 점 B를 중심, 선분 a를 반지름으로 하는 원을 그린다. 두 원의 교점을 C로 표시한다.

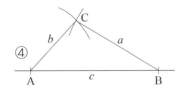

④ 자를 이용해서 두 원의 교점 C에서 선분 c의 양 끝점에 이르는 선을 긋는다. 이렇게 만들어진 삼각형 ABC의 세 변의 길이는 선분 a, b, c의 길이와 같다.

예제 2

두 각의 크기가 $43°$와 $76°$이고 두 각 사이의 변의 길이가 $3.7\ cm$인 삼각형을 그리시오.

1. 먼저 문제에서 요구하는 삼각형의 모양을 예상한다.
2. 자를 이용해서 변 AB$=3.7\ cm$를 그린다.
3. 각도기를 이용해서 점 A에 각 $43°$과 점 B에 각 $76°$를 그린다.
4. 각 $43°$와 $76°$의 변의 교점을 C로 표시한다. 이렇게 만들어진 삼각형 ABC가 문제에서 요구한 삼각형이다.

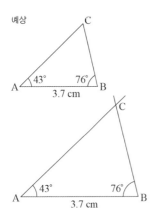

먼저 예상 그림을 그리는 것으로 시작하시오. 예상 그림을 그림으로써 실제로 삼각형을 그리는 계획을 세울 수 있다.

488 선분 a, b, c를 세 변으로 하는 삼각형을 작도하시오.

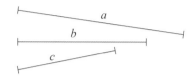

489 다음과 같은 삼각형을 작도하시오.

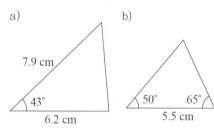

a)　　　　　　　b)

7.9 cm

43°

6.2 cm

50°　　65°

5.5 cm

490 양 변의 길이가 각각 5.0 cm이고 밑변의 길이가 3.5 cm인 이등변삼각형을 그리시오.

491 한 변의 길이가 4.0 cm인 정삼각형을 그리시오.

492 두 변의 길이가 7.7 cm와 6.3 cm이고 두 변 사이의 끼인 각의 크기가 57°인 삼각형을 그리시오.

493 다음과 같은 삼각형을 그리시오.

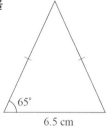

65°

6.5 cm

494 밑변의 길이가 8 cm이고 밑각의 크기가 32°인 이등변삼각형을 그리시오.

495 양 변의 길이가 각각 6.5 cm이고 꼭지각의 크기가 30°인 이등변삼각형을 그리시오.

496 자와 컴퍼스를 이용해서 변의 길이가 4.0 cm, 5.0 cm, 6.0 cm인 삼각형을 그리시오.

497 다음 삼각형을 그리시오.

a) 두 각의 크기가 56°, 88°이고 두 각 사이의 변의 길이가 6.0 cm인 삼각형을 그리시오.

b) 다른 두 변의 길이를 측정하시오.

498 밑변의 길이가 6.3 cm이고 꼭지각의 크기가 70°인 이등변삼각형을 그리시오.

499 선분 a 또는 b를 변으로 하는 다음 삼각형을 모두 그리시오.

a) 정삼각형　　　　b) 이등변삼각형

a

b

500 다음 삼각형을 그리시오.

a) 선분 a와 b를 두 변으로 하고 두 변 사이의 끼인각이 각 α이다.

b) 선분 a를 밑변으로 하고 밑각이 각 α이다.

c) 한 각이 각 α이고 그 옆의 두 변이 선분 a이다.

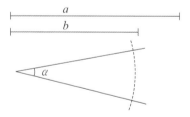

a

b

α

뱃사람들은 육분의를 이용해서 별과 수평선의 각도를 측정했다.

사각형의 종류

사각형에는 네 개의 각과 네 개의 변이 있다.

사다리꼴은 한 쌍의 변이 평행인 사각형이다.

평행사변형은 마주 보는 변들이 서로 평행인 사각형이다.

직사각형은 네 각이 90°인 평행사변형이다.

정사각형은 네 변의 길이가 모두 같은 직사각형이다.

마름모는 네 변의 길이가 모두 같은 평행사변형이다.

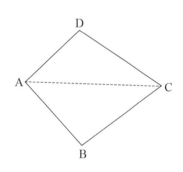

사각형 ABCD에서

• 변 AB와 AD는 이웃한 변이다.
• 변 AB와 CD는 마주 보는 변, 즉 대변이다.
• $\angle$A와 $\angle$B는 이웃한 각이다.
• $\angle$A와 $\angle$C는 마주 보는 각, 즉 대각이다.
• 선분 AC는 대각선이다.

대각선은 사각형을 두 개의 삼각형으로 나누기 때문에, 사각형의 내각의 합은 삼각형의 내각의 합의 두 배이다.

사각형의 내각의 합

정리 : 사각형의 내각의 합은 2 · 180°=360°이다.

예제 1

각 β의 크기를 계산하시오.

$\beta = 360° - 63° - 138° - 48° = 111°$

정답 : $\beta = 111°$

501 보기에서 다음 사각형을 찾으시오.

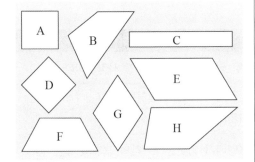

a) 사다리꼴   b) 평행사변형
c) 마름모   d) 직사각형
e) 정사각형

502 사각형 ABCD에서 다음을 찾으시오.

a) 변 BC의 대변
b) 각 D의 대각
c) 변 CD와 이웃한 변
d) 각 A와 이웃한 각
e) 대각선

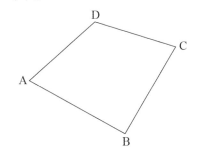

503 다음 사각형에서 각 α의 크기를 구하시오.

a)   b)

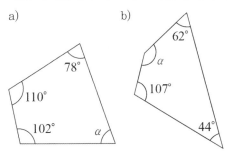

504 그림에서 필요한 부분을 측정하고 다음을 구하시오.

a) 사각형의 둘레의 길이를 mm 단위까지 구하시오.
b) 네 개의 각의 크기를 구하고 그 합을 구하시오.

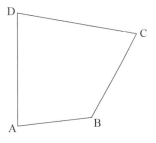

505 다음 그림에서 각 α의 크기를 구하시오.

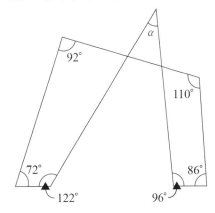

506 다음 그림에서 각 α와 β의 크기를 구하시오.

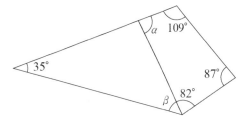

507 다음과 같은 사각형을 그리시오.

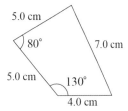

평행사변형

평행사변형

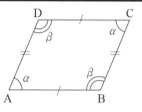

평행사변형은 두 쌍의 대변이 평행인 사각형이다.

정리 : 평행사변형에서 대변의 길이는 같다.

정리 : 평행사변형에서 대각의 크기는 같다.

정리 : 평행사변형에서 이웃한 두 각의 크기의 합은 180°이다.

예제 1

a) 각도기를 이용해서 변 AB=5.0 cm, 변 AD=3.5 cm이고 두 변 사이의 각 A가 42°인 평행사변형 ABCD를 그리시오.

b) 평행사변형의 다른 각들의 크기는 무엇인가?

a) 변 AB=5.0 cm를 그리고 점 A에 각 42°, AD=3.5 cm를 표시한다. 점 D를 지나고 선분 AB와 평행인 직선과 점 B를 지나고 선분 AD 와 평행인 직선을 그린다. 이들 직선이 만나는 점을 C라고 하면 평 행사변형 ABCD가 완성된다.

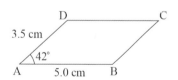

b) 평행사변형 ABCD에서 각 B와 D는 모두 각 A와 이웃한 각으로 크기가 같다. 두 각의 크기는 180°−42°=138°이다. 각 C는 각 A 의 대각으로 크기가 같다.

정답 : ∠B=∠D=138°, ∠C=42°

508 변의 길이가 다음과 같은 직사각형을 그리시오.

a) 변의 길이가 6 cm와 4 cm

b) 변의 길이가 3.6 cm와 6.3 cm

509 평행사변형 ABCD에 대하여 물음에 답하시오.

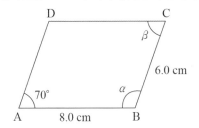

a) 선분 AD와 DC의 길이를 쓰시오.

b) 각 α와 β의 크기를 구하시오.

510 변의 길이가 4.0 cm, 5.0 cm이고 두 변 사이의 각이 30°인 평행사변형을 그리시오.

511 변의 길이가 4.0 cm이고 한 각의 크기가 50°인 마름모를 그리시오.

512 직사각형이 아닌 평행사변형 ABCD를 그리고 물음에 답하시오.

a) 각 A, B, C, D를 측정하시오.

b) 각 A와 B의 합을 계산하시오.

513 정사각형이 아닌 마름모 ABCD를 그리고 물음에 답하시오.

a) 각 A, B, C, D를 측정하시오.

b) 마름모의 대각선을 긋고 두 대각선 사이의 각을 측정하시오.

c) 대각선들이 마름모의 각을 어떻게 나누는지 측정해서 알아보시오.

514 다음 그림 속에 평행사변형이 몇 개 있는지 쓰시오.

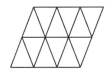

515 다음 사각형의 종류를 모두 쓰시오.

a) 모든 변이 길이가 같은 사각형

b) 두 쌍의 대변이 평행인 사각형

c) 모든 각의 크기가 같은 사각형

d) 모든 각이 90°인 사각형

e) 한 쌍의 대변이 평행인 사각형

f) 한 쌍의 대변의 길이가 같은 사각형

g) 한 쌍의 대각의 크기가 같은 사각형

h) 이웃하는 변들의 길이가 같은 사각형

516 사각형 ABCD는 평행사변형이다. 각 α와 β의 크기를 계산하시오.

a)   b)

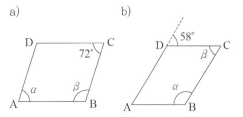

517 사각형 ABCD는 평행사변형이다. 각 α가 직각임을 계산을 통해 설명하시오.

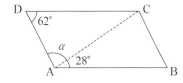

518 각의 크기가 α이고 변의 길이가 a인 마름모를 그리시오.

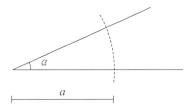

519 변의 길이가 4.5 cm이고 각의 크기가 60°인 마름모를 그리시오.

정다각형의 종류

정삼각형

정사각형

정오각형

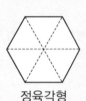

정육각형

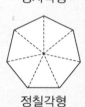

정칠각형

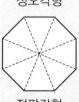

정팔각형

정다각형

변의 길이가 모두 같고, 각의 크기가 같은 모두 같은 다각형을 정다각형이라고 한다.

정다각형은 원 위에 그릴 수 있다. 한 변에 대한 중심각의 크기는 360°를 변의 개수로 나누어 구할 수 있다.

예제 1

원 위에 정육각형을 그리시오.

정육각형의 한 변에 대한 중심각의 크기는 $360° \div 6 = 60°$이므로 정육각형의 한 변과 원의 반지름을 두 변으로 하는 삼각형은 정삼각형이다. 즉, 정육각형의 한 변의 길이는 원의 반지름의 길이와 같다.
따라서, 정육각형은 다음과 같이 그릴 수 있다.
1. 원 위에 점 P를 정한다.
2. 컴퍼스를 이용하여 점 P에서 시작해서 길이가 원의 반지름의 길이와 같은 현을 표시한다.
3. 위 2의 현의 끝점에서 다시 위 2의 과정을 반복하여 정육각형을 완성한다.

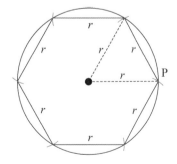

520 다음 그림 중에서 정다각형을 찾으시오.

a)   b)

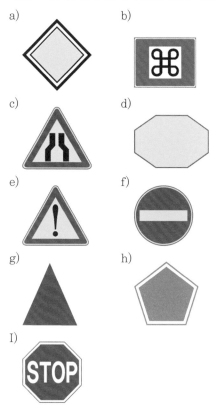

c)   d)

e)   f)

g)   h)

I)

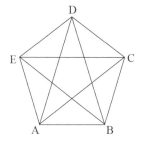

521 변의 길이가 $5.0\,\mathrm{cm}$인 **정육각형**을 그리시오.

522 반지름의 길이가 $5.0\,\mathrm{cm}$인 원에 내접하는 **정삼각형**을 그리시오.

> 방법 : 정육각형의 꼭짓점들을 하나씩 걸러서 연결한다.

523 다각형 ABCDE는 정오각형이다. 삼각형, 사다리꼴, 마름모가 몇 개 있는지 찾으시오.

D

E   C

A   B

524 정육각형을 그리고, 정육각형을 크기와 모양이 같은 세 개의 **평행사변형**으로 나누시오.

525 정오각형에서 다음을 구하시오.

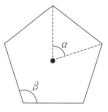

a) 중심각 α의 크기
b) 각 β의 크기

526 정팔각형에서 다음을 구하시오.

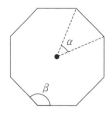

a) 중심각 α의 크기
b) 내각의 합
c) 각 β의 크기

527 정십각형에서 다음을 구하시오.

a) 중심각의 크기
b) 한 내각의 크기

528 반지름의 길이가 $4.5\,\mathrm{cm}$인 원 안에 정오각형을 그리시오.

> 방법 : 먼저 각도기를 이용해서 원의 중심에 크기가 같은 각 다섯 개를 그리고 각의 변을 원과 만나게 긋는다. 만나는 점들을 연결한다.

529 반지름의 길이가 $3.0\,\mathrm{cm}$인 원의 지름을 이용해서 정사각형을 그리시오.

530 다음 그림의 중심각은 어떤 정다각형의 중심각인가?

a)   b)

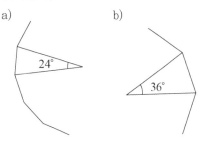

531 중심각의 크기가 다음과 같은 정다각형은 무엇인가?

a) $40°$ b) $15°$

47 길이와 넓이의 단위

제곱킬로미터	헥타르	아르(1백제곱미터)	제곱미터	제곱데시미터	제곱센티미터	제곱밀리미터
km^2	ha	a	m^2	dm^2	cm^2	mm^2
$1000000\,m^2$	$10000\,m^2$	$100\,m^2$	$1\,m^2$	$0.01\,m^2$	$0.0001\,m^2$	$0.000001\,m^2$

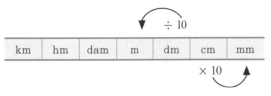

km	hm	dam	m	dm	cm	mm

길이 단위의 비는 10이다.

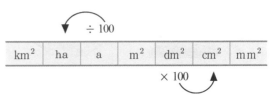

km^2	ha	a	m^2	dm^2	cm^2	mm^2

넓이 단위의 비는 100이다.

예제 1

야코의 키는 161 cm이다. 키를 다음 단위로 나타내시오.

a) m   b) mm

a) 161 cm = 16.1 dm = 1.61 m

b) 161 cm = 1610 mm

정답 : a) 1.61 m   **b)** 1610 mm

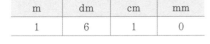

m	dm	cm	mm
1	6	1	0

예제 2

다음을 mm^2로 나타내시오.

a) $8\,cm^2$ b) $6\,dm^2$

a) $8\,cm^2 = 800\,mm^2$

b) $6\,dm^2 = 600\,cm^2 = 60000\,mm^2$

정답 : a) $800\,mm^2$ **b)** $60000\,mm^2$

m^2	dm^2	cm^2	mm^2
		0	8	0	0

m^2	dm^2	cm^2	mm^2
	6	0	0	0	0

예제 3

들판의 넓이는 68 a이다. 넓이를 다음 단위로 나타내시오.

a) m^2 b) ha

a) 68 a = 6800 m^2

b) 68 a = 0.68 ha

정답 : a) 6800 m^2 **b)** 0.68 ha

km^2	ha	a	m^2
		6	8	0	0

532 다음을 m 단위로 바꾸시오.

a) 0.25 km   b) 4500 cm

c) 3 cm   d) 97000 mm

533 다음 길이의 단위를 바꾸시오.

a) 1200 mm를 cm로

b) 13 km를 m로

c) 6 mm를 dm로

d) 58 dm를 mm로

534 보기에서 적당한 넓이를 고르시오.

$1\,\text{m}^2$	230 a	$338000\,\text{km}^2$
$260\,\text{m}^2$	$528\,\text{km}^2$	$1600\,\text{cm}^2$

a) 테니스 경기장   b) 에스포 시
c) 책상 넓이   d) 핀란드
e) 정원 타일   f) 교회

535 다음 표를 완성하시오.

km^2	ha	a	m^2
			120
	2		
3.1			
0.95			
		54	

536 다음 그림 속의 나비의 넓이를 추측하시오.

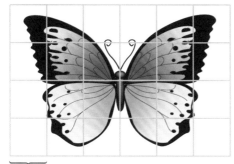

1 cm

537 다음 단위에 맞게 바꾸시오.

a) 32000 a → (   ) ha

b) $15\,\text{km}^2$ → (   ) a

c) 22 ha → (   ) a

d) 3 ha → (   ) m^2

e) 1500 ha → (   ) km^2

538 다음 단위에 맞게 바꾸시오.

a) $12000\,\text{mm}^2$ → (   ) dm^2

b) $0.0005\,\text{m}^2$ → (   ) cm^2

c) $1590\,\text{cm}^2$ → (   ) m^2

d) $0.00089\,\text{km}^2$ → (   ) a

539 다음에 있는 개 그림의 넓이와 같은 넓이의 다른 그림을 그리시오.

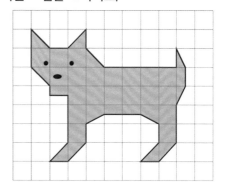

540 다음을 계산하고 반올림하시오.

a) 425 cm + 81 cm

b) 21 cm + 16 mm

c) 123.8 m + 311 cm

d) 4.57 km − 502 m

541 다음을 계산하고 반올림하시오.

a) $0.41\,\text{m}^2 + 8.9\,\text{m}^2$

b) $52.3\,\text{cm}^2 + 2.77\,\text{cm}^2$

c) 500 a + 3.7 ha

d) $0.52\,\text{km}^2 + 61\,\text{ha}$

542 요한나의 등교 길의 길이는 1.5 km이다. 학교까지 가는 데 시간이 얼마나 걸릴까?

a) 요한나가 100 m/min의 속도로 걸어갈 때

b) 달팽이가 2 cm/min의 속도로 기어갈 때

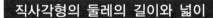

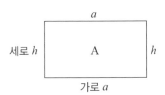

세로 h A h

가로 a

직사각형의 둘레의 길이와 넓이

정리 : 직사각형의 둘레의 길이 p는 가로와 세로의 길이의 합의 2배이다.

$$p = 2 \cdot (a + h)$$

직사각형의 넓이 A는 가로 길이와 세로 길이의 곱이다.

$$A = a \cdot h$$

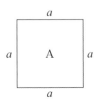

정사각형의 둘레의 길이와 넓이

정리 : 정사각형의 둘레의 길이는 한 변의 길이의 4배이다.

$$p = 4 \cdot a$$

정사각형의 넓이는 한 변의 길이의 제곱이다.

$$A = a \cdot a = a^2$$

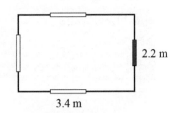

2.2 m

3.4 m

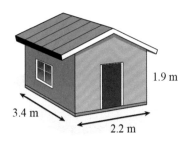

1.9 m

3.4 m

2.2 m

예제   1

직사각형 모양의 창고 바닥의 가로의 길이는 3.4 m, 세로의 길이는 2.2 m, 높이는 1.9 m이다.

a) 창고 바닥의 넓이를 구하시오.

b) 창고 바닥의 직사각형의 둘레의 길이를 구하시오.

a) 창고 바닥의 넓이는

$A = 3.4 \text{ m} \times 2.2 \text{ m} = 7.48 \text{ m}^2 \fallingdotseq 7.5 \text{ m}^2$

곱셈의 결과는 오차의 한계가 큰 수의 유효숫자 개수에 맞추어 반올림한다.

b) 구하는 직사각형의 둘레의 길이는

$p = 2(3.4 \text{ m} + 2.2 \text{ m}) = 11.2 \text{ m}$

덧셈의 결과는 오차의 한계가 큰 수의 소수점 아래 자리로 맞추어 반올림한다.

정답 : a) $A \fallingdotseq 7.5 \text{ m}^2$ b) $p = 11.2 \text{ m}$

543 다음 도형의 둘레의 길이와 넓이를 구하시오. 반올림하지 말고 계산 값 그대로 쓰시오.

a)   b)

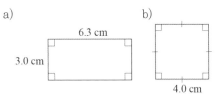

544 다음 도형의 길이를 mm 단위까지 정확히 재어 직사각형의 둘레의 길이와 넓이를 구하시오.

a)   b)

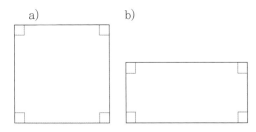

545 직사각형의 가로의 길이는 5.5 cm이고 세로의 길이는 4.3 cm이다. 직사각형의 다음을 구하시오.

a) 넓이   b) 둘레의 길이

546 핀란드 국기 안에 있는 푸른 십자가의 둘레의 길이와 넓이를 구하시오.

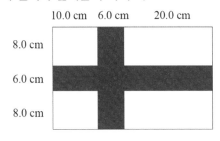

547 마리는 길이가 2.5 m이고 너비가 80 cm인 매트리스를 짰다. 다음 물음에 답하시오.

a) 매트리스의 넓이를 구하시오.
b) 매트리스를 짜는 실은 1 m²당 1.5 kg이 필요하다. 실은 6.00 €/kg이다. 같은 크기의 매트리스를 세 개 짜려고 할 때, 필요한 실의 가격을 구하시오.

548 말의 방목장은 가로의 길이가 150 m, 세로의 길이는 90 m이다. 넓이는 몇 ha인가?

549 문제 546번의 국기를 두 배로 확대할 때 새로 만들어진 국기의 둘레의 길이와 넓이를 구하시오.

550 정사각형의 둘레의 길이가 48 cm이다. 이 정사각형의 넓이를 구하시오.

551 직사각형 모양의 당근 밭의 가로의 길이는 38.5 m이다. 넓이가 4.62 a일 때, 당근밭의 세로의 길이는 얼마인가?

552 다음과 같은 직사각형의 가로, 세로의 길이의 예를 세 개씩 찾으시오.

a) 넓이 20 cm²
b) 둘레의 길이 30 cm

553 축구경기장은 직사각형의 모양이다. 가로의 길이는 100~105 m이고 세로의 길이는 64~68 m이다.

a) 경기장의 최고 넓이는 얼마인가?
b) 경기장의 최소 넓이는 얼마인가?

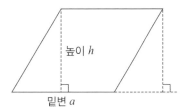

평행사변형의 높이는 꼭짓점에서부터 밑변까지의 수선의 길이이다. 평행사변형의 넓이는 밑변의 길이와 높이가 직사각형의 가로, 세로의 길이와 같은 직사각형과 넓이가 같다.

평행사변형의 넓이

정리 : 평행사변형의 넓이 A는 밑변의 길이와 높이를 곱한 값이다.

$$A = a \cdot h$$

삼각형의 높이는 한 꼭짓점에서부터 밑변 또는 밑변의 연장선까지의 수선의 길이이다.
삼각형의 넓이는 높이와 밑변의 길이가 각각 같은 평행사변형 넓이의 반이다.

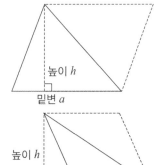

삼각형의 넓이

정리 : 삼각형의 넓이 A는 밑변과 높이를 곱한 값을 2로 나눈 값이다.

$$A = \frac{a \cdot h}{2}$$

예제 1

평행사변형 ABCD의 넓이와 둘레를 구하시오.

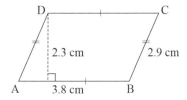

평행사변형의 밑변의 길이는 3.8 cm이고 높이는 2.3 cm이다.
넓이는 다음과 같이 구한다.
$A = 3.8 \text{ cm} \cdot 2.3 \text{ cm} = 8.74 \text{ cm}^2 \fallingdotseq 8.7 \text{ cm}^2$
평행사변형의 마주 보는 두 변은 길이가 같다.
그래서 둘레의 길이는 다음과 같이 구한다.
$p = 3.8 \text{ cm} + 2.9 \text{ cm} + 3.8 \text{ cm} + 2.9 \text{ cm} = 13.4 \text{ cm}$

예제 2

삼각형의 넓이를 구하시오.

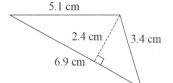

삼각형의 넓이는 다음과 같이 구한다.
$$A = \frac{6.9 \text{ cm} \cdot 2.4 \text{ cm}}{2} = 8.28 \text{ cm}^2 \fallingdotseq 8.3 \text{ cm}^2$$

정답 : $A \fallingdotseq 8.3 \text{ cm}^2$

554 다음 평행사변형의 둘레의 길이와 넓이를 구하시오.

a)

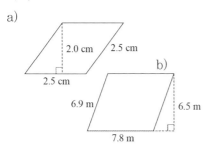

555 다음 삼각형의 둘레의 길이와 넓이를 구하시오.

a)

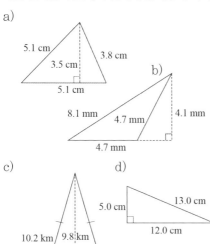

c)   d)

556 필요한 부분을 mm 단위까지 정확히 측정하여 다음 도형의 둘레의 길이와 넓이를 구하시오.

a)

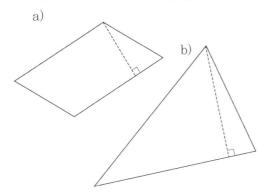

b)

557 밑변의 길이가 15.1 cm이고 높이가 6.7 cm인 삼각형의 넓이를 구하시오.

558 다음 물음에 답하시오.

a) 넓이가 75 cm²이고 밑변의 길이가 15 cm인 평행사변형이 있다. 높이는 얼마인가?

b) 넓이가 72 dm²이고 밑변의 길이가 15 dm인 삼각형이 있다. 높이는 얼마인가?

559 넓이가 12 cm²인 다음 도형을 그리시오.

a) 이등변삼각형

b) 직각삼각형

560 다음 넓이를 ha로 계산하시오.

a) 두 변의 길이가 1.2 km, 800 m인 직사각형 모양의 공원

b) 세 변의 길이가 100 m, 80 m, 60 m인 직각삼각형 모양의 해바라기밭

561 다음 이등변삼각형의 둘레의 길이를 구하시오.

a) 두 변의 길이가 각각 1.2 m이고 밑변의 길이는 다른 한 변의 길이보다 50 cm 더 길다.

b) 두 변의 길이가 각각 42 cm이고 밑변의 길이는 다른 한 변의 길이의 $\frac{1}{3}$이다.

562 오각형의 넓이를 칸의 개수로 나타내시오.

a)

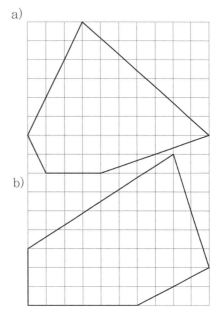

b)

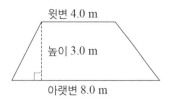

윗변 4.0 m

높이 3.0 m

아랫변 8.0 m

예제 1

어떤 사다리꼴의 평행한 두 변 즉 아랫변과 윗변의 길이는 4.0 m와 8.0 m이고 높이는 3.0 m이다. 사다리꼴의 넓이를 계산하시오.

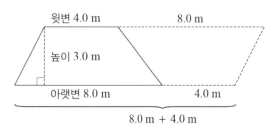

윗변 4.0 m   8.0 m

높이 3.0 m

아랫변 8.0 m   4.0 m

8.0 m + 4.0 m

왼쪽의 그림과 같이 사다리꼴은 평행사변형으로 만들 수 있다. 평행사변형의 높이는 사다리꼴의 높이와 같고, 평행사변형의 밑변의 길이는 사다리꼴의 아랫변, 윗변의 길이의 합과 같다.

사다리꼴의 넓이 A는 평행사변형 넓이의 반이다.

$$A = \frac{(8.0\,\text{m} + 4.0\,\text{m}) \cdot 3.0\,\text{m}}{2}$$

$$= \frac{12.0\,\text{m} \cdot 3.0\,\text{m}}{2}$$

$$= 18\,\text{m}^2$$

정답 : $A = 18\,\text{m}^2$

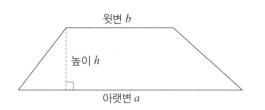

윗변 b

높이 h

아랫변 a

사다리꼴의 넓이

정리 : 사다리꼴의 넓이 A는 아랫변과 윗변의 길이의 합을 2로 나눈 수와 높이의 곱이다.

$$A = \frac{a + b}{2} \cdot h$$

예제 2

물가에 있는 사다리꼴 모양의 땅의 평행한 두 변의 길이는 63.5 m와 84.0 m이고, 두 변 사이의 거리는 58.5 m이다. 이 땅의 넓이는 몇 a인가?

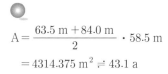

84.0 m

58.5 m

63.5 m

$$A = \frac{63.5\,\text{m} + 84.0\,\text{m}}{2} \cdot 58.5\,\text{m}$$

$$= 4314.375\,\text{m}^2 \fallingdotseq 43.1\,\text{a}$$

정답 : $A \fallingdotseq 43.1\,\text{a}$

563 보기의 그림 안에 다음 도형이 각각 몇 개 있는가?

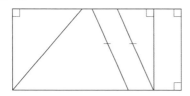

a) 직사각형   b) 평행사변형
c) 삼각형   d) 사다리꼴

564 다음 사다리꼴의 둘레의 길이와 넓이를 구하시오.

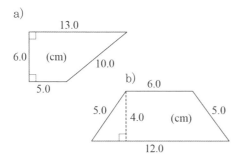

565 다음 사다리꼴의 넓이를 구하시오.

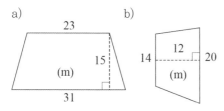

566 사다리꼴의 아랫변과 윗변의 길이는 $5.0\,cm$ 와 $7.0\,cm$이고 높이는 $4.0\,cm$이다. 이 사다리꼴을 그리고 넓이를 계산하시오.

567 직사각형 모양의 들판에 다음과 같이 사다리꼴 모양으로 울타리를 세우려고 한다. 각 사다리꼴의 넓이를 아르(a)로 나타내시오.

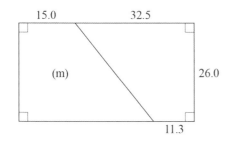

568 평행한 두 변의 길이가 $41\,m$와 $71\,m$이고 높이는 $375\,m$인 사다리꼴의 넓이를 ha로 계산하시오.

569 평행한 두 변의 길이가 $5.5\,cm$과 $11.0\,cm$이고 높이는 $4.1\,cm$인 사다리꼴을 그리고 넓이를 계산하시오.

570 다음 다각형을 여러 개로 나누어서 다각형의 전체 넓이를 계산하시오.

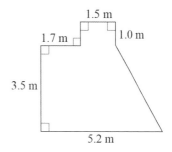

571 평행한 두 변의 길이가 $3.0\,cm$과 $8.0\,cm$이고 넓이가 $22\,cm^2$인 사다리꼴의 높이는 얼마인가?

572 서사하라는 사다리꼴의 모양의 세 지역으로 이루어져 있다. 서사하라의 넓이를 계산하시오.

제 4 장 | **합동**

51 좌표평면

xy-좌표평면

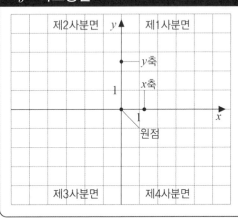

- 좌표평면은 두 개의 수직선이 서로 수직으로 만나서 만들어진다.
- 두 직선은 좌표평면의 축이 된다. 가로인 수직선은 x축이라고 하고, 세로인 수직선은 y축이라고 한다.
- 두 축이 만나는 점은 원점이다. 두 축은 평면을 네 개로 나눈다.
- 좌표평면 위에 있는 점을 표시할 때에는 $(x,\ y)$로 나타낸다.

$$(x,\ y)$$
$$\uparrow\quad\uparrow$$
$$x좌표\quad y좌표$$

예제 1

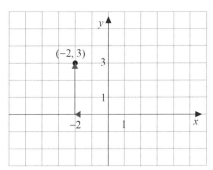

좌표평면에 점 A(-2, 3)을 표시하시오.

점 $(-2,\ 3)$의 좌표에서 $x=-2$, $y=3$
먼저 원점에서 출발하여 x축을 따라 왼쪽으로 -2까지 가고 y축을 따라 위쪽으로 3까지 가면 원하는 점이 나온다.

예제 2

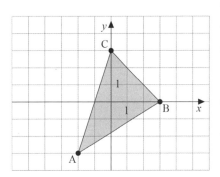

삼각형 ABC의 꼭짓점들의 좌표들은 무엇인가?

점 A는 $(-2,\ -3)$이다.
점 B는 x축 위에 있으므로, y좌표는 0이다.
즉, B는 $(3,\ 0)$이다.
점 C는 y축 위에 있으므로 x좌표는 0이다.
즉, C는 $(0,\ 3)$이다.

정답 : A(-2, -3), B(3, 0), C(0, 3)

573 다음 좌표평면을 보고 물음에 답하시오.

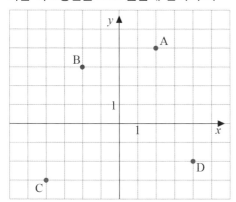

a) 점 A, B, C, D의 좌표를 쓰시오.

b) 각 점들이 몇 사분면에 있는지 쓰시오.

574 다음 물음에 답하시오.

a) 다음 점들을 좌표평면 위에 표시하시오.
A(2, 1), B(5, 1), C(5, 3), D(2, 3),
E(7, 3), F(7, 5), G(4, 5)

b) 다음에 표기한 순서로 점들을 연결하시오. 어떤 모양이 만들어지는가?
A−B−C−D−A, E−F−G, B−E, C−F, D−G

575 다음 물음에 답하시오.

a) 점 A(−2, 3)과 B(2, −1)을 지나는 직선을 그으시오.

b) 점 P(0, 1), Q(3, −2), R(−1, 1), S(−3, 4) 중 직선 AB 위에 있는 점은 무엇인가?

576 다음 물음에 답하시오.

a) 양 끝점이 A(−1, 4), B(3, −4)인 선분을 그리시오.

b) 선분 AB는 어느 점에서 좌표축과 만나는가?

577 정사각형의 두 꼭짓점이 A(−1, 2), B(3, 2)이다.

a) 정사각형을 그려서 나머지 두 꼭짓점을 찾으시오.

b) 정사각형을 몇 개 그릴 수 있는가?

578 평행사변형의 꼭짓점들의 좌표가
(−3, −2), (−4, −5), (3, −5), (4, −2)이다. 이 평행사변형의 넓이를 구하시오.

579 다음 암호문을 해독하시오.

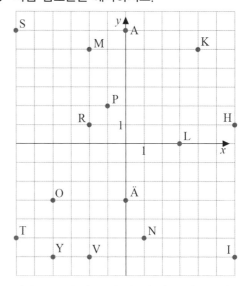

a) (−4, −3), (−2, 1), (0, 6), (1, −5), (4, 5), (6, −6)

b) (−2, −6), (−4, −3), (−2, 5), (−1, 2), (0, 6), (−6, −5), (−6, −5), (6, −6)

c) (−2, 5), (−4, −6), (−6, 6), (4, 5), (6, −6), (6, 1), (0, −3), (−2, 1), (4, 5), (0, −3)

580 다음 물음에 답하시오.

a) 꼭짓점이 A(3, 4), B(−1, 4), C(−5, 0)인 삼각형을 그리시오.

b) 삼각형 ABC 각 변의 중점의 좌표를 구하시오.

c) 삼각형 ABC의 넓이를 구하시오.

581 꼭짓점의 좌표가 각각 다음과 같을 때 사다리꼴의 넓이를 구하시오.

a) (2, 1), (7, 1), (6, 4), (4, 4)

b) (1, 1), (4, 1), (7, 4), (2, 4)

c) (−1, −5), (1, −2), (1, 2), (−1, 1)

582 꼭짓점의 좌표가 각각 다음과 같을 때 삼각형 ABC의 넓이를 구하시오.

a) A(0, 1), B(−4, −3), C(6, 0)

b) A(0, 0), B(5, 2), C(3, 5)

선대칭 모양

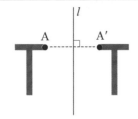

- 점 A와 A′이 직선 l에서 거리가 같은 위치에 있다면, l에 대해서 서로 거울에 비친 모습이다.
- 직선 l은 대칭축이다.
- 어떤 도형의 모든 점들이 또 다른 도형의 점들과 거울에 비친 위치에 있다면, 두 도형은 서로 선대칭의 위치에 있는 도형이라고 한다.

예제 1

삼각형 ABC를 직선 s에 대하여 대칭시키시오.

각도기(자)를 이용해서 먼저 꼭짓점들을 대칭시켜 A′, B′, C′으로 표시한다. 대칭된 삼각형은 삼각형 A′ B′ C′이다.

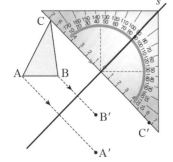

그림을 대칭축을 따라서 접는다면, 삼각형들이 서로 정확히 같은 모양, 즉 합동이다. 서로 포개지는 변들은 서로의 대응변이라고 하고 서로 포개지는 각들은 대응각이라고 한다.

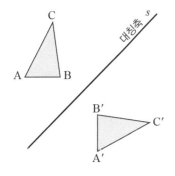

선대칭

- 어떤 도형이 대칭인 모양과 합동일 때, 이 도형을 직선 s에 대해서 대칭이라고 한다.
- 직선 s는 대칭축이다.

583 다음 각 나라의 국기에는 대칭축이 몇 개 있는가?

a) 자메이카   b) 리투아니아

c) 핀란드   d) 체코

e) 스위스   f) 알바니아

584 점 A, B, C, D에 대하여 다음 좌표를 구하시오.

a) x축에 대하여 대칭인 점의 좌표
b) y축에 대하여 대칭인 점의 좌표

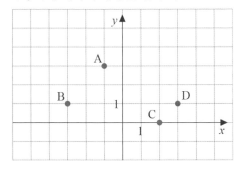

585 다음 도형을 직선 l에 대해서 대칭시키고, 다시 직선 s에 대해서 대칭시킨 그림을 그리시오.

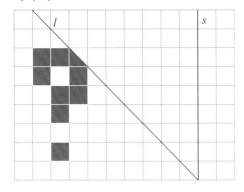

586 다음 그림에서 직선 l에 대해 서로 대칭인 점들을 찾으시오.

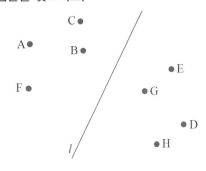

587 다음 도형에는 대칭축이 몇 개 있는가?

a) 정사각형
b) 정삼각형
c) 이등변삼각형
d) 정사각형이 아닌 직사각형
e) 원

588 다음 그림과 같이 나비 그림이 있는 종이를 반으로 접고 접힌 부분은 자르지 말고 나머지 날개 부분만을 잘라 종이를 펼치시오. 나비의 대칭축은 접은 선이다. 나비가 대칭이 되도록 색칠하시오.

589 다음 물음에 답하시오.

a) 이등변삼각형 ABC를 그리시오.
b) 길이가 같은 두 변의 중점을 지나는 직선 l을 그리시오.
c) 직선 l에 대해서 삼각형 ABC를 대칭시키시오.

점대칭

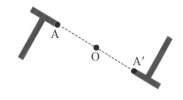

- 점 A와 A′이 점 O를 지나는 직선 위에서 점 O로부터 같은 거리에 있는 경우, 두 점은 점 O에 대해서 서로 점대칭의 위치에 있다고 한다.
- 점 O는 대칭의 중심이다.
- 한 점을 중심으로 180° 돌렸을 때, 완전히 포개어지는 두 도형을 '점대칭의 위치에 있는 도형'이라고 한다.

예제 1

삼각형 ABC의 밖에 있는 점 O를 대칭의 중심으로 해서 삼각형 ABC와 점대칭 위치에 있는 도형을 그리시오.

먼저 꼭짓점들을 점대칭시켜 A′ B′ C′으로 표시한다. 점대칭의 위치에 있는 도형은 삼각형 A′ B′ C′이다.

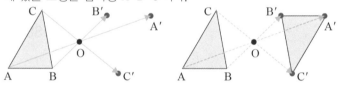

점대칭도형

- 도형 안의 한 점을 중심으로 180° 회전시켰을 때, 처음 도형과 완전히 겹쳐지는 도형을 '점대칭도형'이라고 한다.
- 점 O에 대해서 대칭이다. 점 O는 대칭의 중심이다.

예제 2

정사각형은 중심 O에 대해 대칭이다.

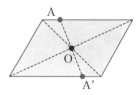

평행사변형은 대각선의 교점에 대해 대칭이다.

590 다음 국기들 중에서 점대칭도형인 것을 찾아보시오.

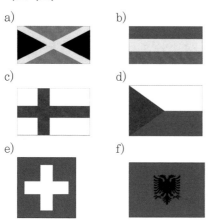

a)
b)
c)
d)
e)
f)

591 다음 점들을 아래와 같이 점대칭시키시오.

a) 대칭의 중심이 원점일 때
b) 대칭의 중심이 점 (0, 1)일 때

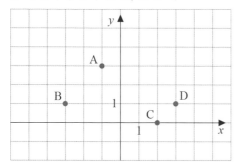

592 다음 삼각형 ABC를 아래의 점을 대칭의 중심으로 해서 점대칭시키시오.

a) 점 (−1, 0)　　b) 점 A

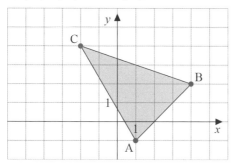

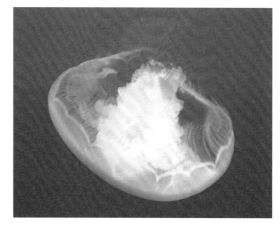

많은 원생동물들과 같이 해파리는 점대칭이다.

593 각도기와 자를 이용해서 점 O에 대해 서로 대칭된 점을 찾으시오.

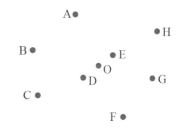

594 다음 물음에 답하시오.

a) 꼭짓점이 A(5, 3), B(−1, 2), C(1, 4)인 삼각형 ABC를 그리시오.
b) 삼각형 ABC를 점 P(2, 1)을 대칭의 중심으로 해서 점대칭시키시오.

595 다음을 공책에 그리고, 원점을 대칭의 중심으로 해서 점대칭시키시오.

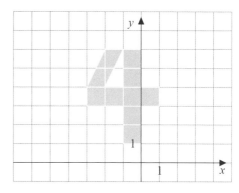

평행이동과 회전이동

평행이동

평행이동이란 도형의 모든 점들이 같은 방향으로 동일한 거리를 움직이는 것을 말한다. 평행이동한 도형은 원래의 도형과 합동이다.

예제 1

삼각형 ABC의 꼭짓점들은 A(1, 2), B(4, 1), C(3, 3)이다. 점 (0, 0)을 점 (−5, −4)로 평행이동시키면 삼각형 ABC의 꼭짓점들은 어느 점으로 평행이동하는가?

왼쪽으로 5칸, 아래쪽으로 4칸 삼각형을 이동시킨다.

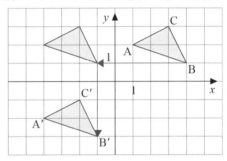

정답: 삼각형 A′ B′ C′의 꼭짓점들은 A′(−4, −2), B′(−1, −3), C′(−2, −1)로 이동한다.

회전이동

회전이동에서 도형의 모든 점들은 회전의 중심 주위로 동일한 거리를 유지하면서 주어진 각의 크기만큼 시계 방향 혹은 시계 반대 방향으로 회전한다. 회전한 도형은 원래의 도형과 합동이다.

예제 2

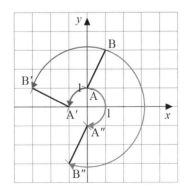

선분 AB의 양 끝점은 (0, 1)과 (1, 3)이다. 선분 AB를 원점을 중심으로 다음과 같이 회전이동시킬 때 선분 AB가 만드는 그림을 관찰하시오.

a) 시계 반대 방향으로 90°
b) 시계 방향으로 180°

a) 회전한 선분 A′ B′의 양 끝점은 A′(−1, 0)과 B′(−3, 1)이다.
b) 회전한 선분 A″ B″의 양 끝점은 A″(0, −1)과 B″(−1, −3)이다.

596 점 (3, 1)을 왼쪽으로 5칸, 아래쪽으로 3칸 이동시키시오.

597 원점이 다음과 같이 이동할 때 점 (3, −2)는 어디로 이동하는지 좌표를 쓰시오.

a) (0, 3) 　　　b) (−2, 1) 　　c) (1, −1)

598 다음 물음에 답하시오.

a) 꼭짓점이 A(−3, −1), B(0, 1), C(−1, 3)인 삼각형을 그리시오.
b) 삼각형 ABC를 오른쪽으로 3칸 이동시키시오.
c) 이동한 삼각형 A′ B′ C′의 꼭짓점들의 좌표를 표시하시오.
d) 삼각형 ABC를 오른쪽으로 2칸, 아래쪽으로 4칸 이동시키시오.
e) 이동한 삼각형 A″ B″ C″의 꼭짓점들의 좌표를 표시하시오.

599 점 (−2, 1)이 다음 점들로 각각 평행이동할 때 x축, y축이 얼마나 이동했는지 쓰시오.

a) (3, 1)　　　　　　b) (−2, −3)
c) (3, −3)　　　　　d) (−4, 2)

600 점 (3, 2)를 원점을 중심으로 다음과 같이 90° 회전이동시킨 점을 구하시오.

a) 시계 방향으로
b) 시계 반대 방향으로

601 점 (−4, 1)을 원점을 중심으로 다음과 같이 90° 회전이동시킨 점을 구하시오.

a) 시계 방향으로 90°
b) 시계 반대 방향으로 180°

602 네 점 A(−3, −2), B(−1, −2), C(−1, −1), D(−3, −1)이 꼭짓점인 직사각형 ABCD가 있다. 점 A가 다음 점으로 평행이동할 때 직사각형 ABCD가 어디로 이동하는지 각각 그리시오.

a) (1, 2)　　　　　　b) (3, −2)

603 문자 T를 그리고 이를 y축을 대칭축으로 하여 대칭해서 그리시오. 점 (0, 0)이 (0, −7)로 이동할 때 이 대칭된 문자를 표시하시오.

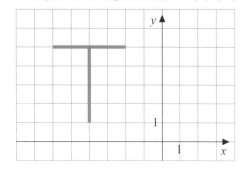

604 세 점 A(1, −1), B(3, −3), C(5, −2)을 꼭짓점으로 하는 삼각형이 있다. 점 (0, 0)이 다음 점으로 이동할 때 삼각형의 꼭짓점은 어디로 이동하는지 구하시오.

a) (−4, 3)　　　　　b) (21, −13)

605 선분 AB의 양 끝점은 A(−1, 4)와 B(4, 3)이다. 다음 점을 회전의 중심으로 시계 방향으로 90° 회전할 때 이동한 양 끝점을 구하시오.

a) (−2, 0)　　　　　b) (3, 2)

606 위 603의 문자 T를 좌표평면 위에 그리고 다음 물음에 답하시오.

a) 문자 T를 원점을 중심으로 시계 반대 방향으로 90° 회전시키시오.
b) 원래의 문자 T를 원점을 대칭의 중심으로 하여 점대칭시키시오.
c) 원래의 문자 T를 원점을 중심으로 시계 방향으로 180° 회전시키시오.
d) 위 b)와 c)의 결과를 비교하시오.

55 테셀레이션

타일을 겹치지 않고 평면 전체를 덮으려고 한다. 평면을 덮을 수 있는 타일은 무엇인가?

화살표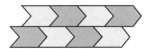

정삼각형

상현달 모양의 타일은 평면 전체를 덮을 수 없다.

테셀레이션

도형을 이용해 틈이나 겹침이 없이 평면을 완전히 메꾸는 것을 테셀레이션이라고 한다.

예제 2

컴퓨터나 종이를 이용하여 왼쪽 그림과 같이 테셀레이션하시오.

1. 종이에 큰 정사각형을 그린다.

2. 정사각형의 왼쪽 위 모서리에서 직각이등변삼각형을 잘라내어 오른쪽 위 모서리에 붙인다.

3. 정사각형의 왼쪽 아래 모서리에서 직각이등변삼각형을 잘라내어 오른쪽 아래 모서리에 붙인다.

4. 물고기의 입 부분에서 잘라낸 조각을 꼬리에 지느러미로 붙인다.
5. 아래쪽 배에서 잘라낸 동그란 조각을 등지느러미로 붙인다.
6. 위 5의 물고기 모양을 9개 복사하여 테셀레이션한다.

607 다음 조각들을 어떻게 배열해야 빈틈없이, 겹치지 않고 평면을 채울 수 있을까? 종이에 그려서 오리거나 컴퓨터를 이용해서 알아내시오.

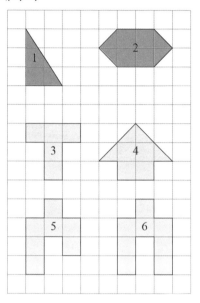

608 다음 모양을 제시된 순서대로 그리고 색칠하시오.

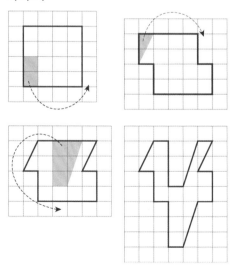

609 다음과 같은 여우 그림을 종이에 10개를 그리고 잘라내시오. 여우 그림을 공책에 풀로 붙여 테셀레이션하시오.

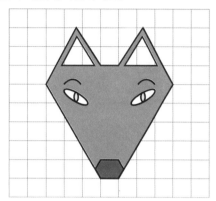

610 다음 다각형에서 시작하여 예제 2에서와 같이 원하는 모양을 그려서 테셀레이션을 하시오.

a) 평행사변형

b) 정삼각형

611 컴퓨터에서 그림 그리는 프로그램을 이용해서 평면을 테셀레이션할 수 있는 모양을 그리시오. 모양을 반복해서 평면을 모두 채우고 색칠하시오.

- 핀란드에서 북유럽 국가들 중에서 가장 뛰어난 F-1 레이서들을 배출했다. 케케 로스베리(Keke Rosberg) 선수는 1982년 윌리엄스 포드(Williams Ford) 팀에서 우승했다.

- 미카 하키넨(Mika Häkkinen)은 mcLaren-Mercedes 팀에서 1998년, 1999년에 우승했고, 키미 라이쾨넨(Kimi Räikkönen)은 Ferrari 팀에서 2007년 우승했다.

포뮬러 경기의 규칙

다음은 모눈종이 위에서 포뮬러 경기를 하는 규칙이다. 이 경기를 할 때는 2명 이상 4명 이하가 적당하다. 순서를 정한 후, 번갈아 가면서 차의 속도를 말하면서 차의 경로를 그려나가면 된다.

1. 제비를 뽑아 차 번호를 ①, ②, ③, …으로 정한다. 번호 순서대로 출발선의 ①, ②, ③, …의 위치에서 출발한다.
2. 차는 각 선수가 정하는 속도로 움직인다. 예를 들어, 차를 현재 위치에서 오른쪽으로 1만큼 가게 하려면 속도를 (1, 0)이라고 말하고, 차를 현재 위치에서 왼쪽으로 2, 위쪽으로 1만큼 가게 하려면 속도를 (-2, 1)이라고 말하면 된다.
3. 선수는 차의 속도를 말한 후, 차의 이동을 트랙에 표시한다. 모눈종이 위에 차마다 다른 색깔로 경로를 그리기로 한다.
4. 출발선에 있을 때의 속도는 (0, 0)으로 본다. 속도는 직전 속도에서 x, y값 모두 최대 1만큼만 줄이거나 늘릴 수 있다.

5. 경기 트랙의 각 점에는 차가 한 대만 있을 수 있다. 두 대 이상의 차가 동시에 한 점에서 만나게 되면 충돌사고가 일어난 것으로 보고 탈락시킨다.
6. 차는 트랙의 경계선 위에 있을 수는 있지만, 경계선 밖으로 나가면 이탈로 간주한다. 이탈했을 경우에 오른쪽 페이지의 그림과 같이 이탈한 점에서 가장 가까운 다른 점을 지나서 다시 들어와야 한다.
7. 한 바퀴를 돌아서 가장 먼저 결승선에 들어온 차가 승리한다. 만약, 두 대의 차가 동시에 결승선에 들어오는 경우에는, 결승선에서 가장 바깥쪽에 있는 차(그림에서는 ④의 위치에 있는 차)가 이기는 것으로 한다.

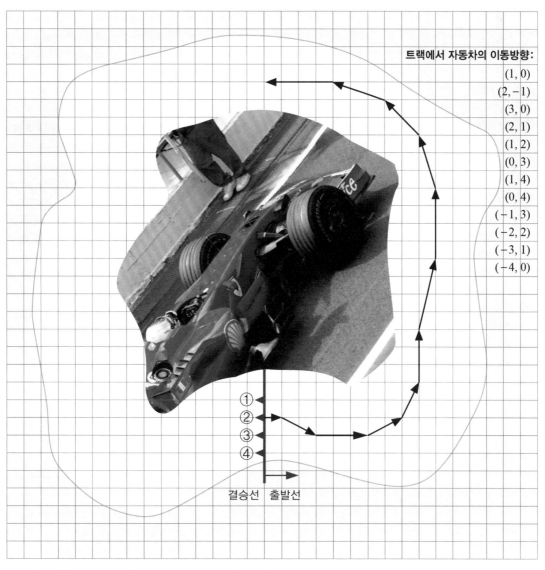

트랙에서 자동차의 이동방향:

(1, 0)
(2, −1)
(3, 0)
(2, 1)
(1, 2)
(0, 3)
(1, 4)
(0, 4)
(−1, 3)
(−2, 2)
(−3, 1)
(−4, 0)

① ② ③ ④

결승선 출발선

• 경기 트랙을 모눈종이 위에 그리고 경기 규칙에 맞추어 경기를 하시오.
• 경기 트랙은 실제 트랙을 모델로 하여 그려도 된다.

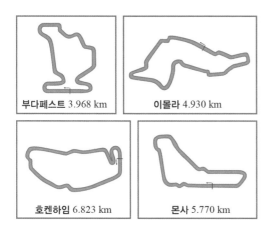

부다페스트 3.968 km

이몰라 4.930 km

호켄하임 6.823 km

몬사 5.770 km

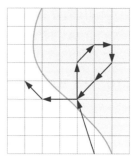

트랙에서 이탈했을 때 다
시 돌아오는 방법

● ● ○ ○   연습

612 다각형 ABCDE에서 다음을 모두 구하시오.

a) 점 A를 지나는 변
b) 점 A를 지나는 대각선

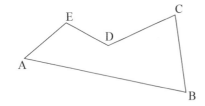

613 이등변삼각형 ABC에서 다음을 모두 구하시오.

a) 등변   b) 꼭짓점
c) 밑변   d) 밑각

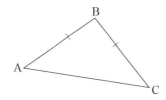

614 다음 문자에 대하여 물음에 답하시오.

E F H J N O S X

a) 선대칭인 문자를 찾으시오.
b) 점대칭인 문자를 찾으시오.

615 삼각형의 두 각의 크기가 다음과 같을 때, 또 다른 각의 크기를 구하고 예각, 둔각, 직각삼각형 중 어떤 삼각형인지 판단하시오.

a) 34°, 56°   b) 67°, 45°
c) 23°, 33°   d) 101°, 14°

616 다음 표를 완성하시오.

km²	ha	a	m²
1.7			
		890	
	0.42		
			13500

617 이등변삼각형에서 밑각의 크기가 다음과 같을 때, 꼭지각의 크기를 구하시오.

a) 25°   b) 77°

618 다음 삼각형에서 각 α의 크기를 구하시오.

a)   b)

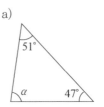 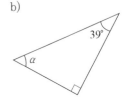

619 다음 도형의 둘레의 길이와 넓이를 계산하시오.

a)   b)

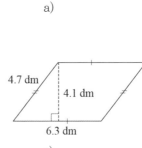 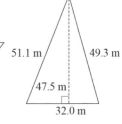

c)

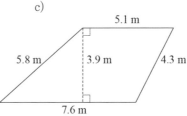

620 직사각형의 두 변이 길이가 2.3 cm와 4.5 cm이다. 도형을 그리고 직사각형의 넓이를 계산하시오.

621 다음 물음에 답하시오.

a) 좌표평면에 점 A(−1, 2), B(1, 5), C(−2, 6), D(−1, 0), E(1, 2)를 나타내시오.
b) 점 A, B, C를 삼각형으로 연결하고, 점 D와 E를 지나는 직선 l을 그리시오.
c) 직선 l에 대해 삼각형 ABC를 대칭시키시오.
d) 점 D에 대해 삼각형 ABC를 대칭시키시오.

622 다음 삼각형과 사다리꼴에서 필요한 길이를 mm 단위로 측정하여 다음을 계산하시오.

a) 둘레의 길이   b) 넓이

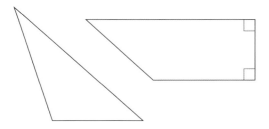

623 다음 그림에서 각 α의 크기를 구하시오.

a)   b)

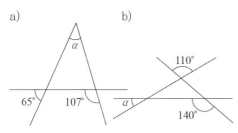

624 다음 그림에서 각 α와 β의 크기를 구하시오.

a)   b)

c)

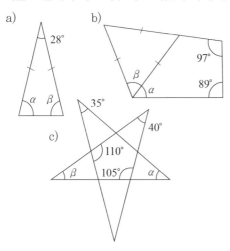

625 다음 다각형을 그리시오.

a) 밑변의 길이가 3.5 cm이고 꼭지각의 크기가 50°인 이등변삼각형
b) 두 변의 길이가 2.8 cm, 6.1 cm이고 끼인각의 크기가 55°인 평행사변형

626 다음 다각형을 작도하시오.

a) 선분 a, b, c를 세 변으로 하는 삼각형
b) 선분 b와 c를 두 변으로 하고 끼인각의 크기가 α인 삼각형
c) 선분 c를 한 변으로 하는 정육각형

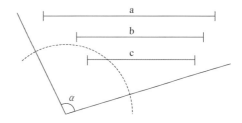

627 이등변삼각형의 꼭지각의 크기가 다음과 같을 때 밑각의 크기는 얼마인가?

a) 36°   b) 75°

628 다음 그림에서 직선 l과 t는 평행이다. 각 α의 크기를 구하시오.

a)

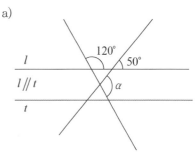

b)

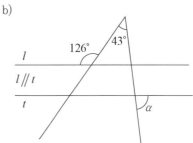

629 다음 도형에 외접하는 원을 그릴 때 한 변에 대한 중심각의 크기를 구하시오.

a) 정구각형
b) 정십이각형

요약

평행선과 수선

평행인 직선은 서로 만나지 않는다.

수선은 직선과 수직으로 만나는 선이다.

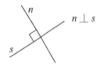

맞꼭지각과 보각

맞꼭지각은 서로 크기가 같다.

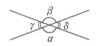

$\alpha = \beta$
$\gamma = \delta$

보각의 합은 180°이다.

$\alpha + \beta = 180°$

동위각

두 직선이 서로 평행일 때 동위각들의 크기는 같다.
즉, $s /\!/ t$이면 $\alpha = \beta$이다.

- **삼각형**

삼각형의 내각의 합 $\alpha + \beta + \gamma = 180°$

삼각형의 넓이 $A = \dfrac{c \cdot h}{2}$

각 β는 변 b의 대각이다.
각 β와 이웃하는 변은
변 a와 c이다.

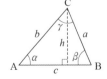

이등변삼각형의 두 변의 길이
는 같고 두 밑각의 크기도 같다.
정삼각형의 세 변의 길이
는 모두 같고 세 내각의
크기는 모두 60°이다.

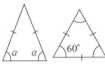

- **사각형**

사각형에는 두 개의 대각선이 있다.
내각의 합은 $2 \times 180° = 360°$이다.

평행사변형의 마주 보는 변은 평행이고
길이가 같다.

대각은 크기가 같고 이웃한 두 각의
크기의 합은 $\alpha + \beta = 180°$이다.
평행사변형의 넓이는 $a \cdot h$

직사각형의 넓이 $A = a \cdot h$
직사각형의 둘레의 길이는
$2(a + h)$

정사각형의 넓이는 a^2
정사각형의 둘레의 길이는 $4a$

마름모의 네 변의 길이는 모두 같
고, 대각선은 서로 수직으로 만난다.

사다리꼴은 한 쌍의 변이 평행이다.
사다리꼴의 넓이는
$\dfrac{a+b}{2} \cdot h$이다.

- **정육각형**

한 변의 길이는 정육각형에 외
접한 원의 반지름과 같다.
중심각의 크기는
$\dfrac{360°}{6} = 60°$이다.

제 3 부

식과 방정식

- 수열과 도형수열에 대해 알아봅시다.
- 식을 만들어 보고 방정식을 풀어봅시다.
- 변수들 간의 관계를 관찰하고 그래프로 나타내봅시다.

58 수열

수열

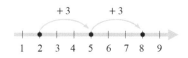

수열

4, 8, 12, 16, …

2항   무한

• 수열은 순서대로 배열된 수의 열을 말한다.
• 수열은 유한수열 또는 무한수열로 구분할 수 있다.
• 수열에 나열된 수들을 항이라고 한다.
• 수열은 보통 특정한 규칙을 이용해서 만들어진다.

예제 1

1항은 2이고 다음 항은 바로 앞의 항에 3을 더해 만들어지는 수열이 있다. 이 수열의 1항, 2항, 3항을 쓰시오.

1항 2
2항 2+3=5
3항 5+3=8

$$+3 \qquad +3$$

1 2 3 4 5 6 7 8 9

정답 : 2, 5, 8

예제 2

아래 수열의 규칙을 찾고, 다음에 오는 두 개의 항을 쓰시오.

a) 15, 13, 11, ……   b) 1, 3, 9, 27 ……

a) 수열의 규칙은 1항이 15이고 다음 항은 바로 앞의 항에서 2를 뺀다. 즉
4항은 11-2=9
5항은 9-2=7
b) 수열의 규칙은 1항은 1이고 다음 항은 바로 앞의 항에 3을 곱한다. 즉
5항은 3·27=81
6항은 3·81=243   **정답** : a) 9, 7 b) 81, 243

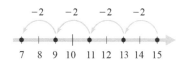

-2 -2 -2 -2

7 8 9 10 11 12 13 14 15

630 다음 문제의 수열이 유한수열인지 무한수열인지 쓰시오.

a) 3, 1, 4, 1, 5

b) 0, 2, 4, 6, ……

c) 1, 2, 3, ……, 100

d) −1, −2, −3, −4, ……

631 수열 1, 3, 7, 13, 21, ……에서 다음을 찾아 쓰시오.

a) 1항   b) 3항

c) 5항

632 다음과 같은 규칙의 수열이 있다. 1항이 4일 때, 각 경우에 수열의 1항부터 4항까지 쓰시오.

a) 바로 앞의 항에 7을 더한다.

b) 바로 앞의 항에서 1을 뺀다.

c) 바로 앞의 항에 3을 곱한다.

d) 바로 앞의 항을 2로 나눈다.

633 다음 그림을 보고 수열을 1항부터 5항까지 구하고 수열의 규칙을 추측해서 쓰시오.

a)

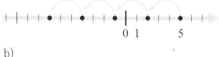

b)

c)

634 다음과 같은 규칙의 수열이 있다. 이들 수열에서 3항은 항상 12라고 하자. 각 수열을 1항부터 5항까지 구하시오.

a) 바로 앞의 항에 2를 더한다.

b) 바로 앞의 항에 2를 곱한다.

c) 바로 앞의 항을 2로 나눈다.

635 다음 수열의 5항을 추측하여 구하시오.

a) 5, 8, 11, 14, ……

b) 5, 20, 80, 320, ……

c) 90, 75, 60, 45, ……

d) 64, 32, 16, 8, ……

636 다음 수열의 규칙을 찾고 5항을 구하시오.

a) $1, \dfrac{1}{2}, \dfrac{1}{3}, \dfrac{1}{4}, \cdots\cdots$

b) $\dfrac{1}{2}, \dfrac{2}{3}, \dfrac{3}{4}, \dfrac{4}{5}, \cdots\cdots$

637 니나와 리사는 열대어를 키우는데, 니나는 2마리를 키우고, 리사는 20마리를 키운다. 반년마다 니나의 열대어는 2배씩 늘어나고, 리사의 열대어는 3마리씩 늘어난다. 얼마의 기간이 지나면 니나와 리사의 열대어 수가 같아지는가?

638 다음 수열의 규칙을 추측하고 빈칸을 채우시오.

1, ＿＿ , ＿＿ , 7, ＿＿ , ……

639 다음 수열의 규칙을 추측하고 7항까지 구하시오.

a) 2, 4, 6, 10, ……

b) 1, 8, 27, 64, ……

c) 1, 4, 16, 64, ……

640 라이사는 포시오에 있는 리보야르비 호수의 호숫가에서 조약돌을 봉지에 모으려고 한다. 첫 번째 봉지에 돌을 5개 넣고, 다음 봉지에는 바로 앞 봉지보다 돌을 세 배씩 더 담을 예정이다. 돌 1개의 무게는 평균 10 g이다.

a) 다섯 번째 주머니의 무게는 몇 g인가?

b) 열 번째 주머니의 무게는 몇 g인가?

고사리의 잎은 도형 수열을 이룬다.

예제 1

다음과 같이 정사각형 모양의 구가 있다. 구의 개수로 만들어지는 수열을 생각하자.

a) 도형 5를 그리시오.

b) 도형에 있는 구의 개수를 표로 만들고 이 수열의 규칙을 추측하시오.

c) 규칙을 이용해서 도형 10에 있는 공의 개수를 예측하시오.

a)

도형 5

b)

순서	구의 개수
1	1
2	4
3	9
4	16
5	25

수열의 규칙 : 공의 개수는 도형의 순서를 나타내는 수의 제곱이다.

c) 도형 10에는 $10^2 = 10 \cdot 10 = 100$개의 공이 있다.

예제 2

다음 그림을 보고 물음에 답하시오.

a) 도형 수열의 도형 4를 그리시오.

b) 도형에 있는 흰 삼각형의 개수를 표로 만들고 그 개수들로 만들어지는 수열의 규칙을 추측하시오.

a)

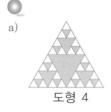

도형 4

b)

순서	흰 삼각형 개수
1	1
2	3
3	9
4	27

수열의 규칙 : 1항은 1이고 다음 항은 바로 앞의 항에 3을 곱해서 만들어진다.

641 다음 도형수열에서 도형 4, 도형 5, 도형 6을 그리시오.

도형 1   도형 2   도형 3

642 다음 도형에 대하여 물음에 답하시오.

a) 다음 도형수열에서 도형 4, 도형 5를 그리시오.

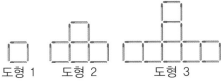

도형 1   도형 2   도형 3

b) 도형에 있는 정사각형 개수를 표로 만들고 이 수열의 규칙을 추측하시오.

c) 도형에 사용된 성냥개비의 개수를 표로 만들고 이 수열의 규칙을 추측하시오.

643 다음 도형수열에 대하여 물음에 답하시오.

a) 도형 4, 도형 5를 그리시오.

b) 도형에 있는 점의 개수를 표로 만들고 이 수열의 규칙을 추측하시오.

c) 이 수열의 10항을 구하시오.

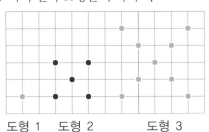

도형 1   도형 2   도형 3

644 다음 도형수열에 대하여 물음에 답하시오.

a) 도형의 변의 개수로 표를 만들고 이 수열의 규칙을 추측하시오.

b) 이 수열의 100항을 구하시오.

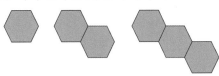

645 도형수열에서 도형 1은 점 $(0, 0)$이다. 도형 2는 점 $(-1, 1)$, $(0, 1)$, $(1, 1)$이다. 도형 3은 점 $(-2, 2)$, $(-1, 2)$, $(0, 2)$, $(1, 2)$, $(2, 2)$이다.

a) 도형 1에서 도형 5까지 그리시오.

b) 도형을 이루는 점의 개수로 표를 만들고 이 수열의 규칙을 추측하시오.

c) 이 수열의 100항을 구하시오.

646 다음 그림과 같이 화단의 둘레에 있는 타일의 개수로 이루어지는 수열을 생각하자. 수열의 1항부터 5항까지 쓰고 수열의 규칙을 추측하시오.

a)

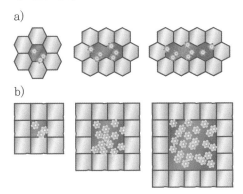

b)

함수

입력	함수는 상상 속의 계산 장치에 어떤 수를 입력하면 정해진 규칙에 따라 계산을 해서 출력해주는 장치라고 볼 수 있다.

함수는 상상 속의 계산 장치에 어떤 수를 입력하면 정해진 규칙에 따라 계산을 해서 출력해주는 장치라고 볼 수 있다.

예제 1

입력된 수에 2를 곱하는 함수가 있다. 다음과 같은 수를 입력하였을 때 어떤 수가 출력되는가?

a) 1   b) 6
c) 15   d) 101

입력	2를 곱한다.	출력
1	$2 \cdot 1$	2
6	$2 \cdot 6$	12
15	$2 \cdot 15$	30
101	$2 \cdot 101$	202

예제 2

1, 2, 3, 4를 **입력하였더니** 5, 6, 7, 8이 **출력되는 함수가 있다.**

a) 이 함수의 규칙이 무엇인지 추측하시오.
b) 25를 입력하면 어떤 수가 출력되는가?
c) 99를 입력하면 어떤 수가 출력되는가?

a) 입력된 수에 4를 더한다.
b) $25 + 4 = 29$로 29가 출력된다.
c) $99 + 4 = 103$로 103이 출력된다.   **정답** : b) 29   c) 103

647 아래 그림과 같이 입력되는 수에 4를 곱하는 함수가 있다. 입력되는 수가 다음과 같을 때 출력되는 수를 구하시오.

a) 2　　　　　　　　b) 5

c) 0　　　　　　　　d) −7

648 아래 그림과 같은 함수가 있다. 입력되는 수가 다음과 같을 때 출력되는 수를 구하시오.

a) 3　　　　　　　　b) −3

c) 7　　　　　　　　d) −7

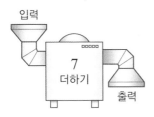

649 입력되는 수에 −1을 곱한 후, 다시 6을 더하는 함수가 있다. 입력되는 수가 다음과 같을 때 출력되는 수를 구하시오.

a) 7　　　b) 3　　　c) −4　　　d) −6

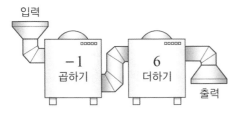

650 다음 그림과 같은 함수가 있다.

a) 이 함수의 규칙은 무엇인가?

b) −3을 입력하면 어떤 수가 출력되는가?

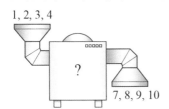

651 다음과 같은 함수에서 출력되는 수를 구하시오.

a)

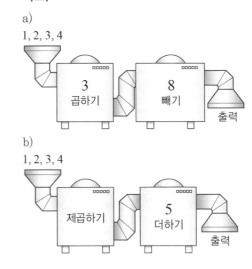

652 다음과 같은 함수에서 입력된 수를 구하시오.

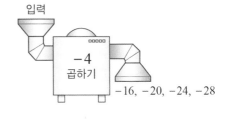

653 1, 2, 3, 4를 입력하면 3, 5, 7, 9가 출력되는 함수가 있다.

a) 이 함수의 규칙은 무엇인가?

b) 15를 입력하면 어떤 수가 출력되는가?

c) 출력되는 수가 21일 때, 입력한 수를 구하시오.

예제 1

다음 정사각형의 둘레의 길이를 식으로 쓰시오.

a)

b)

정사각형의 둘레의 길이는 네 변의 길이의 합이다.

a) $5 + 5 + 5 + 5 = 4 \cdot 5 = 20$　　b) $x + x + x + x = 4 \cdot x$

문자와 식

문자
↓
$4 \cdot X$
↑
계수

• 변수는 문자로 나타내는데, 문자의 값은 변할 수 있다.
• 식에는 변수가 포함되어 있다.

간단히 쓰기

$2 \cdot x = 2x$
$2 \cdot x \cdot y = 2xy$
$1 \cdot x = 1x = x$
$-1 \cdot x = -1x = -x$

• 수와 문자의 곱셈에서 곱셈기호는 생략한다.
• 문자끼리의 곱셈에서 곱셈기호는 생략한다.
• 수 1은 곱셈에서 생략한다.

예제 2

다음 함수를 식으로 나타내시오.

a) x에 5를 더한다.　　　　b) 12에서 n을 뺀다.
c) a에 2를 곱한다.　　　　d) x를 3으로 나눈다.

a) $x + 5$　b) $12 - n$　c) $2 \cdot a$ 즉 $2a$　d) $\dfrac{x}{3}$ 즉 $x \div 3$

예제 3

새끼고양이가 4, 5, 6마리와 n마리가 있을 때 귀와 발의 개수를 표로 만드시오.

새끼고양이 마리 수	귀의 개수	발의 개수
4	$2 \cdot 4 = 8$	$4 \cdot 4 = 16$
5	$2 \cdot 5 = 10$	$4 \cdot 5 = 20$
6	$2 \cdot 6 = 12$	$4 \cdot 6 = 24$
n	$2 \cdot n = 2n$	$4 \cdot n = 4n$

654 다음 도형의 둘레의 길이를 계산하시오. 식을 먼저 덧셈식으로 쓰고, 그 다음에 곱셈식으로 쓰시오.

a)

b)

c)

d)

655 다음 식을 간단히 쓰시오.

a) $1 \cdot d$ b) $5 \cdot y$

c) $-1 \cdot c$ d) $-4 \cdot x$

e) $6 \cdot a \cdot b$ f) $-5 \cdot x \cdot y$

656 다음 표를 완성하시오.

식	계수	문자
$3a$		
$-7x$		
y		
	8	y
	-1	a

657 다음 덧셈식을 곱셈식으로 바꾸시오.

a) $3+3+3+3+3$

b) $m+m+m$

c) $u+u+u+u+u+u$

658 다음 함수를 식으로 나타내시오.

a) n에 7을 더한다.

b) p를 4로 나눈다.

c) x에 9를 곱한다.

d) 5에서 m을 뺀다.

659 얀네는 얼음낚시를 해서 농어를 n마리 잡았다. 물고기가 몇 마리인지 식으로 나타내시오.

a) 키르시는 얀네보다 농어를 2마리 더 잡았다.

b) 파울리는 얀네보다 농어는 2배 잡았고 민물잉어도 10마리 잡았다.

660 a) 다음 도형 수열에서 4항, 5항의 도형을 그리시오.

도형 1   도형 2   도형 3

b) 도형 수열에서 구의 수를 표로 만들고 수열의 규칙을 찾아보시오.

c) 수열의 10항을 계산하시오.

661 다음 함수의 규칙을 글로 설명하시오.

a) $4x$

b) $3-x$

c) $x+1$

662 다음 동물의 다리의 수를 구하는 식을 쓰시오.

a) 말 p마리

b) 닭 q마리

c) 물고기 r마리

d) 바닷가재 s마리

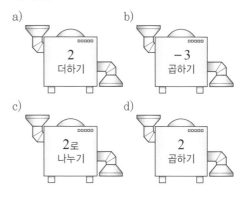

바닷가재는 다리가 10개이다.

663 다각형의 한 변의 길이가 x일 때, 다음 다각형의 둘레의 길이를 구하는 식을 곱셈식으로 나타내시오.

a) 정삼각형

b) 정육각형

c) 마름모

664 문자를 선택하고 다음 함수를 식으로 나타내시오.

a)

2
더하기

b)

-3
곱하기

c)

2로
나누기

d)

2
곱하기

입력되는 수에 4를 곱한 뒤에 5를 빼는 함수가 있다. 입력되는 수가 다음과 같을 때 출력을 쓰시오.

a) 3 b) x

a) 출력은 다음과 같다.
$4 \cdot 3 - 5 = 7$

b) 출력은 다음과 같다.
$4 \cdot x - 5 = 4x - 5$

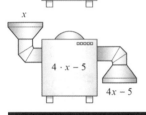

식의 값

$x = 2$
$\downarrow$
$3X + 1 = 3 \cdot 2 + 1 = 7$
식   식의 값

문자 x가 들어 있는 식의 값은 문자의 자리에 주어진 수를 넣고 계산해서 그 답을 얻는다.

식이 $3x - 1$이고, $x = 6$일 때의 값을 구하시오.

$3x - 1$
$= 3 \cdot 6 - 1$
$= 18 \quad 1$
$= 17$

■ 수 6의 자리에 x를 넣는다.
■ 식을 계산한다.

정답 : 17

식 $4x + 3$의 값이 15이면 x는 얼마인가?

x에 여러 가지 다른 수를 넣어보시오.
$x = 1$일 때 $4x + 3 = 4 \cdot 1 + 3 = 7$
$x = 2$일 때 $4x + 3 = 4 \cdot 2 + 3 = 11$
$x = 3$일 때 $4x + 3 = 4 \cdot 3 + 3 = 15$

정답 : $x = 3$

665 입력되는 수에 7을 곱한 뒤에 1을 빼는 함수가 있다. 다음 표를 완성하시오.

입력	출력
1	
4	
10	
0	
x	

666 식 $2x+3$의 x에 다음과 같은 수를 넣을 때, 식의 값을 구하시오.

a) 1   b) 5

c) 9   d) 0

667 다음 표를 완성하시오.

x	$2x+6$
10	
6	
2	
1	
0	

668 $x=3$일 때 다음 식의 값을 계산하시오.

a) $x-7$ b) $5x-1$

c) $3x-6$ d) $x \div 3$

669 $x=\dfrac{1}{2}$일 때 다음 식의 값을 계산하시오.

a) $4x$ b) $2x+3$

c) $x-\dfrac{1}{2}$ d) $x+\dfrac{1}{2}$

670 $x=2$일 때, 식의 값이 5가 되는 식을 다음에서 찾으시오.

$x+3$	$3x+1$	$11x-17$
$1+2x$	$x-7$	$9x-13$

671 다음 식의 값이 6이 되는 x를 구하시오.

a) $x+4$ b) $2x$

c) $x-5$ d) $5x+1$

672 옌나는 자신의 스쿠터를 빌려주고 $0.5x+5$ 유로를 받는다. 이때, x는 스쿠터로 달린 거리이다.

a) 알렉시는 20 km를 달렸다. 알렉시는 옌나에게 얼마를 지불했나?

b) 아누는 옌나에게 14 €를 주었다. 아누는 몇 km를 달렸나?

673 한 달 전화요금은 유로화로 $12.45+0.046x$이다. 이때, x는 통화량(분)이다. 통화량이 다음과 같을 때 요금은 각각 얼마인가?

a) 100분   b) 4시간

c) 5시간 30분   d) 0분

674 자동차를 3일 동안 렌트하는 요금은 유로화로 $126+0.45x$이다. 이때, x는 자동차로 달린 거리(km)이다.

a) 300 km를 달린다면 요금은 얼마인가?

b) 렌트 요금으로 200 €를 쓸 수 있다면 차로 몇 km를 달릴 수 있는가?

예제 1

$x = -5$일 때 식의 값을 계산하시오.

a) $2x - 7$ 　　　　　　　　　b) $15 - 3x$

c) $-4x + 1$

a) $2x - 7$
$= 2 \cdot (-5) - 7$
$= -10 - 7$
$= -17$

- x에 -5를 넣는다.
- 곱셈 $2 \cdot (-5)$를 계산한다.

b) $15 - 3x$
$= 15 - 3 \cdot (-5)$
$= 15 + 15$
$= 30$

- x에 -5를 넣는다.
- 곱셈 $-3 \cdot (-5)$를 계산한다.

c) $-4x + 1$
$= -4 \cdot (-5) + 1$
$= 20 + 1$
$= 21$

- x에 -5를 넣는다.
- 곱셈 $-4 \cdot (-5)$를 계산한다.

정답 : a) -17　**b)** 30　**c)** 21

예제 2

화씨온도 T와 섭씨온도 t 사이에는

$T = \dfrac{9}{5}t + 32$ 또는 $t = \dfrac{5}{9}(T - 32)$의 관계가 있다. 다음을 구하시오.

a) $t = 25\,°C$ 일 때 화씨온도

b) $T = -4\,°F$ 일 때 섭씨온도

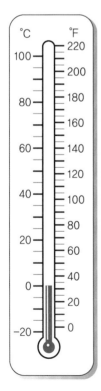

a) $T = \dfrac{9t}{5} + 32$

$= \dfrac{9 \cdot 25}{5} + 32$

$= 9 \cdot 5 + 32 = 77$

- t에 25를 넣는다.
- 5와 25를 약분한다.

b) $t = \dfrac{5 \cdot (T - 32)}{9}$

$= \dfrac{5 \cdot (-4 - 32)}{9}$

$= \dfrac{5 \cdot (-36)}{9}$

$= 5 \cdot (-4) = -20$

- T에 -4를 넣는다.
- 뺄셈 $-4 - 32$를 계산한다.
- 9와 (-36)을 약분한다.

정답 : a) $77\,°F$　**b)** $-20\,°C$

675 $x = -1$일 때 다음 식의 값을 구하시오.

 a) $x + 3$ b) $4 - x$

 c) $3x$ d) $2x - 4$

676 입력되는 수에 5를 곱한 뒤에 6을 빼는 함수가 있다. 다음 표를 완성하시오.

입력	출력
1	
0	
−1	
−4	
−10	
x	

677 다음 표를 완성하시오.

x	$-3x - 2$
2	
0	
−1	
−6	
−9	

678 $x = -2$일 때 다음 식의 값을 구하시오.

 a) $2x + 7$ b) $18 - 5x$

 c) $2 \cdot (x - 5)$ d) $-15x + 25$

679 $x = -\dfrac{2}{3}$일 때 다음 식의 값을 구하시오.

 a) $3x + 2$ b) $-3x - 2$

 c) $12x - 5$ d) $2x + \dfrac{1}{3}$

680 $x = -4$일 때 식의 값이 3인 식을 다음에서 찾으시오.

$3x - 9$	$-x + 7$	$7 - x$
$9 - 3x$	$-2x - 5$	$5 - 2x$

681 다음 식의 값이 -5일 때 x의 값을 구하시오.

 a) $x - 5$ b) $5 - x$

 c) $3x + 4$ d) $-4x - 9$

682 다음 온도를 섭씨온도로 바꾸시오.

 a) 아리조나의 낮 기온 $95\,°\mathrm{F}$

 b) 1913년 캘리포니아의 최고 기온 $134\,°\mathrm{F}$

 c) 1983년 남극의 최저 기온 $-129\,°\mathrm{F}$

683 다음 온도를 화씨온도로 바꾸시오.

 a) 1914년 핀란드 최고 기온 $35.9\,°\mathrm{C}$, 투르쿠

 b) 1999년 핀란드 최저 기온 $-51.1\,°\mathrm{C}$, 키틸라

 c) 1983년 지구의 최저 기온 $-89.2\,°\mathrm{C}$, 보스토크

684 초속 x에 대하여 시속은 식 $3.6x$로 계산한다. 다음 표를 완성하시오.

	m/s	km/h
단거리선수(남)	10	
급강하하는 송골매		396
영양		79.2
토끼		72
표범	33	
아프리카 코끼리	11	
그레이하운드	18	

예제 1

다음 식을 간단히 표현하시오.

a) $2h+3h$

b) $2k+p+3k+2p$

a) $2h+3h$
 $=h+h+h+h+h$
 $=5h$

■ 곱을 합으로 적는다.

b) $2k+p+3k+2p$
 $=2k+3k+p+2p$
 $=5k+3p$

■ 같은 문자끼리 정리한다.
■ 같은 문자끼리만 계산한다.
■ 더 이상 계산할 수 없다.

정답 : a) $5h$ **b)** $5k+3p$

동류항의 덧셈식

동류항	동류항이 아닌 경우
$2x$와 $5x$	$2x$와 $5y$
6과 -2	$7x$와 7
$3x$와 $-x$	$4x$와 $4xy$
$2x+3x=5x$	
$5a-2a=3a$	

동류항으로만 이루어진 덧셈식에는 문자가 한 종류만 있다.

동류항끼리는 덧셈, 뺄셈을 할 수 있다.

예제 2

다음 식을 계산하시오.

a) $11x+3x$

b) $7x-x$

c) $5x-5x$

d) $4x+5x-12x$

a) $11x+3x=14x$

b) $7x-x=6x$

c) $5x-5x=0$

d) $4x+5x-12x=-3x$

예제 3

다음 식을 간단히 하시오.

a) $x+1+3x-2$

b) $8x-3y-10x+4y$

a) $x+1+3x-2$
 $=4x-1$

■ 동류항끼리 모은다.
■ 동류항이 아니면 더할 수 없다.

b) $8x-3y-10x+4y$
 $=-2x+y$

■ 동류항끼리 모은다.
■ 동류항이 아니면 더할 수 없다.

685 다음 식의 동류항을 보기에서 모두 찾으시오.

$$x, \quad -3y, \quad -4, \quad 8x,$$
$$2y, \quad -x, \quad 2a, \quad 13$$

a) $2x$ b) $7y$ c) -3

686 다음 식을 간단히 하시오. 그림을 참고하여 답을 확인하시오.

a) $3p+2k+5p+7k$

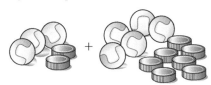

b) $4k+3l+4l+k$

687 다음 식을 간단히 하시오.

a) $3x+2x$ b) $12a+a$
c) $9y-9y$ d) $7k-5k$
e) $4x-3x$ f) $8a-5a$

688 다음 식을 간단히 하시오.

a) $7a+8a+4b$ b) $11a+9b+12a$
c) $9a+5b+a$ d) $12a+6b+13b$

689 다음 식을 간단히 하시오.

a) $5x+10+2x-8$
b) $-5y+12y+3-7y$
c) $-4a+8-4a+3$
d) $13-2z-7+z-6$

690 도형의 둘레의 길이를 나타내는 식을 구하고 간단히 하시오.

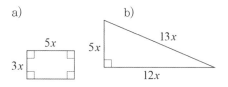

691 다음 식을 간단히 하시오.

a) $23a-20a-2a$
b) $18a+2a-11a-9a$
c) $7a+13b-6a-7b-6b$
d) $-9a+10+29a-11-20a$

692 다음 덧셈 피라미드를 완성하시오. 아래의 두 식의 합이 위의 식이 된다.

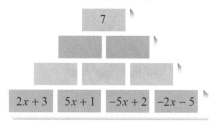

693 다음 도형의 둘레의 길이를 나타내는 식을 구하고 간단히 하시오.

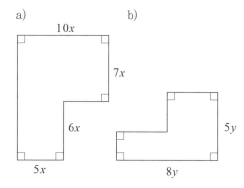

694 다음은 다트를 두 개 던져서 더한 식이다. 다트에 맞은 식들은 무엇인가?

a) $7x-3$ b) $-6x+4$
c) $4x-4$ d) $3x-2$

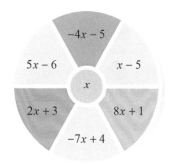

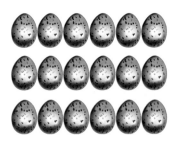

예제 1

다음 식을 계산하시오.

a) $3 \cdot 6x$

b) $5x \cdot 4$

a) $3 \cdot 6x$
$= 6x + 6x + 6x$
$= 18x$

b) $5x \cdot 4$
$= 4 \cdot 5x$
$= 20x$

- 순서를 바꾼다.
- 곱셈 $4 \cdot 5$를 계산한다.

정답 : a) $18x$ b) $20x$

곱셈식의 교환법칙

계산 결과는 곱셈 순서와 관계없다.

예제 2

다음 식을 간단히 하시오.

a) $3 \cdot (-2y)$

b) $-5x \cdot (-7)$

a) $3 \cdot (-2y)$
$= 3 \cdot (-2) \cdot y$
$= -6y$

b) $-5x \cdot (-7)$
$= -5 \cdot (-7) \cdot x$
$= 35x$

- 곱셈 $3 \cdot (-2)$를 계산한다.

- 순서를 바꾼다.
- 곱셈 $-5 \cdot (-7)$을 계산한다.

정답 : a) $-6y$ b) $35x$

예제 3

다음 식을 계산하시오.

a) $\dfrac{8 \cdot 7}{2}$

b) $\dfrac{8x}{2}$

a) $\dfrac{8 \cdot 7}{2}$
$= 4 \cdot 7$
$= 28$

b) $\dfrac{8x}{2}$
$= \dfrac{8 \cdot x}{2}$
$= 4 \cdot x$
$= 4x$

- 나눗셈 $8 \div 2$를 계산한다.

- 나눗셈 $8 \div 2$를 계산한다.

정답 : a) 28 b) $4x$

695 다음 식을 간단히 하시오.

a) $2 \cdot 5x$ b) $4 \cdot 9x$

c) $3 \cdot 3x$ d) $5 \cdot 8x$

e) $2x \cdot 6$ f) $4x \cdot 7$

696 다음 식을 간단히 하시오. a)부터 i)까지 해당 알파벳을 찾으면 어떤 단어가 완성되는지 알아보시오.

a) $5 \cdot 7x$ b) $8 \cdot 3x$

c) $8x \cdot 4$ d) $3x \cdot 7$

e) $13x \cdot 3$ f) $12x \cdot 4$

g) $2 \cdot 3x \cdot 5$ h) $x \cdot 4 \cdot 7$

i) $5 \cdot 3x \cdot 3$

A	R	K	I	S	A	K	K	O
$30x$	$28x$	$35x$	$39x$	$32x$	$45x$	$21x$	$48x$	$24x$

697 다음 식을 간단히 하시오.

a) $\dfrac{6x}{2}$ b) $\dfrac{40x}{5}$

c) $\dfrac{21x}{7}$ d) $\dfrac{27x}{9}$

698 다음 식을 간단히 하시오.

a) $2 \cdot (-8x)$

b) $-3 \cdot (-3x)$

c) $-4 \cdot 12x$

d) $-1 \cdot (-2) \cdot (-3x)$

699 다음 빈칸에 알맞은 수나 식을 쓰시오.

a) $\boxed{} \cdot 8x = 24x$ b) $6 \cdot \boxed{} = 54x$

c) $\dfrac{20x}{\boxed{}} = 4x$ d) $\dfrac{\boxed{}}{3} = 11x$

700 다음 식을 간단히 하시오.

a) $5 \cdot 6 \cdot 3x$

b) $-7 \cdot x \cdot (-6)$

c) $x \cdot (-1) \cdot 11$

d) $5 \cdot (-x) \cdot (-12)$

701 다음 식을 간단히 하시오.

a) $\dfrac{42x}{-7}$ b) $\dfrac{-100x}{-25}$

c) $\dfrac{-32x}{16}$ d) $\dfrac{-6 \cdot 9x}{-3}$

702 다음 굵은 선 안의 흰색 빈칸에 6, -6, 3, $3x$, -2, -8 중 알맞은 수나 식을 골라쓰시오.

	$\cdot$	$12x$	$\div$		$=$	$24x$
$\cdot$		$\cdot$		$\cdot$		
	$\cdot$		$\div$		$=$	$12x$
$=$		$=$		$=$		
$18x$		$-96x$				

703 수열의 처음 5개의 항을 구하시오.

a) 수열의 1항은 a이고 다음 항은 바로 앞의 항에 3을 곱해서 얻는다.

b) 수열의 1항은 $16a$이고 다음 항은 바로 앞의 항을 -2로 나눠서 얻는다.

704 도형의 둘레의 길이와 넓이를 나타내는 식을 세우고 간단히 하시오.

a)

b)

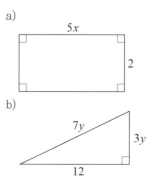

예제 1

다음 식을 만드시오.

a) x에 3을 곱한 후 7을 더한다.

b) 45에서 x에 11을 곱한 수를 뺀다.

a) $x \cdot 3 + 7$
   $= 3x + 7$

b) $45 - 11x$

정답 : a) $3x + 7$ b) $45 - 11x$

예제 2

두 식 $5x + 3$과 $2x$에 대하여 물음에 답하시오.

a) 두 식을 더하고 간단히 하시오.

b) $5x + 3$에서 $2x$를 빼고 간단히 하시오.

a) $5x + 3 + 2x$ ■ 동류항끼리 계산한다.
   $= 7x + 3$

b) $5x + 3 - 2x$ ■ 동류항끼리 계산한다.
   $= 3x + 3$

정답 : a) $7x + 3$ b) $3x + 3$

예제 3

다음 평행사변형에 대하여 물음에 답하시오.

a) 둘레의 길이를 나타내는 식을 세우고 간단히 하시오.

b) 넓이를 나타내는 식을 세우고 간단히 하시오.

c) $x = 3$일 때 평행사변형의 넓이를 계산하시오.

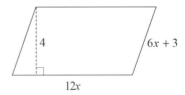

a) 둘레의 길이는 변들의 길이의 합이다.
   $12x + 6x + 3 + 12x + 6x + 3 = 36x + 6$

b) 넓이는 밑변과 높이의 곱이다.
   $12x \cdot 4 = 48x$

c) $x = 3$일 때 넓이는 $48x = 48 \cdot 3 = 144$이다.

정답 : a) $36x + 6$ b) $48x$ c) 144

705 다음을 식으로 나타내시오.

　a) x와 4의 합　　b) x에서 3을 뺀 수
　c) x와 8의 곱　　d) x를 2로 나눈 수

706 다음을 식으로 나타내시오.

　a) x에 11을 곱하고 12를 뺀다.
　b) 33에서 7과 x의 곱을 뺀다.
　c) x에 -2를 곱하고 4를 더한다.

707 다음을 식으로 나타내시오.

　a) x에 3을 더하고 그 합을 17로 나눈다.
　b) 19에서 x를 빼고 2로 나눈다.

708 다음 식을 말로 풀어 쓰시오.

　a) $3x+2$　　　　b) $7-3x$
　c) $\dfrac{4+x}{5}$　　　　d) $\dfrac{x-4}{5}$

709 다음 그림을 보고 물음에 답하시오.

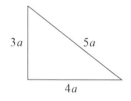

　a) 삼각형의 둘레의 길이를 나타내는 식을
　　구하시오.
　b) $a=3\,\mathrm{m}$일 때 삼각형의 둘레의 길이를
　　계산하시오.

710 노라는 x살이다. 노라가 몇 살인지 나타내
　는 식을 만드시오.

　a) 3년 후　　b) 4년 전　　c) x년 후

711 $x=5\,\mathrm{cm}$일 때 도형의 둘레의 길이를 나타
　내는 식을 세우고 도형의 둘레를 계산하시오.

　a)

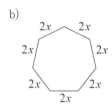

　b)

712 일주일은 7일이다. 1개월을 4주로 계산할
　때 다음을 나타내는 식을 만드시오.

　a) x주
　b) n주와 3일
　c) m개월과 3주

713 미코는 x살이다. 마티의 나이를 나타내는
　식을 만드시오.

　a) 마티가 미코보다 4살 많을 때
　b) 마티가 미코보다 2살 적을 때
　c) 마티의 나이가 미코의 나이의 2배일 때

714 욘나는 x살이다. 욘나의 사촌들의 나이를
　나타내는 식을 만드시오.

　a) 사무는 욘나보다 6살 많다.
　b) 민나의 나이는 욘나 나이의 5배이다.
　c) 닌니는 민나보다 1살 더 많다.

예제 1

안나는 x살이다. 안나 부모님의 나이를 나타내는 식을 만드시오.

a) 아버지의 나이는 안나의 세 배이다.

b) 어머니는 아버지보다 2살 적다.

c) 안나의 나이가 $x = 12$살이라면 안나 부모님의 나이는 몇 살인가?

a) 아버지의 나이는 $3x$살이다.

b) 어머니의 나이는 $3x - 2$살이다.

c) 아버지의 나이는 $3 \cdot 12 = 36$살이고 어머니의 나이는
36살−2살=34살이다.

정답 : a) $3x$　b) $3x - 2$　c) 아버지는 36살이고 어머니는 34살이다.

예제 2

이등변삼각형의 밑각의 크기는 x이다. 꼭지각의 크기를 나타내는 식을 만드시오.

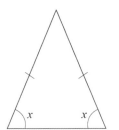

밑각의 합은 $2x$이다. 삼각형의 각들의 합은 $180°$이므로 꼭지각의 크기는 $180° - 2x$이다.　　　　　　**정답** : $180° - 2x$

예제 3

라우라는 선물로 $100 \, €$(유로)를 받았다. 일주일에 $5 \, €$씩 사용하려고 한다.

a) n주 후에는 돈이 얼마나 남았는지 나타내는 식을 만드시오.

b) $n = 5$, $n = 10$, $n = 15$일 때, 식의 값을 계산하시오.

a) 라우라는 n주에 $n \cdot 5 = 5n \, €$(유로)를 쓴다.
　남아 있는 돈은 $100 - 5n \, €$이다.

b) 문제에 있는 값을 표로 나타내보자.

n	$100 - 5n \, (€)$
5	$100 - 5 \cdot 5 = 75$
10	$100 - 5 \cdot 10 = 50$
15	$100 - 5 \cdot 15 = 25$

정답 : a) $100 - 5n$

715 노라는 체력장에서 x m를 달렸다. 다음에서 노라의 친구들이 달린 거리를 나타낸 식을 고르시오.

$x+400$	$2x$	$x+200$
$x-200$	$2x-200$	$2x+200$

a) 테로는 노라보다 200 m 더 달렸다.
b) 사미는 노라가 달린 거리의 두 배를 달렸다.
c) 엘리나는 사미보다 200 m 덜 달렸다.
d) 미코는 테로보다 200 m 더 달렸다.

716 안티는 x살이다. 안티 사촌들의 나이를 나타내는 식을 만드시오.

a) 한누는 안티보다 6살 많다.
b) 페카의 나이는 안티 나이의 네 배이다.
c) 안티의 나이 $x=5$일 때, 사촌들의 나이는 몇 살인가?

717 다음 그림의 삼각형에서 나머지 한 각의 크기를 나타내는 식을 만드시오.

a)   b)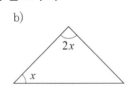

718 카리는 멀리뛰기에서 x cm를 뛰었다. 카리의 친구들이 뛴 거리를 식으로 나타내시오.

a) 올리는 카리보다 32 cm 덜 뛰었다.
b) 미카는 카리보다 50 cm 더 멀리 뛰었다.
c) 아버지는 카리가 뛴 거리의 두 배를 뛰었다.

719 코르케아사아리 동물원의 입장료는 어른이 7유로, 어린이는 4유로이다. 어느 일행에 어른은 3명, 어린이는 x명이 있다.

a) 이 일행의 입장료가 모두 얼마인지를 나타내는 식을 만드시오.
b) 어른 3명과 어린이 12명이 동물원에 들어갈 때 입장료를 계산하시오.

720 티나는 풍선을 파는 일을 하는데 일주일에 20 € 외에 판매한 풍선 한 개당 50센트를 받는다.

a) 풍선을 x개 팔았을 때 티나가 얼마를 받을지 나타내는 식을 만드시오.
b) 풍선을 37개 팔았을 때 티나가 얼마를 받는지 계산하시오.

721 다음 물음에 답하시오.

a) 평행사변형의 한 각이 x도이다. 이 각에 이웃한 각의 크기를 구하시오.
b) 삼각형의 한 각이 x도이고 다른 각은 10° 더 크다. 삼각형의 나머지 한 각의 크기를 나타내는 식을 쓰시오.

722 안나와 레나는 윌라스툰드라에서 트래킹을 하고 있다. 둘째 날에는 첫째 날보다 3.2 km 짧은 거리를 걸었고, 셋째 날은 첫째 날보다 세 배의 거리를 걸었다.

a) 첫째 날 걸은 거리를 a km라고 할 때, 이들이 트래킹한 거리를 나타내는 식을 구하시오.
b) 첫째 날 걸은 거리가 6.5 km일 때, 이들이 몇 km를 트래킹했는지 계산하시오.

● ● ○ ○ 연습

723 수열의 1항이 3이고 다음 항을 얻는 규칙이 다음과 같을 때 수열의 처음 다섯 개의 항을 구하시오.

a) 바로 앞의 항에 2를 더한다.
b) 바로 앞의 항에 4를 더한다.
c) 바로 앞의 항에서 3을 뺀다.

724 수열의 1항이 4이고 다음 항을 얻는 규칙이 다음과 같을 때 수열의 처음 네 개의 항을 쓰시오.

a) 바로 앞의 항에 2를 곱한다.
b) 바로 앞의 항에 -2를 곱한다.
c) 바로 앞의 항을 2로 나눈다.

725 수열의 규칙을 쓰고 다음 세 개의 항을 쓰시오.

a) $7,\ 14,\ 28,\ 56,\ \cdots$
b) $7,\ 4,\ 1,\ -2,\ \cdots$

726 다음 그림을 보고 물음에 답하시오.

a) 도형 수열의 4항과 5항의 도형을 그리시오.
b) 도형의 점들의 개수를 표로 만들고, 점의 개수가 만드는 수열의 규칙을 구하시오.
c) 20항을 구하시오.

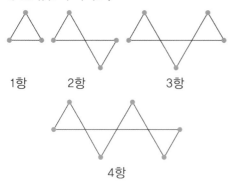

1항　　2항　　3항

4항

727 다음 식을 간단히 하시오.

a) $1 \cdot a$　　　　b) $5 \cdot b$
c) $-1 \cdot a$　　　d) $4 \cdot 3b$
e) $3x \cdot (-1)$
f) $-3 \cdot (-1) \cdot (-4x)$

728 다음 식에서 계수와 문자는 무엇인가?

a) $2x$　　　　b) $-y$　　　　c) x

729 보기에 있는 식 중 다음 항과 동류항인 것을 모두 찾으시오.

$3b$	$2x$	$-5x$	4	$3y$
$-7y$	$2z$	x	8	

a) $3x$　　　　b) $-5y$　　　　c) 2

730 다음 식을 간단히 하시오.

a) $a+a+a+a$　　b) $3b+5b-4b$
c) $7y-2y+3y$　　d) $2x+20x-5x$

731 다음 식을 간단히 하시오.

a) $2x+3-4x+1$　　b) $6y+3z-7y+2z$
c) $4+4x-3+7x$　　d) $2y-x+4x-5y$

732 다음 식을 간단히 하시오.

a) $\dfrac{42x}{6}$　　　b) $\dfrac{-36x}{9}$　　　c) $\dfrac{-63x}{-7}$

733 식 $3x-7$의 값을 계산하시오.

a) $x=4$　　　b) $x=0$　　　c) $x=-3$

734 다음 표를 완성하시오.

x	$-2x-11$
8	
1	
-4	
-12	

735 다음을 식으로 나타내시오.

a) x에 5를 더한다.

b) x에 3을 곱하고 4를 뺀다.

c) x를 3으로 나눈 몫에 6을 곱한다.

d) x에 -3을 곱하고 7을 더한다.

736 올리는 x살이다. 올리의 가족의 나이를 구하시오.

a) 큰누나 레타는 올리보다 10살 많다.

b) 남동생 투오마스는 올리보다 2살 적다.

c) 아버지 페카의 나이는 올리 나이의 10배이다.

737 컴퓨터의 값이 x유로이다. 다음 가격을 나타내는 식을 구하시오.

a) 컴퓨터 가격이 200유로로 오른다.

b) 컴퓨터 가격이 300유로로 내린다.

c) 컴퓨터 가격이 지금 가격의 반이 된다.

738 좌표 평면에서 점 $(0, 0)$을 첫째 도형,

점 $(0, 0)$, $(0, 1)$, $(1, 0)$은 둘째 도형, 앞의 도형의 점들과 점 $(0, 2)$와 $(2, 0)$을 셋째 도형이라고 하자.

a) 도형 수열의 처음 5항의 도형을 그리시오.

b) 도형의 점 개수가 만드는 수열은 무엇인가?

c) 도형 수열의 100항은 얼마인가?

739 어떤 줄을 세 부분으로 나누려고 한다. 첫째 부분은 둘째 부분보다 2 m 짧고, 셋째 부분은 둘째 부분보다 4 m 길다.

a) 줄의 길이를 식으로 나타내시오.

b) 가장 긴 부분이 7 m일 때 줄의 길이를 계산하시오.

740 다음 식의 값이 8일 때 x를 구하시오.

a) $x+1$ b) $16x$ c) $3x-1$

741 다음 그림을 보고 물음에 답하시오.

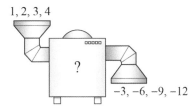

1, 2, 3, 4 $-3, -6, -9, -12$

a) 함수의 규칙은 무엇인가?

b) x를 입력하면 출력은 무엇인가?

c) $2x$를 입력하면 출력은 무엇인가?

742 x가 택시를 타고 간 거리일 때 택시요금은 식 $5+1.30x$로 계산한다. 택시를 다음 거리만큼 타면 요금은 얼마인가?

a) 1.9 km   b) 5.7 km   c) 15.5 km

743 다트를 두 개 던져서 나온 식의 합이 다음과 같을 때 두 개의 식은 무엇인지 쓰시오.

a) $6x-6$ b) $5x-5$

c) $-5x+2$ d) $5x-6$

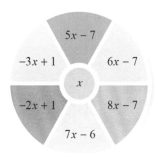

$5x-7$ $6x-7$ $-3x+1$ x $8x-7$ $-2x+1$ $7x-6$

744 수열의 다음 항을 구하시오.

a) 3, 6, 9, 15, 24, …

b) 7, 14, 20, 25, 29, …

c) 3, 7, 14, 24, 37, …

d) 2, 5, 10, 17, 26, …

69 양팔저울

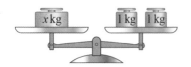

예제 1

그림의 저울은 평형 상태에 있다. 추 x의 무게는 얼마인가?

저울이 평형 상태에 있을 때, 양쪽에 있는 추의 무게는 같다. 즉, $x = 2$이다.　　　　　　　　　　　　　　　　　**정답** : $2\,\mathrm{kg}$

예제 2

그림의 저울은 평형 상태에 있다.

a) 저울의 왼쪽과 오른쪽 접시 위의 추의 무게를 말하시오.

b) 저울이 평형을 이룰 조건을 말하고 x의 값을 구하시오.

a) 왼쪽 접시 위의 추의 무게는 $x + 2$이고 오른쪽 접시 위의 추의 무게는 5이다.

b) 왼쪽과 오른쪽 접시 위에 있는 물건의 무게가 같을 때 저울은 평형 상태가 된다.

저울이 평형을 이루려면 $x + 2 = 5$가 성립해야 한다.

따라서 저울은 $x = 3$일 때 평형을 이룬다.　　　**정답** : b) $x = 3$

예제 3

그림의 저울은 기울어져 있다. 왼쪽 접시 위에 두 개의 $x\,\mathrm{kg}$의 추를 놓아서 평형을 맞추었다. x의 값을 구하시오.

오른쪽 접시 위에 있는 추의 무게는 4이고 왼쪽 접시 위의 추의 무게는 $x + x = 2x$이다.

저울이 평형을 이루려면 $2x = 4$이어야 하므로 $x = 2$일 때 평형이 이루어진다.

양쪽의 추의 무게는 모두 $4\,\mathrm{kg}$이다.　　　　　　　　**정답** : $x = 2$

745 그림의 저울은 평형 상태에 있다. 물음에 답하시오.

a) 왼쪽과 오른쪽 접시 위에 있는 추의 무게를 각각 말하시오.

b) 저울이 평형을 이루기 위한 식과 x의 값을 구하시오.

746 각 저울이 평형을 이루기 위한 식을 보기에서 찾고, x의 값을 구하시오.

$$2x+2=20 \qquad 2x=20$$
$$x+2=20 \qquad 2x+1=10+10$$

a)　　　　　　　　b)

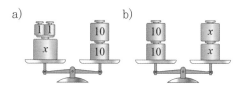

747 다음 저울이 평형을 이루기 위한 식과 x의 값을 구하시오.

a)　　　　　　　　b)

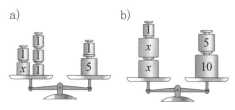

748 저울의 왼쪽 접시 위에 무게가 x인 추를 4개 얹어서 저울의 평형을 맞추시오. 저울이 평형을 이루기 위한 식과 x의 값을 구하시오.

a)　　　　　　　　b)

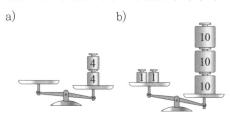

749 다음 저울이 평형을 이루기 위한 식과 x의 값을 구하시오.

a)　　　　　　　　b)

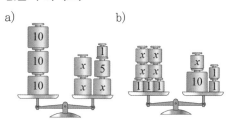

750 다음 식이 성립하면 평형이 되는 저울과 추를 그리고, x의 값을 구하시오.

a) $x+1=5$　　　　b) $3x=6$

c) $2x=x+7$　　　c) $x+3=2x$

751 다음 그림의 저울이 평형을 이루기 위한 식과 x의 값을 구하시오.

a)　　　　　　　　b)

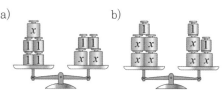

752 다음 저울이 평형을 이루기 위한 식과 x의 값을 구하시오.

a)　　　　　　　　b)

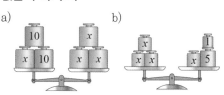

753 다음 식이 성립하면 평형이 되는 저울과 추를 그리고, x의 값을 구하시오.

a) $3x+1=2x+4$

b) $2x+6=5x+3$

c) $4x+1=2x+3$

d) $4x+2=3x+2$

70

방정식

예제 1

그림의 저울이 평형을 이루기 위한 식을 구하시오.

왼쪽 접시 위의 추의 무게의 합은 $x+1$ kg이고 오른쪽은 4 kg이다. 방정식 $x+1=4$가 성립하면 저울이 평형을 이룬다.

방정식

좌변   우변
$X + 1 = 4$

$X = 3$
방정식의 근

- 방정식은 두 식이 서로 같음을 나타낸 식이다.
- 방정식에는 좌변과 우변이 있다.
- 방정식에 있는 문자는 미지수라고 한다.
- 방정식의 좌변과 우변의 값을 같게 만드는 문자의 값이 방정식의 근이다.

예제 2

$x = 4$는 다음 방정식의 근인가?

a) $x+1=5$ b) $2x=x+3$

$x = 4$를 넣어보면
a) 좌변 : $x+1=4+1=5$
   우변 : 5
   좌변과 우변이 서로 같다. 따라서, $x=4$는 방정식의 근이다.
b) 좌변 : $2x=2 \cdot 4=8$
   우변 : $x+3=4+3=7$
   좌변과 우변이 서로 다르다. 따라서, $x=4$는 방정식의 근이 아니다.

예제 3

방정식 $2x = x + 3$의 근을 구하시오.

$2x = x+3$이므로 방정식은 $x+x=x+3$으로도 쓸 수 있다. 좌변과 우변이 서로 같으므로 $x=3$이다.   **정답** : $x=3$

754 보기에서 방정식을 고르시오.

$$-(-7)=7 \qquad 2x+3 \qquad 3x=6$$
$$x \div 2 = 7 \qquad 4(x+2) \qquad 8x+1<9$$
$$5x+2=x+4 \qquad x=0 \qquad x+2=1$$

755 빈칸에 알맞은 수를 쓰시오.

a) $\boxed{}+3=8$ b) $7-\boxed{}=5$

c) $2 \cdot \boxed{}=18$ d) $15 \div \boxed{}=3$

756 다음 저울이 평형을 이루는 추 x의 무게를 구하시오.

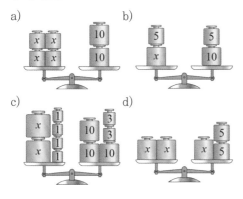

757 $x=4$가 다음 방정식의 근인지 확인하시오.

a) $x+3=6$ b) $3x+1=13$

c) $3x-5=x+3$ d) $2x-3=x+2$

758 보기의 수 중 다음 방정식의 근을 찾으시오.

$$0 \quad 1 \quad 2 \quad 4$$

a) $7x-14=0$ b) $3x=2x+4$

c) $19x=19$ d) $6x-8=7x-9$

759 다음을 방정식으로 나타내고 그 근을 구하시오.

a) x와 4의 합은 9이다.

b) x에서 2를 빼면 13이다.

c) 2와 x의 곱은 6이다.

d) x를 3으로 나눈 몫은 7이다.

760 다음을 방정식으로 나타내고 그 근을 구하시오.

a) 2와 x의 곱은 x와 6의 합과 같다.

b) $3x$와 1의 합은 7이다.

761 $x=-1$이 다음 방정식의 근인지 확인하시오.

a) $3x-2=-5$

b) $-5x+1=x+7$

c) $7-2x=5$

d) $6x+14=-3x+5$

762 다음 물음에 답하시오.

$$2x \qquad -3x+2 \qquad 4x$$
$$-2x-6 \qquad x-1 \qquad x+6$$

a) $x=-1$일 때 보기의 식의 값을 구하시오.

b) 보기의 식을 이용해 근이 $x=-1$뿐인 방정식을 만드시오.

763 다음 방정식의 근은 음수이다. 방정식의 근을 구하시오.

a) $x+13=-5$ b) $-3x=18$

c) $5-x=14$ d) $\dfrac{7}{x}=-1$

764 식 $40x+65$의 값이 다음과 같을 때 x의 값을 구하시오.

a) 105   b) 65

c) 265   d) -15

765 거북이가 나보다 8분 먼저 출발했다. 내가 다음과 같은 속도로 뛰면 몇 분 뒤에 거북이와 만날 수 있을까?

a) 거북이 속도의 2배

b) 거북이 속도의 3배

c) 거북이 속도의 5배

71

더하거나 빼서 풀기

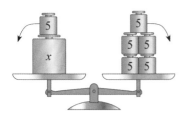

예제 1

방정식 $x+5=25$의 근을 구하고 근인지 확인하시오.

방정식의 형태를 근을 곧바로 확인할 수 있는 형태로 바꾼다.

$x+5=25$ ▪ 양변에서 5를 뺀다.
$x+5-5=25-5$ ▪ 양변을 계산한다.
$x=20$ ▪ 방정식의 근
확인 : x에 20을 넣는다.
좌변 : $x+5=20+5=25$
우변 : 25
좌변과 우변이 서로 같으므로 $x=20$은 방정식의 근이다.

정답 : $x=20$

방정식의 양변을 더하거나 빼서 근 구하기

방정식의 양변에 같은 수나 식을 더하거나 빼도 식은 성립한다.

예제 2

원래 방정식에 근을 넣어 맞는지 확인한다.

다음 방정식을 푸시오.

a) $x-7=11$ b) $3x=2x-5$

a) $x-7=11$ ▪ 양변에 7을 더한다.
   $x-7+7=11+7$ ▪ 양변을 계산한다.
   $x=18$ ▪ 방정식의 근
b) $3x=2x-5$ ▪ 양변에서 $2x$를 뺀다.
   $3x-2x=2x-5-2x$ ▪ 양변을 계산한다.
   $x=-5$ ▪ 방정식의 근

정답 : a) $x=18$ b) $x=-5$

766 다음 방정식을 풀고 근을 확인하시오.

a) $x + 4 = 12$　　　b) $x - 2 = 7$

c) $x - 12 = 14$　　　d) $x + 5 = 5$

e) $8 + x = 5$　　　f) $-8 + x = 12$

767 다음 방정식을 풀고 근을 확인하시오.

a) $3x = 2x + 4$　　　b) $7x = 6x + 11$

c) $5x = 4x - 9$　　　d) $13x = 6 + 12x$

e) $98x = 97x - 36$　　f) $9x = -58 + 8x$

768 다음 방정식을 푸시오. a)부터 f)까지 해당 알파벳을 찾으면 어떤 단어가 완성되는지 알아보시오.

a) $10x = 9x - 10$

b) $9 + x = -2$

c) $12x = -13 + 11x$

d) $-4 + x = -12$

e) $x - 5 = 4$

f) $-7 + x = -7$

A	R	K	U	U	S
-11	-10	9	-13	0	-8

769 다음 식의 값이 0이 되는 x의 값을 구하시오.

a) $x + 4$　　　b) $x - 11$　　　c) $x + 52$

770 식 $x + 67$의 값이 다음과 같이 되는 x의 값을 구하시오.

a) 100　　　b) 78　　　c) 19

771 다음을 방정식으로 나타내고 근을 구하시오.

a) x에 21을 더하면 29가 된다.

b) x에서 8을 빼면 17이 된다.

772 다음 방정식을 저울 위에 그리시오. 또, 방정식의 근을 구하시오.

a) $5x + 1 = 4x + 3$

b) $2x + 100 = x + 400$

773 다음 방정식의 근을 구하시오.

a) $6x + 8 = 5x - 1$

b) $7x - 9 = 6x - 12$

c) $2x - 7 = x + 3$

d) $4x + 6 = 3x - 7$

e) $5x + 2 = 4x + 2$

f) $8x + 5 = 7x - 5$

774 다음을 방정식으로 나타내고 근을 구하시오.

a) 3과 x의 곱에 5를 더하면 x의 두 배가 된다.

b) 2와 x의 곱에서 1을 빼면 x와 4의 합이 된다.

775 다음 식들의 값이 같게 되는 x의 값을 구하시오.

a) $3x + 41$과 $2x - 13$

b) $24x - 63$과 $74 + 23x$

c) $371x + 52$와 $370x + 77$

d) $29 - 47x$와 $34 - 48x$

776 다음 방정식의 근을 구하시오.

a) $-3x + 2 = -4x + 5$

b) $-8x - 16 = -9x - 15$

c) $-5x + 17 = -6x + 13$

d) $-4x - 9 = -5x + 10$

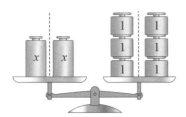

■ 예제 1

방정식 $2x = 6$을 푸시오.

$2x = 6$ ■ 양변을 2로 나눈다.

$\dfrac{2x}{2} = \dfrac{6}{2}$ ■ 약분한다.

$x = 3$ ■ 방정식의 근

확인 : 원래의 방정식에 $x = 3$을 넣으면 좌변과 우변이 같다.
따라서, $x = 3$이 방정식의 근이다. **정답** : $x = 3$

곱하거나 나누어서 근 구하기

방정식의 양변을 0을 제외한 수로 나누거나 곱해도 식이 성립한다.

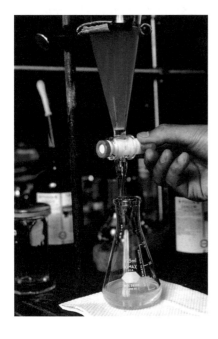

■ 예제 2

방정식을 푸시오.

a) $\dfrac{x}{3} = 4$ 　　　　b) $-2x = 10$

c) $-x = 3$

a) $\dfrac{x}{3} = 4$ ■ 양변에 3을 곱한다.

　$3 \times \dfrac{x}{3} = 3 \times 4$ ■ 양변을 계산한다.

　$x = 12$ ■ 방정식의 근

b) $-2x = 10$ ■ 양변을 -2로 나눈다.

　$\dfrac{-2x}{-2} = \dfrac{10}{-2}$ ■ 약분한다.

　$x = -5$ ■ 방정식의 근

c) $-x = 3$ ■ 양변을 -1로 나눈다.

　$\dfrac{-x}{-1} = \dfrac{3}{-1}$ ■ 약분한다.

　$x = -3$ ■ 방정식의 근

정답 : a) $x = 12$ 　b) $x = -5$ 　c) $x = -3$

777 무게가 x kg인 봉투가 있다. 다음 글에 알맞은 방정식을 보기에서 골라 근을 구하시오.

$$x+3=5 \qquad 2x=5 \qquad \frac{x}{5}=5$$
$$5x=5 \qquad \frac{x}{3}=5 \qquad \frac{x}{2}=5$$

a) 봉투의 반은 5 kg이다.

b) 봉투의 $\frac{1}{3}$ 은 5 kg이다.

c) 봉투의 $\frac{1}{5}$ 은 5 kg이다.

d) 봉투 2개가 5 kg이다.

778 다음의 '어떤 수'를 추측하시오.

a) 어떤 수의 반이 5이다.

b) 어떤 수에 3을 곱하면 18이 된다.

c) 어떤 수를 3으로 나누면 8이 된다.

779 다음 저울이 평형을 이룰 때를 방정식으로 나타내고 근을 구하시오.

a)    b)

780 다음 방정식의 근을 구하고 답을 확인하시오.

a) $3x=12$ b) $2x=18$

c) $10x=30$ d) $4x=28$

e) $8x=24$ f) $7x=56$

781 다음 방정식의 근을 구하고 답을 확인하시오.

a) $\frac{x}{5}=2$ b) $\frac{x}{7}=3$

c) $\frac{x}{10}=4$ d) $\frac{x}{2}=6$

782 다음 방정식의 근을 구하시오.

a) $5x=55$ b) $\frac{x}{12}=4$

c) $15x=90$ d) $\frac{x}{17}=2$

783 다음 방정식의 근을 구하시오.

a) $-2x=14$ b) $\frac{x}{8}=-3$

c) $-9x=-45$ d) $\frac{x}{-2}=7$

e) $\frac{x}{-19}=-2$ f) $-5x=0$

784 다음 방정식의 근을 구하시오.

a) $\frac{-4x}{5}=12$ b) $\frac{2x}{9}=-6$

c) $\frac{5x}{-7}=-30$ d) $\frac{-4x}{3}=-8$

785 다음 방정식의 근을 구하시오.

a) $-x=2$

b) $-x=0$

c) $-x=-9$

786 다음을 방정식으로 나타내고 근을 구하시오.

a) x에 -2를 곱한 뒤에 3으로 나누면 4가 된다.

b) x에 $\frac{1}{4}$ 을 곱하면 -6이 된다.

787 다음 방정식의 근을 구하시오.

a) $6x=9$ b) $-15x=5$

c) $-4x=-10$ d) $24x=-18$

788 공의 무게를 x라고 할 때, 다음에서 공 한 개의 무게는 얼마인지 방정식으로 나타내고 근을 구하시오.

a) 테니스공 두 개의 무게는 120 g이다.

b) 탁구공 다섯 개의 무게는 20 g이다.

좌변에는 미지수만, 우변에는 수만 남아 있을 때까지, 방정식을 정리한다.

다음 성질을 이용하여 방정식을 정리하기 :

• 방정식의 양변에 같은 수나 식을 더하거나 빼도 성립한다.

• 방정식의 양변을 0을 제외한 같은 수나 식으로 곱하거나 나누어도 성립한다.

예제 1

다음 방정식 $3x + 7 = 22$를 푸시오.

a) $3x + 7 = 22$ ■ 양변에서 7을 뺀다.

$3x + 7 - 7 = 22 - 7$

$3x = 15$ ■ 양변을 3으로 나눈다.

$\dfrac{3x}{3} = \dfrac{15}{3}$

$x = 5$ **정답** : $x = 5$

예제 2

다음 방정식 a) $\dfrac{2x}{3} = 4$, b) $\dfrac{x}{2} - 1 = 5$를 푸시오.

a) $\dfrac{2x}{3} = 4$ ■ 양변에 3을 곱한다.

$\dfrac{3 \cdot 2x}{3} = 3 \cdot 4$

$2x = 12$ ■ 양변을 2로 나눈다.

$\dfrac{2x}{2} = \dfrac{12}{2}$

$x = 6$

b) $\dfrac{x}{2} - 1 = 5$ ■ 양변에 1을 더한다.

$\dfrac{x}{2} - 1 + 1 = 5 + 1$

$\dfrac{x}{2} = 6$ ■ 양변에 2를 곱한다.

$\dfrac{2 \cdot x}{2} = 2 \cdot 6$

$x = 12$ **정답** : a) $x = 6$ b) $x = 12$

안나, 옌니, 티아는 함께 오토와 미코를 돌보았다. 셋은 아이를 돌본 대가로 받은 돈을 똑같이 나누어 가졌다. 세 명이 4유로씩 받았다면, 아이 한 명에게 받을 돈은 얼마인가?

출처 : 위키피디아 ⓒ Hkswatts

789 다음 방정식을 푸시오.

a) $2x + 1 = 5$ b) $3x - 1 = 8$

c) $4x - 3 = 1$ d) $2x + 4 = 12$

e) $2x - 9 = -7$ f) $5x - 4 = 26$

790 다음 방정식을 푸시오.

a) $2x + 18 = 0$ b) $-3x - 6 = 0$

c) $8x - 5 = -29$ d) $7x + 3 = -18$

791 다음 방정식을 푸시오.

a) $3x = x + 14$ b) $10x = 7x - 15$

c) $4x = -x + 35$ d) $7x = -2x + 45$

792 다음 방정식을 푸시오.

a) $\dfrac{3x}{4} = 9$ b) $\dfrac{2x}{5} = 8$

c) $\dfrac{2x}{3} = 6$ d) $\dfrac{5x}{6} = 10$

793 다음 방정식을 푸시오.

a) $\dfrac{x}{9} - 1 = -5$ b) $\dfrac{x}{4} - 4 = 1$

c) $\dfrac{x}{2} - 5 = 0$ d) $\dfrac{x}{6} + 3 = 3$

794 다음 방정식을 푸시오. a)부터 g)까지 해당 알파벳을 찾으면 어떤 단어가 완성되는지 알아보시오.

a) $2x + 9 = 1$ b) $x - 13 = -7$

c) $8x - 4 = 7x$ d) $3x - 8 = x$

e) $x + 11 = 6$ f) $\dfrac{x}{3} + 5 = 2$

g) $\dfrac{x}{2} - 1 = 2$

B	I	N	G	O
4	6	-9	-4	-5

795 다음 방정식을 푸시오.

a) $x + 8 = 2x$

b) $x - 13 = 2x$

c) $2x + 2 = 6x - 2$

d) $5x + 3 = 3x + 3$

796 다음 방정식을 푸시오.

a) $\dfrac{3x}{4} = 1$ b) $\dfrac{3x}{2} = 7$

c) $\dfrac{4x}{5} = 6$ d) $\dfrac{8x}{9} = 4$

797 다음 방정식을 푸시오.

a) $2x + 7 = x + 1$

b) $7x - 11 = 3x + 5$

c) $10x + 25 = x - 2$

d) $4x - 13 = -2x + 17$

798 다음 방정식을 푸시오.

a) $6x - 13 = 7x$

b) $-7x + 40 = -2x$

c) $-5x + 1 = -2x - 2$

d) $-3x + 9 = x + 25$

799 식 $4x + 8$의 값이 각각 다음과 같을 때, x의 값을 구하시오.

a) 20 b) 8 c) 0

800 다음 두 식의 값이 같게 되는 x의 값을 구하시오.

a) $3x + 6$, $5x - 2$

b) $7x - 9$, $8x + 7$

예제 1

다음을 방정식으로 나타내고 푸시오.

a) x에 13을 더하면 35가 된다.
b) 4와 x의 곱에 2를 더하면 x와 35의 합과 같다.

a) $x+13=35$ ■ 양변에서 13을 뺀다.
  $x+13-13=35-13$
  $x=22$
b) $4x+2=x+35$ ■ 양변에서 2를 뺀다.
  $4x+2-2=x+35-2$
  $4x=x+33$ ■ 양변에서 x를 뺀다.
  $4x-x=x+33-x$
  $3x=33$ ■ 양변을 3으로 나눈다.
  $\dfrac{3x}{3}=\dfrac{33}{3}$
  $x=11$ **정답 : a)** $x=22$ **b)** $x=11$

예제 2

직사각형의 가로의 길이는 $x\,\text{cm}$이고 세로의 길이는 가로의
길이보다 3 cm 더 길고, 둘레의 길이는 30 cm이다. 방정식
을 세우고 직사각형의 두 변의 길이를 구하시오.

직사각형의 세로의 길이는 $x+3$이다.
직사각형의 둘레의 길이는
$x+x+3+x+x+3=4x+6$
방정식은 $4x+6=30$이고 이것을 풀면 미지수 x를 구할 수 있다.
$4x+6=30$ ■ 양변에서 6을 뺀다.
$4x+6-6=30-6$
$4x=24$ ■ 양변을 4로 나눈다.
$\dfrac{4x}{4}=\dfrac{24}{4}$
$x=6$
가로의 길이는 6 cm이고 세로의 길이는 6 cm + 3 cm = 9 cm이다.
                    정답 : 가로 6 cm, 세로 9 cm

801 다음을 방정식으로 나타내고 푸시오.

a) x와 8의 합은 17이다.

b) x에서 8을 빼면 11이다.

802 다음 도형의 둘레의 길이는 20 cm이다. 방정식을 세워 한 변의 길이를 구하시오.

a)   b)

803 다음을 방정식으로 나타내고 푸시오.

a) x에 7을 더해서 21이 된다.

b) x에서 4를 빼면 11이 된다.

804 다음을 방정식으로 나타내고 푸시오.

a) 2와 x의 곱은 14이다.

b) 9와 x의 곱은 -36이다.

c) x를 4로 나눈 몫은 5이다.

d) x를 2로 나눈 몫은 -10이다.

805 다음 직사각형의 넓이는 24 cm^{2}이다. 방정식을 만들고 변의 길이를 구하시오.

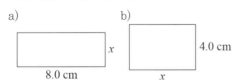

806 다음을 방정식으로 나타내고 푸시오.

a) 6과 x의 곱은 x와 35의 합과 같다.

b) 6과 x의 곱은 28에서 x를 뺀 수와 같다.

807 다음을 방정식으로 나타내고 푸시오.

a) 5와 x의 곱에서 7을 빼면 28이다.

b) x를 3으로 나눈 몫에 1을 더하면 7이다.

808 세로의 길이는 x이고 가로의 길이는 세로의 길이보다 2.0 cm 더 긴 직사각형이 있다. 이 직사각형의 둘레의 길이는 14.0 cm이다.

a) 방정식을 세워 세로의 길이 x를 구하시오.

b) 직사각형을 그리고 변의 길이를 나타내시오.

809 다음을 방정식으로 나타내고 푸시오.

a) x와 3의 곱에 4를 더한 값은 x와 10의 합과 같다.

b) x를 2로 나눈 몫에서 1을 빼면 4이다.

810 길이가 28 cm인 줄을 두 부분으로 나누었다. 짧은 부분의 길이를 x라고 하고 방정식을 세워 두 부분의 길이를 구하시오.

a) 긴 부분이 짧은 부분보다 길이가 세 배이다.

b) 긴 부분이 짧은 부분보다 6 cm 더 길다.

811 다음 직사각형의 둘레가 12 m이다. 물음에 답하시오.

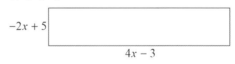

a) 방정식을 세워 x를 구하시오.

b) 두 변의 길이를 구하시오.

75 방정식의 활용

활용 문제 풀기

1. 문제를 잘 이해한다.
2. x를 무엇으로 할지 정한다.
3. 문제의 조건을 토대로 방정식을 세운다.
4. 방정식의 근 x를 구한다.
5. 문제를 다시 한 번 읽고, 답을 말로 서술한다.
6. 답이 옳은지 옳지 않은지 확인한다.

예제 1

칼레와 빌레는 43유로를 나눠 가졌는데, 칼레가 빌레보다 7유로 더 가졌다. 둘이 가진 돈은 얼마씩인가?

빌레가 받은 돈을 x라고 하면 칼레가 가진 돈은 $x+7$이다. 이들이 가진 돈의 합은 43이므로 다음과 같이 풀 수 있다.

$x+x+7=43$

$2x+7=43$ ■ 양변에서 7을 뺀다.

$2x+7-7=43-7$

$2x=36$ ■ 양변을 2로 나눈다.

$\dfrac{2x}{2}=\dfrac{36}{2}$

$x=18$

빌레가 가진 돈은 18유로이고 칼레가 가진 돈은 18유로＋7유로＝25유로이다.

확인 : 두 명이 가진 돈을 합하면 18유로＋25유로＝43유로이다.

정답 : 빌레는 18유로로, 칼레는 25유로를 받았다.

예제 2

엄마는 리사보다 나이가 세 배 더 많다. 둘의 나이의 합이 52살일 때 엄마와 리사의 나이는 몇 살인가?

리사의 나이를 x로 표시한다. 이 경우 엄마의 나이는 $3x$이다. 나이의 합은 52살이므로 방정식은 $x+3x=52$가 된다.

$x+3x=52$

$4x=52$ ■ 양변을 4로 나눈다.

$\dfrac{4x}{4}=\dfrac{52}{4}$

$x=13$

리사의 나이는 13살이고 엄마의 나이는 $3\cdot13=39$이다.

확인 : 나이의 합은 13살＋39살＝52살이다.

정답 : 리사는 13살이고 엄마는 39살이다.

812 다음 방정식을 푸시오.

a) $2x = 42$ b) $x - 7 = 9$

c) $3x + 2 = 17$ d) $4x - 15 = 5x$

813 다음을 방정식으로 나타내고 푸시오.

a) x에서 5를 빼면 14이다.

b) x와 9의 합은 1이다.

c) 8과 x의 곱은 64이다.

d) x를 8로 나눈 몫은 7이다.

814 12유로를 다음과 같이 나눠 가졌을 때, 보기에서 학생들이 가진 돈의 액수를 구하기 위한 방정식을 고르시오. 그리고 둘이 가진 돈이 각각 얼마씩인지 구하시오.

$$x + x + 2 = 12 \quad x + 3x = 12 \quad 3x = 12$$
$$x + x - 4 = 12 \quad x + 2x = 12 \quad 2x = 12$$

a) 미코는 요나스보다 두 배 더 돈이 많다.

b) 헨리의 돈은 토니보다 2유로 더 많다.

c) 에르키는 토피아스보다 세 배 더 많은 돈을 가지고 있다.

d) 얀네는 안시보다 4유로 적은 액수의 돈이 있다.

815 밀라와 헨나는 25유로를 나눠 가졌다. 밀라는 헨나보다 9유로 더 가졌다면 밀라와 헨나가 가진 돈은 각각 얼마인가?

816 아빠는 울라보다 나이가 네 배 더 많다. 둘의 나이 차는 27년이라면 아빠와 울라는 각각 몇 살인가?

817 2007년 말 핀란드에는 새끼 곰과 새끼 늑대가 모두 310마리인 것으로 추정되었다. 새끼 곰이 새끼 늑대보다 130마리 더 많았다고 한다. 2007년 말 핀란드에는 새끼 곰과 새끼 늑대가 각각 몇 마리씩 있었는가?

818 라우라는 베라보다 2살 많고, 엠마는 베라보다 5살 많다. 세 명의 나이의 합이 22일 때, 세 명의 나이를 모두 구하시오.

819 페르티는 토피아스보다 3유로 더 돈이 많고, 토피아스는 유하보다 4유로 더 가지고 있다. 이 셋이 가진 돈은 56유로이다. 셋이 가진 돈은 각각 얼마인가?

820 2007년 말 핀란드에는 포식동물이 2700마리가 있었다. 늑대는 곰보다 720마리 적고, 울버린은 곰보다 760마리 적었다. 스라소니는 곰보다 500마리 더 많았다. 2007년 말 핀란드에는 곰, 늑대, 울버린, 스라소니가 각각 몇 마리 있었는가?

821 말코손바닥사슴 수컷 세 마리의 뿔에는 가지가 모두 32개 있다. 가장 큰 사슴은 가장 작은 사슴보다 가지가 4배 많다. 중간 크기의 사슴은 가장 작은 사슴보다 가지가 8개 더 많다. 이 세 마리의 말코손바닥사슴의 뿔에 있는 가지의 수는 각각 몇 개인가?

1살이 된 말코손바닥사슴은 작은 뿔이 있지만 겨울에 떨어진다. 해가 지나면서 뿔은 점점 더 커지고 가지가 더 많아진다. 영양 상태에 따라 뿔의 가지의 수가 많아질 수도 있으므로 뿔의 가지의 개수만으로 사슴의 나이를 가늠하기는 어렵다. 20년이 지난 사슴은 뿔이 없다.

76 직선의 방정식

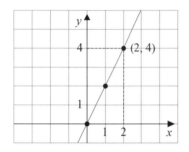

예제 1

좌표평면 위에 그려진 직선을 보고 물음에 답하시오.

a) 직선 위에 있는 점들의 좌표를 표로 만드시오.

b) 세 점을 지나는 직선의 방정식을 구하시오.

a)

x	y
0	0
1	2
2	4

b) 모든 점의 좌표의 y값은 x 값에 2를 곱해 얻어진다. 따라서 점의 좌표는 방정식 $y = 2x$를 만족한다.

직선의 방정식

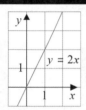

• 직선 위의 점들의 좌표 x와 y는 이 직선의 방정식을 만족한다.

• 직선 위에 있지 않은 점들은 이 직선의 방정식을 만족하지 않는다.

그림의 직선의 방정식은 $y = 2x$이다.

예제 2

계산을 통해 다음 점이 직선 $y = 5x + 1$ 위에 있는지 판단하시오.

a) $(-2, -9)$ b) $(27, 135)$

a) 점 $(-2, -9)$에서 $x = -2$이고 $y = -9$이다.

이 값들을 식에 넣는다.

$y = -9$이고 $5x + 1 = 5 \times (-2) + 1 = -9$이므로 x, y의 값은 식을 만족한다. 따라서 점 $(-2, -9)$는 직선 $y = 5x + 1$ 위에 있다.

b) 점 $(27, 135)$에서 $x = 27$이고 $y = 135$이다.

이 값들을 식에 넣는다.

$y = 135$이고 $5x + 1 = 5 \times 27 + 1 = 136$이므로 x, y의 값은 식을 만족하지 않는다. 따라서 점 $(27, 135)$은 직선 $y = 5x + 1$ 위에 있지 않다.

정답 : a) 직선 위에 있다.   b) 직선 위에 있지 않다.

822 직선 t 위에 있는 점 A, B, C, D의 좌표를 쓰시오.

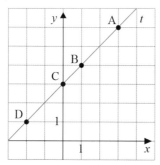

823 직선 s 위에 있는 점의 좌표를 표에 쓰시오.

점	x	y
A		
B		
C		
D		

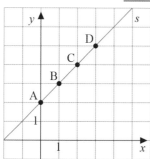

824 다음 그림을 보고 물음에 답하시오.

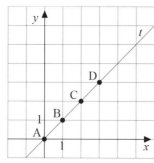

a) 직선 t 위에 있는 점 A, B, C, D의 좌표를 표로 만드시오.
b) 직선 t의 방정식을 구하시오.
c) 점 $(-4, -4)$는 직선의 방정식을 만족하는가?

825 다음 그림을 보고 물음에 답하시오.

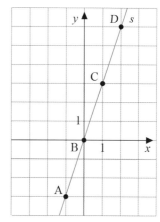

a) 직선 s 위에 있는 점 A, B, C, D의 좌표를 표에 쓰시오.
b) 직선 s의 방정식을 구하시오.
c) 점 $(4, 10)$은 직선의 방정식을 만족하는가?

826 다음 그림을 보고 물음에 답하시오.

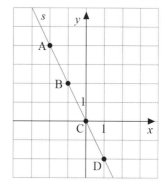

a) 직선 s 위에 있는 점 A, B, C, D의 좌표를 표에 쓰시오.
b) 직선 s의 방정식을 구하시오.
c) 점 $(24, -46)$은 직선의 방정식을 만족하는가?

827 표에 있는 점들은 어느 직선 위에 있는가? 직선의 방정식을 구하시오.

a)

x	y
0	0
1	4
2	8
3	12

b)

x	y
0	0
1	5
2	10
3	15

• 직선 그리는 방법

1. 적당한 x 값을 3개 고르시오.
2. 식을 계산하여 y 값을 구하시오.
3. 점 $(x,\ y)$를 좌표평면에 나타내시오.
4. 점들을 지나는 직선을 그리시오.
5. 직선 옆에 식을 쓰시오.

직선을 그리기 위해서는 점이 두 개만 있으면 충분하다. 세 번째 점까지 찍는 이유는 직선이 제대로 그려졌는지 확인하기 위해서이다.

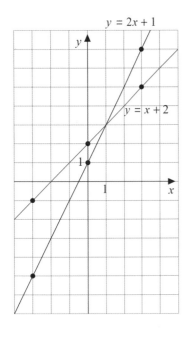

$y = 2x + 1$

$y = x + 2$

예제 **1**

다음 직선의 방정식이 나타내는 직선을 그리고 물음에 답하시오.

a) $y = x + 2$

b) $y = 2x + 1$

c) 직선 $y = x + 2$가 x축과 만나는 점의 좌표를 구하시오.

d) 직선 $y = 2x + 1$이 y축과 만나는 점의 좌표를 구하시오.

방정식을 이용해서 x에 세 개의 다른 수를 넣어서 직선 위의 점을 3개 계산한다. 예를 들어, x에 0, 3, −3을 넣으면 세 점의 좌표는 아래와 같다.

a)

x	$y = x + 2$	점$(x,\ y)$
0	$y = 0 + 2 = 2$	$(0,\ 2)$
3	$y = 3 + 2 = 5$	$(3,\ 5)$
−3	$y = -3 + 2 = -1$	$(-3,\ -1)$

b)

x	$y = 2x + 1$	점$(x,\ y)$
0	$y = 2 \cdot 0 + 1 = 1$	$(0,\ 1)$
3	$y = 2 \cdot 3 + 1 = 7$	$(3,\ 7)$
−3	$y = 2 \cdot (-3) + 1 = -5$	$(-3,\ -5)$

구한 점들을 좌표평면에 나타내고 그 점들을 지나는 직선을 그린다.

c) 그림에서 보듯이 직선 $y = x + 2$는 점 $(-2,\ 0)$에서 x축과 만난다.

d) 그림에서 보듯이 직선 $y = 2x + 1$은 점 $(0,\ 1)$에서 y축과 만난다.

828 좌표평면에 다음 점들을 나타내고 자를 이용해서 점들이 직선 위에 있는지 확인하시오.

a) $(-1,\ 0)$, $(1,\ 2)$, $(3,\ 4)$

b) $(0,\ -4)$, $(2,\ -1)$, $(4,\ 2)$

c) $(-1,\ -3)$, $(1,\ -1)$, $(2,\ 3)$

829 직선 $y = x + 1$에 대하여 물음에 답하시오.

x	$y = x + 1$	$(x,\ y)$
0	$y = 0 + 1 =$	
1		
2		

a) 표를 완성하시오.

b) 세 점을 좌표평면에 나타내시오.

c) 세 점을 이어서 직선을 그리시오.

d) 방정식 $y = x + 1$을 직선 옆에 쓰시오.

830 직선 $y = 2x - 1$에 대하여 물음에 답하시오.

a) 위 829번과 같이 표를 만들고 x에 다른 값을 넣으시오.

b) x값에 따른 y값을 구하고 좌표 $(x,\ y)$를 쓰시오.

c) 점을 좌표평면에 나타내시오.

d) 점을 이어서 직선을 그리시오.

e) 방정식 $y = 2x - 1$을 직선 옆에 쓰시오.

831 다음 직선을 그리시오.

a) $y = 2x$ b) $y = x$

832 다음 직선을 그리시오.

a) $y = x - 1$ b) $y = 2x - 3$

833 다음 직선을 그리고 물음에 답하시오.

a) 직선 $y = 3x + 1$을 그리시오.

b) 점 $(24,\ 75)$가 이 직선 위에 있는지 계산해서 알아보시오.

c) 점 $(32,\ 97)$이 이 직선 위에 있는지 계산해서 알아보시오.

834 다음 물음에 답하시오.

a) 좌표평면에 직선 $y = 2x - 2$와 $y = x - 4$를 그리시오.

b) 두 직선과 x축과 y축이 함께 만드는 사각형을 색칠하시오.

835 점 $(-7,\ -9)$가 다음 직선 위에 있는지 계산해서 알아보시오.

a) $y = x - 2$

b) $y = 2x + 4$

c) $y = 3x + 12$

d) $y = 5x + 24$

836 다음 점들이 직선 $y = 2x + 5$ 위에 있도록 빈칸에 알맞은 수를 구하시오.

a) $A(-3,\ \boxed{})$

b) $B(\boxed{},\ 9)$

c) $C(\boxed{},\ -7)$

d) $D(-7,\ \boxed{})$

837 다음 직선을 그리고 물음에 답하시오.

a) 직선 $y = x - 6$을 그리시오.

b) 직선과 x축과 y축이 함께 만드는 삼각형을 색칠하시오.

c) 삼각형의 넓이를 계산하시오.

838 다음 직선이 A, B, C, D 중 어느 두 점을 지나는지 알아보시오.

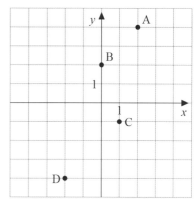

a) $y = x + 2$ b) $y = 2x$

c) $y = x - 2$ d) $y = 3x + 2$

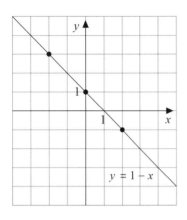

예제 1

직선 $y = 1 - x$를 그리시오.

그려야 하는 직선의 방정식은 $y = 1 - x$이다.

x에 세 개의 수를 넣어 다음 표와 같이 계산하면 직선이 지나는 세 개의 점의 좌표를 구할 수 있다.

다음 표는 x에 2, 0, -2를 넣은 경우이다.

x	$y = 1 - x$	점$(x,\ y)$
2	$y = 1 - 2 = -1$	$(2,\ -1)$
0	$y = 1 - 0 = 1$	$(0,\ 1)$
-2	$y = 1 - (-2) = 3$	$(-2,\ 3)$

표에서 구한 점을 좌표평면에 나타내고 이 점들을 지나는 직선을 그린다.

예제 2

다음 물음에 답하시오.

a) 직선 $y = 3x - 2$를 그리시오.

b) 점 $(26,\ 75)$가 이 직선 위에 있는지 계산하시오.

a) x에 세 개의 수를 넣어 다음 표와 같이 계산하면 직선이 지나는 세 개의 점의 좌표를 구할 수 있다.

다음 표는 x에 2, 0, -2를 넣은 경우이다.

x	$y = 3x - 2$	점$(x,\ y)$
2	$y = 3 \cdot 2 - 2 = 4$	$(2,\ 4)$
0	$y = 3 \cdot 0 - 2 = -2$	$(0,\ -2)$
-2	$y = 3 \cdot (-2) - 2 = -8$	$(-2,\ -8)$

표에서 구한 점을 좌표평면에 나타내고 이 점들을 지나는 직선을 그린다.

b) 점 $(26,\ 75)$에서 $x = 26$이고 $y = 75$이다.

이 값을 방정식에 넣으면

$y = 75$, $3x - 2 = 3 \cdot 26 - 2 = 78 - 2 = 76$이므로 식을 만족하지 않는다.

따라서 점 $(26,\ 75)$는 이 직선 위에 있는 점이 아니다.

839 좌표평면 위에 다음 점을 나타내고 이 점들이 같은 직선 위에 있는지 말하시오.

a) $(-2, 4)$, $(1, 2)$, $(4, 0)$

b) $(-1, 5)$, $(0, 2)$, $(2, -2)$

c) $(-3, 3)$, $(-1, 1)$, $(2, -2)$

840 직선 $y=-x+3$에 대하여 물음에 답하시오.

x	$y=-x+3$	(x, y)
0		
2		
4		

a) 표를 완성하시오.

b) 좌표평면 위에 세 점을 표시하고 이 점들을 연결해 직선을 그리시오.

c) 방정식 $y=-x+3$을 직선 옆에 쓰시오.

841 직선 $y=-3x+3$에 대하여 물음에 답하시오.

a) 위 840번과 같이 표를 만들고 x에 세 개의 다른 수를 넣으시오.

b) x값에 따른 y값을 구한 후에 점 (x, y)를 쓰시오.

c) 좌표평면 위에 세 점을 표시하고 이 점들을 연결해 직선을 그리시오.

d) 방정식 $y=-3x+3$을 직선 옆에 쓰시오.

842 다음 직선을 그리시오.

a) $y=-x-2$ b) $y=-2x-2$

843 다음 직선을 그리시오.

a) $y=-2x$ b) $y=-2x+1$

c) $y=-2x-1$ d) $y=-2x+3$

844 다음 점이 직선 $y=-4x+8$ 위에 있는지 계산을 통해서 알아보시오.

a) $(1, -4)$

b) $(3, -4)$

c) $(-2, 16)$

845 점 $(-2, 10)$이 다음 직선 위에 있는지 계산을 통해서 알아보시오.

a) $y=-4x+2$

b) $y=-15x-22$

c) $y=-5x+1$

d) $y=-6x-2$

846 다음 물음에 답하시오.

a) 직선 $y=-x+5$를 그리시오.

b) 직선과 x축과 y축이 함께 만드는 삼각형을 색칠하시오.

c) 이 삼각형의 넓이를 계산하시오.

847 다음 물음에 답하시오.

a) 직선 $y=-3x-4$를 그리시오.

b) 점 $(-19, -53)$이 이 직선 위에 있는지 계산해서 알아보시오.

c) 점 $(-24, -76)$이 직선 위에 있는지 계산해서 알아보시오.

848 다음 물음에 답하시오.

a) 좌표평면 위에 직선 $y=-x-1$, $y=-2x+2$, $y=x+5$를 그리시오.

b) 세 직선이 만드는 삼각형을 색칠하시오.

849 다음 직선이 A, B, C, D 중 어느 두 점을 지나는지 알아보시오.

a) $y=-x$ b) $y=-x+3$

c) $y=-2x+2$ d) $y=-4x+6$

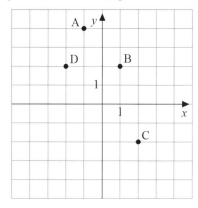

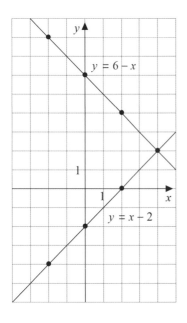

예제 1

좌표평면 위에 직선 $y = 6 - x$와 $y = x - 2$를 그리시오. 두 직선이 만나는 점의 좌표를 구하시오.

직선 위에 있는 점을 3개씩 구하여 직선을 그린다.

x	$y = 6 - x$	$(x,\ y)$
0	$y = 6 - 0 = 6$	$(0,\ 6)$
2	$y = 6 - 2 = 4$	$(2,\ 4)$
-2	$y = 6 - (-2) = 8$	$(-2,\ 8)$

x	$y = x - 2$	$(x,\ y)$
0	$y = 0 - 2 = -2$	$(0,\ -2)$
2	$y = 2 - 2 = 0$	$(2,\ 0)$
-2	$y = -2 - 2 = -4$	$(-2,\ -4)$

정답 : 점 $(4,\ 2)$

예제 2

직선 $y = 2x + 2$와 $y = -x + 5$와 x축으로 만들어지는 삼각형의 넓이를 구하시오.

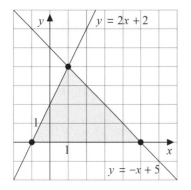

직선 위에 있는 점을 3개씩 구하여 직선을 그린다.

x	$y = 2x + 2$	$(x,\ y)$
-1	$y = 2 \cdot (-1) + 2 = 0$	$(-1,\ 0)$
0	$y = 2 \cdot 0 + 2 = 0$	$(0,\ 2)$
2	$y = 2 \cdot 2 + 2 = 6$	$(2,\ 6)$

x	$y = -x + 5$	$(x,\ y)$
0	$y = -0 + 5 = 5$	$(0,\ 5)$
2	$y = -2 + 5 = 3$	$(2,\ 3)$
5	$y = -5 + 5 = 0$	$(5,\ 0)$

그림에 나타나듯이 삼각형의 높이는 4, 밑변은 6이다.

$$A = \frac{4 \cdot 6}{2} = 12$$

정답 : 12

850 다음 그림을 보고 물음에 답하시오.

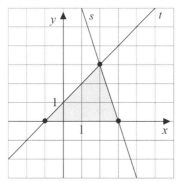

a) 직선 t와 s가 만나는 점을 구하시오.
b) 직선 t와 s가 x축과 만나는 점을 각각 구하시오.
c) 직선 t와 s가 x축과 함께 만드는 삼각형의 넓이를 구하시오.

851 직선 $y=-x-5$를 좌표평면에 그리시오. 이 직선이 다음 축과 만나는 점을 구하시오.

a) x축   b) y축

852 다음 물음에 답하시오.

a) 한 좌표평면에 직선 $y=2x-2$와 $y=-x+4$를 그리시오.
b) 두 직선이 만나는 점을 구하시오.

853 좌표평면에 다음 직선을 그리시오. 네 직선에 둘러싸인 부분을 색칠하시오.

a) $y=x+1$ b) $y=x-1$
c) $y=-x+1$ d) $y=-x-1$

854 직선 $y=-2x+4$와 x축, y축으로 둘러싸인 삼각형에 대하여 물음에 답하시오.

a) 직선을 그리고 삼각형을 색칠하시오.
b) 삼각형의 넓이를 계산하시오.

855 직선 $y=2x$, $y=-x+6$, x축으로 둘러싸인 삼각형에 대하여 물음에 답하시오.

a) 두 직선을 그리고 삼각형을 색칠하시오.
b) 삼각형의 세 꼭짓점의 좌표를 구하시오.
c) 삼각형의 넓이를 구하시오.

856 직선 $y=3x-5$, $y=-x+3$, y축으로 둘러싸인 삼각형에 대하여 물음에 답하시오.

a) 삼각형을 그리고 색칠하시오.
b) 삼각형의 세 꼭짓점의 좌표를 구하시오.
c) 삼각형의 넓이를 계산하시오.

857 다음 물음에 답하시오.

a) 좌표평면에 직선 $y=-x+1$과 $y=-3x-3$을 그리시오.
b) 원점, 위 직선들이 만나는 점, 직선들이 좌표축과 만나는 점의 이름을 정하시오.
c) 삼각형을 찾아 이름을 쓰시오.
d) 사각형을 찾아 이름을 쓰시오.

858 다음 그림은 자전거 경주 선수 A와 B의 경기를 설명한 그래프이다. 물음에 답하시오.

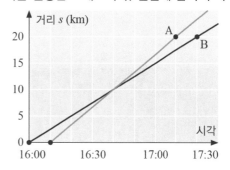

a) 선수 A는 몇 시에 출발했는가?
b) 선수 A가 선수 B를 따라잡은 시각은?
c) 선수 A가 선수 B를 따라잡았을 때 이들이 자전거를 탄 거리는 몇 킬로미터인가?
d) 두 선수가 20 km를 지난 시점은 몇 시인가?
e) 두 선수의 평균 속도를 계산하시오.

예제 1

예제 1

다음은 벤라가 자전거를 타고 간 거리를 나타낸다.

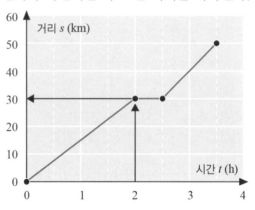

a) 자전거를 얼마 동안 탔는가?
b) 자전거를 탄 거리는 얼마인가?
c) 출발 후 두 시간이 지났을 때 벤라가 탄 거리는 얼마인가?
d) 벤라는 중간에 몇 분 동안 쉬었나?
e) 출발 후 쉬기 전까지의 평균 속도는 얼마인가?

a) 시간 축의 $t = 0$에서 시작해서 $t = 3.5$에서 끝난다. 따라서 걸린 시간은 3시간 30분이다.
b) 거리 축의 $s = 0$에서 시작해서 $s = 50$에서 끝난다. 따라서 총 거리는 50 km이다.
c) 시간 축 $t = 2$ 지점에서 시간 축에 수직으로 움직여서 그래프와 만났을 때, 다시 수직으로 꺾어 거리 축으로 가면 30이다. 따라서 출발 후 두 시간이 지났을 때 벤라는 30 km를 이동했다.
d) 쉬는 시간 동안은 거리가 증가하지 않으므로 그래프가 수평이다. 따라서 쉰 시간은 0.5시간, 즉 30분이다.
e) 쉬기 전까지 벤라는 30 km를 달렸고 2시간이 걸렸다.

$$\text{평균시속은 } \frac{\text{이동한 거리}}{\text{이동에 걸린 시간}} = \frac{30 \text{ km}}{2 \text{ h(시간)}} = 15 \text{ km/h}$$

정답 : a) 3시간 30분   b) 50 km   c) 30 km   d) 30분   e) 15 km/h

859 다음 그래프는 세이나요키에서 피에타르사리까지 자동차여행을 나타낸 것이다. 물음에 답하시오.

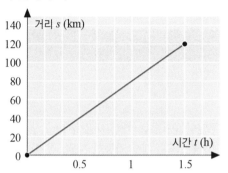

a) 자동차를 탄 시간은 얼마인가?
b) 자동차를 탄 거리는 얼마인가?
c) 출발한 지 1시간이 지났을 때 달린 거리는 얼마인가?
d) 출발 후 40 km를 가는데 걸린 시간은 얼마인가?
e) 운전자의 평균시속은 얼마인가?

860 다음 그래프는 안티와 미코가 올랜드에서 자전거를 타고 다닌 여행을 나타낸 것이다. 물음에 답하시오.

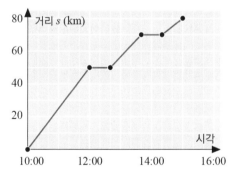

a) 둘이 자전거를 타고 다닌 거리는 모두 몇 킬로미터인가?
b) 자전거를 타고 간 총 시간은 얼마인가?
c) 휴식을 취한 시간을 모두 합하면 몇 분인가?
d) 첫 번째 휴식을 취하기 전 이들이 달린 거리는 얼마인가?
e) 첫 번째 휴식을 취하기 전에 이들은 얼마 동안 자전거를 탔나?
f) 첫 번째 휴식을 취하기 전까지 이들의 평균속도는 얼마인가?

861 다음 그래프를 보고 물음에 답하시오.

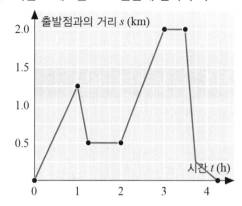

a) 위 그래프에 알맞은 이야기를 만드시오. 또, 여행이 어떻게 진행되는지 구간마다 설명하시오.
b) 이 여행에서 이동한 거리는 얼마인가?

862 베라는 2시간 동안 4 km/h의 속도로 걸었다. 물음에 답하시오.

시간 $t(h)$	거리 $s(km)$
0	
0.5	
1	
1.5	
2	

a) 표를 완성하시오.
b) 위 859번과 같이 시간과 거리로 좌표평면을 만들고 축을 적당하게 나누시오. 표의 점들을 좌표평면에 나타내고 베라의 걷기를 그래프로 그리시오.
c) 그래프를 보고 베라가 7 km를 걷는 데 걸린 시간을 말하시오.

863 옌니는 자전거를 타고 집에서 8시 30분에 출발해서 2 km 떨어져 있는 사리네 집에 10분 뒤에 도착했다. 둘은 5분 후에 함께 학교로 등교했다. 학교는 사리네 집에서 3 km 떨어져 있고 둘은 15분 걸렸다. 시각과 거리로 좌표평면을 만들고 두 여학생의 등교에 대한 그래프를 그리시오.

81 생태적 배낭

MI(투입물질지수)	
나무	2~12
면	22
종이와 판지	3~15
철	7
알루미늄	85
구리	400
금	540000

물질소비량 즉 투입물질지수는 어떤 제품을 1 kg 생산하기 위해 얼마나 많은 천연자원, 또는 재생 가능한 자원, 공기나 물 등이 사용되었는지를 나타낸다.

환경 친화적인 개발을 통해 우리는 미래세대에게 우리들이 현재 누리는 생활환경을 물려줄 수 있다. 우리가 환경보존을 위해 할 수 있는 일은 1회용품을 사용하지 않고, 가능하면 천연자원을 해치지 않고 만들어진 수명이 긴 제품을 사용하는 것이다.

환경효율성은 투입물질지수를 측정해서 제품의 생태적 배낭의 무게를 계산함으로써 알 수 있다.

생태적 배낭

제품의 생태적 배낭, EBP는 제품의 생산부터 수리에 사용되는 천연자원의 양을 말한다.

EBP＝Ecological Backpack
MI＝Material Input

생산 직후의 제품의 생태적 배낭은 생산에 사용된 투입물질,

$$EBP = m + MI \cdot m$$

이고, 여기서 m은 제품을 킬로그램으로 환산한 무게이다.

예제 1

나무로 만든 의자의 MI＝9.0이고 의자의 무게 m＝4.2 kg이다.
즉, 의자를 만들기 위해 사용된 천연자원은
MI・m＝9.0・4.2 kg＝37.8 kg ≒ 38 kg이다.
생산 직후 의자의 생태적 배낭은
EBP＝m＋MI・m＝4.2 kg＋9.0・4.2 kg＝42 kg이다.
생태적 배낭은 가벼울수록 좋다. 투입된 물질의 양을 보는 것만으로 환경효율성을 말할 수는 없다.
예를 들어, 도서관에 있는 책은 책 한 권을 만들기 위해 투입된 천연자원이 그 책을 빌려서 읽는 사람들 모두를 위해 사용되는 것이므로 환경적으로 효율적이라고 할 수 있다.

가구는 STANDARD.a의 제품
www.standard-a.co.kr

864 원재료가 다음과 같을 때, 무게가 750 g인 냄비를 만들기 위해 소요되는 천연자원은 얼마인가?

   a) 철   b) 알루미늄
   c) 구리

865 무게가 40 g인 반지의 재료가 금일 때, 이 금반지의 생태적 배낭을 계산하시오.

866 새로 만들어진 알루미늄 상자의 생태적 배낭은 1.2 kg이다. 방정식을 만들고 상자의 무게를 계산하시오.

867 신문의 MI 지수는 100이다. 평균 200그램이 나가는 신문을 1년에 360회 발간하면 이 신문의 연간 생태적 배낭의 무게는 얼마인지 계산하시오.

868 다음 표를 참고로 하여 새로운 바지를 만드는 데 필요한 다음을 구하시오.

무게가 558그램인 청바지를 만드는 데
필요한 천연자원(kg)

물질	29.660 kg
물	2720.6 kg
공기	3.650 kg
토양물질	3.0 kg

   a) 생태적 배낭
   b) 투입물질지수 MI

869 무게가 200 g인 핸드폰의 생태적 배낭은 116 kg이다. 방정식을 만들고 핸드폰의 MI 지수를 계산하시오.

• 기온으로 정하는 사계절

오랜 기간 동안 기상청에서 수집한 통계 자료에 의하면 기온으로 정하는 사계절과 성장기간은 투르쿠와 소단퀼라에서 각각 그래프 1, 2와 같다. 가로 축은 연간 12월이고 세로 축은 1일의 평균기온이다. 오렌지색 부분은 여름이고 양쪽 옆은 봄과 가을이다. 검정색 점선 사이가 기온으로 정하는 성장기간이다.

• 발트 해

발트 해는 폭이 좁은 덴마크 해협을 통해 바다로 이어지는 좁은 지역의 내해이다. 발트 해의 넓이는 415000 km^2로 유역은 네 배 정도 된다. 발트 해의 평균수심은 60미터 정도이고 가장 깊은 수심은 459미터이다. 수백 개의 강물이 발트 해로 흘러들어오는데, 바닷물과 강물이 섞이는 지역으로는 세계에서 두 번째로 크다. 발트 해에는 부영양화로 인해 식물성 플랑크톤의 수가 늘어났다. 해마다 봄이 와서 얼음이 녹고 나면 규조와 와편모충이 발트 해에 나타난다. 시아노박테리아는 여름이 끝날 무렵인 7, 8월에 나타난다. 발트 해 주변의 9개국과 유럽연합은 1992년 발트 해 보호협정을 체결했다. 이후로 발트 해의 상태는 천천히 나아지고 있는 중이다.

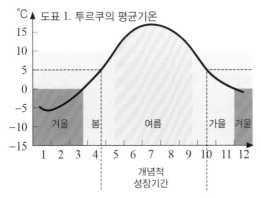

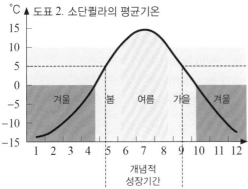

870 그래프 1과 2를 참고하여 기온으로 정하는 다음 계절을 추측하시오.

    a) 여름   b) 개념적 성장기간
    c) 봄과 가을   d) 겨울

871 그래프 1과 2를 참고하여 기온으로 정하는 여름이 다음 장소에서 몇 개월 동안 지속되는지 쓰시오.

    a) 투르쿠   b) 소단퀼라

872 다음 장소에서 기온으로 정하는 개념적 성장기간은 몇 개월 동안 지속되는지 쓰시오.

    a) 투르쿠   b) 소단퀼라

873 1일 평균기온의 연간 변화(최저 및 최고)를 대략 구하시오.

    a) 투르쿠   b) 소단퀼라

874 핀란드의 여름은 언제 가장 따뜻한가?

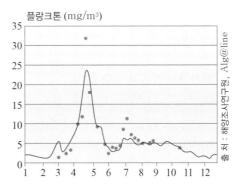

그래프 3. 핀란드만 서부지역에 나타나는 식물성 플랑크톤의 양. 가로 축은 연월이고, 세로 축은 플랑크톤의 양(mg/m^3)이다. 검정색 선은 1992년부터 2007년까지 식물성플랑크톤 양의 매주 평균이고 주황색 점은 2008년에 측정한 양이다.

875 1992년부터 2007년까지의 식물성 플랑크톤의 대략의 평균 양을 구하시오.

    a) 5월   b) 6월
    c) 7월   d) 8월 초

876 1992년부터 2007년에 물에 있는 식물성 플랑크톤의 양이 평균적으로 다음과 같은 때는 몇 월인가?

    a) 가장 많을 때   b) 가장 적을 때

877 1992년부터 2007년에 플랑크톤의 양이 가장 많을 때는 가장 적을 때의 몇 배인가?

878 2008년 봄 식물성 플랑크톤의 양이 최고를 기록했을 때, 이때의 양은 1992년부터 2007년까지의 주 평균 양보다 얼마나 많은가?

879 핀란드 주변 바다에 여름철에 나타나는 식물성 플랑크톤에 대한 연구조사를 해양조사연구원의 홈페이지에서 살펴보시오.

880 보기에서 방정식을 고르시오.

$2x-1=5y+8$	$31x=601$
$x \div 4 = -11$	$7(x+6)=0$
$1+5z>0$	$2x-3$

881 다음 중 $x=2$가 근인 방정식을 고르시오.

a) $x-3=5$ b) $3x+1=2x+3$

c) $6-x=4$ d) $2x+1=3$

882 다음 방정식을 푸시오.

a) $x+2=5$ b) $x-5=13$

c) $x+11=17$ d) $x-3=21$

883 다음 방정식을 푸시오.

a) $2x=14$ b) $\dfrac{z}{3}=6$

c) $\dfrac{y}{5}=1$ d) $6x=36$

e) $-5x=35$ f) $\dfrac{x}{6}=-5$

884 다음 방정식을 푸시오.

a) $4x+5=3x$

b) $8x-5=7x$

c) $5x+11=4x-2$

d) $-x-8=-2x+1$

885 다음 방정식을 푸시오.

a) $\dfrac{4x}{3}=12$ b) $\dfrac{3x}{5}=-9$

886 다음 방정식을 푸시오.

a) $-3x-5=-8$

b) $x-3=3x+5$

c) $\dfrac{x}{2}-1=4$

d) $7=-5x-8$

887 다음 방정식을 푸시오.

a) $6x=0$ b) $-x=5$

c) $2x-1=1$ d) $\dfrac{x}{8}=0$

888 식 $4x+7$의 값을 다음과 같게 하는 x의 값을 구하시오.

a) 11 b) 19 c) -9

889 다음을 방정식으로 나타내고 푸시오.

a) x와 3의 합은 -11이다.

b) 5에서 x를 빼면 3이다.

c) x와 7의 곱은 $3x+8$이다.

890 어떤 삼각형에서 한 각은 x, 다른 한 각은 각 x보다 $10°$ 더 크고, 또 다른 각은 각 x보다 $50°$ 더 크다. 방정식을 세워 x를 구하시오. 또, 삼각형의 세 각의 크기도 모두 구하시오.

891 얼룩큰점박이 바다표범과 회색 바다표범의 몸무게의 합이 $400 \,\text{kg}$이고, 회색 바다표범의 몸무게는 얼룩큰점박이 바다표범의 몸무게의 세 배이다. 얼룩큰점박이 바다표범의 무게를 x라고 할 때, 방정식을 세워 x를 구하시오. 또, 두 바다표범의 몸무게도 구하시오.

892 다음 직선을 그리시오.

a) $y=2x-1$ b) $y=-x+3$

893 다음 점이 직선 $y=2x+3$ 위에 있는지 알아보시오.

a) $(1,\ 5)$ b) $(2,\ 7)$ c) $(-3,\ -3)$

894 직선 $y=-2x+7$을 그리시오. 방정식을 이용하여 점 $(35,\ -77)$이 이 직선 위에 있는지 알아보시오.

895 좌표평면에 직선 $y=x+5$와 $y=-x+1$을 그리시오. 이 두 직선이 만나는 점을 구하시오.

896 다음 방정식을 푸시오.

a) $x - 9 = 13 - x$

b) $11 - x = 26$

c) $4x + 17 = 5x - 36$

d) $3x - 52 = 18 - 4x$

897 식 $2x - 8$과 $5x + 1$의 값을 같게 만드는 x의 값을 구하시오.

898 다음을 방정식으로 나타내고 푸시오.

a) 3과 x의 곱에서 8을 빼면 12에서 x를 뺀 수와 같다.

b) x를 5로 나누고 1을 더하면 7이 된다.

899 꼭지각이 밑각보다 30° 큰 이등변삼각형이 있다. 이 삼각형의 각의 크기를 모두 구하시오.

900 두 개의 연속하는 수의 합이 119일 때, 이 두 수를 구하시오.

901 길이가 228 cm인 철사를 구부려서 가로의 길이가 세로의 길이보다 5배 긴 직사각형을 만들려고 한다. 직사각형을 그리시오. 방정식을 세워 직사각형의 변의 길이를 모두 구하시오.

902 2005년 발트 해에는 회색 바다표범이 얼룩큰점박이 바다표범보다 3000마리 정도 많고, 얼룩큰점박이 바다표범은 얼룩돌고래보다 20배 정도 많다고 추측되었다. 이 동물들의 개체 수는 모두 23500이었다. 추측에 따르면 2005년에 이 동물들은 각각 몇 마리였는가?

903 세 명의 아이가 있는 집에서 최대 통화액 제한이 있는 휴대폰 서비스에 가입하였다. 최대 통화액이 첫째는 둘째보다 6유로 많고, 둘째는 막내보다 4유로 더 많다. 세 명의 최대 통화액을 합하면 50유로이다. 아이들의 최대 통화액은 각각 얼마인가?

904 두 직선 $y = x + 2$와 $y = -x - 4$가 다음 축과 만드는 삼각형의 넓이를 계산하시오.

a) x축   b) y축

905 다음 점들은 모두 직선 $y = 3x - 7$ 위에 있다. 빈칸을 알맞게 채우시오.

a) A(5, ☐)   b) B(−5, ☐)

c) C(☐, 32)   d) D(☐, −40)

906 다음 그래프는 마티와 페카가 휘빈카에 있는 스위스 트레일코스에서 달린 것을 나타낸 것이다.

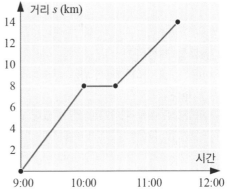

a) 두 명이 달린 거리는 얼마인가?

b) 두 명이 달린 시간은 얼마인가?

c) 출발 후 30분 동안 두 명이 달린 거리는 얼마인가?

d) 11시 현재 남은 거리는 얼마인가?

e) 휴식 전에 두 명의 속도는 얼마인가?

f) 휴식 후에 두 명의 속도는 얼마인가?

수열과 수열의 항

유한수열

3, 5, 7, 9, 11, 13　　항이 6개이다.

무한수열

3, 6, 9, 12, …　　항이 끝이 없다.

문자와 식

• 변수는 변하는 수의 값을 나타내는 문자이다.
• 식에는 문자가 들어 있다.

식의 값

• 문자 x가 들어있는 식의 값은 문자의 자리에 주어진 수를 넣고 그 식을 계산해서 얻는다.

동류항 계산하기

• $2x$, $3x$와 같이 문자가 같은 항을 동류항이라고 한다.
• 동류항은 서로 더하거나 뺄 수 있다.

방정식

• 방정식은 좌변과 우변의 값이 같음을 말하는 식이다.
• 방정식에 있는 문자는 미지수라고도 한다.
• 방정식의 근은 좌변과 우변을 같게 만드는 미지수의 값이다.

방정식 풀기

방정식을 풀려면 미지수만 왼쪽에 남아 있도록 정리해야 한다.

방정식을 정리하기

– 양변에 같은 수를 더하거나 같은 수를 빼도 식은 성립한다.
– 양변을 0이 아닌 같은 수로 곱하거나 나누어도 식은 성립한다.

활용 문제 푸는 방법

1. 문제를 잘 이해한다.
2. 문자 x를 무엇으로 할지 정한다.
3. 문제의 조건을 토대로 방정식을 세운다.
4. 방정식의 근 x를 구한다.
5. 문제를 다시 한 번 읽고, 답을 말로 서술한다.
6. 답이 옳은지 옳지 않은지 확인한다.

직선의 방정식

좌표평면 위에 그린 직선 위의 모든 점의 좌표는 직선의 방정식을 만족하지만, 직선 위에 있지 않은 점은 직선의 방정식을 만족하지 않는다.

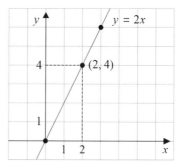

직선의 방정식으로 직선 그리기

1. x에 들어갈 수를 적어도 세 개 고른다.
2. x값에 따른 y값을 계산한다.
3. 세 점을 좌표평면에 나타내고 이 점들을 지나는 직선을 그린다.

함부르크
−8 ℃

하노버
−2 ℃

베를린
−3 ℃

도르트문트
−4 ℃

쾰른
−1 ℃

프랑크푸르트
−1 ℃

뉘른베르그
+3 ℃

수투트가르트
+4 ℃

뮌헨
+2 ℃

001 지도에 표시된 기온을 낮은 기온부터 높은 기온으로 순서대로 나열하시오.

002 지도를 보고 기온이 다음과 같은 도시를 찾으시오.

    a) +2 ℃ 이상   b) −2 ℃ 이하

003 에투는 친구 알렉시와 함께 베를린−뉘른베르그−뮌헨−도르트문트−함부르크의 순서로 여행하려고 한다.

    a) 여행하는 도시 중에 가장 추운 도시와 가장 따뜻한 도시는 어느 곳인가?

    b) 여행하는 도중에 다음 도시와의 온도 차가 가장 큰 경우는 언제이고, 그때의 온도 차는 얼마인가?

004 온도측정소에 아침 기온이 −17 ℃였다. 다음과 같은 경우 저녁 기온은 몇 도인가?

    a) 먼저 5 ℃ 올라가고 나중에 2 ℃ 내려갔다.

    b) 먼저 8 ℃ 내려가고 나중에 3 ℃ 올라갔다.

    c) 먼저 4 ℃ 내려가고 다시 7 ℃ 내려갔다.

005 온도측정소에서 기온을 재었더니 아침 10시에는 −19 ℃였고 저녁 20시에는 −11 ℃였다. 하루 동안에 한 시간에 평균 몇 도씩 변했는가?

물질은 고체, 액체, 기체 등 여러 가지 다른 형태로 존재한다. 물질의 온도가 녹는 온도보다 낮을 경우에 물질은 고체이다. 녹는 온도와 끓는 온도 사이일 경우에는 액체, 끓는 온도보다 높을 경우에는 기체이다.

물질	녹는 온도(℃)	끓는 온도(℃)
브롬	−7	59
수은	−39	357
산소	−218	−183
금	1063	2856
철	1535	2750

006 물질의 온도는 20 ℃이다. 표에서 다음 상태에 있는 물질을 찾으시오.

    a) 고체   b) 액체   c) 기체

007 물질의 온도는 −50 ℃이다. 표에서 다음 상태에 있는 물질을 찾으시오.

    a) 고체   b) 액체   c) 기체

008 다음 온도를 말하시오.

    a) 브롬이 고체인 온도

    b) 수은이 액체인 온도

    c) 철이 기체인 온도

009 기온이 −200 ℃에서 1500 ℃ 올라간다. 다음 금속은 어떤 상태인가?

    a) 금   b) 철

010 부등호 <를 사용하여 아래의 수들을 순서대로 배열하시오.

a) 12, 15, 13

b) 0, 17, −7

c) −78, −77, −79

011 다음을 구하시오.

a) 21보다 −81 작은 수

b) −72보다 −81 작은 수

c) −81보다 −100 작은 수

012 다음 문자가 나타내는 수를 쓰시오.

a)

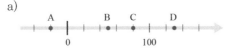

b)

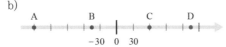

013 수직선을 그리고 다음 수를 나타내시오.

−25, −75, 70, 0, 55, −90

014 네 수 1, 7, 8, 9를 이용해서 1700년과 2000년 사이에 있는 연도를 모두 만들어 오래된 연도부터 차례대로 쓰시오.

015 키르시는 은행카드의 비밀번호에 대해 다음과 같은 사실만 생각이 났다.

• 번호는 네 자리 수
• 첫째 자릿수는 3
• 셋째 자릿수는 6이나 7
• 마지막 자릿수는 9

위 조건을 모두 충족하는 수가 몇 개가 있는가? 다음과 같은 조건에서 비밀번호가 될 수 있는 수는 몇 가지인가?

a) 모두 다른 수일 때

b) 똑같은 수가 두 개일 때

c) 똑같은 수가 없거나 두 개일 때

순서게임

필요한 물품 : 종이를 같은 크기로 잘라 16개의 카드를 만든다. 카드에 −7, −6, −5, …, 8을 쓴다. 짝수 −6, −4, −2, 0, 2, 4, 6, 8의 뒷면에는 X 표시를 한다.

시작 : 이 게임은 2~4명이 같이 한다. 카드를 잘 섞고 숫자가 적힌 면을 아래로 하여 세 장씩 나누어주고 남은 카드는 숫자가 적힌 면을 아래로 하여 가운데에 둔다. 각자 받은 카드는 숫자가 보이지 않게 조심해서 작은 수에서 큰 수 순서로 배열해 놓는다.

게임방법 : 숫자가 보이지 않는 상태에서 가운데에 놓여 있는 남은 카드 중에서 한 장씩 고른 후에, 한 사람씩 다른 사람의 카드에 적힌 수를 맞춰야 한다.
수를 맞춘 경우, 그 카드는 수가 보이게 뒤집고, 맞춘 사람은 자신이 고른 카드의 번호가 보이지 않게 기존의 세 카드와 함께 순서대로 놓은 후 한 번 더 다른 사람의 카드에 적힌 수를 맞출 수 있다. 수를 맞추지 못한 경우에는 자신이 고른 카드의 번호가 보이도록 해서 기존의 세 장의 카드와 함께 순서대로 놓고 차례는 다음 사람에게 넘어간다. 한 번에 카드는 한 장씩만 고른다.

게임의 끝 : 다른 사람들이 카드를 모두 맞추어서 가지고 있는 카드의 숫자가 다 보이는 사람은 더 이상 게임에 참여할 수 없다. 마지막까지 숫자가 보이지 않게 놓여 있는 카드를 가지고 있는 사람이 게임에서 이긴다.

016 다음 명제가 참인지 거짓인지 판단하시오. 참이 아닌 명제는 올바르게 고치시오.

a) 양수는 언제나 음수보다 크다.

b) 0과 절댓값은 같고 부호만 다른 수는 0 자신이다.

c) 양수에 대하여 절댓값은 같고 부호만 다른 수는 자기 자신보다 크다.

d) 음수에 대하여 절댓값은 같고 부호만 다른 수는 자기 자신보다 크다.

e) 음수가 아닌 수에 대하여 절댓값은 같고 부호만 다른 수는 언제나 수 자신보다 크다.

f) 0에서부터 어떤 수까지의 거리는 언제나 양수이다.

017 다음 수와 절댓값은 같고 부호만 다른 수에 대하여 다시 절댓값은 같고 부호만 다른 수를 구하시오.

a) $+10$ b) -20 c) 30

018 다음을 계산하시오.

a) 5와 절댓값은 같고 부호만 다른 수를 5에 더한다.

b) 5와 절댓값은 같고 부호만 다른 수에 대하여 다시 절댓값은 같고 부호만 다른 수를 구하여 5에 더한다.

c) 5에서 이 수와 절댓값은 같고 부호만 다른 수를 뺀다.

019 산소의 끓는 온도는 $-183\ ℃$이다. 불소, 헬륨, 염소의 끓는 온도를 추정하시오.

a) 불소의 끓는 온도는 산소의 끓는 온도보다 5도 낮다.

b) 헬륨의 끓는 온도는 산소의 끓는 온도보다 86도 낮다.

c) 염소의 끓는 온도는 산소의 끓는 온도보다 148도 높다.

020 다음 정수를 모두 구하시오.

a) 절댓값은 같고 부호만 다른 수가 6보다 크고 12보다 작은 정수

b) 절댓값은 같고 부호만 다른 수가 -3보다 크고 4보다 작은 정수

운동장 돌기 게임

필요한 물품 : 주사위, 게임판, 말 2~4개

규칙 : 이 게임은 2~4명이 같이 한다. 말을 출발 칸에 놓고 차례대로 주사위를 던진다. 주사위를 던진 눈이 짝수이면 그 수만큼 말을 시계 방향으로 이동하고, 홀수이면 그 수만큼 시계 반대 방향으로 이동한다. 도착한 칸에 이미 다른 사람의 말이 있으면 나중에 도착한 말은 출발 칸으로 되돌아가야 한다. 말이 10이나 -10에 멈추면 직전 칸으로 되돌아간다. 10이나 -10을 건너뛰어서 가장 먼저 도착 칸에 들어오는 말의 주인이 이긴다.

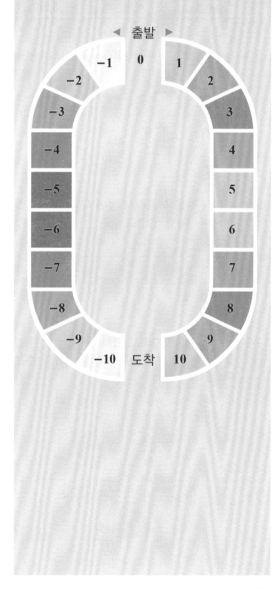

021 엘사의 계좌 정보에 입금은 양수, 출금은 음수로 표기되어 있다. 잔액은 3월 8일 107,00유로인 이후로 아래와 같은 거래가 있었다. 9월 15일 잔액은 얼마인가?

3월 8일	잔액	+107,00 €
월일	거래내역	금액, 유로
9월 2일	이체	+24,00
9월 3일	지출	−15,00
9월 7일	현금출금	−60,00
9월 11일	이체	+28,00
9월 15일	이체	+20,00

022 보기의 수를 각 한 번씩만 사용해서 다음 빈 칸을 채우시오.

$$-4 \quad 3 \quad -3 \quad -5 \quad 5 \quad 4$$

a) ☐ $+8=$ ☐   b) ☐ $+$ ☐ $=-2$

c) $-8+$ ☐ $=$ ☐

023 보기의 수를 이용해서 답이 다음과 같은 식을 각각 두 개씩 만드시오.

$$-7 \quad 1 \quad -4 \quad 5 \quad 4$$
$$-15 \quad -21 \quad -2 \quad 8$$

a) 8   b) −19

024 다트를 3개 던지려고 한다. 던져서 맞힌 칸들의 수의 합이 다음과 같을 때 3개의 수는 무엇인가?

a) −3   b) 21   c) −21

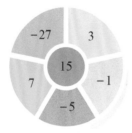

025 두 수의 합의 피라미드를 완성하시오.

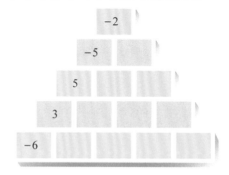

026 다음을 식을 쓰고 계산하시오.

a) 3과 절댓값은 같고 부호만 다른 수에서 −8을 뺀 수

b) −6과 절댓값은 같고 부호만 다른 수와 2와 절댓값은 같고 부호만 다른 수를 더한 수

027 다음을 계산하시오.

a) $1-1$ b) $1-1+1$

c) $1-1+1-1$ d) $1-1+1-1+1$

e) $1-1+1-1+1-1$

028 위 27번 문제의 결과를 토대로 다음의 답을 추정하시오.

a) $1-1+1-\cdots-1$ b) $1-1+1-\cdots+1$
(모두 20개의 수)   (모두 45개의 수)

연구

수직선 위의 0에서 출발한다. 차례대로 주사위를 던져 말을 이동시키는데, 홀수 차례에서는 나온 눈만큼 왼쪽으로, 짝수 차례에서는 나온 눈만큼 오른쪽으로 이동한다. 주사위를 6번 던진 후, 가장 큰 수에 도착한 사람이 이긴다.

029 표는 두 명이 이 게임을 했을 때 주사위를 던져 나온 수의 쌍이다. 누가 이겼을까?

선수	던져서 나온 주사위의 수					
A	2	3	6	4	1	5
B	6	5	3	1	1	4

030 다음을 계산하시오.

a) $-(-24)+(-24)$

b) $-17-(+21)$

c) $-(+36)-(-35)$

d) $45+(-19)$

031 다음을 계산하시오.

a) $-75+(-16)+(-33)$

b) $-53-(-103)+(-41)$

c) $-(+61)+(-16)-(-87)$

032 다음 조건에 맞게 빈칸에 $+$, $-$를 넣으시오.

$\boxed{}\,(-5)\,\boxed{}\,(-8)\,\boxed{}\,(+3)$

a) 식의 값을 가능한 작게 만든다.

b) 식의 값을 가능한 크게 만든다.

033 보기의 수를 이용하여 두 수의 차가 다음과 같이 되도록 식을 두 개씩 만드시오.

-7	1	-4	5	-15
-21	-2	8	4	

a) -6 b) -19

034 위 33번 문제의 보기의 수들 중에서 두 수의 차가 다음과 같은 수를 고르시오.

a) 가장 큰 수   b) 가장 작은 수

035 삼각형의 각 변에 있는 수들의 합이 -3이 되도록 9, 8, -4, -5, -6, -7을 원 안에 쓰시오.

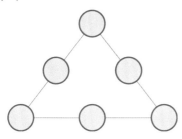

036 보기의 수를 한 번 씩만 사용해서 다음 식들의 빈칸을 채우시오.

-8	-7	-6	-4
-3	2	7	9

a) $\boxed{} - \boxed{} = 2$

b) $\boxed{} - \boxed{} = -1$

c) $-10 - \boxed{} = \boxed{}$

d) $\boxed{} - 5 = \boxed{}$

037 아래의 수를 사용하여 다음 표를 완성하시오.

a) -10, -4, 8, 12

	$+$		$=$	2
$-$		$-$		
	$+$		$=$	4
$=$		$=$		
-18		16		

b) -5, -3, -1, 2, 4, 6

	$+$		$+$		$=$	-4
$-$		$-$		$-$		
	$+$		$+$		$=$	7
$=$		$=$		$=$		
-11		2		-2		

c) 위와 같이 계산식을 만들고 친구에게 풀도록 하시오.

038 다음을 계산하시오.

a) $-67-(2+(-5))+64$

b) $99-(-31-(-8))-2$

039 -4, 8, 10, -5를 한 번씩 사용하고 부호와 괄호를 이용하여 다음 조건에 맞는 식을 만드시오.

a) 식의 값이 가장 크게 되는 식

b) 식의 값이 가장 작게 되는 식

c) 0에 가장 가깝게 되는 식

040 다음 식의 빈칸에 부호 +, −를 쓰시오. 가능한 여러 방법으로 채우시오.

a) $-5 \boxed{} (-6) = -11$

b) $6 \boxed{} (\boxed{} 6) = 12$

c) $\boxed{} 8 \boxed{} (\boxed{} 8) = 0$

d) $\boxed{} 6 \boxed{} (\boxed{} 10) \boxed{} (\boxed{} 4) = 12$

041 다음 식의 빈칸에 알맞은 수를 쓰시오.

a) $7 - (-5) - (\boxed{}) = 20$

b) $14 + (\boxed{}) - (-7) = 16$

c) $-72 - (\boxed{}) - 18 = -34$

042 마방진은 가로, 세로, 대각선의 수의 합이 모두 같은 사각형이다.

a) 마방진의 합을 계산하시오.

b) 마방진의 합이 -9가 되도록 빈 칸을 채우시오.

043 마방진을 만드는 방법

1. 3×3 직사각형을 그리고 가장 아랫줄 가운데 칸에 어떤 수를 쓴다. 예를 들어 -2를 썼다고 하자.

2. 가장 윗줄에 수를 쓴다.

$-2+3=1$

$-2+8=6$

$-2+1=-1$

3. 가운데 줄에 수를 쓴다.

$-2+2=0$

$-2+4=2$

$-2+6=4$

4. 아랫줄의 남아 있는 칸에 수를 쓴다.

$-2+7=5$

$-2+5=3$

마방진이 완성되었다!

044 위의 설명을 참고하여 -2 대신에 다른 수로 새로운 마방진을 만드시오.

그림은 알브레히트 뒤러의 멜랑꼴리아라는 작품의 일부이다. 마방진의 가장 아랫줄의 가운데 두 칸에 그림이 완성된 1514년이 표시되어 있다.

045 다음을 식으로 나타내고 계산하시오.

  a) -18을 -3으로 나눈 수와 절댓값은 같고 부호가 다른 수

  b) -9와 7의 곱과 절댓값은 같고 부호가 다른 수

046 6을 서로 다른 두 정수의 곱으로 가능한 여러 방법으로 나타내시오.

047 보기의 수를 각각 한 번씩만 이용해서 여러 모양을 대신하는 수를 찾으시오.

12	-184	-455	112
-8	-15	8	-65

  a) $\dfrac{\ast}{\blacklozenge} = -23$ b) $\dfrac{\blacktriangledown}{7} = \bullet$

  c) $\spadesuit \cdot (-14) = \blacktriangle$ d) $\blacktriangleleft \cdot \blacktriangleright = -180$

048 아래의 수를 사용하여 다음 표를 완성하시오.

  a) $-4, -3, -2, -1, 2, 4$

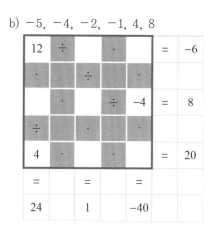

  b) $-5, -4, -2, -1, 4, 8$

049 2에 2와 절댓값은 같고 부호가 다른 수를 곱하고, 그 결과에 그 결과와 절댓값은 같고 부호가 다른 수를 곱하면 얼마인가?

050 어떤 수를 다음의 수로 나누시오.

  a) 자기 자신

  b) 절댓값은 같고 부호가 다른 수

051 다음 규칙에 따라 작은 삼각형을 채우시오. 보라색 삼각형에는 그 아래에 있는 수와 절댓값은 같고 부호가 다른 수를 쓴다. 흰색 삼각형에는 양 옆에 있는 두 개의 보라색 삼각형의 수의 곱을 쓴다. 가장 위에 있는 삼각형에 들어갈 수를 구하시오.

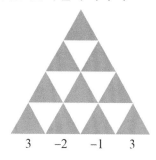

052 다음 식에서 빈칸을 알맞게 채우시오.

  a) $-24 \div \boxed{} = -6$

  b) $-5 \cdot \boxed{} = 50$

  c) $\boxed{} \div (-12) = -3$

  d) $\boxed{} \cdot 11 = -44$

053 다음 식을 참이 되게 하는 ♥, ◆의 값을 구하시오.

  ♥ · ◆ $= -16$

  ♥ ÷ ◆ $= -4$

054 빈칸에 알맞은 정수를 찾아 곱셈표를 완성하시오. 답을 모두 찾으시오.

×		-3	-5
			25
4		-12	
	7		

185

055 다음을 계산하시오.

a) $\dfrac{-16 \cdot (-2) \cdot 5}{-10}$

b) $\dfrac{8 \cdot (-9) \cdot (-2) \cdot 0}{4}$

c) $\dfrac{-100 \cdot (-4)}{-5 \cdot (-2)}$

d) $\dfrac{30 \cdot (-9)}{-3 \cdot (-2)}$

056 -6과 -1 사이에 있는 수를 모두 곱하시오.

057 -6을 세 개의 다른 정수의 곱으로 가능한 여러 다른 방법으로 나타내시오.

058 대각선에 있는 수들의 곱이 같을 때 비어 있는 칸에 들어갈 수를 찾으시오.

a)

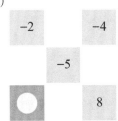

b)

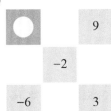

059 대각선에 있는 수들의 곱이 같아지도록 -10, -8, -4, 2, 5를 알맞은 위치에 쓰시오.

060 다음 빈칸에 알맞은 수를 쓰시오.

a) $\dfrac{-4 \cdot 5}{\boxed{}} = -1$

b) $\dfrac{\boxed{}}{-2 \cdot 3} = 8$

c) $\dfrac{-5 \cdot \boxed{}}{-2} = 15$

061 이웃한 세 개의 삼각형의 수의 곱을 수들의 가운데 수의 위쪽 삼각형에 쓴다. 가장 위에 있는 삼각형에 들어갈 수를 구하시오.

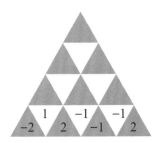

연구

062 다음 물음에 답하시오.

a) 동그라미 안 세 수의 곱을 계산하시오.

b) 가로줄 또는 세로줄에서 수를 한 개씩 골라 세 수의 곱을 계산하시오. 곱이 항상 같은가?

c) 모든 수에서 일정한 수를 뺀 후에도 위 b)의 결과가 유지되는지 알아보시오.

d) 모든 가로줄의 수들을 줄마다 일정한 수로 나눈 후에도 위 b)의 결과가 유지되는지 알아보시오.

-4	6	-2
6	-9	3
8	-12	4

063 다음 식을 세우고 계산하시오.

a) 8에서 -10을 뺀 수를 두 수의 합으로 나눈다.

b) -12와 8의 합과 -12에서 8을 뺀 수를 곱한다.

064 다음을 계산하시오. 괄호 가장 안쪽부터 시작하시오.

a) $5 \cdot ((2 - 14 \div 2) - 4)$

b) $7 - 2 \cdot (16 \div (6 - 2))$

c) $24 \div (5 - (-4 - 3))$

065 -11, -3, 7, -2 중 빈칸에 알맞은 수를 고르시오.

a) $(\boxed{} + 11) \div (-4) = -2$

b) $17 - 3 \cdot \boxed{} = -4$

c) $(\boxed{} - 2) \cdot 2 - (-45) \div 3 = -11$

066 2, -8, 1, 14 중 빈칸에 알맞은 수를 고르시오.

a) $\dfrac{\boxed{} - 2 \cdot 4}{-3} = -2$

b) $\dfrac{-42}{24 \div (\boxed{}) - 4} = 6$

c) $\dfrac{\boxed{} + (-17) \cdot 3}{32 \div (-16) - 3} = 10$

067 다음 빈칸에 알맞은 수를 쓰시오.

수	$\times (-2) \div 3$	결과
6	▶	-4
-3	▶	
	▶	12
21	▶	
	▶	-8

068 어떤 수와 그와 절댓값은 같고 부호가 다른 수의 평균값은 무엇인가?

069 빈칸에 알맞은 수를 쓰시오.

a) $\dfrac{47 - \boxed{}}{63 + 5 \cdot (-13)} = 0$

b) $\dfrac{21 - 3 \cdot \boxed{}}{54} = 1$

c) $\dfrac{3 - \boxed{}}{7 - 8 \cdot (-3)} = -1$

070 다음에서 ♥, ◆ 에 알맞은 정수를 적어도 세 쌍 찾으시오.

a) $♥ + ◆ = -4$ b) $♥ - ◆ = -4$

c) $♥ \cdot ◆ = -4$ d) $\dfrac{♥}{◆} = -4$

071 다음 각 문자에 알맞은 수는 무엇인가?

a)
$$
\begin{array}{r}
A\ A\ B \\
A\ 5\ A \\
+\ A\ A\ C \\
\hline
B\ D\ D
\end{array}
$$

b)
$$
\begin{array}{r}
A\ B \\
\times\ B\ C \\
\hline
A\ B \\
D\ A \\
\hline
D\ D\ B
\end{array}
$$

연구

072 다음 규칙대로 수 1, 2, 3, 4와 괄호, 기호 $+$, $-$, $\times$, $\div$를 사용하여 식을 만들어 2부터 10까지 나타내시오.

1. 모든 수를 한 번씩 사용한다.

2. 수는 식에서 한 번씩만 사용한다.

3. 기호는 여러 번 사용할 수 있다.

4. 모든 기호를 반드시 다 사용할 필요는 없다.

073 다음 빈칸에 알맞은 수를 쓰시오.

a) 2, 4, 8, 16, 32, 64, ☐, ⋯

b) ☐, 25, 125, 625, 3125, 15625, ⋯

c) ☐, ☐, 27, 81, 243, 729, 2187, ⋯

d) 1, 10, 1, 100, 1, ☐, 1, 10000, 1, ⋯

074 도형수열의 다음 항에 주황색과 보라색 타일이 몇 개씩 있는가?

a) 4항   b) 10항

1항   2항   3항

075 다음은 어떤 정수의 4제곱인가?

a) 10000   b) 16   c) 625

076 다음 빈칸에 알맞은 자연수를 쓰시오.

a) $4^2 = ☐^4$ b) $3^4 = ☐^2$

c) $☐^2 = 4^3$ d) $10^☐ = 100^4$

077 $2^{11} = 2048$ 이다. 다음은 얼마인가?

a) 2^{10} b) 2^{12}

078

엘사의 조부모는 모두 4분이다. 즉, 엘사의 2대 조상에 네 명의 조상이 있다.

a) 엘사의 4대 조상에는 몇 명의 조상이 있는지 계산하시오.

b) 다음 표를 완성하시오.

조상	1대	2대	3대	4대	5대
거듭제곱	2^1	2^2	2^3	2^4	2^5
조상의 수					

c) 표를 참고해서 엘사는 12대 조상에 모두 몇 명의 조상이 있는지 계산하시오.

d) 한 세대는 보통 30년이다. 계산기를 이용해서 지금부터 1000년 전에 엘사의 조상은 몇 명인지 계산하시오.

연구

079 다음 물음에 답하시오.

a) 다음 표를 완성하시오.

정육면체	A	B	C	D
한 모서리의 길이(cm)	1	2	4	8
부피(cm^3)				

b) 정육면체 B에는 정육면체 A가 몇 개 포함될 수 있는가?

c) 정육면체 C에는 정육면체 B가 몇 개 포함될 수 있는가?

d) 정육면체 D에는 정육면체 C가 몇 개 포함될 수 있는가?

e) 모서리의 길이가 두 배로 길어지면 정육면체의 부피는 어떻게 되는지 추측하시오.

f) 모서리의 길이가 세 배로 길어지면 정육면체의 부피는 어떻게 되는지 추측하시오.

080 4와 3에 대하여 다음을 계산하시오.

　a) 두 수의 제곱의 합

　b) 두 수의 합의 제곱

　c) 4의 제곱에서 3의 제곱을 뺀 수

　d) 4에서 3을 뺀 수의 제곱

081 5와 2에 대하여 다음을 계산하시오.

　a) 5에서 2를 뺀 수의 제곱

　b) 5의 세제곱에서 2의 제곱을 뺀 수

082 두 수의 제곱의 합이 다음 수가 되는 두 수를 구하시오.

　a) 45　　　　b) 53　　　　c) 100

083 두 수의 세제곱의 합이 다음 수가 되는 두 수를 구하시오.

　a) 9　　　　b) 91　　　　c) 133

084 다음 수를 구하시오.

　a) 어떤 수의 제곱과 세제곱의 합이 80이다.

　b) 어떤 수의 세제곱에서 제곱을 뺀 수가 100이다.

　c) 두 수의 합과 두 수 중 한 수의 제곱에서 또 다른 수의 제곱을 뺀 수가 모두 13이다.

　d) 어떤 수의 제곱에서 또 다른 수의 세제곱을 빼면 0이다.

085 큰 정육면체의 한 모서리의 길이는 4 cm이고 작은 정육면체의 한 모서리의 길이는 큰 모서리의 길이의 절반이다. 아래 모형에서 다음을 계산하시오.

　a) 부피　　　　　b) 겉넓이

086 다음을 계산하시오.

　a) $\dfrac{20^2 - 10^3}{2 \cdot 20 - 5 \cdot 10}$　　b) $\dfrac{50^2 - 100^2}{20^3 - 4 \cdot 5^3}$

087 박테리아는 20분마다 두 마리로 분열한다. 다음 시간이 지나면 박테리아 한 마리가 몇 마리로 되는가?

　a) 40분

　b) 한 시간 후

　c) 두 시간 후

연구

다음 그림에서 작은 정육면체의 한 모서리의 길이는 1 cm이다. 작은 정육면체들이 모여서 만든 큰 정육면체의 표면을 파랗게 칠하고, 물감이 다 마른 뒤에 큰 정육면체를 해체한다.

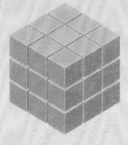

088 파란 면이 한 개인 작은 정육면체는 몇 개인가?

089 큰 정육면체의 한 모서리의 길이가 다음과 같을 때, 파란 면이 한 개인 작은 정육면체는 몇 개인가?

　a) 4 cm　　　b) 5 cm　　　c) 6 cm

090 100보다 작은 수들 중 다음을 구하시오.

a) 3과 5로 나누어떨어지는 수

b) 홀수이고 7로 나누어떨어지는 수

c) 홀수이고 2로 나누어떨어지는 수

091 500보다 작은 수들 중에서 다음 수로 나누어떨어지는 가장 큰 수를 찾으시오.

a) 5   b) 3

c) 9   d) 6

092 수는 2와 3으로 나눌 수 있으면 6으로도 나눌 수 있다. 다음 물음에 답하시오.

a) 3078을 6으로 나눌 수 있는가?

b) 토끼농장에 있는 토끼 124마리를 애완동물 가게 6곳에 똑같이 나누어 팔 수 있는가?

c) 색연필 114개를 아이들 6명에게 똑같이 나누어 줄 수 있는가?

093 세 자리 수를 하나 쓰시오. 옆에 같은 수를 한 번 더 쓰시오. 이 여섯 자리 수는 다음 수로 나누어떨어지는가?

a) 7   b) 11   c) 13

094 두 자리 정수를 하나 고르시오. 자리 수를 바꾸어 새로운 수를 만들고, 다음 물음에 답하시오.

a) 큰 수에서 작은 수를 뺀 수의 약수는 적어도 몇 개인가?

b) 또 다른 두 자리 수의 정수를 골라 같은 과정을 반복하시오. 큰 수에서 작은 수를 뺀 수의 약수는 적어도 몇 개인가?

c) 다른 학생들과 답을 비교해보시오. 큰 수에서 작은 수를 뺀 수의 약수는 최소 몇 개인가?

095 42579112가 12로 나누어떨어지지 않음을 나눗셈을 하지 않고 알 수 있는 방법을 추측하시오.

096 물통이 5리터짜리와 6리터짜리가 있다. 매우 큰 물통이 있을 때, 이 두 물통을 이용해서 가장 큰 물통에 물을 2리터 담을 수 있을까? 여러 가지 방법으로 구하시오.

097 물통이 3리터짜리와 5리터짜리가 있다. 매우 큰 물통이 있을 때, 이 두 물통을 이용해서 제일 큰 물통에 물을 1리터 담을 수 있을까? 여러 가지 방법으로 구하시오.

연구

마지막 두 자리의 수가 0이거나 이 두 자리의 수가 4로 나누어떨어지면 주어진 수도 4로 나누어떨어진다. 예를 들어, 28524의 마지막 두 자리의 수 24는 4로 나누어떨어지므로 28524도 4로 나누어떨어진다.

098 다음 수가 4로 나누어떨어지는지 알아보시오.

a) 291382

b) 5036

c) 23456

어떤 수의 홀수자리의 수들과 짝수자리의 수들의 합의 차가 11로 나누어떨어지면 그 수도 11로 나누어떨어진다. 예를 들어, 79618이 11로 나누어떨어지는지 알아보려면, 다음과 같이 합을 계산한다.

$$7+6+8=21, \quad 9+1=10$$

합의 차 21−10=11이 11로 나누어떨어지므로 79618도 11로 나누어떨어진다.

099 다음 수가 11로 나누어떨어지는지 알아보시오.

a) 473

b) 9182

c) 917081

100 1700년대에 살았던 수학자 골드바흐는 2보다 큰 모든 짝수는 두 개의 소수의 합으로 표현될 수 있다는 가설을 제시했다. 다음 수들을 두 개의 소수의 합으로 나타내시오.

a) 4   b) 8

c) 12   d) 28

e) 98   f) 100

> 골드바흐는 여러 다른 가설들과 마찬가지로, 이 가설이 타당함을 증명하지 못했다. 그러나 컴퓨터를 이용해서 어떤 짝수를 골라도 이 가설은 타당함이 입증되었다.

101 다음 수를 소인수로 나누고 소인수의 곱으로 적으시오.

a) 1155   b) 2210

c) 37037

102 세 자리 소수 중 다음의 조건을 충족하는 수를 구하시오.

a) 각 자리의 수들의 합은 5이고 곱은 소수이다.

b) 각 자리의 수들의 합은 7이고 곱은 소수이다.

연구

	2	3	4	5	6	7	8	9	10
11	12	13	14	15	16	17	18	19	20
21	22	23	24	25	26	27	28	29	
31	32	33	34	35	36	37	38		
41	42	43	44	45	46	4			
51	52	53	54	55	5				
61	62	63	64	65					
71	72	73	74						
81	82	83							
91	92								

103 그리스의 지리학자이자 시인이며 천문학자인 에라토스테네스는 기원전 276년에서 기원전 192년까지 살았다. 에라토스테네스의 체는 소수를 발견하기 위해 고안된 오래된 방법이다.

a) 2~99까지를 쓴다. 첫 번째 소수 2에 동그라미를 친다. 2보다 큰 짝수는 2로 나누어떨어지므로 줄을 그어 제외시킨다. 다음 수인 3은 소수이므로 동그라미를 친다. 3보다 큰 3의 배수는 3으로 나누어떨어지므로 줄을 그어 제외시킨다. 이런 식으로 계속 진행한다.

b) 100보다 작은 소수를 모두 나열하시오.

104 다음 물음에 답하시오.

a) 100보다 큰 첫 번째 소수는 무엇인가?

b) 5와 7처럼 차가 2인 소수를 쌍둥이소수라고 한다. 수 100보다 작은 쌍둥이소수를 모두 나열하시오.

105 옌니는 보통 하루에 잠은 8시간, 학교생활은 7시간, 취미활동은 2시간, 숙제하는 데 2시간, 이동하는 데 1시간을 쓴다. 이 시간을 하루 24시간에 대한 분수로 나타내시오.

106 아파트 건물에 창문이 32개가 있다. 창문 8개에는 빨간색 커튼이, 창문 4개에는 파란색 커튼이, 창문 6개에는 초록색 커튼이 달려 있다. 나머지 창문에는 노란색 커튼이 달려 있다. 다음 색깔의 커튼이 달려 있는 창문 수를 전체 창문 수에 대한 분수로 나타내시오.

a) 빨간색   b) 파란색
c) 초록색   d) 노란색

107 다음과 같은 경우에 양수인 분수의 값은 어떻게 되는가?

a) 분모는 같고 분자가 커질 때
b) 분자는 같고 분모가 커질 때

108 다음 분수에서 분자는 분모보다 큰가, 작은가?

a) 1보다 작은 양의 분수
b) 1보다 큰 양의 분수

109 다음 설명대로 시어핀스키의 삼각형을 그리시오.

1단계 : 모눈종이에 다음과 같은 삼각형을 그린다.

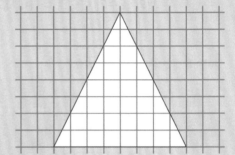

2단계 : 삼각형의 세 변의 중점을 연결해서 네 개의 삼각형을 만든다. 가운데에 있는 삼각형을 보라색으로 칠한다.

3단계 : 색칠하지 않은 삼각형들을 같은 방법으로 또다시 네 개의 삼각형으로 나눈다. 이 중 가운데 삼각형들을 주황색으로 칠한다.

4단계 : 같은 방법으로 계속한다. 매번 다른 색 연필을 사용한다.

110 3단계 이후에 원래 삼각형의 얼마나 많은 부분이 다음 색깔로 칠해져 있는가?

a) 보라색   b) 주황색

111 다음 단계 이후에 삼각형의 색칠하지 않은 부분이 전체에서 차지하는 비를 구하시오.

a) 2단계   b) 3단계
c) 4단계   d) 5단계

112 위 111번을 참고해서 색칠하지 않은 부분의 넓이가 각 단계를 거칠 때마다 어떻게 변하는지 추측하시오. 단계를 끝없이 계속할 때, 색칠된 부분의 넓이와 원래의 삼각형의 넓이의 비를 추측하시오.

113 책상에는 색연필 12자루와 흑연필 8자루가 있다. 몇 자루의 색연필을 치워야 다음과 같이 되는가?

a) 모든 연필의 반이 색연필이다.

b) 모든 연필의 $\frac{1}{3}$ 이 색연필이다.

c) 모든 연필의 $\frac{1}{5}$ 이 색연필이다.

114 책상에는 빨간색 장난감 자동차 6대와 파란색 장난감 자동차 2대가 있다. 파란색 자동차를 몇 대 더 놓아야 다음과 같이 되는가?

a) 모든 자동차의 반이 파란색이다.

b) 모든 자동차의 $\frac{3}{5}$ 이 파란색이다.

c) 모든 자동차의 $\frac{2}{3}$ 가 파란색이다.

115 다음 물음에 답하시오.

a) 다음 합을 계산하시오.

$\frac{1}{2}+\frac{1}{4}$

$\frac{1}{2}+\frac{1}{4}+\frac{1}{8}$

$\frac{1}{2}+\frac{1}{4}+\frac{1}{8}+\frac{1}{16}$

b) 위 a)와 같은 규칙을 적용하여 다음에 올 식을 계산하시오.

c) 더하는 수들이 많아질수록 합의 값은 어떤 수에 가까워지는가?

116 다음 빈칸에 알맞은 수를 쓰시오. 서로 다른 3가지 방법을 찾으시오.

$\frac{1}{\boxed{}}+\frac{1}{\boxed{}}+\frac{1}{\boxed{}}=1$

117 모빌은 모두 평형을 이루고 있다. 빈칸에 알맞은 수를 추측하시오.

a)

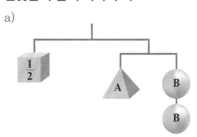

b)

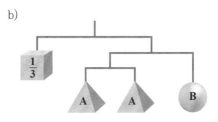

c)

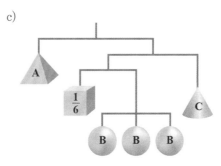

d)

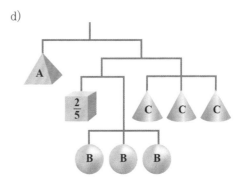

118 -5, -2, 3, 4를 다음 빈칸에 한 번씩만 써서 계산 결과가 가능한 크게 나오게 하시오.

a) $\dfrac{\square}{\square} + \dfrac{\square}{\square}$ 　　b) $\dfrac{\square}{\square} - \dfrac{\square}{\square}$

119 세 개 도시의 자선모금운동의 공동목표는 $1\dfrac{1}{2}$억 유로이다. 첫째 도시는 $\dfrac{3}{5}$억 유로를 모았고, 둘째 도시는 $\dfrac{1}{2}$억 유로를, 셋째 도시는 $\dfrac{2}{3}$억 유로를 모금했다. 실제 모금액은 목표액과 어떤 차이를 보이는가?

120 학생들은 소풍을 가서 제비뽑기를 했다. 제비 75개 중 1등상은 생크림 케이크 1개, 2등상은 꽃다발 5개, 3등상은 사탕봉지 15개이다. 상품은 1인당 1개씩만 준다고 할 때, 총 제비 중에서 다음 비율을 분수로 계산하시오.

a) 상품이 있는 제비 b) 상품이 없는 제비

121 바지를 만드는 원단의 $\dfrac{7}{10}$은 면이고, $\dfrac{1}{25}$는 스판덱스이고, 나머지는 폴리에스터이다. 폴리에스터가 원단 전체에서 차지하는 비율은 얼마인가?

122 요나스는 일주일치 용돈에서 영화관람에 $\dfrac{1}{3}$을, 만화를 사는 데 $\dfrac{1}{5}$을 썼다. 용돈의 나머지는 저금했다. 다음 비율을 구하시오.

a) 지출한 돈 　　b) 저축한 돈

123 라우라는 보석함을 정리하고 장신구를 세 명의 여동생들에게 모두 나눠 주었다. 안니는 장신구 중 $\dfrac{1}{6}$을 받았고 로사는 $\dfrac{1}{3}$을 받았다. 엠마가 받은 장신구의 비율을 구하시오.

124 농장에 있는 가축들 중 망아지는 $\dfrac{1}{6}$, 양은 $\dfrac{1}{5}$, 소는 $\dfrac{1}{4}$이고 나머지는 토끼이다. 농장에 있는 가축들 중 토끼가 차지하는 비율을 계산하시오.

125 한 반의 학생들 중 $\dfrac{1}{2}$이 아침에 주스를 마셨고 $\dfrac{2}{3}$는 자전거를 타고 학교에 왔다. 학생들 중 $\dfrac{1}{6}$은 주스도 마시지 않았고 자전거를 타고 오지도 않았다. 전체 학생들 중 주스도 마시고 자전거도 타고 학교에 온 학생들의 비율은 얼마인가?

126 라우리(남)와 라우라(여)는 비르타넨 부부의 아이들이다. 라우라를 제외하고 계산하면 라우라의 형제자매들 중 반이 여자이고, 라우리를 제외하고 계산하면 라우리의 형제자매들 중 $\dfrac{1}{3}$이 남자일 때 이 집에는 아이들이 모두 몇 명이 있는가?

연구

단위분수란 그 분자가 1인 분수를 말한다. 예를 들어 $\dfrac{1}{2}$, $\dfrac{1}{5}$, $\dfrac{1}{13}$과 $\dfrac{1}{10}$은 모두 단위분수이다. 고대 이집트에서는 분수를 분모가 다른 단위분수들의 합으로 나타내었다.

예제 다음 분수를 단위분수를 이용해서 나타내시오.

a) $\dfrac{3}{4}$ 　　　　b) $\dfrac{3}{5}$

a) 가장 큰 단위분수 $\dfrac{1}{2}$은 $\dfrac{3}{4}$보다 작으므로 합에는 $\dfrac{1}{2}$이 포함된다.

$\dfrac{3}{4} - \dfrac{1}{2} = \dfrac{1}{4}$이므로, $\dfrac{3}{4} = \dfrac{1}{2} + \dfrac{1}{4}$이다.

b) $\dfrac{3}{5} = \dfrac{1}{2} + \dfrac{1}{10}$

127 다음 분수를 단위분수를 이용해서 나타내시오.

a) $\dfrac{7}{10}$ 　　　　b) $\dfrac{5}{8}$

c) $\dfrac{2}{5}$ 　　　　d) $\dfrac{2}{7}$

128 다음을 계산하시오.

a) $2 \cdot 3\frac{2}{3}$

b) $2 \cdot 3 \cdot \frac{2}{3}$

c) $2 \cdot 3 + \frac{2}{3}$

d) $2 \cdot \left(3 + \frac{2}{3}\right)$

e) $23 \cdot \frac{2}{3}$

f) $23 + \frac{2}{3}$

129 다음 빈칸에 알맞은 수를 쓰시오.

a) $\frac{3}{4} \cdot \boxed{} = 4\frac{1}{2}$

b) $\boxed{} \cdot \frac{5}{6} = 2\frac{1}{2}$

c) $4\frac{1}{2} \div \boxed{} = \frac{9}{10}$

d) $1\frac{4}{5} \div \boxed{} = \frac{3}{5}$

130 다음 곱셈피라미드를 완성하시오.

a)

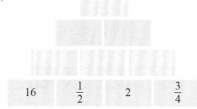

| 16 | $\frac{1}{2}$ | 2 | $\frac{3}{4}$ |

b)

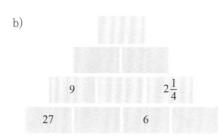

131 다음 물음에 답하시오.

a) 올리는 $\frac{1}{3}$ 리터짜리 음료수를 4병 샀다. 아이들 6명이 이 음료수를 똑같이 나눠 마셨다. 한 명이 마신 음료수의 양은?

b) 아이들은 2 dL 짜리 유리잔에 음료수를 나누었다. 한 명이 마실 음료수가 한꺼번에 한 잔에 다 들어갔을까?

132 샐러드 드레싱을 한 번 만들려면 $1\frac{1}{4}$ dL의 식용유가 필요하다. 식용유가 1리터 있다면, 샐러드 드레싱을 몇 번 만들 수 있을까?

133 한 반에 학생이 24명이 있는데, 이들 중 $\frac{1}{4}$ 은 여동생이 있고 $\frac{1}{3}$ 은 누나나 언니가 있다. 학생들 중 12명은 여자 자매가 없다. 여동생도 있고 누나나 언니도 있는 학생들은 반 전체 학생 수의 얼마를 차지하는가?

134 다음 굵은 선 안의 빈칸에 알맞은 수를 쓰시오.

a) $\frac{1}{2}$, $\frac{1}{4}$, 2, 4를 쓰시오.

	$\div$	$=$	$\frac{1}{8}$
$\cdot$		$\cdot$	
	$\cdot$	$=$	$\frac{1}{2}$
$=$	$=$		
1	1		

b) $\frac{1}{3}$, $\frac{2}{3}$, 3, 6, 8, 9를 쓰시오.

		$\div$	$=$	$\frac{1}{3}$
$\cdot$		$\div$		
	$\cdot$	$\div$	$=$	$\frac{3}{8}$
$=$	$=$	$=$		
6	1	$\frac{3}{4}$		

c) 위와 비슷한 문제를 만들어서 친구에게 풀어보게 하시오.

135 다음은 곱셈식의 마방진으로 가로, 세로, 대각선의 수들의 곱은 항상 같다. 아래의 마방진을 완성하시오.

	$\frac{1}{2}$	6
	3	
	18	

136 다음 거듭제곱을 곱셈으로 나타내고 계산하시오.

a) $\left(\dfrac{1}{4}\right)^2$　　b) $\left(\dfrac{2}{3}\right)^3$　　c) $\left(1\dfrac{1}{2}\right)^2$

137 농축액으로 티파티에 필요한 주스를 만들려고 한다. 만드는 법에 따르면 농축액이 1일 때 물을 5를 섞어야 한다. 손님이 23명이고 한 명당 주스를 $\dfrac{1}{2}$ 리터 마신다고 가정하면, 농축액과 물이 각각 얼마씩 필요한가?

138 다음 빈칸에 알맞게 수를 쓰시오.

a) $\square \cdot \dfrac{2}{5} = \dfrac{8}{25}$　　b) $\dfrac{3}{4} \cdot \square = \dfrac{1}{4}$

c) $\dfrac{2}{3} \cdot \square = \dfrac{2}{7}$　　d) $\dfrac{1}{20} \cdot \square = 6$

e) $\square \cdot \dfrac{2}{3} = 5$　　f) $\square \cdot \dfrac{3}{8} = \dfrac{1}{6}$

139 헤이키와 야나는 사과파이를 반씩 나눠 먹었다. 헤이키는 자신의 몫의 $\dfrac{2}{3}$ 를 먹고 나머지를 야나에게 주었다. 두 사람이 먹은 사과파이의 양은 전체 사과파이의 얼마인가?

a) 헤이키　　　　b) 야나

140 꿀벌 한 무리가 들판을 날다가 해바라기 위에 $\dfrac{1}{3}$ 이 앉았고, 토끼풀꽃 위에 $\dfrac{1}{5}$ 이 앉았다. 데이지꽃 위에 앉은 꿀벌들의 수는 위 수들의 차에 3을 곱한 수이고, 아직 한 마리는 공중에서 날고 있다. 꿀벌 한 무리에는 꿀벌이 모두 몇 마리 있는가?

연구

141 다음 설명대로 칸토르의 집합을 그리시오.

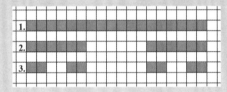

1단계 : 모눈종이에 18칸의 긴 직사각형을 그리고 색칠한다.

2단계 : 위 직사각형 아래에 또 하나의 직사각형을 그린다. 이 직사각형을 같은 크기의 세 부분으로 나누고 가운데 부분은 지운다. 양쪽에 남은 부분을 색칠한다.

3단계 : 2단계에서 그린 직사각형 아래에 두 개의 직사각형을 그린다. 이 두 개의 직사각형을 각각 세 부분으로 나누고 가운데 부분을 지운다. 양쪽에 남은 부분들을 색칠한다.

4단계 : 위와 같은 방법으로 계속한다.

142 다음 물음에 답하시오.

a) 2단계 직사각형에 남아 있는 1단계 직사각형의 비를 구하시오.

b) 3단계 직사각형에 남아 있는 2단계 직사각형의 비를 구하시오.

c) 4단계 직사각형에 남아 있는 3단계 직사각형의 비를 구하시오.

143 다음 단계 이후에 남아 있는 부분이 원래의 도형에서 차지하는 비를 구하시오.

a) 2단계　　　　b) 3단계
c) 4단계　　　　d) 10단계
e) 100단계

144 이 단계들을 끝없이 반복한다고 하자. 다음 물음에 답하시오.

a) 남아 있는 부분의 길이와 원래의 길이의 비는 얼마인가?

b) 남아 있는 부분은 작은 조각들 몇 개로 만들어지는가?

145 $3\frac{1}{2}$ 과 $1\frac{3}{4}$ 에 대하여 다음을 구하시오.

a) 두 수를 더한 수

b) $3\frac{1}{2}$ 에서 $1\frac{3}{4}$ 을 뺀 수

c) 두 수를 곱한 수

d) $3\frac{1}{2}$ 을 $1\frac{3}{4}$ 으로 나눈 수

146 나눗셈은 다음과 같이 분수식으로 바꿀 수 있다.

$$-\frac{1}{5} \div \frac{3}{25} = -\frac{\dfrac{1}{5}}{\dfrac{3}{25}}$$

다음을 계산하시오.

a) $\dfrac{\dfrac{1}{5}}{\dfrac{3}{25}}$ b) $\dfrac{-\dfrac{8}{9}}{1\dfrac{1}{3}}$ c) $\dfrac{-2\dfrac{1}{5}}{-1\dfrac{1}{10}}$

147 다음을 계산하시오.

a) $\dfrac{1}{1+\dfrac{1}{2}}$ b) $\dfrac{1}{1-\dfrac{1}{2}}$

c) $\dfrac{1}{1+\dfrac{2}{3}}$ d) $\dfrac{1}{1-\dfrac{2}{3}}$

148 탄산음료는 캔 $\frac{1}{3}$ 리터짜리와 플라스틱병 $1\frac{1}{2}$ 리터짜리 두 가지 형태로 판매된다. 플라스틱 병 6개에 든 탄산음료의 양은 캔에 든 탄산음료 몇 개의 양과 같은가?

149 잼을 만들기 위해서 베리 주스 6 dL 와 젤라틴설탕이 $1\frac{1}{2}$ dL 가 필요하다. 사라는 베리 주스 8 dL 와 젤라틴 설탕 $1\frac{1}{4}$ dL 가 있다.

a) 잼을 만드는데 쓰인 주스의 양과 전체 주스의 양의 비를 구하시오.

b) 잼을 만들고 남은 주스는 몇 dL 인가?

150 다음 설명을 따라서 시에르핀스키의 카펫을 그리시오.

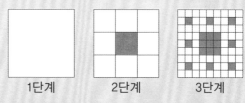

1단계   2단계   3단계

1단계 : 모눈종이에 9×9 정사각형을 그린다.

2단계 : 정사각형을 크기가 같은 정사각형 9개로 나누고 가운데에 있는 정사각형을 색칠한다.

3단계 : 2단계에서 만들어진 작은 정사각형을 다시 각각 정사각형 9개로 나누고 가운데에 있는 정사각형을 색칠한다.

4단계 : 같은 방법으로 계속 진행한다.

151 다음 물음에 답하시오.

a) 1단계에서 2단계로 진행할 때, 색칠되지 않은 부분의 비율은 어떻게 변하는가?

b) 2단계에서 3단계로 진행할 때, 색칠되지 않은 부분의 비율은 어떻게 변하는가?

152 다음 단계 이후에 색칠되지 않고 남아 있는 부분이 1단계에서 차지하는 비를 구하시오.

a) 2단계   b) 3단계

c) 10단계   d) 100단계

153 다음 물음에 답하시오.

a) 이 단계를 끝없이 계속 반복한다면 색칠한 부분이 원래 도형에서 차지하는 비율은 얼마인가?

b) 192쪽과 196쪽의 연구 문제의 결과를 비교하시오.

154 다음을 계산하시오.

a) $\left(\dfrac{1}{2}-\dfrac{1}{3}\right)^2$ b) $\left(\dfrac{1}{3}\right)^2-\left(\dfrac{1}{2}\right)^2$

c) $\left(\dfrac{1}{2}+\dfrac{1}{3}\right)^2$ d) $1\dfrac{2}{9}\cdot\left(\dfrac{3}{5}\right)^2\div\dfrac{7}{15}$

155 다음을 계산하시오.

a) $\left(1-\dfrac{1}{2}\right)\cdot\left(1-\dfrac{1}{3}\right)$

b) $\left(1-\dfrac{1}{2}\right)\cdot\left(1-\dfrac{1}{3}\right)\cdot\left(1-\dfrac{1}{4}\right)$

c) $\left(1-\dfrac{1}{2}\right)\cdot\left(1-\dfrac{1}{3}\right)\cdot\left(1-\dfrac{1}{4}\right)\cdot$

$\cdots\left(1-\dfrac{1}{9}\right)\left(1-\dfrac{1}{10}\right)$

156 안티의 장난감 자동차들 중 빨간색이 반이고 파란색은 반이다. 안티는 파란색 자동차의 $\dfrac{1}{3}$ 을 빨간색으로 칠했다. 이제 안티의 자동차 중 빨간색 자동차가 차지하는 비를 구하시오.

157 셰이크를 다음과 같이 만들 때 필요한 재료의 양을 계산하시오.

a) 1인분   b) 10인분

◈ **셰이크 4인분 레시피**

· 바닐라아이스크림 $\dfrac{1}{2}$ L

· 딸기 $\dfrac{1}{5}$ L

· 우유 $\dfrac{1}{2}$ L

· 설탕 2 스푼

158 다음 빈칸에 알맞은 수를 쓰시오.

a) $\dfrac{6\cdot25}{\boxed{}\cdot10}=\dfrac{3}{5}$ b) $\dfrac{40+5}{\boxed{}+8}=\dfrac{3}{5}$

159 산나의 쪽지시험 점수는 지금까지 $8\dfrac{1}{2}$, $9\dfrac{1}{2}$, 8, 9였다. 다음 시험에서 시험점수의 평균이 9가 되려면 몇 점을 받아야 하는가?

160 다음 수들의 평균을 계산하시오.

a) 1, $2\dfrac{1}{2}$, $-1\dfrac{1}{2}$ b) $\dfrac{1}{2}$, $\dfrac{1}{3}$, $\dfrac{1}{4}$

연구

두 수의 평균은 이 수들의 중간에 있다.

예제 수직선을 그려서 $-1\dfrac{1}{4}$ 과 $\dfrac{3}{4}$ 의 평균을 알아보시오. 계산해서 답이 맞는지 확인하시오.

수직선에서 보듯이 두 수 $-1\dfrac{1}{4}$ 과 $\dfrac{3}{4}$ 의 평균은 $-\dfrac{1}{4}$ 이다. 계산해서 얻을 수 있는 두 수의 평균은

$\left(-1\dfrac{1}{4}+\dfrac{3}{4}\right)\div2=-\dfrac{1}{2}\div2=-\dfrac{1}{4}$ 이다.

161 수직선을 그려서 다음 수들의 평균을 구하시오.

a) $-\dfrac{3}{4}$ 과 $\dfrac{1}{4}$ b) $-1\dfrac{5}{8}$ 과 $\dfrac{3}{4}$

162 다음 수들의 가운데에 있는 분수를 계산하시오.

a) $\dfrac{1}{2}$ 과 1   b) $-\dfrac{2}{3}$ 과 $-\dfrac{1}{3}$

163 다음 수직선에서 각 점에 대응하는 수를 쓰시오.

a)

A   B   C   D

0.1   0.2

b)

A   B   C   D

−5.5   −5.3

164 다음 분수를 소수로 바꾸시오.

a) $\dfrac{2}{3}$ b) $\dfrac{11}{6}$

c) $\dfrac{3}{11}$ d) $\dfrac{7}{9}$

165 1, 4, 5, 7을 한 번씩만 써서 다음 수를 만드시오.

a) 소수점 아래 둘째 자리까지 있는 수 중 가장 큰 수

b) 소수점 아래 둘째 자리까지 있는 수 중 가장 작은 수

166 이어진 아래 정육면체의 수의 합을 전개도를 보고 구하시오.

a) 뒷면   b) 바닥면

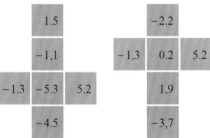

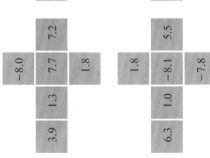

소수점 아래의 수가 유한개이면 이 수는 분수로 나타낼 수 있다. 소수점 아래의 수가 무한개이더라도 일정한 수가 반복되면 분수로 나타낼 수 있다.

예제   1.2727 … 을 분수로 나타내시오.

1.2727 … 에 10의 제곱, 즉 10이나 100 또는 1000 등의 수를 곱해서 소수점 아래의 수가 2727 … 이 되는 경우를 생각해보자. 반복되는 첫 번째 부분 27이 소수점 앞으로, 즉 정수 부분으로 오려면 100을 곱하면 된다.

즉, 100 × 1.2727 … = 127.2727 … 이다.

수 100 × 1.2727 … 에서 수 1.2727 … 을 빼면 소수점 이하의 수들이 없어진다.

$$
\begin{array}{r}
100 \cdot 1.2727 \cdots = 127.2727 \cdots \\
-1 \cdot 1.2727 \cdots = -1.2727 \cdots \\
\hline
99 \cdot 1.2727 \cdots = 126
\end{array}
$$

$$1.2727 \cdots = \dfrac{126}{99} = \dfrac{14}{11}$$

167 다음 소수를 분수로 나타내시오. 필요한 경우 약분하고 계산기로 확인하시오.

a) 0.333 …   b) 1.666 …

c) 2.999 …   d) 1.1212 …

e) 0.6363 …   f) 1.0222 …

168 엘사와 밀라는 윌라스 툰드라 지역에서 트래킹하고 있다. 이들은 윌라스야르비에서 출발한다. 트래킹 코스를 한 바퀴를 돌 때 표시되어 있는 길 중에서 가장 짧은 루트의 길이는?

169 둘은 윌라스야르비에서 아침 9시에 출발해서 툰투리야르비 호수를 통과하는 가장 짧은 루트를 이용해서 바르칸쿠루 오두막으로 트래킹한다. 이들의 걸음의 평균 속도가 3.2 km/h라면 오두막에 몇 시에 도착할까?

170 아빠와 엄마는 윌라스야르비에서 출발해 오얀라트바와 카흐비케이탄 오두막을 거쳐서 출발지로 2시간 후에 되돌아왔다. 이들의 트래킹 속도는?

171 다음 물음에 답하시오.

a) 엄마는 윌라스야르비에 있는 동네 가게에서 사과 3.63유로, 커피 9.70유로, 보습크림 12.02유로어치를 샀다. 50유로를 냈다면 거스름돈은 얼마 받았을까?

b) 아빠는 랩랜드 여행기념으로 순록고기를 2.7 kg 샀다. 고기의 가격이 1 kg당 28.60유로였다면, 총 얼마를 지불했을까?

172 스키장비를 일주일 동안 빌리는 가격은 82 €이고 1일 대여료는 23 €이다. 스키장 일주일 이용료는 131 €이고 1일 이용료는 27 €이다. 스키장비 대여료와 스키장 이용료를 모두 다 일주일 단위로 구입할 경우, 하루 단위로 대여 및 이용할 때와 비교해서, 1일 총 비용이 얼마나 저렴한지 계산하시오.

173 아빠는 윌라스야르비에서 하루 동안 스노모빌을 대여했다.

a) 중간에 쉬는 시간을 고려했을 때 스노모빌의 속도는 17 km/h이다. 윌라스야르비에서 레비까지의 스노모빌 루트의 길이는 54 km이다. 스노모빌을 타고 레비까지 가는 데 걸리는 시간은?

b) 8.5시간에 갈 수 있는 거리는?

c) 스노모빌은 연료를 18 L/100 km 정도 소비한다. 하루 동안 8.5시간을 스노모빌을 타고 다니려면 연료를 얼마나 준비해야 하는가?

스노 모빌 moottorikelkan

[표-1] 음식의 영양성분의 평균

음식(100 g)	에너지 (kJ)	칼슘 (mg)	비타민 A (μg)	비타민 C (mg)
소시지	1020	63	21	0
햄버거	930	19	17	0.09
미트볼	1000	17	33	0.54
삶은 감자	298	6.7	1.3	6
프렌치프라이	940	7.9	1.6	14
삶은 마카로니	427	7	0	0
물에 끓인 오트밀	190	6.4	0	0
그린샐러드	51	56	160	9
딸기	151	21	1.5	68
우유	190	120	0.015	1.1
블루베리	151	20	7.9	44
당근	117	29	1300	7
탄산음료	190	0	0	0

[표-2] 11~14세 청소년들의 영양성분
1일 권장섭취량(1 cal=4.1868 J,
1 kJ=1000 J, 1 MJ=1000 kJ)

영양성분	여	남
열량	8.4 MJ	9.9 MJ
칼슘	900 mg	900 mg
비타민 A	800 μg	800 μg
비타민 C	50 mg	50 mg

174 칼슘의 1일 권장섭취량을 채우기 위해서는 한 잔에 2 dL인 우유를 몇 잔을 마셔야 할까? (단, 1 L=10 dL, 1 L=1 kg)

175 다음 운동을 한 시간하고 난 뒤에 소비한 열량을 재충전하기 위한 간단한 끼니를 구성하시오.

a) 에어로빅 1300 kJ

b) 플로어볼 1700 kJ

c) 힘차게 걷기 750 kJ

d) 승마 1000 kJ

176 하루 세 끼에서 얻는 열량, 칼슘, 비타민 A, 비타민 C의 양을 계산하시오. [표-2] 1일 권장섭취량과 비교하시오.

a) 아침 : 오트밀 300 g, 블루베리 65 g, 우유 200 g

점심 : 감자 210 g, 미트볼 140 g, 그린샐러드 20 g, 당근 100 g, 물

저녁 : 마카로니 220 g, 소시지 170 g, 딸기 75 g, 우유 200 g

b) 아침 : 오트밀 300 g, 우유 200 g

점심 : 햄버거 216 g, 프렌치프라이 220 g, 탄산음료 200 g

저녁 : 프렌치프라이 220 g, 소시지 170 g, 탄산음료 200 g

177 방위는 각도로도 나타낼 수 있다. 북은 0°, 동 90°, 남은 180°, 서는 270°라고 하자. 동서남북 주 방위와 북동, 북서 등 8방위 사이는 45°이다.

   a) 배가 45° 방향으로 나아간다. 어느 방위로 가고 있는가?

   b) 225°는 어느 방위인가?

   c) 북서를 각도로 표시하시오.

   d) 남동과 동 사이의 각의 크기는?

   e) 북동과 북서 사이의 각의 크기는?

   f) 북과 서 사이의 각의 크기는?

178 다음 물음에 답하시오.

   a) 직각에 예각을 더하면 어떤 각이 생기는가?

   b) 평각에 예각을 더하고 직각을 빼면 어떤 각이 생기는가?

179 도보다 작은 각의 단위들에 분 1′과 초 1″가 있다. 1도는 60분, 즉 $1° = 60′$이고 1분은 60초, 즉 $1′ = 60″$이다.

   a) 5° 23′을 분으로 나타내시오.

   b) 3° 12′ 10″을 초로 나타내시오.

   c) 34562″를 도, 분, 초로 나타내시오.

연구

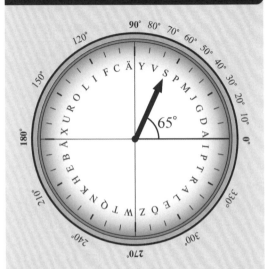

암호문은 특정한 사람들 사이에서만 서로 알아볼 수 있도록 비밀리에 쓴다.

메시지를 쓰고 해독할 때에는 쓴 사람과 받는 사람만이 알고 있는 특별한 방법, 즉 암호열쇠를 사용한다. 그림에 있는 나침반은 암호열쇠로, 문자를 방위상의 각으로 바꾼다.

오른쪽에 있는 수평축은 움직이지 않고 고정되어 있다. 왼쪽의 축을 시계 반대 방향으로 각도만큼 움직여서 그에 해당하는 문자를 얻는다.

예제   코드 65°는 문자 S로 바뀐다.

180 다음 물음에 답하시오.

   a) 다음 단어를 해독하시오.
      202° 235° 128° 23° 41° 9°

   b) 단어 KIRJAVA(화려한)을 암호로 나타내시오(대략 나타내시오).

   c) 친구에게 암호메시지를 보내시오.

181 시계의 초침은 다음 시간 동안에 몇 도를 움직이는가?

a) 30초

b) 5초

c) 10초

d) 60초

e) 90초

182 시계의 시침과 분침 사이의 각은 만들어지는 두 각 중에 작은 각이다. 시계를 그리고 시계의 시침과 분침 사이의 각의 크기를 추측하시오.

a) 18시 30분

b) 15시

c) 16시 30분

183 시작점을 표시하고 아래의 설명대로 진행하시오.

1. 아래쪽으로 3 cm 직선으로 이동하시오.

2. 진행 방향에서 왼쪽으로 60° 꺾고 그 방향으로 4 cm 이동하시오.

3. 진행 방향에서 오른쪽으로 70° 꺾고 그 방향으로 2 cm 이동하시오.

4. 진행 방향에서 오른쪽으로 135° 꺾고 그 방향으로 5 cm 이동하시오. 시작점에서 얼마나 떨어져 있는가?

184 다음 각을 추정해서 그리시오. 그런 다음 각도기를 이용해서 각의 크기를 확인하시오.

a) 60°　　　b) 127°　　　c) 330°

185 컴퍼스 포인트는 옛날에 항해사들이 사용하던 각의 단위이다. 지금도 항해등을 비추는 지역을 표시하는 데 컴퍼스 포인트를 사용한다. 1 포인트는 원의 $\frac{1}{32}$ 이다. 다음은 몇 도인가?

a) 1 포인트　　　b) 2 포인트

c) 10 포인트　　　d) 12 포인트

186 다음과 같이 종이를 접어 각 α, β, γ의 크기를 구하시오.

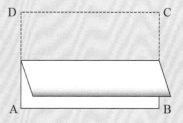

a) 직사각형 모양의 종이 한 장을 반으로 접는다.

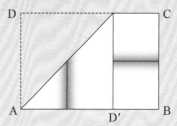

b) 접은 종이를 다시 펴고 짧은 변이 긴 변 위에 오게 접는다.

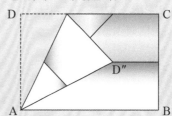

c) 접은 종이를 다시 펴고 점 D가 처음 접은 선 위의 점 D″에 오게 접는다.

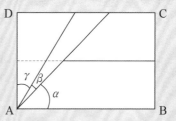

d) 접은 종이를 펴고 접은 자국이 만드는 각 α, β, γ의 크기를 측정한다.

203

187 다음이 참인지 거짓인지 말하시오.

a) $l \perp m$ b) $s /\!/ n$
c) $m \perp s$ d) $t /\!/ r$
e) $q /\!/ r$ f) $q \perp l$

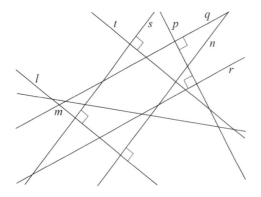

188 직선 사이의 각이 $55°$가 되도록 직선 s와 t를 그리시오. 직선 s의 수직인 n, 직선 t와 수직인 m을 그리시오. 다음 두 직선 사이의 각의 크기를 구하시오.

a) 두 직선 n, m
b) 두 직선 s, m
c) 두 직선 t, n

189 평행인 두 직선 l과 m 사이의 거리는 $10.0\,\text{cm}$이다. 두 직선과 수직으로 만나는 직선 n 위의 두 점 P, Q가 다음과 같은 위치에 있을 때, 두 점 P, Q 사이의 거리를 구하시오.

a) 점 P와 직선 l의 거리는 $3.0\,\text{cm}$이고 점 Q와 직선 m의 거리는 $5.0\,\text{cm}$일 때
b) 점 P와 직선 l의 거리는 $7.0\,\text{cm}$이고 점 Q와 직선 l의 거리가 $3.0\,\text{cm}$일 때

190 파인애플을 자르면 원의 가운데가 뚫린 모양이다. 이 모양을 그리고 직선 두 개를 그려 다섯 조각으로 나누시오.

191 세 개의 직선은 몇 개의 점에서 서로 만날 수 있는가? 모든 경우를 그리시오.

192 직선의 개수가 다음과 같을 때, 평면을 몇 개의 부분으로 나눌 수 있는가?

a) 직선 하나
b) 직선 둘
c) 직선 셋

연구

삼각형의 중선은 삼각형의 꼭짓점과 대변의 중점을 잇는 선분이다.

193 도화지에 삼각형을 그리고 물음에 답하시오.

a) 삼각형 안에 중선을 그리고 삼각형을 오리시오.
b) 컴퍼스를 이용해서 삼각형의 꼭짓점 가까이에 구멍을 내고 삼각형을 끼워 돌리시오. 삼각형은 어떻게 되는가?
c) 삼각형의 세 중선들이 만나는 점에 컴퍼스로 구멍을 내고 삼각형을 끼워 돌리시오. 삼각형은 어떻게 되는가?
d) 중선들이 만나는 점은 무게중심이라고 부른다. 그 이유는 무엇일까?

194 그림을 그려서 각 α에 다음 각이 몇 개 있는지 알아보시오.

a) 보각   b) 맞꼭지각

195 다음 각의 보각의 크기를 계산하시오.

a) BOA   b) COA   c) COB

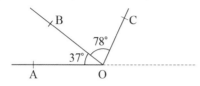

196 어떤 각과 그 맞꼭지각의 크기의 합이 $108°$일 때 각의 크기를 구하시오.

197 다음 각의 크기를 구하시오.

a) 각의 크기가 보각의 크기의 반이다.
b) 각의 크기가 보각의 크기보다 3배 더 크다.

198 다음 그림에서 각 α를 이용해서 각 β를 나타내시오.

a)   b)

199 다음 그림에서 각 α를 아래 각을 이용해서 나타내시오.

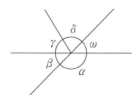

a) 각 β b) 각 ω c) 각 γ와 δ

연구

$\alpha + \beta = 90°$이면 각 α와 β는 여각이다.

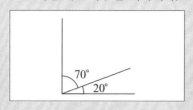

$\alpha + \beta = 180°$이면 각 α와 β는 보각이다.

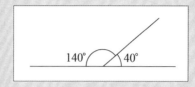

$\alpha + \beta = 360°$이면 각 α와 β는 컬레각이다.

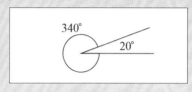

200 다음 각들은 서로 여각인가?

a) $67°$와 $23°$
b) $127°$와 $63°$

201 다음 각들의 여각을 구하시오.

a) $24°$ b) $88°$ c) α

202 다음 각들의 보각을 구하시오.

a) $45°$ b) $111°$ c) α

203 다음 각들의 컬레각을 구하시오.

a) $100°$ b) $217°$ c) α

204 다음 그림에서 아래 각의 동위각을 찾으시오.

a) α b) β c) γ

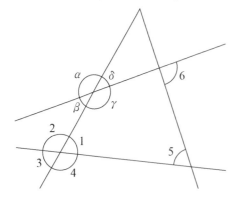

205 직선 s와 t는 평행이다. 각 α, β, γ와 크기가 같은 각을 찾고 그 이유를 설명하시오.

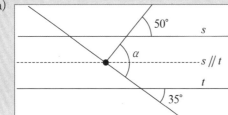

206 직선 l과 s는 평행이다. 각 α와 크기가 같은 각을 찾고 그 이유를 설명하시오.

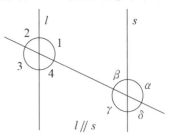

207 직선 l과 t 사이의 각의 크기를 구하시오.

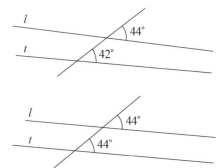

연구

208 직선 s와 t는 평행이다. 각 α의 크기를 구하시오.

a)

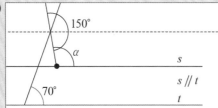

b)

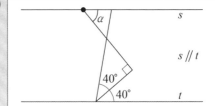

c)

d)

209 원을 그리시오. 원 안에 현을 세 개 그리시오. 컴퍼스와 눈금 없는 자를 이용해서 원의 중심을 지나는 수선을 각 현에 그리시오. 어떤 결과가 보이는가?

210 다른 학생에게 공책에 중심은 표시하지 않고 원의 둘레를 $\frac{1}{3}$ 정도만 그릴 것을 부탁하시오. 컴퍼스와 눈금 없는 자를 이용해서 원의 중심을 찾으시오.

211 한 변의 길이가 모눈종이 네 칸인 정사각형을 그리시오. 정사각형의 네 꼭짓점에서 거리가 6칸 이하인 영역을 색칠하시오.

212 컴퍼스와 자를 이용해서 다음과 같은 그림을 공책에 그리시오.

a)　　　　　　　　b)

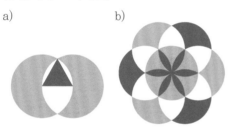

213 컴퍼스로 원을 그리시오. 길이가 원의 둘레의 $\frac{1}{4}$ 인 호를 원의 둘레에 표시하시오.

214 중심이 A이고 지름의 길이가 $6.0\ \mathrm{cm}$인 원과 중심이 B이고 반지름의 길이가 $5.0\ \mathrm{cm}$인 원이 있다. 다음 조건에서 이 두 원의 중심 사이의 거리를 구하시오.

a) 교점이 없을 때
b) 교점이 한 개일 때
c) 교점이 두 개일 때

215 개집은 직사각형 모양인데, 가로, 세로의 길이는 $13\ \mathrm{m}$, $8\ \mathrm{m}$이다. 개는 개집의 한 꼭짓점에서 4미터 떨어진 지점 A에 묶여 있다. 컴퍼스를 이용해서 개가 움직일 수 있는 지역을 그리시오. 개 목줄의 길이가 다음과 같을 때, 개가 움직일 수 있는 영역은 최소한 몇 개의 부채꼴이 합쳐진 모양인가?

a) $3\ \mathrm{m}$　　　　b) $7\ \mathrm{m}$　　　　c) $13\ \mathrm{m}$

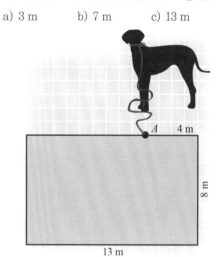

연구

216 부오카티, 타이발코스키, 윌리키밍키의 무선안테나의 가청지역구의 반지름의 길이는 각각 약 $110\ \mathrm{km}$, $90\ \mathrm{km}$, $90\ \mathrm{km}$이다. 무선 안테나 사이의 거리는 부오카티−윌리키밍키는 $120\ \mathrm{km}$, 부오카티−타이발코스키는 $160\ \mathrm{km}$, 윌리키밍키−타이발코스키는 $100\ \mathrm{km}$이다. 공책에 눈금을 이용해서 세 지역을 표시하고 무선안테나 가청지역구를 그리시오. 그런 다음 세 지역의 방송을 모두 들을 수 있는 구간에 색칠을 하시오. 한 칸은 $20\ \mathrm{km}$이다.

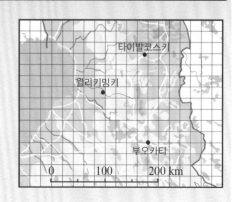

217 자와 컴퍼스를 이용해서 아래의 도형을 공책에 옮겨 그리시오.

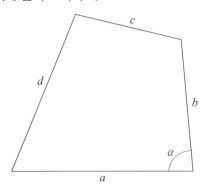

218 다음 지시에 따라 각 $\alpha+\beta+\gamma$를 그리시오.

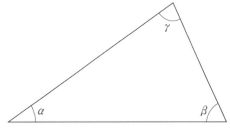

a) 직선 l을 그리고 직선 위에 점 P를 표시하시오.

b) 각 $\alpha+\beta+\gamma$를 직선 l 위의 점 P에 그리시오.

219 다음 지시에 따라 각 2α를 그리시오.

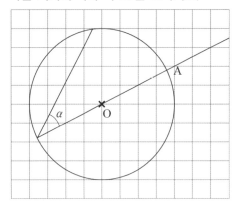

a) 위 도형을 그리시오.

b) 점 O에 각 2α를 그리시오.

220 다음 삼각형을 자와 컴퍼스를 이용하여 공책에 옮겨 그리시오.

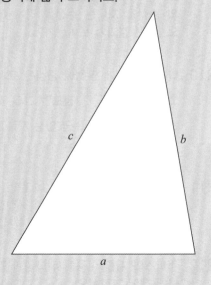

221 세 변의 길이가 선분 a, b, c와 같은 삼각형을 그리시오.

a

b

c

222 다음 물음에 답하시오.

a

b

c

d

a) 선분 a, b, c, d 중에서 세 선분을 골라 삼각형을 만들 때, 만들어지는 삼각형은 모두 몇 개인가? 삼각형을 모두 그리시오.

b) 한 선분을 여러 번 사용해서 삼각형을 만든다면, 모두 몇 개의 다른 삼각형을 만들 수 있는가?

223 정사각형이 아닌 큰 직사각형을 그리고, 자와 컴퍼스로 네 각의 이등분선을 그리시오. 이 이등분선들이 직사각형 내부에 만드는 도형은 무엇인가?

224 직선 위에 반직선을 그어 각 α를 그리고 보각을 β라고 하자. 자와 컴퍼스를 이용하여 두 각 α, β를 이등분하시오. 각의 이등분선 사이에 만들어지는 각의 크기는 몇 도인가?

225 서로 만나는 두 직선을 그리시오. 이때 만들어지는 각들을 이등분하시오. 맞꼭지각의 각 이등분선에 대해 무엇을 말할 수 있는가?

226 다음 그림에서 세 점 A, B, C에서부터 거리가 같은 점을 찾으시오.

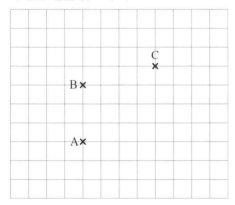

227 지도에 티나와 빌레의 집이 표시되어 있다. 강을 건너는 다리는 두 집에서 같은 거리인 지점에 있다. 다리가 어디에 있는지 표시하시오.

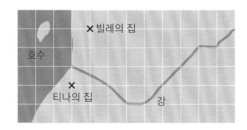

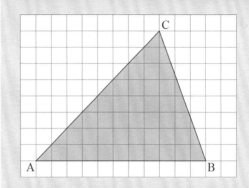

228 삼각형 ABC를 그리고 물음에 답하시오.

a) 자와 컴퍼스로 세 변의 수직이등분선을 그려 한 점에서 만나는지 확인하시오.

b) 세 수직이등분선의 교점에서 세 꼭짓점까지의 거리가 모두 같은 이유를 설명하시오.

c) 삼각형의 꼭짓점을 지나는 원을 그리시오.

229 삼각형 ABC를 그리고 물음에 답하시오.

a) 자와 컴퍼스로 세 각의 이등분선을 그려 한 점에서 만나는지 확인하시오.

b) 세 각의 이등분선의 교점에서 세 변까지의 거리가 모두 같은 이유를 설명하시오.

c) 삼각형의 세 변과 각각 한 점 만나는 원을 그리시오.

230 평행인 두 직선 *l*과 *s*를 그리고 직선의 수
직선을 그리시오. 두 직선 사이의 거리를
측정하시오. (힌트 : 먼저 직선 *l* 위에서 한 점
을 고르시오.)

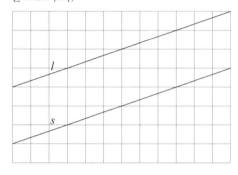

231 직선 *l*을 그리시오. 직선 *l*과 평행인 직선
*m*을 그리시오. 두 직선의 거리는 선분 AB
의 길이와 같다. (힌트 : 먼저 수직선을 그리시오.)

232 선분 AB를 한 변으로 하고, 네 변의 길이가
모두 선분 AB의 길이와 같은 사각형을 그리
시오.

233 삼각형 ABC의 세 꼭짓점에서 대변에 수선
을 그리고, 세 수선이 한 점에서 만나는지
확인하시오.

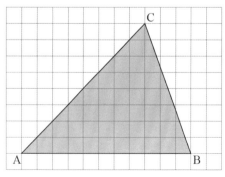

예제 선분 AB는 다음과 같은 방법으로 삼등
분 할 수 있다.

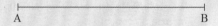

1. 반직선 AC를 그리시오.
2. 반직선 AC에 세 개의 동일한 길이의 선
   분을 표시하시오.
3. 반직선 AC의 세 번째 점과 점 B를 이으
   시오.
4. 반직선 AC의 첫 번째, 두 번째 점을 지
   나고 위 3의 직선과 평행인 직선들을
   그리시오.
5. 위 4와 선분 AB의 교점이 선분 AB를
   삼등분하는 점이다.

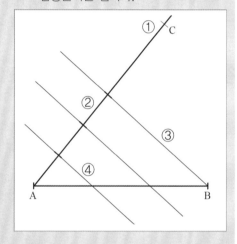

234 선분 AB를 다음과 같이 등분하시오.

a) 삼등분
b) 오등분

235 볼록 다각형의 모든 대각선은 다각형 내부에 있다. 다음의 다각형은 볼록 다각형인가?

a)    b)

236 다음과 같은 육각형을 그리고, 육각형의 대각선을 그리시오.

a) 볼록 육각형

b) 볼록 육각형이 아닌 육각형

237 6×6 직사각형을 그리고 그 안에 둘레의 길이가 최대인 볼록 육각형을 그리시오. 육각형의 둘레의 최대 길이를 추측하시오.

238 다음 다각형에서 가능한 직각의 개수는 몇 개인가?

a) 사각형

b) 오각형

239 아래는 두 삼각형의 겹쳐진 부분이 삼각형이 되도록 배열한 것이다. 삼각형의 겹쳐진 부분이 다음과 같이 되도록 두 삼각형을 다시 배열하시오.

a) 사각형

b) 오각형

c) 육각형

240 다음 다각형을 그리시오.

a) 사각형

b) 오각형

c) 육각형

d) 칠각형

e) 팔각형

f) 구각형

241 위 도형들 안에 한 꼭짓점에서 출발하는 대각선을 모두 그리시오.

242 다음 물음에 답하시오.

a) 아래 표를 완성하시오. 한 꼭짓점에서 시작하는 대각선들을 모두 그리면 다각형은 삼각형으로 나누어짐을 확인할 수 있다. 삼각형의 내각의 합이 180°임을 이용하여, 다각형의 내각의 합을 계산하시오.

b) 다각형의 내각의 합을 계산할 수 있는 규칙을 쓰시오.

c) 10각형의 내각의 합은 몇 도인가?

다각형	한 꼭짓점에서 출발하는 대각선 수	만들어지는 삼각형	다각형의 각의 합
사각형			
오각형			
육각형			
칠각형			
팔각형			
구각형			

243 다음 그림에서 각 α와 β의 크기를 계산하시오.

a)

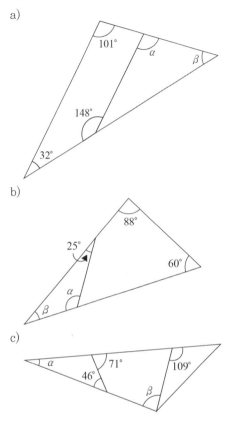

b)

c)

244 다음 그림에서 각 α와 β의 크기를 계산하시오.

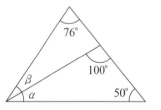

245 다음 그림에서 각 α와 β의 크기를 계산하시오.

a)

b)

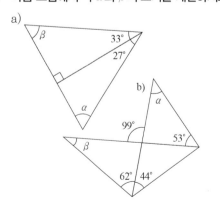

246 두 각의 크기가 42°, 110°이고 두 각 사이에 끼인 변의 길이가 4.6 cm인 삼각형이 있다. 또 다른 각의 크기를 구하시오. 변의 길이는 세 번째 각의 크기에 어떤 영향을 끼치는가? 이 삼각형을 그리시오.

247 다음 그림에서 직선 *l*과 *t*는 평행이다. 각 α의 크기를 구하시오.

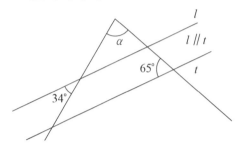

248 다음 그림에서 선분 AD는 각 50°의 이등분선이다. 각 α의 크기를 계산하시오.

a)

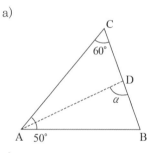

b)

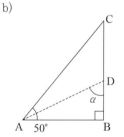

c)

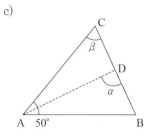

249 두 각의 크기가 다음과 같은 삼각형이 있다. 이 삼각형이 이등변삼각형인지 설명하시오.

a) 58°와 72°   b) 56°와 62°

250 다음 그림에서 각 α와 β의 크기를 계산하시오.

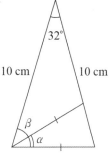

251 두 변의 길이가 6.0 cm인 직각이등변삼각형이 있다. 삼각형을 그리고 밑각의 크기를 계산하시오.

252 A4 종이에 컴퍼스와 자를 이용해서 밑변의 길이가 10 cm, 길이가 같은 두 변의 길이가 13 cm인 이등변삼각형을 그리시오. 밑변의 수직이등분선을 그리고 삼각형을 가위로 오리시오. 삼각형의 수직이등분선을 따라 반으로 접어서 다음을 확인하시오.

a) 길이가 같은 두 변이 포개어지는가?
b) 밑각의 크기가 같은가?
c) 수직이등분선이 꼭지각을 이등분하는가?

253 삼각형 ABC는 이등변삼각형이고 삼각형 DEF는 정삼각형이다. 각 α와 β의 크기를 구하시오.

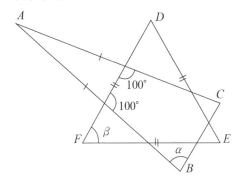

254 다음 문장이 참인가 거짓인지 밝히고, 거짓인 문장은 참이 되게 고치시오.

a) 이등변삼각형은 두 각의 크기가 같다.
b) 정삼각형은 직각삼각형일 수도 있다.
c) 정삼각형은 이등변삼각형이다.
d) 정삼각형의 모든 변은 길이가 같다.
e) 직각삼각형은 정삼각형이 아니다.

255 삼각형의 두 각이 서로 크기가 같을 때 이 두 각은 예각이다. 그 이유를 설명하시오.

연구

256 눈송이 곡선, 즉 코흐의 곡선은 다음과 같이 그린다.

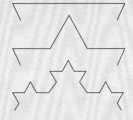

a) 변의 길이가 12 cm인 정삼각형을 그린다.
b) 각 변을 3등분한 후 가운데 부분의 바깥쪽에 변 길이가 처음 삼각형의 한 변의 $\frac{1}{3}$ 길이인 정삼각형을 그린다.
c) 각 선분을 3등분한 후 가운데 부분 밖으로 정삼각형을 그리는 과정을 계속 반복한다.
d) 눈송이를 색칠한다.

257 정삼각형을 계속 더해가는 것이 아니라 없애간다면 어떤 모양이 만들어지는가?

258 선분 a와 b를 두 변으로 하고, 각 α가 변 a의 대각인 삼각형을 작도하시오.

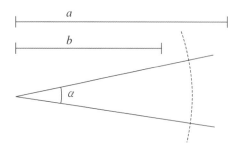

259 다음과 같은 삼각형을 작도하시오.

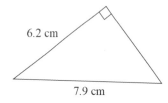

260 두 변의 길이가 3.5 cm, 5.6 cm인 직각삼각형을 그리시오. 두 개의 삼각형을 그릴 수 있음을 유의하시오.

261 두 변의 길이가 4.2 cm와 6.3 cm이고 길이가 6.3 cm인 변의 대각의 크기가 $33°$인 삼각형을 그리시오. 두 개의 삼각형을 그릴 수 있음을 유의하시오.

262 다음과 같은 삼각형을 그리시오.

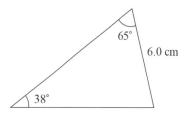

263 길이가 같은 변의 길이가 5.0 cm인 직각이등변삼각형을 그리시오.

264 밑변의 길이가 5.0 cm인 직각이등변삼각형을 그리시오.

연구

265 세 변의 길이가 다음과 같은 삼각형을 그릴 수 있는지 알아보시오.

a) 3 cm, 5 cm, 6 cm

b) 3 cm, 5 cm, 8 cm

c) 3 cm, 5 cm, 9 cm

266 주어진 세 선분을 이용해서 삼각형을 그릴 수 있는 조건은 무엇인가?

267 다음 선분으로 삼각형을 그릴 수 있는지 확인하시오.

a) 2 cm, 4 cm, 5 cm

b) 3 cm, 7 cm, 2 cm

스웨덴의 말뫼와 덴마크의 코펜하겐을 연결하는 외레순 다리의 길이는 거의 8 km에 달한다. 이 다리의 교각의 길이는 490 m이고 탑의 높이는 240 m이다.

268 다음 그림에서 각 α, β, γ의 크기를 계산하시오.

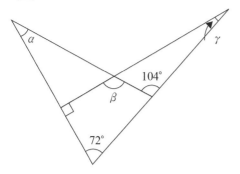

269 사각형에 다음과 같은 각이 몇 개 있을 수 있는가?

　　a) 예각　　b) 직각　　c) 둔각　　d) 우각

270 한 각의 크기가 270°인 사각형을 그리시오. 나머지 각들의 크기는 예각, 직각, 둔각 중 어느 것인가?

271 두 각의 크기가 90°인 사각형이 있다. 나머지 각들의 크기는 예각, 직각, 둔각 중 어느 것인가?

272 볼록 사각형의 대각선들은 사각형 안에 있다. 평행사변형이 아닌 볼록 사각형을 그리고, 네 외각의 이등분선을 그리시오. 외각의 이등분선으로 만들어지는 볼록 사각형에 색칠을 하시오.

연구

273 **길이가 60 cm 와 90 cm 정도의 막대, 작은 못, 줄, 테이프, 비닐봉지를 준비해서 연을 만드시오.**

1. 짧은 막대 BD의 중점과 긴 막대 AC의 $\frac{1}{3}$ 정도 되는 지점 E에 두 막대를 겹쳐놓고 못으로 박는다.

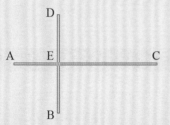

2. 막대의 끝부분 A, B, C, D에 홈을 판다. 홈에 줄을 둘러서 사각형 ABCD를 만든다. 줄이 떨어지지 않게 테이프로 단단히 붙인다.

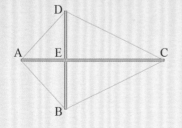

3. 비닐봉지를 사각형 ABCD보다 더 크게 오려낸다. 비닐의 남는 부분을 줄에 감싸고 테이프로 붙인다.

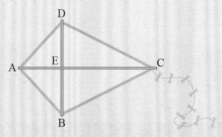

4. 약 2미터 길이의 줄을 만들어서 점 C에 연결한다. 줄에 리본을 묶어 장식한다.

5. 70 cm 길이의 줄 세 개를 각각을 점 A, B, D에 연결하고 140 cm 길이의 줄을 점 C에 연결한다. 이 네 개의 줄을 점 E에서 약 50 cm 정도 떨어진 곳에서 같이 묶는다. 연실을 같은 점에 묶어서 연결한다.

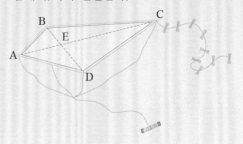

274 선분 a와 b가 이웃한 변이고 끼인각의 크기가 α인 평행사변형을 그리시오.

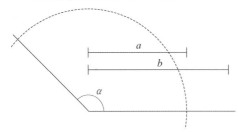

275 원을 그리고 직교하지 않는 두 지름을 그리시오. 지름의 양 끝점들을 연결하면 어떤 모양이 만들어지는가?

276 평행사변형을 그리고 물음에 답하시오.

a) 평행사변형의 모든 각의 이등분선을 그리시오.
b) 각의 이등분선으로 만들어지는 사각형은 어떤 사각형인가?

277 다음 마름모 ABCD에서 각 α의 크기를 계산하시오.

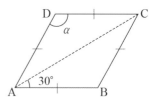

278 각 변의 길이가 모두 다른 사각형에서 서로 이웃한 변의 중점을 연결하면 어떤 다각형이 만들어지는가?

279 평행사변형에서 이웃한 두 각의 크기의 합은 $180°$임을 증명하시오.

280 평행사변형의 한 각의 크기가 다음과 같을 때, 각의 이등분선이 그 각의 대변과 만나는 점에서 만들어지는 예각의 크기를 구하시오.

a) $110°$　　　　　　b) $2 \cdot \alpha$

연구

281 A4 종이를 다음과 같이 접어서 비행기를 만드시오. 비행기 A와 B가 날아가는 것을 비교하시오.

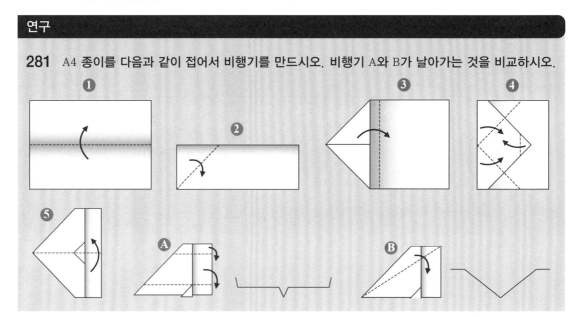

282 반지름의 길이가 5.0 cm인 원에 내접하는 정팔각형을 그리시오.

283 펜타그램은 정오각형의 변을 서로 만나는 점까지 연장해서 만들어지는 정오각 별다 각형을 말한다. 다음 물음에 답하시오.

a) 어떻게 하면 한 선분을 한 번씩만 지나는 방법으로 펜타그램을 한 번에 그릴 수 있을까?

b) 각 α의 크기를 계산하시오.

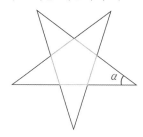

284 다음 정다각형의 한 내각의 크기를 구하시오.

a) 정십이각형   b) 정십육각형

285 점 O는 정육각형의 중심이다. 사각형 AOEF 가 마름모인 이유를 설명하시오.

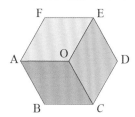

286 다음 물음에 답하시오.

a) 네 변의 길이가 모눈종이 눈금 10칸인 사각형의 대각선을 그리시오.

b) 사각형의 각 꼭짓점을 중심으로 반지름의 길이가 사각형의 대각선 길이의 반인 원을 그리시오.

c) 원들과 사각형의 변이 만나는 점들을 연결하시오. 다각형의 변의 길이와 각들의 크기를 측정하고 도형에 표시하시오.

d) 어떤 다각형이 만들어지는가?

287 컴퍼스와 자를 이용해서 정오각형을 그리시오.

1. 중점 O를 택하여 반지름의 길이가 4인 원을 그린다.

2. 모눈종이의 줄을 이용해서 서로 수직인 원의 지름 LI와 GP를 그린다.

3. 선분 OP의 중점 A를 표시한다.

4. 점 A가 중심, 선분 AI가 반지름인 원을 그린다. 이 원과 지름 GP가 만나는 점을 B로, 지름을 연장했을 때 만나는 점을 C로 표시한다.

5. G를 중심으로 두 개의 원을 그린다. 이때 한 원의 반지름은 선분 IB이고 다른 원의 반지름은 선분 IC이다. 호와 원 O의 둘레가 만나는 점 D, E, F, H를 표시한다.

6. 점 D, E, F, G와 H를 연결하면 정오각형이 된다.

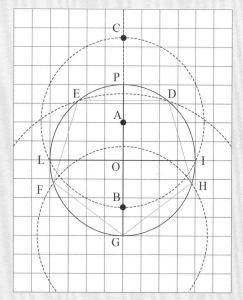

288 다음 도형을 그리시오. 도형의 변의 길이가 다음과 같이 변할 때, 도형의 넓이는 어떻게 변하는가?

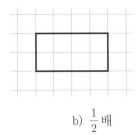

a) 2배   b) $\frac{1}{2}$ 배

289 넓이가 작은 것부터 큰 순서로 배열하시오.

3.5 a	110000 mm^2	0.1 ha
6200 dm^2	47000 cm^2	100 dm^2

290 다음 물음에 답하시오.

a) 이 수학책의 한 쪽면의 넓이를 추측하시오.
b) 위의 추측을 근거로 책 한 권을 만들기 위해서 필요한 종이의 넓이를 제곱미터로 계산하시오.

291 골프장을 만들기 위해서 92 헥타르의 땅이 필요하다고 계획했다. 나중에 30000 m^2 넓이를 더했고, 한 번 더 150 아르 크기의 땅을 추가했다. 이 골프장의 최종 넓이를 구하시오.

얌상코스키에 있는 UPM−Kymmenen(유피엠−쿰메넨) 공장에서 만들어진 종이들

종이 A 시리즈의 크기는 국제적인 ISO 기준에서 정해진다. 수가 커질수록 종이 크기는 반으로 줄어든다. A0 종이 한 장의 넓이는 1 m^{2}이다.

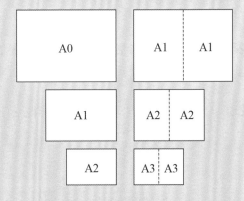

292 다음 종이는 A0 종이가 몇 배로 줄어든 것인가?

a) A2   b) A4   c) A6

293 다음 종이는 원래 A0 종이가 몇 배로 줄어든 것인가?

a) A10   b) A20

294 축구장의 크기는 90 m × 120 m이다. 이 축구장의 넓이만 한 종이 한 장을 주머니에 넣기 위해 접어야 한다면 몇 번을 접어야 하는가? (주머니에 들어가는 종이 한 장의 넓이는 50 cm^{2}보다 작다.)

295 다음의 직육면체의 겉넓이를 구하시오.

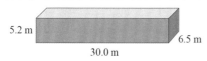

296 다음 도형의 넓이를 계산하시오. (도형의 각 들은 모두 직각이다.)

a)
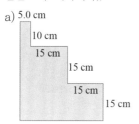

b)
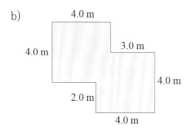

297 작은 직사각형의 가로, 세로의 길이를 구하시오.

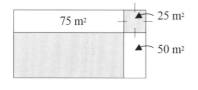

298 가로의 길이가 세로의 길이보다 6.0 cm 긴 직사각형이 있다. 둘레가 52.0 cm일 때 직사각형의 가로, 세로의 길이를 구하시오.

299 다음 물음에 답하시오.

a) 104쪽에 있는 예제 1의 창고의 바깥벽의 넓이를 계산하시오. 벽 4개 중 3개에는 창문이 있고, 벽 1개에는 문이 있다. 창문과 문의 크기는 다음과 같고, 문이 있는 벽의 삼각형 부분의 넓이는 0.66 m²이다.

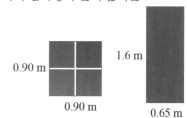

b) 1리터로 5 m²를 칠할 수 있는 페인트를 4리터 샀다. 창고의 바깥벽을 칠하는 데 충분한 양인가?

300 흰색 직사각형의 세로의 길이는 0.6 m이고 연보라색 부분의 넓이는 4.44 m²이다. 흰색 직사각형의 가로의 길이를 계산하시오.

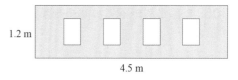

연구

301 직사각형 모양의 말 사육장의 전체 둘레는 120 m이다. 이 사육장 울타리의 가로의 길이가 다음과 같을 때 세로의 길이를 구하시오.

a) 5 m   b) 10 m   c) 20 m
d) 30 m   e) 40 m   f) 55 m

302 다음 물음에 답하시오.

a) 모눈종이에 한 칸의 변을 10미터로 정하고 301번 문제의 말 사육장을 그리시오.
b) 사육장의 넓이를 계산하시오.
c) 어떤 경우에 사육장의 넓이가 가장 넓은가? 가장 넓은 넓이를 아르로 환산하시오.

303 어떤 삼각형에서 변의 길이와 높이를 재었더니 다음과 같았다. 측정이 올바로 되었는지 확인하시오.

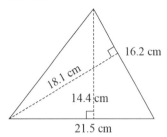

304 다음 물음에 답하시오.

a) 예각삼각형을 그리고 각도기를 이용해서 삼각형의 세 변을 각각 밑변으로 하는 높이를 그리시오.
b) 삼각형의 변의 길이와 높이를 측정하시오.
c) 삼각형의 넓이를 세 가지 방법으로 계산하시오. 어떤 차이가 있는가?

305 두 변의 길이가 6.12 m와 3.56 m인 삼각형이 있다. 길이가 6.12 m인 변에 수직인 높이는 4.10 m이다. 길이가 3.56 m인 변에 수직인 높이를 구하시오.

306 다음 그림의 삼각형의 둘레를 계산하시오.

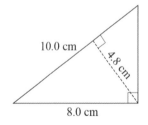

307 모눈종이에 넓이가 24인 마름모를 그리시오. (힌트 : 마름모의 대각선은 서로 수직으로 만난다.)

308 연보라색 부분의 넓이가 3.32 m^{2}일 때 평행사변형의 높이를 계산하시오.

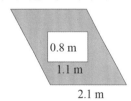

309 피라미드 모양의 텐트의 바닥은 한 변의 길이가 2.7 m인 정사각형이다. 텐트의 지붕은 높이가 2.5 m인 이등변삼각형 4개로 만들어졌다. 이음새 부분은 고려하지 않았을 때 이 텐트를 만들 때 쓰인 천의 양은?

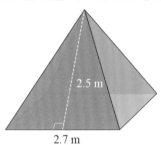

310 정사각형의 한 꼭짓점이 다른 정사각형의 중심에 있다. 두 정사각형 모두 변의 길이가 12 cm일 때 진하게 색칠한 부분의 넓이를 계산하시오.

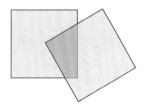

311 정육각형을 원 안에 그렸다. 원의 반지름은 5.0 cm이다. 정육각형의 넓이를 계산하시오.

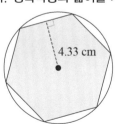

312 다음 물음에 답하시오.

    a) 평행사변형 ABCD의 넓이를 계산하시오.

    b) 변 DA의 길이가 5.0 cm일 때 평행사변형의 높이 h를 계산하시오.

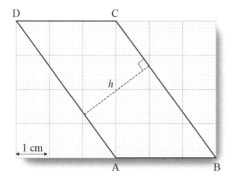

313 흰색 사다리꼴 부분의 넓이는 사다리꼴 넓이의 $\frac{1}{3}$ 이다. 연보라 부분의 넓이를 계산하시오.

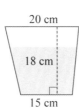

314 색칠된 부분의 넓이를 계산하시오. (점 I는 선분 AH의 중점이고 점 C는 BD의 중점이다. 선분 AH와 FJ의 길이는 3 cm이다.)

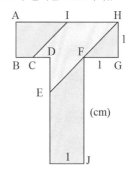

315 연보라색 삼각형의 넓이를 구하시오.

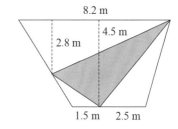

연구

316 다음 물음에 답하시오.

    a) 모눈종이에 한 변의 길이가 8인 정사각형을 그리고 다음 그림과 같이 A, B, C, D로 나누시오.

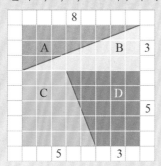

    b) 나누어진 조각들을 다음과 같이 재배열하면 어떤 상황이 벌어지겠는가? 모눈종이의 넓이를 이용해서 알아보시오.

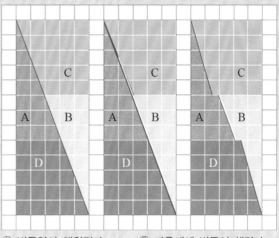

    ① 빈틈없이 채워진다.   ② 가운데에 빈틈이 생긴다.
    ③ 부분이 서로 겹쳐진다.

317 점 A(4, -2), B(0, 3), C(7, 0), D(1, 5), E(0, 2), F(0, 0) 중 다음을 구하시오.

a) x축에 있는 점

b) y축에 있는 점

318 다음 점들에는 어떤 공통점이 있는가?

a) x축 위에 있는 점

b) y축 위에 있는 점

319 다음 물음에 답하시오.

a) 직선 l을 점 A(-2, -1)과 B(4, 2)를 지나게 그리시오.

b) 직선 l과 수직이고 점 (2, 1)을 지나는 직선을 그리시오.

320 점선으로 다음 점들을 이어서 어떤 다각형이 만들어지는지 알아보시오.

a) A(2, 1), B(3, -1), C(5, -1), D(4, 1)

b) A(-1, 4), B(2, 3), C(2, -2), D(-1, -1)

c) A(-2, -1), B(-3, -4), C(-1, -4), D(2, -1)

d) 위 다각형의 넓이를 모눈종이의 눈금을 세서 계산하시오.

321 꼭짓점이 다음과 같은 다각형의 넓이를 눈금으로 계산하시오.

a) A(2, 1), B(4, 2), C(3, 4), D(1, 3)

b) A(-4, -2), B(-2, -1), C(-2, 1)

322 평행사변형의 세 꼭짓점이 점 (1, 1), (4, 0), (0, -1)이다.

a) 네 번째 꼭짓점을 구하시오.

b) 가능한 모든 평행사변형을 그리고 그 넓이를 눈금으로 계산하시오.

323 다음의 두 점 A, B를 지나는 직선을 그리시오. 이 직선이 x축, y축과 만나는 점의 좌표를 구하시오.

a) A(-4, -2)와 B(2, 1)

b) A(-2, 3)과 B(1, 6)

c) A(4, -2)와 B(6, -4)

324 다음 직선 위의 점 5개의 좌표를 쓰시오.

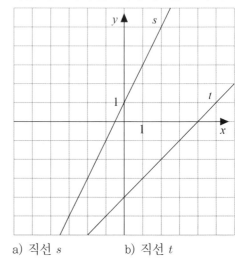

a) 직선 s b) 직선 t

325 다음 물음에 답하시오.

a) 중심이 (-1, -1)이고 점 (2, 0)을 지나는 원을 좌표평면에 컴퍼스를 이용해서 그리시오.

b) 점 (2, 4)와 (-5, -3)을 지나는 직선을 그리시오.

c) 직선이 원과 만나는 점의 좌표를 구하시오.

326 다음 축 위의 점 중 원점과의 거리가 3인 점을 모두 구하시오.

a) x축   b) y축

327 점 A(0, 2)와 B(4, 0)와의 거리가 5인 두 점을 구하시오. (힌트 : A와 B를 중심으로 원을 그리시오.)

328 모눈종이에 그림을 그리고 그림을 직선 *t*에 대해 선대칭시키시오.

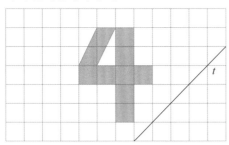

329 다음 문자 중에서 아래의 축에 대해 대칭인 문자를 고르시오.

A	B	C	D	E	F	G	H	I	J
K	L	M	N	O	P	Q	R	S	T
U	V	W	X	Y	Z	Å	Ä	Ö	

a) 수평 축
b) 수직 축
c) 두 축 모두

330 삼각형 ABC의 꼭짓점들의 좌표는 A(-4, 5), B(-1, 4)와 C(-3, 1)이다. 삼각형을 다음 직선에 대해 선대칭시키시오.

a) x축
b) 점 D(-3, -1)과 E(2, 4)를 지나는 직선

331 다음 삼각형을 그리시오.

a) 한 변의 수직이등분선에 대해 대칭인 삼각형
b) 모든 변의 수직이등분선에 대해 대칭인 삼각형
c) 수직이등분선에 대해 대칭이 아닌 삼각형

332 거리가 $4.0\,\mathrm{cm}$ 이하인 두 점을 그리시오. 두 점이 어떤 직선에 대해 대칭일 때 이 직선을 그리시오.

타지마할은 흰 대리석으로 대칭이 되도록 만들어진 건물이다. 장식적인 구조물과 수로 및 아름다운 정원이 있는 세계에서 가장 아름다운 건축물 중의 하나이다.

333 흰 종이에 그 거리가 약 $8\,\mathrm{cm}$인 두 점을 표시하시오. 접어서 두 점이 서로 대칭이 되도록 하는 직선을 찾으시오. 직선을 그리고 종이를 공책에 붙이시오.

연구

334 3×3 직사각형을 그리시오. 다음과 같이 몇 개의 정사각형을 색칠하여 만들어지는 그림에 대칭축이 한 개만 있게 하는 방법은 몇 가지가 있는가?

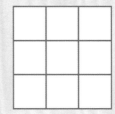

a) 사각형 한 개   b) 사각형 두 개
c) 사각형 세 개   d) 사각형 네 개

335 다음 그림의 도형들을 원점에 대해 대칭시킨 다음 이어서 좌표축에 대해 대칭시키시오.

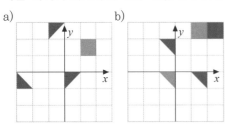

337 삼각형 ABC의 꼭짓점들의 좌표는 A(-2, -3), B(2, -5), C(3, 1)이다. 삼각형을 다음 점을 중심으로 하여 대칭하시오.

a) 원점

b) 점 (-2, -1)

338 다음과 같은 도형을 그리시오.

a) 점대칭이지만, 선대칭이 아닌 도형

b) 선대칭이지만, 점대칭이 아닌 도형

c) 점대칭이고 선대칭인 도형

336 다음 중 점대칭인 문자는 무엇인가?

A	B	C	D	E	F	G	H	I	J
K	L	M	N	O	P	Q	R	S	T
U	V	W	X	Y	Z	Å	Ä	Ö	

339 삼각형의 꼭짓점은 A(2, 4), B(-3, 1)과 원점이다. 삼각형을 각 꼭짓점에 대해 대칭시키고 그 대칭시킨 삼각형을 색칠하시오.

연구

340 해적 개턱 선장이 보물을 난파 섬에 감추었다. 그는 섬 지도를 그리고 어떻게 하면 보물을 찾을 수 있는지 메모하였다. 감춰진 보물의 좌표는 무엇인가?

점 (2, 5)를 점 (3, 1)에 대해 대칭시킨다. 대칭해서 생긴 점을 점 (2, -1)에 대해 다시 대칭시킨다.

계속해서 점 (-1, -1), (-3, 0), (-2, -1), (-3, -4), (1, -1)에 대하여 대칭시킨다.

마지막으로 얻어진 점이 보물이 숨겨진 장소이다.

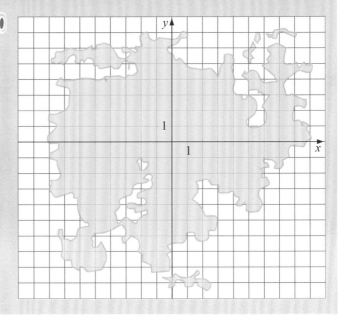

341 다음 수열의 규칙을 쓰고 10항을 계산하시오.

    a) 2, 4, 6, 8, …

    b) 2, 4, 8, 16, …

342 다음 수열의 다음 네 개의 항을 계산하시오.

    a) 7, 2, 14, 2, 21, 2, …

    b) 2, 1, 4, 3, 6, 5, …

    c) 1, 1, 3, 4, 5, 7, …

343 다음 수열의 처음 다섯 개의 항을 계산하시오.

    a) 수열의 1항은 81이고 다음 항은 바로 앞의 항에 $\frac{2}{3}$를 곱해서 얻는다.

    b) 수열의 1항은 $\frac{5}{6}$이고 다음 항은 바로 앞의 항에서 $\frac{1}{4}$을 빼서 얻는다.

344 다음 수열의 6항을 계산하시오.

    a) 1항은 2이고 2항은 3이다. 3항의 수부터 각 항은 바로 앞의 두 항의 합이다.

    b) 1항은 64이고 2항은 16이다. 3항의 수부터 각 항은 바로 앞의 두 항의 평균이다.

345 수열의 규칙을 쓰고 다음 항을 계산하시오.

    a) 2, 2, 4, 8, 32, …

    b) 2, 3, 6, 18, 108, …

346 다음 물음에 답하시오.

    a) 수열 1^2, 11^2, 111^2, …의 처음 여섯 개의 항을 계산해서 쓰시오.

    b) 수열의 9항을 계산기를 쓰지 말고 추정하시오.

연구

우박수열은 다음과 같은 방법으로 만든다.

• 바로 앞의 항이 짝수일 경우 바로 앞의 항을 2로 나눈다.

• 바로 앞의 항이 홀수일 경우 바로 앞의 항에 3을 곱하고 1을 더해서 얻는다.

• 우박수열을 만들 때 1항은 양의 정수 중에서 임의로 정할 수 있다.

예제   **1항이 13인 우박수열을 만드시오.**

    수열은 13, 40, 20, 10, 5, 16, 8, 4, 2, 1 이다.

347 1항의 수가 다음과 같은 우박수열을 만드시오.

    a) 11   b) 14

348 유한수열의 길이는 항들의 개수를 말한다. 1항을 2, 3, …, 10으로 해서 만든 우박수열의 길이를 표로 만드시오. 이 수열 중에서 다음을 확인하시오.

    a) 1항이 얼마일 때 가장 짧은 수열이 만들어지는가?

    b) 1항이 얼마일 때 가장 긴 수열이 만들어지는가?

349 도형수열의 다음 항을 그리시오.

a) 삼각수의 수열

b) 사각수의 수열

c) 오각수의 수열

350 위 349번의 도형수열에서 원의 개수는 삼각수, 사각수와 오각수의 수열이다. 수열의 처음 다섯 개의 항을 쓰시오.

a) 삼각수의 수열
b) 사각수의 수열
c) 오각수의 수열

351 위 349번의 도형수열에서 다음 수열의 규칙과 6항을 쓰시오.

a) 삼각수의 수열   b) 사각수의 수열

352 다음 물음에 답하시오.

a) 눈으로 뭉친 공으로 탑을 쌓을 때 공의 개수가 수열을 이룬다. 이 수열의 처음 네 개의 항을 쓰시오.
b) 수열의 6항을 계산하시오.

예제 도형을 그리시오.

 첫 번째 정사각형의 한 변의 길이는 16이다.

두 번째 정사각형은 첫 번째 정사각형의 변의 중점을 연결해서 얻는다.

세 번째 정사각형은 두 번째 정사각형의 변의 중점을 연결해서 얻는다.

16
16
16

353 다음을 구하시오.

a) 첫 번째, 즉 보라색 사각형의 넓이
b) 두 번째, 즉 흰색 사각형의 넓이
c) 세 번째, 즉 주황색 사각형의 넓이

354 위의 사각형들의 넓이는 수열을 만든다.

a) 수열의 규칙과 처음 여섯 개의 항을 쓰시오.
b) 수열의 10항을 쓰시오.
c) 수열의 15항을 쓰시오.

355 정사각형의 넓이가 다음과 같이 되는 경우는 몇 번째 항 인가?

a) 1보다 작다.
b) $\frac{1}{100}$ 보다 작다.

356 입력되는 수에 −2를 곱하고 5를 더하는 함수가 있다. 계산의 결과가 다음과 같을 때 입력한 수는 얼마인가?

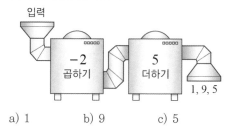

a) 1　　　　b) 9　　　　c) 5

357 함수 A와 B는 같은 계산을 하지만 순서가 다르다.

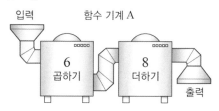

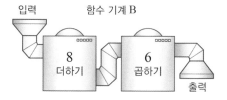

표를 완성하시오.

입력	출력	
	함수 A	함수 B
4		
0		
1		
−2		

358 다음 함수의 규칙을 추측하시오.

a)

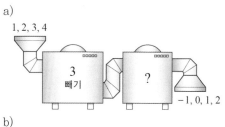

b)

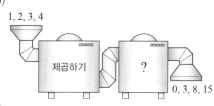

c)

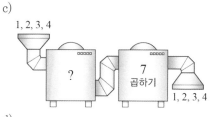

d)

227

359 다음을 곱셈식으로 쓰시오.

a) $\underbrace{2+2+\cdots+2}_{5개}$ b) $\underbrace{5+5+\cdots+5}_{12개}$

c) $\underbrace{y+y+\cdots+y}_{35개}$ d) $\underbrace{z+z+\cdots+z}_{90개}$

360 다음 곱셈식을 덧셈식으로 바꿔 쓰시오.

a) $4x$ b) $8y$

c) $18a$ d) $150c$

361 변수를 정하고 다음 함수의 규칙을 식으로 나타내시오.

a)

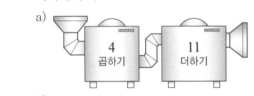

b)

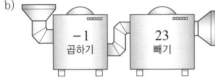

c)

d)

362 보기에서 정육면체에 관한 다음 식을 고르시오.

x	x^2	x^3	x^4
$12x$	$6x^2$	$4x$	$2x^2$

a) 모서리의 길이
b) 한 면의 넓이
c) 정육면체의 겉넓이
d) 정육면체의 부피

함수의 규칙은 입력되는 수 대신 문자를 사용하여 수학적인 표현으로 나타낼 수 있다. 다음 함수의 규칙은 x가 입력될 때 출력은 $2 \cdot x$이다. 간단하게 표현하면 $2x$이다.

363 함수의 규칙은 $x \mapsto 2 \cdot x$이다. 다음 수를 입력하면 출력은 무엇인가?

a) 4
b) -2
c) 0
d) a

364 다음 함수의 규칙을 식으로 쓰시오.

a) 입력된 수에 2로 곱한 뒤에 5를 뺀다.
b) 입력된 수를 4로 나눈 뒤에 7을 더한다.
c) 입력된 수에 2를 더한 뒤에 7을 곱한다.
d) 입력된 수에서 3을 뺀 뒤에 6으로 나눈다.

365 다음 함수의 규칙을 말로 풀어서 쓰시오.

a) $x \mapsto x - 4$
b) $x \mapsto 4 - 2 \cdot x$
c) $x \mapsto x^2$
d) $x \mapsto 3 \cdot x^2$

366 다음 두 개의 식의 값을 같게 만들어 주는 x의 값을 구하시오.

　a) $x+1$과 $2x-1$　　b) $7x$와 $4x+12$

367 이위베스퀼레에서 오울루까지 자동차를 타고 고속도로를 운전한다. 남아 있는 거리의 길이는 $320-80x$(m)이다. x는 운전시간이다.

　a) 3.5시간을 운전했을 때 남아 있는 거리를 계산하시오.

　b) 이위베스퀼레에서 오울루까지 모두 몇 시간이 걸리는가?

368 택시요금은 $1.30x+5$유로이다. 승차거리 x는 반올림한 km이다. 택시를 타고 간 거리가 다음과 같을 때 택시요금을 계산하시오.

　a) 4 km　　b) 12.4 km　　c) 5.6 km

369 $x=\dfrac{2}{3}$일 때 다음 식의 값을 계산하시오.

　a) $4x+1$　　　　b) $2\cdot\left(x-\dfrac{1}{2}\right)$

　c) x^2-3

연구

수열의 다음 항이 바로 앞의 항에 항상 같은 수를 더해서 얻어질 때 그 수열은 등차수열이다. 예를 들어, 등차수열 4, 7, 10, … 에서 다음 항은 바로 앞의 항에 3을 더해서 얻는다.

$$7-4=10-7=3$$

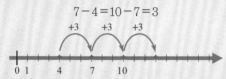

등차수열의 모든 항은 첫 항에 같은 수를 더해서 얻는다.

항의 순서	항의 개수	같은 수 공차의 개수
1	4	0
2	$4+1\cdot3=7$	1
3	$4+2\cdot3=10$	2
4	$4+3\cdot3=13$	3
10	$4+9\cdot3=31$	9
100	$4+99\cdot3=301$	99
n	$4+(n-1)\cdot3$	$n-1$

수열 n항은 식 $4+3(n-1)$의 값을 계산해서 얻는다. 예를 들어 37항은 112이다. 수열은 보통 n번째 항을 써서 표시한다.

370 n항이 다음과 같을 때 등차수열의 처음 여섯 개 항을 계산하시오.

　a) $n+1$　　b) $2n+3$　　c) $5n-9$

371 n항이 다음과 같을 때 등차수열의 100항을 계산하시오.

　a) $3n+7$　　b) $-4n+17$　　c) $0.5n-18$

372 등차수열의 n항이 $4+5(n-1)$이다. 이 수열에서 다음을 구하시오.

　a) 1항

　b) 연속하는 두 항의 차이

　c) 100항

373 1항과 공차가 다음과 같을 때 수열의 n항을 구하시오.

　a) 1항은 7, 공차는 3

　b) 1항은 25와 공차는 -2

칼 프리드리히 가우스(1777~1855)는 10살 때 등차수열의 연속하는 두 항의 합을 빨리 계산하는 방법을 알아냈다.

모눈종이 당구에서 당구공은 당구대의 벽에 부딪힐 때와 튕겨나올 때의 각의 크기가 같다. 공을 한 모서리에서 마주 보는 벽으로 45°의 각으로 친다. 구멍은 당구대의 네 꼭짓점에만 있는 것으로 한다.

374 당구공이 구멍으로 들어가기 전에 당구대의 벽에 몇 번 부딪히게 되는지 관찰하시오.

a)

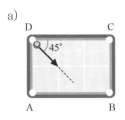

b)

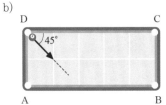

c)

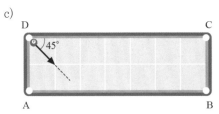

375 다음 물음에 답하시오.

a) 다음 표를 완성하시오.

당구대	부딪히는 횟수
2×3	
2×5	
2×7	
2×9	
2×11	

b) 당구대의 세로는 2칸, 가로는 홀수 n칸이라고 할 때 당구공이 벽에 부딪히는 횟수를 추정하시오.

376 다음 물음에 답하시오.

a) 2×2, 2×4, 2×6칸 크기의 당구대를 그리고 벽에 부딪히는 횟수를 계산하시오.

b) 당구대의 세로가 2칸이고 가로가 짝수 n칸일 때 당구공이 벽에 부딪히는 횟수를 계산하시오.

377 다음 물음에 답하시오.

a) 다음 표를 완성하시오.

당구대	부딪히는 횟수
3×4	
3×5	
3×7	
3×8	
3×10	
3×11	

b) 당구대의 세로가 3칸, 가로가 3으로 나눌 수 있는 수 n칸일 때 당구공이 벽에 부딪히는 횟수를 계산하시오.

378 세로가 4칸인 당구대에서 가로가 홀수 n칸일 때 부딪히는 횟수는 어떤 규칙을 따르는가?

379 다음 도형의 둘레의 길이를 구하는 식을 세우고 간단히 하시오.

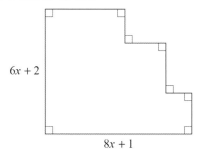

$6x + 2$

$8x + 1$

380 다음 덧셈 피라미드를 완성하시오.

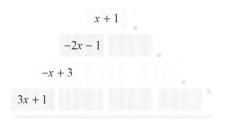

$x + 1$

$-2x - 1$

$-x + 3$

$3x + 1$

381 출발점에서 도착점까지 가면서 모든 수를 합할 때 다음과 같은 경로를 찾으시오. (단, 각 칸은 한 번 이하씩만 거쳐 갈 수 있다.)

a) 수의 합이 가장 작다.
b) 수의 합이 가장 크다.

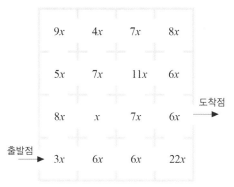

| $9x$ | $4x$ | $7x$ | $8x$ |
| $5x$ | $7x$ | $11x$ | $6x$ |
| $8x$ | x | $7x$ | $6x$ | → 도착점
출발점 → | $3x$ | $6x$ | $6x$ | $22x$ |

382 다음을 식으로 나타내고 간단히 하시오.

a) 변수에 6을 곱한 후 변수를 더한다.
b) 변수와 -3의 합에 변수와 7의 곱을 더한다.
c) 변수와 2의 곱에서 8과 변수의 곱을 빼고 6을 뺀다.

383 정육면체를 평면으로 펼쳤다. 서로 마주 보는 면에 있는 식을 모두 더하는 식을 세우고 간단히 하시오.

a)   b)

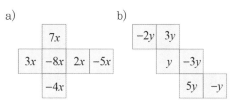

	$7x$		
$3x$	$-8x$	$2x$	$-5x$
	$-4x$		

$-2y$	$3y$	
	y	$-3y$
	$5y$	$-y$

384 다음 빈칸에 알맞은 식을 쓰시오.

a) $3x - 7 + x + 5 + \boxed{} = 2x + 1$
b) $-x + 8x + 3 - 2x + \boxed{} = x$
c) $3x + 27 - 17x + 18 + \boxed{} = 13x + 8$

385 x, $4x$, $6x$, $7x$, $11x$, $12x$, $13x$ 중 다음 빈칸에 알맞은 식을 골라 쓰시오.

$8x$	$+$	$2x$	$+$		$=$	$17x$
$+$		$+$		$+$		$+$
		$-$	$3x$	$+$		$=$
$+$			$+$		$-$		$+$
	$+$			$+$	$3x$	$=$	$10x$
$=$		$=$		$=$		$=$
$21x$	$+$		$+$	$8x$	$=$	$40x$

231

386 정육면체를 평면으로 펼쳤다. 서로 마주 보는 면에 있는 식들의 곱을 만들고 간단히 하시오.

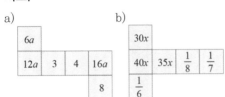

387 정육면체를 평면으로 펼쳤다. 서로 마주 보는 면에 있는 식들의 곱이 같을 때 A와 B에 알맞은 식을 추정하시오.

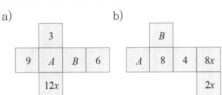

388 정육면체를 평면으로 펼쳤다. 서로 마주 보는 면에 있는 식들의 곱이 같을 때 A와 B에 알맞은 식을 추정하시오.

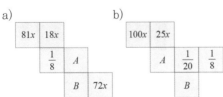

389 다음 식을 간단히 하시오.

a) $8x + 2 \cdot 15x$

b) $2x \cdot 6 + 5x \cdot (-3)$

c) $5x - 2 \cdot 3x + x$

d) $3x \cdot 4 + 3 + 2x$

e) $2x \cdot (-7) + 4 \cdot 3x$

f) $-9 \cdot 4x - 5x \cdot (-2)$

390 다음 빈칸에 알맞은 수나 식을 쓰시오.

a) $\boxed{} \cdot 3x + 5 = 6x + 5$

b) $\boxed{} \cdot x - \boxed{} \cdot 7 = -x + 14$

c) $\boxed{} \cdot 8x + \boxed{} \cdot 14 = 4x + 7$

d) $\boxed{} \cdot 5x - \boxed{} \div 2 = 0$

391 다음 빈칸에 알맞은 계산 기호 $+$, $-$, $\times$, $\div$ 를 쓰시오.

a) $8x \boxed{} 3 \boxed{} 5x = 23x$

b) $7x \boxed{} 8x \boxed{} 4 = 9x$

c) $12x \boxed{} 3 \boxed{} 14x = -10x$

d) $225x \boxed{} 5 \boxed{} 9 \boxed{} 5x = 10x$

연구

나눗셈은 항상 곱셈으로 바꾸어 쓸 수 있다. 곱셈에서는 곱하는 수의 순서를 바꾸어 쓸 수 있다.

예제　$14x \times 10 \div 7$

$$= 14x \times 10 \times \frac{1}{7}$$

$$= 14x \times \frac{1}{7} \times 10$$

$$= 20x$$

392 다음 식을 간단히 하시오.

a) $28x \times 50 \div 14$

b) $110 \times 17x \div 11$

c) $100x \div 3 \div 5 \times 9$

393 다음 식을 간단히 하시오.

a) $225x \times 49 \div 25 \div 7$

b) $82x \div 8 \div 41 \times 8$

c) $22x \div 370 \times 5 \times 37$

394 다음을 식으로 나타내시오.

a) x에 3을 곱한 뒤 7을 뺀다.

b) x를 8로 나눈 뒤 5를 곱한다.

c) x를 2로 나눈 뒤 5를 더한다.

d) x에 11을 곱한 뒤 12로 나눈다.

395 다음 표를 완성하시오.

시간			
초	분	시	일
		6	
	120		
36000			
			x

396 리타는 x미터를 수영했다. 다른 여학생들이 수영한 거리는?

a) 바푸는 리타보다 50미터 더 수영했다.

b) 미나는 리타보다 2배 더 수영했다.

c) 한나는 리타보다 4미터 덜 수영했다.

d) 이나는 리타가 수영한 거리의 $\frac{1}{3}$만큼 수영했다.

397 다음 물음에 답하시오.

a) 자전거의 거리측정기는 자전거를 타고 달린 거리 s를 킬로미터로 표시한다. 달린 거리를 미터로 바꾸어 주는 식을 쓰시오.

b) 바다에서는 해리라는 거리단위를 쓴다. 요트를 타고 항해한 거리 s를 킬로미터로 바꾸어 주는 식을 쓰시오. (1해리는 1852 m이다.)

398 어떤 물건의 가격이 a유로이다. 바뀐 가격을 유로로 나타내는 식을 쓰시오.

a) 가격이 20유로 올라간다.

b) 가격이 두 배가 된다.

c) 원래 가격의 반이 된다.

d) 원래 가격에 두 배가 더해진다.

399 하계 조류탐사여행에서 t마리의 흰매를 보았다. 관찰한 다른 종류의 새들의 마릿수를 쓰시오.

a) 도요새는 흰매보다 70마리 더 관찰했다.

b) 뒷부리도요새는 흰매보다 10마리 덜 나타났다.

c) 송골매는 흰매보다 4배 더 많이 날아다녔다.

d) 쇠제비갈매기는 흰매보다 20쌍 더 많이 보았다.

e) 흰매를 15마리 보았다면 관찰한 새들의 총 마릿수는 몇 마리인가?

400 정육면체 모양의 포장상자의 안쪽모서리의 길이는 50 cm이다. 상자 안 바닥에 완충재로 플라스틱 공을 x cm 두께로 깔 때, 다음을 구하시오.

a) 완충재의 부피

b) 남은 빈 공간의 부피

401 율리아는 56 km 떨어져 있는 캠핑장소까지 시속 16 km로 자전거를 타고 가려고 한다. 다음 물음에 답하시오.

a) t시간 후에 남은 거리를 나타내는 식을 쓰시오.

b) 3시간 후에 남은 거리는 얼마인가?

c) 율리아가 아침 10시 30분에 출발한다면 목적지에 몇 시에 도착하겠는가?

402 물탱크에 물이 6000리터 있다. 탱크에 달린 수도꼭지를 열면 1분에 20리터의 속도로 물이 흐른다. 다음 물음에 답하시오.

a) 수도꼭지를 열고 x분이 지났을 때 탱크에 남아 있는 물의 양을 나타내는 식을 쓰시오.

b) 3시간 뒤에 탱크에는 물이 몇 리터 남아 있나?

c) 탱크에 있는 물이 모두 빠져나오는 데 몇 시간이 걸리겠는가?

403 마라톤 대회에서 음료수가 놓여 있는 탁자는 출발점에서 출발 후 5 km 지점에 처음으로 있고 그 이후에는 3 km마다 마련되어 있다. 출발점에서 n번째 음료수가 놓여 있는 탁자까지의 거리를 나타내는 식을 쓰시오.

404 수면 위의 대기압은 1000 hPa(헥토파스칼)이다. 위로 올라갈수록 대기압은 1미터에 0.125 hPa씩 작아진다. 다음 물음에 답하시오.

a) 수면 위 x미터 높이의 산의 정상의 대기압을 구하는 식을 쓰시오.

b) 수면 위 1029 m 높이의 사나 산의 정상의 대기압을 계산하시오.

405

미코는 종이에 수 하나를 쓰고 그 종이를 접어서 친구 사미에게 주었다. 미코는 사미에게 다음과 같은 설명을 했다.

- 어떤 수를 생각한다.
- 7을 더한다.
- 2를 곱한다.
- 원래의 수를 뺀다.
- 11을 더한다.
- 원래의 수를 뺀다.

사미는 설명대로 했고 미코에게 결과로 나온 수를 말했다. 종이에 적힌 수는 사미가 계산해서 얻은 결과와 같았다.

a) 사미가 생각했던 수를 x라고 하여 미코의 설명대로 식을 만들고 간단히 하시오.

b) 미코가 종이에 쓴 수는 무엇인가?

406 나만의 식 문제를 만들고 친구와 함께 풀어보시오.

407 양팔저울이 평형을 이루기 위한 식을 쓰고 변수 x의 값을 구하시오.

a)

b)

c)

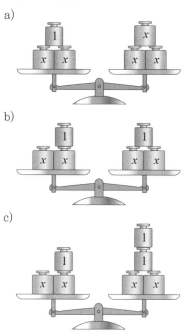

408 양팔저울의 오른쪽에 무게가 x인 추를 다음 개수만큼 놓을 때 저울이 평형을 이루는 x의 값을 구하시오.

a) 4개   b) 6개
c) 24개   d) 8개

409 수박 1개는 오렌지 6개와 무게가 같다. 배 1개는 자두 9개와 무게가 같다. 다음과 같은 경우에 수박 1개와 무게가 같으려면 자두가 몇 개 있어야 하는가?

a) 배와 오렌지의 무게가 같을 때
b) 배 1개와 오렌지 2개의 무게가 같을 때
c) 배 2개와 오렌지 3개의 무게가 같을 때

410 평형을 이루고 있는 모빌의 전체 무게는 32그램이고 색깔이 다르면 무게도 다르다. 장식의 무게를 색깔별로 구하시오. (철사의 무게는 없다고 하자.)

a)

b)

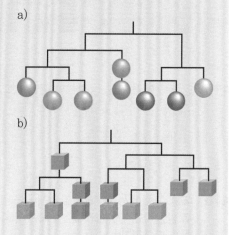

411 평형을 이루고 있는 모빌의 전체 무게는 80그램이고 색깔이 다르면 무게도 다르다. 장식의 무게를 색깔별로 구하시오. (철사의 무게는 없다고 하자.)

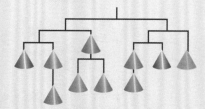

412 평형을 이루고 있는 모빌의 전체 무게는 64그램이고 색깔이 다르면 무게도 다르다. 장식의 무게를 색깔별로 구하시오. (철사의 무게는 없다고 하자.)

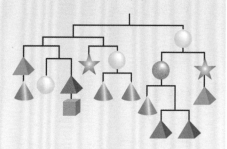

413 평형을 이루는 모빌을 그려보시오. 무게가 서로 다른 장식을 최소한 5개를 사용하고 색칠하시오.

414 보기의 식에서 하나씩 골라 방정식의 좌변과 우변으로 할 때, 근이 다음과 같은 식을 만드시오.

$6x+5$	$3x+23$	$2x-11$
$7-x$	$-3x+19$	$7x-1$

a) $x=2$ b) $x=-4$

415 1, -1, 0 중 다음 방정식의 근을 찾으시오.

a) $3(2-x)+11=5(x+5)$

b) $10x-1=\dfrac{8x+8}{3}$

c) $x(x-1)=0$

416 다음 그림에서 마지막 양팔저울을 평형으로 만들려면 구, 삼각뿔, 정육면체 중 어떤 추가 필요한가?

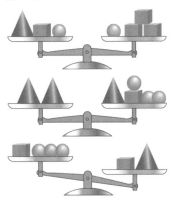

417 다음에서 각 문자가 나타내는 수를 구하시오.

$A+A+B+B=18$
$A+B+B+B=19$
$A+B+B+C=22$
$A+B+C+D=17$

418 다음 중 $x=-\dfrac{1}{2}$을 근으로 하는 방정식을 찾으시오.

a) $2x-2=-3$

b) $7-2x=6$

c) $-5x+1=x+4$

d) $6x+14=-12x+5$

선생님이 학생들에게 어떤 수를 생각하여 다음과 같은 순서로 계산하라고 하였다.

1) 정수를 생각한다.
2) 3을 뺀다.
3) 2를 곱한다.
4) 8을 더한다.
5) 1)에서 생각한 수를 뺀다.
6) 1을 더한다.

선생님은 학생들이 계산한 결과를 물었고 이에 따라 학생들이 원래 생각한 수를 말할 수 있었다. "안나는 8이 나왔으니까, 생각했던 수는 5이다." "하리는 -1이 답이니까, 생각했던 수는 -4이다."

419 마리는 16, 헨리는 10, 야코는 1이 계산한 결과이다. 학생들이 원래 생각했던 수를 추측하시오.

420 다음 물음에 답하시오.

a) 위 1)에서 생각한 수를 x로 할 때 6)까지 진행한 결과를 x에 대한 식으로 구하시오.

b) 나만의 수 알아맞히기 식을 만드시오.

421 다음 방정식을 푸시오.

a) $6x - 4 + 2x = 7x + 5$

b) $-11x - 7 = -8x - 4x - 21$

c) $18x - 3 = 10x + 7x - 12$

d) $-4x + 2 = 89 - 5x - 56$

422 다음 물음에 답하시오.

a) 정사각형과 정삼각형의 둘레의 길이가 같을 때, 방정식을 세우고 푸시오.

x $\qquad$ $x + 4$

b) 도형의 변의 길이를 구하시오.

423 다음 물음에 답하시오.

a) 직사각형과 삼각형의 둘레의 길이가 같을 때, 방정식을 세우고 푸시오.

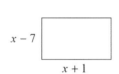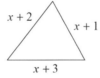

$x - 7$ $\qquad$ $x + 2$ $\qquad$ $x + 1$

$x + 1$ $\qquad$ $x + 3$

b) 도형의 변의 길이를 구하시오.

424 다음 식에서 $x = 2$일 때 빈칸에 알맞은 수를 구하시오.

a) $x + \boxed{} = -6$ $\qquad$ b) $-x + \boxed{} = 10$

c) $3x + \boxed{} = 5$ $\qquad$ d) $7x - \boxed{} = 1$

425 다음 방정식을 푸시오.

a) $2.8x + 7.5 = 1.8x - 1.3$

b) $0.6x - 2.5 = 3.5 - 0.4x$

c) $3.7x + 1.4 = 6 + 2.7x$

d) $0.2x + 1.4x = 0.6x - 0.4$

426 다음 방정식을 푸시오.

a) $51 + x - 62 = 0$

b) $-85 + x - 27 = 0$

c) $37 + x - 37 = 84$

d) $-54 + x + 95 = 26$

427 다음 방정식을 푸시오.

a) $52 + 4x - 41 = 3x + 52$

b) $29 + 8x + 38 = 72 + 7x - 38$

c) $2x - 283 = 48 + x - 49$

d) $99 - 3x - 111 = -75 - 4x$

428 -1, x, $2x$, $4x$ 중 다음 빈칸에 알맞은 식을 골라 쓰고 x를 구하시오.

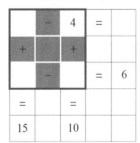

429 정육면체, 구, 삼각뿔, 별의 무게의 합이 96그램일 때, 각각의 무게를 구하시오.

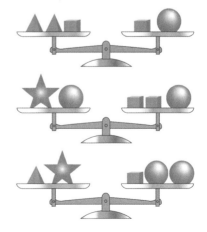

430 다음 방정식을 푸시오. 분수는 약분하고 가능하면 대분수로 답을 쓰시오.

 a) $8x = 12$ b) $2x = 5$
 c) $7x = 13$ d) $6x = 2$
 e) $10x = 5$ f) $9x = 6$

431 다음 방정식을 푸시오.

 a) $0.5x = 7$ b) $1.2x = 4.8$
 c) $2.5x = 5$ d) $0.3x = 36$

432 다음 방정식을 푸시오.

 a) $\dfrac{x}{2} = 9.5$ b) $\dfrac{x}{10} = 6.4$
 c) $\dfrac{x}{5} = 7.1$ d) $\dfrac{x}{2} = 4.3$

433 다음 방정식을 푸시오.

 a) $\dfrac{x}{2} = \dfrac{1}{3}$ b) $\dfrac{x}{4} = \dfrac{2}{9}$
 c) $\dfrac{x}{5} = \dfrac{2}{11}$ d) $\dfrac{x}{7} = \dfrac{3}{25}$

434 다음 방정식을 푸시오.

 a) $800x = 4000$ b) $30x = 2400$
 c) $25x = 200$ d) $35x = 700$

435 다음 방정식을 푸시오.

 a) $2.1x = 10.5$ b) $3.2x = 8.0$
 c) $2.4x = 8.4$ d) $3.5x = 9.1$
 e) $1.6x = 7.2$ f) $5.4x = 8.1$

436 다음 방정식을 푸시오.

 a) $25x = 1600$ b) $75x = 2400$
 c) $32x = 5600$ d) $125x = 8000$

연구

성분	발열량(kJ/kg)
은	105
금	64.0
납	24.7
주석	57.0

발열량은 용해온도에 있는 1 kg의 어떤 성분이 용해되기 위해 필요한 에너지를 나타낸다.

예제 용해온도에 있는 금괴를 용해하기 위해 800kJ의 에너지가 필요하다. 금괴의 무게를 구하시오.

 금괴의 무게를 x로 하여 표시한다. 방정식을 세우고 푼다.
$64x = 800$
$x = 12.5$

　　　정답 : 금괴의 무게는 12.5 kg이다.

437 용해온도에 있는 은을 녹이기 위해서 필요한 에너지가 다음과 같을 때 은의 무게를 구하시오.

 a) 210 kJ
 b) 420 kJ
 c) 1050 kJ
 d) 52.5 kJ

438 다음 금속 한 개의 무게를 구하시오.

 a) 용해온도에 있는 납 한 개를 녹이는 데 74.1 kJ의 에너지가 필요하다.
 b) 용해온도에 있는 주석 한 개를 녹이는 데 399 kJ의 에너지가 필요하다.
 c) 용해온도에 있는 은 한 개를 녹이는 데 126 kJ의 에너지가 필요하다.

439 다음 방정식을 푸시오.

a) $11+x=2$ b) $6-x=9$

c) $7+2x=1$ d) $14-3x=2$

440 다음 방정식을 푸시오.

a) $19x+24=12x-25$

b) $7x-91=17+5x$

c) $-3x+16=-2x-17$

d) $25x-78=12-20x$

441 다음에서 가로열과 세로열의 합은 같다. 방정식을 세우고 x를 구하시오.

a)

	$5x$	
6	1	$4x$
	9	

b)

	$4x+2$	
$2x-1$	5	$x-9$
	$7x$	

442 벌레의 각 마디에 있는 식의 합은 36이다.

a) 방정식을 세우고 푸시오.

b) 각 마디에 있는 수를 구하시오.

$2x+5$ $6x-5$ $5x+9$ $x-1$

443 다음 물음에 답하시오.

20

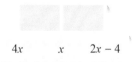

$4x$ x $2x-4$

a) 덧셈 피라미드를 완성하시오.

b) 방정식을 세우고 푸시오.

c) 빈칸에 알맞은 구하시오.

444 다음 방정식을 푸시오.

a) $2x=1.3x+2.1$

b) $5.8x-1.8=-0.2x$

c) $3.7x-4.1=1.2x+0.9$

d) $4.5x+7.4=3.1x+4.6$

445 먼저 간단히 한 후, 방정식을 푸시오.

a) $x+2x+3x=12$

b) $4x+7-5x=1$

c) $8x=21-x+15$

d) $x=14+2x+9$

446 다음 식 중 빈칸에 알맞은 수나 식을 골라 쓰시오.

a) $-1,\ -3,\ 9,\ x,\ 2x$

	+	7	=	11
+		−		
5	−		=	
=				

b) $x,\ -2x,\ 4x,\ -4x$

	−		=	8
+		+		
			=	1
=		=		
3		−2		

447 먼저 방정식의 좌변과 우변을 바꾼 후, 방정식을 푸시오.

a) $40=8x$ b) $32=2x$

c) $390=3x$ d) $-700=5x$

448 먼저 방정식의 좌변과 우변을 바꾼 후, 방정식을 푸시오.

a) $13=x-9$ b) $-7=x-10$

c) $23=2x-37$ d) $50=3-x$

449 도형의 넓이가 $60\,\mathrm{m}^2$일 때, 높이 h를 계산하시오.

a)   b)

450 방정식을 세우고 푸시오.

a) 5와 x의 곱에서 7을 빼면 x와 21의 합이다.
b) 2와 x의 곱에서 x와 7의 곱을 빼면 20에서 x를 뺀 것과 같다.

451 이등변삼각형의 밑각의 크기는 x이고 꼭지각의 크기는 밑각의 크기보다 $27°$ 작다. 다음 물음에 답하시오.

a) 삼각형을 그리고 각의 크기를 표시하시오.
b) 방정식을 세우고 푸시오.
c) 밑각의 크기를 구하시오.

452 직사각형의 가로의 길이는 세로의 길이보다 3배 길고 둘레의 길이는 $12\,\mathrm{cm}$이다. 다음 물음에 답하시오.

a) 방정식을 세우고 직사각형의 변의 길이를 계산하시오.
b) 직사각형을 그리고 변의 길이를 표시하시오.

453 직각삼각형의 한 예각의 크기가 x, 다른 각은 이 각보다 $14°$ 크다.

a) 삼각형을 그리고 각의 크기를 표시하시오.
b) 방정식을 세우고 삼각형의 예각의 크기를 계산하시오.

454 이등변삼각형에서 길이가 같은 두 변은 각각 밑변보다 $2\,\mathrm{m}$ 길고, 둘레의 길이는 $16\,\mathrm{m}$이다. 삼각형의 변의 길이를 구하시오.

455 이등변삼각형에서 길이가 같은 두 변은 각각 밑변보다 $1\,\mathrm{m}$ 짧고, 둘레의 길이는 $19\,\mathrm{m}$이다. 삼각형의 변의 길이를 구하시오.

456 이등변삼각형의 둘레의 길이는 $190\,\mathrm{cm}$이고 밑변은 길이가 같은 두 변보다 $20\,\mathrm{cm}$ 짧다. 삼각형의 변의 길이를 구하시오.

457 삼각형 ABC의 각 B는 각 A보다 $8°$ 작고 각 C의 크기는 각 A의 크기의 두 배이다. 삼각형의 각의 크기를 구하시오.

458 육각형의 각 변의 길이는 바로 앞의 항에 $2.0\,\mathrm{cm}$씩 더해 다음 항이 되는 수열을 이룬다. 육각형의 둘레는 $42\,\mathrm{cm}$일 때, 육각형의 변의 길이를 구하시오.

459 사다리꼴에서 평행인 두 변의 길이는 $26\,\mathrm{cm}$, $54\,\mathrm{cm}$이다. 사다리꼴의 넓이가 $1240\,\mathrm{cm}^2$일 때 높이를 구하시오.

460 삼각형 ABC의 변 AB는 변 BC보다 $3.0\,\mathrm{cm}$ 더 길다. 변 BC는 변 AC보다 세 배의 길이이다. 삼각형의 둘레가 $80\,\mathrm{cm}$일 때 삼각형의 변의 길이를 구하시오.

461 핀란드의 땅의 넓이는 호수의 넓이보다 $270000\ \text{km}^2$ 크다. 핀란드의 전체 넓이가 $338000\ \text{km}^2$ 일 때 땅의 넓이와 호수의 넓이를 계산하시오.

462 2007년 핀란드에는 소가 양보다 9배 더 많고, 돼지는 소보다 50만 마리 더 많았다. 이 가축들의 총 마릿수는 240만 마리였다. 2007년 핀란드의 소, 양, 돼지의 마릿수를 계산하시오.

463 핀란드의 2007년도 곡물수확량은 모두 합해 8억 8000만 kg이었다. 호밀 수확량은 가을밀 수확량보다 6000만 kg 적었고, 봄밀 수확량은 가을밀 수확량보다 4억 9000만 kg 많았다. 2007년의 가을밀, 호밀, 봄밀의 수확량을 계산하시오.

464 농장에 돼지는 말보다 20배 더 많다. 닭은 돼지보다 2.5배 많다. 가축의 다리의 수는 모두 184개이다. 이 농장의 말, 닭, 돼지의 마릿수를 계산하시오.

465 친구들이 5월에 스케이트보드를 탄 시간을 모두 합쳤을 때 100시간이었다. 라우리는 헤이키보다 2배 더 많은 시간 동안 스케이드보드를 탔고, 테무는 헤이키보다 12시간 더 탔다. 이 세 친구들이 스케이트보드를 탄 시간을 각각 계산하시오.

466 안티, 엘레나, 헤이키는 200유로를 나눠 가지려고 한다. 안티는 엘레나보다 30유로를 더 갖고 엘레나는 헤이키보다 10유로 더 갖는다. 각각 얼마씩 갖게 되는가?

467 정육면체, 공, 삼각뿔, 별이 모두 합쳐 다음과 같은 무게일 때 각각의 도형의 무게를 계산하시오.

a) 130그램

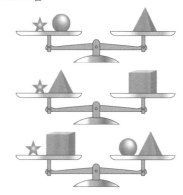

b) 80그램

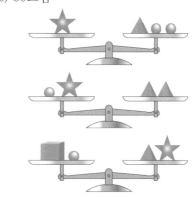

c) 84그램

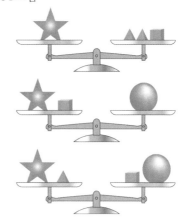

468 다음 그림에서 직선 s의 방정식은 $y = x + 4$이다. 다음 점이 직선 s의 방정식을 만족하는가?

a) $(-10, -7)$

b) $(-23, -19)$

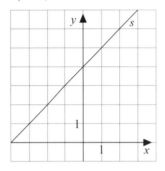

469 다음 그림을 보고 물음에 답하시오.

a) 직선 t에서 네 개의 점을 고르고 점의 좌표를 표로 쓰시오.

b) 직선 t의 방정식을 쓰시오.

c) 점 $(5, 10)$이 직선 t의 방정식을 만족하는가?

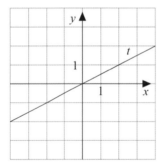

470 다음 그림에서 직선 r과 s 위의 점들의 좌표를 표로 만들고 직선의 방정식을 구하시오.

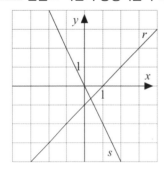

471 다음 물음에 답하시오.

a) 좌표평면에 점 A(0, 1), B(2, 3)을 나타내시오.

b) 두 점 A, B를 지나는 직선 t를 그리시오.

c) 직선 t에서 다섯 개의 점을 골라 점의 좌표들을 표로 만드시오.

d) 직선 t의 방정식을 쓰시오.

e) 점 $(19, 20)$이 직선 t 위에 있는가?

472 다음 물음에 답하시오.

a) 좌표평면에 점 A(−1, 1) B(1, 3)을 표시하시오.

b) 점 A와 B를 지나는 직선 s를 그리시오.

c) 보기에서 직선의 방정식을 고르시오.

d) 점 $(30, 61)$이 직선 s 위에 있는지 확인하시오.

$y = x + 1$	$y = x + 2$
$y = 2x + 1$	$y = 2x + 2$

473 다음 물음에 답하시오.

a) 점 A(−1, 4)와 B(2, 7)을 지나는 직선을 그리시오.

b) 직선 위 점들을 충분히 골라 그 좌표를 표로 만들고 직선의 방정식을 쓰시오.

474 직선 t는 점 $(-1, 1)$과 $(3, 5)$를 지나고 직선 s는 점 $(0, 0)$과 $(-1, -2)$를 지난다. 다음 물음에 답하시오.

a) 직선 t와 s를 한 좌표평면 위에 그리시오.

b) 직선 t와 s의 점들의 좌표를 표로 만들고 직선의 방정식을 쓰시오.

c) 두 직선 위에 있는 공통의 점, 즉 만나는 점의 좌표를 쓰시오.

475 다음 그림에서 직선과 좌표축이 만나는 점의 좌표를 쓰시오.

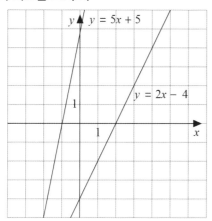

a) $y = 5x + 5$

b) $y = 2x - 4$

476 다음 직선을 그리시오. 직선과 좌표축의 만나는 점의 좌표를 구하시오.

a) $y = 2x + 1$ b) $y = x - 3$

477 다음 직선을 그리시오. 직선과 좌표축이 만드는 삼각형의 넓이를 계산하시오.

a) $y = x - 2$ b) $y = 2x - 4$

478 다음 직선의 방정식을 만족하는 수의 쌍 (x, y)를 찾고 그 점들을 좌표평면에 표시해서 직선을 그리시오.

a) $y - x = 2$ b) $y + x = 3$

479 다음 물음에 답하시오.

a) 좌표평면에 두 직선 $y = x - 1$, $y = -x - 2$를 그리시오.

b) 각도기로 두 직선이 이루는 각의 크기를 측정하시오.

480 다음 물음에 답하시오.

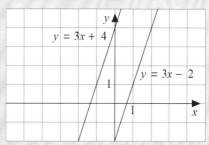

a) 직선 $y = 3x + 4$가 y축과 만나는 점을 구하시오.

b) 직선 $y = 3x - 2$가 y축과 만나는 점을 구하시오.

c) 직선 $y = 3x - 13$이 y축과 만나는 점을 구하시오.

481 직선 r, s, t의 방정식은 $y = x +$ ☐ 이다. 빈칸에 알맞은 수를 구하시오.

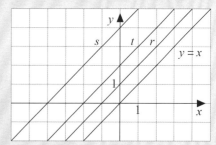

482 다음 물음에 답하시오.

a) 직선 $y = 2x$를 그리시오.

b) 같은 좌표평면에 점 $(0, -3)$을 지나고 직선 $y = 2x$와 평행인 직선 s를 그리시오.

c) 직선 s의 방정식은 $y = 2x -$ ☐ 이다. 빈칸에 알맞은 수를 구하시오.

483 다음 물음에 답하시오.

a) 직선 $y = 4x$를 그리시오.

b) 같은 좌표평면에 점 $(-1, -2)$를 지나고 직선 $y = 4x$와 평행인 직선 s를 그리시오.

c) 직선 s의 방정식은 $y = 4x +$ ☐ 이다. 빈칸에 알맞은 수를 구하시오.

484 다음 물음에 답하시오.

> $y=2x-1$　$y=x+2$　$y=x-2$
> $y=-x-2$　$y=-x+2$　$y=2x+2$

a) 좌표평면에 점 A$(0,\ 2)$와 B$(3,\ -1)$을 나타내시오.
b) 두 점 A, B를 지나는 직선 l을 그리시오.
c) 직선 l의 점 다섯 개의 좌표를 표로 만드시오.
d) 보기에서 직선 l의 방정식을 고르시오.
e) 점 $(-9,\ 11)$이 직선의 방정식을 만족하는가?

485 다음 물음에 답하시오.

a) 좌표평면에 점 A$(-2,\ 1)$과 B$(4,\ -2)$를 표시하시오.
b) 두 점 A, B를 지나는 직선 l을 그리시오.
c) 직선 l의 점 다섯 개의 좌표를 표로 만드시오.
d) 직선 l의 방정식을 쓰시오.
e) 점 $(100,\ -51)$이 직선 위에 있는지 방정식을 이용해 알아보시오.

486 직선 $y=\dfrac{x}{2}-1$에 대하여 물음에 답하시오.

x	$y=\dfrac{x}{2}-1$	$(x,\ y)$
0		
2		
4		

a) 표를 완성하시오.
b) 좌표평면 위에 세 점을 표시하고 이 점들을 연결해 직선을 그리시오.
c) 방정식 $y=\dfrac{x}{2}-1$을 직선 옆에 쓰시오.

487 다음 물음에 답하시오.

a) 좌표평면에 세 직선 $y=\dfrac{x}{2}$, $y=-2x+5$,

$y=-\dfrac{x}{2}+5$를 그리시오.
b) 세 직선이 만드는 삼각형을 색칠하시오.

488 직선 $y=-\dfrac{x}{3}+2$에 대하여 물음에 답하시오.

x	$y=-\dfrac{x}{3}+2$	$(x,\ y)$
0		
3		
6		

a) 표를 완성하시오.
b) 좌표평면 위에 세 점을 표시하고 이 점들을 연결해 직선을 그리시오.
c) 방정식 $y=-\dfrac{x}{3}+2$를 직선 옆에 쓰시오.

489 다음 직선을 그리시오.

a) $y=-\dfrac{x}{3}+3$　　b) $y=\dfrac{2x}{3}$

490 다음 점들이 직선 $y=\dfrac{x}{3}+3$에 있는지 계산해서 알아보시오.

a) $(3,\ 4)$　　　　b) $(-9,\ 0)$
c) $(66,\ 26)$　　　d) $(-210,\ -67)$

491 직선 $y=\dfrac{x}{4}-3$에 대하여 물음에 답하시오.

x	$y=\dfrac{x}{4}-3$	$(x,\ y)$
0		
4		
-4		

a) 표를 완성하시오.
b) 좌표평면 위에 점을 표시하고 이 점들을 연결해 직선을 그리시오.
c) 방정식 $y=\dfrac{x}{4}-3$을 직선 옆에 쓰시오.
d) 직선 $y=-4x-3$을 그리고, 각도기를 이용하여 두 직선이 이루는 각을 측정하시오.

492 다음 그림에서 직선과 x축이 만나는 점의 좌표를 구하시오.

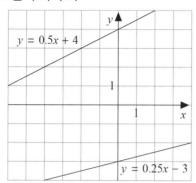

a) $y = 0.5x + 4$

b) $y = 0.25x - 3$

493 다음 직선의 방정식에 $x = 0$을 넣고 y를 구해서 이 직선과 y축이 만나는 점의 좌표를 쓰시오. 그려서 확인하시오.

a) $y = 2x + 3$

b) $y = x - 5$

494 다음 직선의 방정식에 $y = 0$을 넣고 x를 구해서 직선과 x축이 만나는 점의 좌표를 쓰시오. 그려서 확인하시오.

a) $y = x + 6$

b) $y = x - 1$

495 좌표평면에 직선 $y = x$와 $y = -x + 4$를 그리고 두 직선이 만나는 점의 좌표를 쓰시오.

496 좌표평면에 직선 $y = 2x - 1$과 $y = 3x + 1$을 그리고 두 직선이 만나는 점의 좌표를 쓰시오.

497 좌표평면에 직선 $y = -x - 1$과 $y = -0.5x - 2$를 그리고 두 직선이 만나는 점의 좌표를 쓰시오.

예제 삼각형의 넓이를 계산하시오.

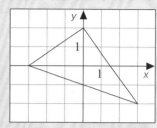

● 삼각형을 포함하는 가능한 작은 직사각형을 그린다.

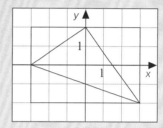

원래의 삼각형의 넓이는 직사각형의 넓이에서 작은 삼각형들의 넓이를 빼서 얻는다.

$6 \cdot 4 - \dfrac{3 \cdot 2}{2} - \dfrac{3 \cdot 4}{2} - \dfrac{6 \cdot 2}{2}$

$= 24 - 3 - 6 - 6$

$= 9$ **정답** : 삼각형의 넓이는 9이다.

498 좌표평면에 세 직선

$y = 3x - 6$, $y = -x + 2$, $y = -2x - 1$을 그리시오. 만들어진 삼각형의 넓이를 계산하시오.

499 좌표평면에 세 직선

$y = -0.5x + 3$, $y = \dfrac{x}{3} - 2$, $y = -3x - 2$를 그리시오. 만들어진 삼각형의 넓이를 계산하시오.

500 좌표평면에 네 직선

$y = x + 3$, $y = x - 3$, $y = -2x + 6$, $y = -2x - 6$을 그리시오. 만들어진 평행사변형의 넓이를 계산하시오.

501 용기 A, B, C에 물을 붓는다. 다음 그래프는 시간에 따른 수면의 높이 변화를 나타낸다. 각 그래프가 나타내는 용기를 고르시오.

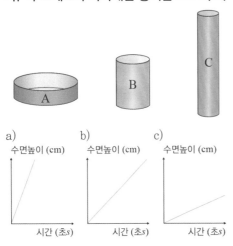

a) 수면높이 (cm) 시간 (초s)

b) 수면높이 (cm) 시간 (초s)

c) 수면높이 (cm) 시간 (초s)

502 다음은 지구와 달에서 물체에 작용하는 중력이 물체의 무게와 어떤 관계가 있는지 나타내는 그래프이다. 물음에 답하시오.

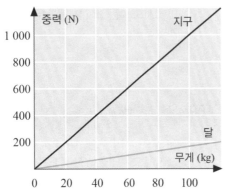

a) 물체의 무게가 60 kg일 때 지구와 달에서 물체에 작용하는 중력은 각각 얼마인가?
b) 지구에서 물체의 중력이 100 N일 때 이 물체의 무게는 얼마인가?
c) 달에서 물체의 중력이 100 N일 때 이 물체의 지구에서의 중력을 구하시오.

503 다음은 페코와 파보가 자전거를 타고 같은 경로를 간 그래프이다. 물음에 답하시오.

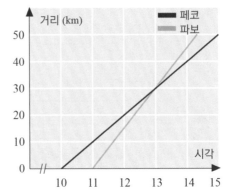

a) 두 사람이 출발한 시간은?
b) 12시에 페코는 파보보다 얼마나 앞서고 있는가?
c) 파보가 페코를 앞지른 시각은?
d) 추월한 시점까지 두 사람이 자전거를 탄 거리는?
e) 두 사람의 자전거의 평균속도는?
f) 파보가 목적지에 도착했을 때 페코는 몇 km를 더 가야 하는가?

001 다음 성분들의 녹는 온도를 낮은 온도부터 높은 온도 순서로 쓰시오.

- 네온 −249 ℃
- 수소 −259 ℃
- 니켈 1455 ℃
- 코발트 1495 ℃
- 헬륨 −272 ℃

002 다음 온도계에서 최종 온도를 쓰시오.

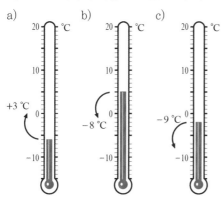

003 코카의 아침 기온은 5 ℃였다. 낮시간까지 온도가 다음과 같이 변했을 때, 낮의 온도는 얼마인가?

a) 7 ℃ 올라갔다.   b) 7 ℃ 내려갔다.

004 온도계가 아침에 −4 ℃를 가리켰다. 저녁시간까지 기온이 다음과 같이 변했을 때, 저녁 기온은 얼마인가?

a) 3 ℃ 올라갔다.   b) 6 ℃ 올라갔다.
c) 4 ℃ 내려갔다.   d) 8 ℃ 내려갔다.

005 오른쪽 표는 로카에 있는 인공호수의 수심의 변화를 나타낸 그래프이다. 다음을 구하시오.

a) 1월부터 9월까지 수심의 변화량
b) 6월부터 9월까지 수심의 변화량
c) 가장 높을 때와 가장 낮을 때의 수심의 차

▌ [6~8] 다음 물음에 답하시오.

−15	33	111	−19	9
−128	5	0	−27	79	−83

006 보기의 수를 작은 수부터 큰 수의 순서로 쓰시오.

007 보기에서 다음 수를 찾으시오.

a) 가장 작은 정수
b) 가장 큰 음의 수
c) 가장 작은 양의 수
d) 가장 작은 자연수

008 수직선을 그리고 14, −16, 0, −15, 13, 12를 수직선 위에 나타내시오.

009 다음 물음에 답하시오.

a) 10은 21보다 얼마나 작은가?
b) 10은 −3보다 얼마나 큰가?
c) 10은 −12보다 얼마나 큰가?

010 다음 빈칸에 알맞은 정수를 쓰시오.

a) ☐ ≥ -1 b) ☐ > 35
c) ☐ < -3 d) ☐ ≤ 2

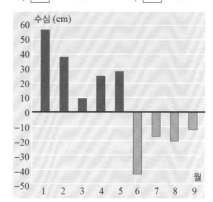

로카 인공호수의 수심(2002년 월별)

011 수직선을 이용하여 다음을 구하시오.

a) 3과 절댓값은 같고 부호가 다른 수
b) −1과 절댓값은 같고 부호가 다른 수

012 다음에서 괄호를 없애시오.

a) $+(+88)$ b) $+(-63)$
c) $-(-35)$ d) $-(+93)$

013 다음 수와 절댓값은 같고 부호가 다른 수를 쓰시오.

a) $+12$ b) -19 c) 0

014 다음 표를 완성하시오.

수	절댓값은 같고 부호가 다른 수
56	
	-99
	43
-70	

015 다음 정수를 모두 구하시오.

a) 절댓값은 같고 부호가 다른 수가 5보다 작은 수
b) 절댓값은 같고 부호가 다른 수가 -2보다 큰 수

016 수직선을 이용하여 다음을 계산하시오.

a) $-1+3$ b) $4-7$
c) $-3-3$ d) $-4+4$

017 다음을 계산하시오.

a) $-75+16$ b) $-115+29$
c) $-9-32$ d) $-15-64$

018 다음을 계산하시오.

a) $31+12-23$
b) $-15+31-16$
c) $22-18+11-31$
d) $-35+77-21-15$

019 합을 계산하는 피라미드를 완성하시오.

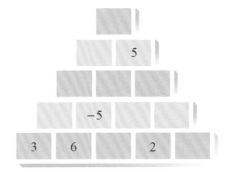

020 굵은 선 안의 빈칸에 1, 2, 3, 4, 5, 6 중 알맞은 수를 넣으시오.

7	−		−		=	−2
−		−		−		
		−	9	+	=	−6
+		−		+		
	+		−	8	=	1
=		=		=		
11		−7		11		

021 수직선을 이용하여 다음을 계산하시오.

a) $-3+(-2)$ b) $6-(-1)$

c) $1-(-2)$ d) $-5-(-4)$

022 다음을 계산하시오.

a) $0-33$ b) $33-(-33)$

c) $0-(-33)$ d) $-33+(-33)$

023 다음을 간단히 하고 계산하시오.

a) $12+(-5)$ b) $-10-(-12)$

c) $-(-3)+(-10)$ d) $-6-(-5)$

e) $-7+(-6)$ f) $-75-(-90)$

024 합을 계산하는 피라미드를 완성하시오.

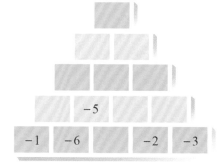

025 계좌내역에서 출금은 −로 입금은 +로 나타낸다. 계좌의 잔액, 즉 계좌에 남아 있는 금액을 계산하시오.

9월 3일		잔액 $+219.00$
월일	내역	€
10월 01일	현금인출/ATM	-20.00
10월 05일	결제	-12.00
10월 10일	계좌이체	$+33.00$
10월 15일	현금인출/ATM	-30.00
10월 16일	계좌이체	$+20.00$
10월 22일	결제	-41.00

026 다음을 계산하시오.

a) $32-(+25)$

b) $-14-(-15)+(-13)$

c) $-29-(-37)-(+8)$

d) $-44+53+(-31)-(-19)$

027 다음을 계산하시오. a)부터 f)까지 해당 알파벳을 찾으면 어떤 단어가 완성되는지 알아보시오.

a) $-(-2)+(-2)-(-1)$

b) $-(8-1)-(-5+2)$

c) $34-(+4)+(-7-1)$

d) $-(-3+7)+9$

e) $2-(-4)-9$

f) $-13+6-(-11)$

R	I	U	S	K	A
5	-3	22	4	1	-4

028 -29와 -15에 대하여 다음을 계산하시오.

a) 두 수의 합

b) -29에서 -15를 뺀 수

029 다음을 계산하시오.

a) $100-(99-101)$

b) $-36-(47+7)$

c) $-23-(-4-16)+12$

d) $75+16-(-9)-(9-18)$

030 다음을 식으로 나타내고 계산하시오.

a) 18에 이 수와 절댓값은 같고 부호가 다른 수를 더한다.

b) 15에 이 수와 절댓값은 같고 부호가 다른 수를 더한다.

c) 23에서 이 수와 절댓값은 같고 부호가 다른 수를 뺀다.

031 곱을 합으로 나타내고 계산하시오.

a) $2 \cdot 100$　　b) $5 \cdot (-1)$　　c) $3 \cdot (-6)$

032 다음을 계산하시오. a)부터 e)까지 해당 알파벳을 찾으면 어떤 단어가 완성되는지 알아보시오.

a) $8 \cdot (-3)$　　　b) $\dfrac{-56}{-4}$

c) $-4 \cdot 2$　　　d) $\dfrac{63}{-7}$

e) $-36 \div 12$

L	A	I	N	A
-9	14	-3	-24	-8

033 다음 빈칸에 알맞은 수는 무엇인가?

a) $\dfrac{\boxed{}}{-3} = 9$　　b) $\dfrac{-42}{\boxed{}} = 6$

c) $\dfrac{64}{\boxed{}} = -8$

034 다음을 계산하시오.

a) -8과 4를 더한 수
b) -8에서 4를 뺀 수
c) -8과 4를 곱한 수
d) -8을 4로 나눈 수

035 표 안의 빈칸에 알맞은 수를 쓰시오.

나누어지는 수	÷ 4	몫
8	▶	2
-20	▶	
	▶	3
-4	▶	
	▶	-9

036 다음을 계산하시오.

a) $2 \cdot (-2) \cdot 5$
b) $-2 \cdot 3 \cdot (-4)$
c) $3 \cdot (-3) \cdot (-7)$
d) $2 \cdot (-2) \cdot 4 \cdot (-6)$

037 다음을 계산하시오.

a) $-3 \cdot 2 \cdot (-5) \cdot (-1)$
b) $-1 \cdot (-7) \cdot 0 \cdot (-4)$
c) $0 \div 97$

038 다음을 계산하시오.

a) $\dfrac{-12 \cdot (-3)}{-6}$

b) $\dfrac{7 \cdot 4}{-2}$

c) $\dfrac{90 \cdot 0}{-9}$

d) $\dfrac{-240 \cdot (-1)}{80}$

039 다음 빈칸에 들어갈 알맞은 수는 무엇인가?

a) $-2 \cdot \boxed{} \cdot (-3) = -18$

b) $10 \cdot (-3) \cdot \boxed{} = -90$

c) $\dfrac{-3 \cdot (-7)}{\boxed{}} = 1$

040 다음을 식으로 쓰고 계산하시오.

a) -45와 -5의 곱을 -25로 나눈다.
b) -72를 -8과 -3의 곱으로 나눈다.

041 다음을 계산하시오.

a) $\dfrac{-26+(-4)}{-3}$

b) $\dfrac{33-1}{-8}$

c) $\dfrac{-4\cdot(-7)}{-1-1}$

d) $\dfrac{-10\cdot 12}{1+(-9)}$

042 다음을 계산하시오. a)부터 g)까지 해당 알파벳을 찾으면 어떤 단어가 완성되는지 알아보시오.

a) $12-6\cdot 7$

b) $(5-3)\cdot 7\cdot(-2)$

c) $(16-13)\cdot(-7+3)$

d) $-15\div 5+4\cdot 2$

e) $(-3+4)\cdot 5-(-4)\cdot 4$

f) $-7\cdot(-4+6)+(-2)$

g) $-(-10\div 5+1)\cdot(-3)$

M	E	K	A	P	U	L	A
21	-12	-3	-30	5	2	-28	-16

043 다음을 계산하시오. 푸는 과정도 쓰시오.

a) $\dfrac{8\cdot(-3)}{-7+1}$ b) $\dfrac{-50-6}{8-4}$

c) $\dfrac{4-(-2+6)}{7\cdot 3-78}$ d) $\dfrac{3\cdot(21-33)}{(8-11)\cdot(-2)}$

044 $-1, -7, 0, 6, 9, 5$의 평균을 계산하시오.

045 다음을 계산하시오.

a) -3에 -9를 더한 수를 -3에서 -9를 뺀 수로 나눈 수

b) -3에 -9를 더한 수에 -3에서 -9를 뺀 수를 곱한 수

046 다음 곱을 거듭제곱으로 쓰고 계산하시오.

a) $6\cdot 6$

b) $1\cdot 1\cdot 1\cdot 1\cdot 1\cdot 1\cdot 1$

c) $3\cdot 3\cdot 3\cdot 3$

d) $50\cdot 50$

047 다음을 거듭제곱으로 쓰고 계산하시오.

a) 7의 제곱

b) 12의 제곱

c) 10의 세제곱

d) 11의 제곱

e) 4의 세제곱

048 표를 완성하시오.

거듭제곱	거듭제곱의 값
2^1	
2^2	
2^3	
2^4	
2^5	
2^6	

049 다음을 계산하시오.

a) 1^{40} b) 5^2

c) 0^4 d) 3^2

e) 9^1 f) 9^3

050 울라는 아버지에게 일주일 용돈을 받는 새로운 방법을 제안했다. 첫 번째 주에 20센트, 두 번째 주에 40센트, 그다음 주에는 전주의 두 배가 된다.

a) 5번째 주에 받을 용돈은 얼마인가?

b) 10번째 주에 받을 용돈은 얼마인가?

c) 울라의 계획에 대해 어떻게 생각하는가?

051 다음을 계산하시오. a)부터 g)까지 해당 알파벳을 찾으면 어떤 단어가 완성되는지 알아보시오.

a) $5 - 2^3$　　　　b) $(5-2)^3$

c) $3 \cdot 4^2$　　　　d) $7 - 2 \cdot 5^2$

e) $8^2 - 6^2$　　　　f) $5^2 + 5^3$

g) $(-11 + 13) \cdot 7^2$

J	Ä	Ä	I	T	K	I
150	28	98	27	−43	−3	48

052 다음을 계산하시오.

a) $\dfrac{3 \cdot 2^2 - 3^2 + 7}{3 \cdot (-4) + 7}$

b) $2 \cdot 6^2 - 4 \cdot 2^3$

053 다음을 계산하시오.

a) $10 \cdot 7^2 - 9 \cdot 40$

b) $8^2 \div 16$

c) $9^2 \cdot 10^2 - 2^3 \cdot 10^3$

d) $\dfrac{3 \cdot 10^2}{6^2 + 8^2}$

054 다음을 식으로 나타내고 계산하시오.

a) 5의 세제곱에서 1의 세제곱을 뺀 수
b) −3과 10의 합의 제곱
c) 1에서 −1을 뺀 수의 세제곱

055 빈칸에 알맞은 자연수를 쓰시오.

a) $\boxed{}^2 - 400 = 0$

b) $5 - \boxed{}^3 - 2 = 2$

c) $\dfrac{\boxed{}^2}{121} = 1$

d) $\dfrac{\boxed{}^2 - 50}{2} = 25$

056 나눗셈으로 다음을 확인하시오.

a) 2는 38의 약수인가?
b) 3은 99의 약수인가?
c) 6은 136의 약수인가?
d) 12는 252의 약수인가?

057 다음 수들이 2, 3, 5, 9, 10으로 나누어떨어지는지 알아보시오.

a) 75　　　　　　b) 93

c) 127　　　　　d) 522

e) 3829　　　　f) 42850

058 게임보드에 흰색 42개, 빨간색 60개, 파란색 126개의 말이 있다. 게임에 참가하는 인원이 다음과 같을 때, 이 다른 색깔의 말들을 각각 똑같이 나눌 수 있는가?

a) 3명　　　　b) 6명　　　　c) 7명

059 다음 수들의 최대공약수를 찾으시오.

a) 18과 24　　　　b) 22와 44

c) 21과 28　　　　d) 13과 15

060 네 자리 수 $45\boxed{}6$이 다음 수로 나누어떨어질 때, 십의 자리에 알맞은 수를 구하시오.

천	백	십	일
4	5		6

a) 2　　　b) 3　　　c) 5

d) 9　　　e) 10

061 다음 수는 소수인가, 아닌가? 그 이유를 설명하시오.

    a) 7   b) 25   c) 31

062 다음은 소인수를 찾는 과정이다. 빈칸에 알맞은 소수를 쓰고, 주어진 수를 소인수의 곱으로 나타내시오.

  a)   b)

063 다음 수를 소인수의 곱으로 나타내시오.

    a) 150   b) 234   c) 690

064 다음 물음에 답하시오.

    a) 52와 78의 소인수를 모두 찾으시오.
    b) 공통의 소인수가 있는가?
    c) 두 수의 공약수는?
    d) 공약수 중 가장 큰 수는?

065 한넬레는 세 자리 소수를 생각하고 있다.

    • 수의 각 자리의 수는 소수가 아니다.
    • 각 자리의 수들의 합은 5이고, 곱은 0이다.

한넬레가 생각한 소수를 구하시오.

066 다음 물음에 답하시오.

    a) 분수 $\dfrac{2}{3}$ 를 분모가 9인 수로 바꾸시오.

    b) 분수 $\dfrac{16}{24}$ 을 분모가 6인 수로 바꾸시오.

    c) 대분수 $3\dfrac{4}{5}$ 를 가분수로 바꾸시오.

067 다음을 분수로 나타내고 약분하시오.

    a) 1분 중 12초
    b) 한 시간 중 48분
    c) 하루 중 15시간
    d) 일 년 중 3개월

068 다음 두 분수를 분모가 같은 수로 나타내시오. 두 분수 중에서 더 큰 수는 어느 것인가?

    a) $\dfrac{3}{5}$, $\dfrac{8}{15}$ b) $\dfrac{5}{7}$, $\dfrac{3}{4}$

069 모눈종이에 넓이가 12인 직사각형을 그리시오.

    a) 직사각형의 $\dfrac{7}{12}$ 은 노란색으로, $\dfrac{1}{4}$ 은 초록색으로 칠하시오.
    b) 직사각형에서 색칠하지 않은 부분이 차지하는 비율을 분수로 나타내시오.

070 스포츠 음료에는 농축액과 물이 3 : 7로 들어간다. 만들어진 스포츠 음료에서 다음이 차지하는 비율을 분수로 쓰시오.

    a) 농축액   b) 물

071 다음을 계산하시오.

a) $\dfrac{1}{11} + \dfrac{4}{11}$
b) $\dfrac{1}{2} + \dfrac{1}{2} + \dfrac{1}{2}$

c) $\dfrac{20}{27} + \dfrac{4}{27}$
d) $\dfrac{17}{25} - \dfrac{2}{25}$

072 다음을 계산하시오.

a) $\dfrac{1}{2} + \dfrac{3}{10}$
b) $\dfrac{4}{9} - \dfrac{1}{3}$

c) $\dfrac{17}{18} - \dfrac{5}{6}$
d) $\dfrac{1}{6} - \dfrac{2}{3}$

073 다음을 계산하시오.

a) $1 - \dfrac{4}{5}$
b) $4 - \dfrac{5}{8}$

c) $\dfrac{3}{5} + \dfrac{9}{10}$
d) $\dfrac{2}{3} + 1\dfrac{1}{12}$

074 다음 물음에 답하시오.

a) 안나와 올리는 파이 한 개를 나눠 먹었다. 안나는 파이의 $\dfrac{1}{4}$을 먹었고 올리는 나머지를 다 먹었다. 올리가 먹은 파이의 양은?

b) 소냐와 센니는 피자 두 판을 나눠 먹었다. 소냐는 피자 한 판의 $\dfrac{3}{4}$을 먹었고, 센니가 나머지 피자를 먹었다. 센니가 먹은 피자의 양은?

075 다음 빈칸에 알맞은 수를 쓰시오.

a) $\dfrac{6}{21} - \dfrac{\boxed{}}{7} = 0$

b) $\dfrac{7}{8} - \dfrac{\boxed{}}{8} = \dfrac{1}{4}$

c) $\dfrac{3}{4} + \dfrac{5}{\boxed{}} = 1$

d) $\dfrac{7}{16} - \dfrac{1}{\boxed{}} = -\dfrac{1}{16}$

076 다음을 계산하시오.

a) $\dfrac{5}{8} + \dfrac{3}{4}$
b) $\dfrac{5}{6} - \dfrac{2}{3}$

c) $-2 - \dfrac{1}{2}$
d) $1\dfrac{1}{5} - \dfrac{3}{5}$

077 다음을 계산하시오.

a) $\dfrac{2}{3} - \left(-\dfrac{1}{4}\right)$
b) $-\dfrac{1}{5} - \dfrac{1}{6}$

c) $1\dfrac{3}{7} - \dfrac{1}{2}$
d) $2 - \left(\dfrac{1}{2} + \dfrac{7}{8}\right)$

078 칼레, 빌레, 얀네가 초콜릿 한 개를 나눠 먹었다. 칼레는 초콜릿의 $\dfrac{2}{3}$를, 빌레는 $\dfrac{2}{7}$를 먹었다. 얀네가 먹은 초콜릿의 양은?

079 다음 빈칸에 알맞은 수를 쓰시오.

a) $\dfrac{4}{5} + \dfrac{\boxed{}}{5} = 1$

b) $3 - \dfrac{\boxed{}}{4} = 1\dfrac{1}{4}$

c) $4\dfrac{3}{7} + 4\dfrac{\boxed{}}{7} = 9$

d) $\dfrac{1}{8} + \dfrac{\boxed{}}{8} = 3$

080 밀가루는 시나몬롤 반죽에 $1\dfrac{1}{5}$ kg이 필요하고, 팬케이크에는 $\dfrac{1}{2}$ kg이, 케이크에는 $\dfrac{1}{3}$ kg이 필요하다. 2 kg 짜리 밀가루 한 봉지로 다 만들 수 있는가, 없는가? 그 이유를 설명하시오.

081 다음 물음에 답하시오.

$\dfrac{2}{3}$

a) 분수 $\dfrac{2}{3}$에 3을 곱하시오. 식을 쓰시오.

b) 분수 $\dfrac{2}{3}$를 3으로 나누시오. 식을 쓰시오.

082 다음을 계산하시오.

a) $9 \cdot \dfrac{2}{9}$ b) $8 \cdot \dfrac{3}{4}$

c) $3 \cdot \dfrac{5}{9}$ d) $\dfrac{1}{2} \div 4$

e) $\dfrac{8}{9} \div 8$ f) $\dfrac{9}{10} \div 3$

083 다음을 계산하시오.

a) $6 \cdot 1\dfrac{1}{3}$ b) $4 \cdot 2\dfrac{3}{4}$

c) $-2 \cdot \dfrac{5}{8}$ d) $1\dfrac{2}{3} \div 5$

e) $1\dfrac{1}{2} \div 6$ f) $2\dfrac{4}{5} \div 4$

084 미코와 알렉시는 $\dfrac{3}{4}$리터짜리 아이스크림을 3통 샀다. 다음 물음에 답하시오.

a) 아이스크림의 총 양은?

b) 아이스크림을 9명에게 똑같이 나눠야 한다. 한 명당 돌아가는 아이스크림의 양은?

085 다음 빈칸에 알맞은 수를 쓰시오.

a) $\dfrac{1}{5} \cdot \boxed{} = 1$ b) $\dfrac{1}{5} \cdot \boxed{} = 3$

c) $\dfrac{\boxed{}}{3} \div 4 = \dfrac{1}{2}$ c) $\dfrac{\boxed{}}{3} \div 4 = 1\dfrac{1}{2}$

086 다음을 약분하고 계산하시오.

a) $2 \cdot \dfrac{3}{8}$ b) $\dfrac{2}{9} \cdot \dfrac{3}{5}$

c) $\dfrac{21}{12} \cdot \dfrac{4}{7}$ d) $\dfrac{5}{18} \cdot \dfrac{6}{10}$

087 곱셈식을 이용해서 다음 수들이 역수인지 알아보시오.

a) $\dfrac{8}{11}$ 과 $\dfrac{11}{8}$ b) $\dfrac{1}{3}$ 과 3

c) $\dfrac{2}{3}$ 와 $1\dfrac{1}{2}$ d) $\dfrac{5}{9}$ 와 9

088 대분수를 가분수로 바꾸어 계산하시오.

a) $5\dfrac{1}{2} \cdot \dfrac{4}{11}$ b) $3\dfrac{1}{2} \cdot \dfrac{2}{3}$

c) $2\dfrac{3}{5} \cdot \dfrac{5}{6}$ d) $3\dfrac{3}{8} \cdot 2\dfrac{2}{3}$

089 엄마에게 줄 선물을 사라고 아빠가 니코와 리사에게 36유로를 주셨다. 마트에서 두 아이는 각자 엄마에게 줄 선물을 사기로 했다. 니코는 36유로의 $\dfrac{5}{9}$를 썼고 리사는 $\dfrac{1}{3}$을 썼다. 다음 물음에 답하시오.

a) 선물은 모두 합해 얼마인가?

b) 돈이 얼마나 남았는가?

090 캠프에서 10인분의 크레페를 만들려고 한다. 다음 물음에 답하시오.

크레페 레시피 4인분	
• 우유 $3\dfrac{1}{2}$ dL	• 물 1 dL
• 소금 $\dfrac{1}{2}$ 스푼	• 밀가루 $2\dfrac{1}{3}$ dL
• 마가린 1 스푼	• 계란 1개

a) 이 레시피로 만들 때 몇 배의 분량으로 만들어야 하는가?

b) 각각의 재료가 얼마만큼씩 필요한지 계산하시오.

091 다음을 계산하시오.

a) $\dfrac{1}{2} \div \dfrac{1}{6}$　　　　b) $\dfrac{2}{3} \div \dfrac{5}{6}$

c) $\dfrac{7}{9} \div \dfrac{2}{3}$　　　　d) $\dfrac{15}{100} \div \dfrac{9}{40}$

092 다음을 계산하시오.

a) $10 \div \dfrac{1}{2}$　　　　b) $3 \div \dfrac{3}{4}$

c) $\dfrac{5}{7} \div \dfrac{5}{7}$　　　　d) $\dfrac{2}{3} \div \dfrac{3}{2}$

093 부호를 먼저 결정하고 계산하시오.

a) $\dfrac{1}{2} \div 5$　　　　b) $-10 \div \dfrac{5}{7}$

c) $-\dfrac{7}{12} \div \left(-\dfrac{1}{6}\right)$　　　d) $\dfrac{7}{9} \div \dfrac{2}{3}$

094 다음을 계산하시오.

a) $5\dfrac{1}{2} \div \dfrac{1}{2}$　　　　b) $5\dfrac{1}{4} \div \dfrac{7}{8}$

c) $\dfrac{7}{9} \div 4\dfrac{2}{3}$　　　d) $2\dfrac{1}{3} \div 1\dfrac{1}{6}$

095 엄마는 린곤베리를 냉동 보관하려고 한다. 베리가 모두 $9\dfrac{1}{2}$ 리터라면, $\dfrac{3}{4}$ 리터짜리 냉동용기가 몇 개 필요한가?

096 다음을 계산하시오.

a) $\left(\dfrac{5}{8} - \dfrac{3}{8}\right) \cdot \dfrac{4}{5}$　　b) $\dfrac{4}{3} \cdot \dfrac{3}{5} + \dfrac{1}{5}$

097 다음을 계산하시오.

a) $\left(\dfrac{1}{7}\right)^2$　　b) $\left(\dfrac{8}{11}\right)^2$　　c) $\left(3\dfrac{1}{3}\right)^2$

098 다음을 계산하시오. 보기에서 답을 찾으시오.

$\dfrac{1}{7}$	$-\dfrac{1}{5}$	$-\dfrac{1}{6}$	$\dfrac{3}{4}$	$-\dfrac{1}{30}$	1

a) $\dfrac{1}{2} \cdot \dfrac{4}{7} - \dfrac{1}{7}$　　b) $\left(\dfrac{4}{5} - \dfrac{1}{5}\right) \div \dfrac{4}{5}$

c) $-\dfrac{2}{3} \cdot \left(\dfrac{1}{4} - \dfrac{1}{5}\right)$　　d) $\left(\dfrac{1}{2} - \dfrac{3}{4}\right) \div \dfrac{5}{4}$

099 24명의 학생들 중 $\dfrac{5}{6}$ 가 오른손잡이들이다.

오른손잡이들 중 $\dfrac{3}{5}$ 은 여학생이다.

a) 학생들 중 왼손잡이들은 전체의 얼마인가?
b) 오른손잡이 여학생은 몇 명인가?

100 다음 보기를 보고 물음에 답하시오.

엠마의 애완동물

개 1마리	고양이 1마리
앵무새 3마리	기니피그 5마리

a) 엠마의 애완동물 중 기니피그가 차지하는 비율은?
b) 애완동물 중 새들이 차지하는 비율은?
c) 엠마의 꿈은 애완동물을 50마리 키우는 것이다. 애완동물의 종류별 비율을 그대로 유지할 경우, 새와 기니피그는 각각 몇 마리가 될 것인가?

101 다음 분수를 소수로 바꾸시오.

a) $\dfrac{7}{10}$　　b) $\dfrac{55}{100}$　　c) $\dfrac{11}{6}$

102 다음 소수를 분수로 바꾸시오.

a) 0.4　　　　　b) 1.6

c) 0.15　　　　d) 6.25

e) -0.48　　　f) -1.8

103 다음은 2007년 8월 29일 오사카 세계 육상 선수권 대회 여자 100미터 장애물 달리기 결승전의 결과이다.

여자 100 미터 장애물 달리기		
와이트	캐나다	12.66초
애니스 런던	자메이카	12.50초
파웰	미국	12.55초
존스	미국	12.62초
페리	미국	12.46초
시엔	캐나다	12.49초
칼루르	스웨덴	12.51초
딕슨	자메이카	12.64초

장애물 달리기의 결과를 잘 달린 순서대로 나열하시오.

104 다음 물음에 답하시오.

a) 5.309보다 $\dfrac{2}{10}$만큼 큰 소수를 구하시오.

b) 0.582보다 $\dfrac{3}{100}$만큼 작은 소수를 구하시오.

c) -2.0195보다 $\dfrac{7}{1000}$만큼 큰 소수를 구하시오.

105 1.23보다는 크고 1.235보다는 작은 수를 소수점 아래 셋째 자리까지 쓰시오.

106 다음을 계산하시오.

a) $100 \cdot 6.35$　　b) $1000 \cdot 0.25$

c) $0.01 \cdot 0.8$　　d) $9.76 \div 100$

e) $3.6 \div 0.1$　　f) $78.3 \div 0.01$

107 다음 계산 결과를 보기에서 찾으시오.

9.8	3.9	0.039
0.98	−3.9	0.39

a) $0.953 + 0.027$　　b) $4.8 - 0.9$

c) $-0.3 \cdot (-0.13)$　　d) $-1.6 - 2.3$

e) $0.711 - 0.672$　　f) $1.96 \div 0.2$

108 다음 물음에 답하시오.

엘사와 밀라의 크로스컨트리 스키 연습		
	엘사	밀라
일	8.2 km	11.4 km
화	2.4 km	22.7 km
목	5.7 km	13.0 km

a) 두 사람이 연습한 거리를 각각 쓰시오.

b) 밀라가 엘사보다 더 연습했는가? 먼저 암산으로 답이 몇 자리 수인지 추측한 뒤에, 계산하시오.

109 다음 물음에 답하시오.

a) 밀라는 4.8 km 거리의 트랙을 3바퀴 반 돌았다. 크로스컨트리 스키 연습을 한 거리를 계산하시오.

b) 엘사가 총 12 km를 연습했다면, 이 트랙을 몇 바퀴 돌았는가?

110 봄방학 기간에 윌라스 기후측정소에서 측정한 일일 최대기온은 $-6.2\,℃$, $-7.8\,℃$, $-10.9\,℃$, $-8.1\,℃$, $-6.1\,℃$, $-4.9\,℃$, $-2.9\,℃$였다. 평균 기온을 계산하시오.

111 다음에서 유효숫자는 몇 개인가? 반올림해서 유효숫자가 두 개가 되도록 나타내시오.

a) 자동차 기름 가격 1.479 €/L
b) 할머니댁까지의 거리 374 km
c) 6월의 최고 기온 30.7℃
d) 행운권 당첨금 1.38 €
e) 자동차 할부금 12720 €

112 투르쿠의 2007년 말 인구는 175286명이었다. 인구수를 다음 자리에서 반올림하고 유효숫자의 개수를 구하시오.

a) 십의 자리　　　b) 백의 자리

113 다음 제품의 단위 가격을 계산하시오.

a) 1.5 L 주스는 1.90 €이다. (L당)
b) 400 g 빵가루는 0.75 €이다. (kg당)

114 다음을 계산하시오.

a) 바깥 기온 −8.3 ℃와 사우나 안의 기온 98 ℃의 차이
b) 너비 84.1 cm, 높이 204.2 cm 인 문짝의 넓이
c) 자동차 기름 32.6리터가 51.48 €일 때 기름의 리터당 가격

115 치즈 슬라이스 한 장은 30 g이다. 한 장에 들어 있는 각 영양성분의 양을 구하시오.

영양성분 100 g	
에너지	1100 kJ
단백질	31 g
탄수화물	0 g
지방	15 g
포화지방산	8 g
나트륨	0.5 g
칼슘*	1000 mg

* 125% 일일 권장섭취량

a) 나트륨　　　b) 에너지
c) 탄수화물　　d) 지방
e) 단백질　　　f) 칼슘

116 다음 물음에 답하시오.

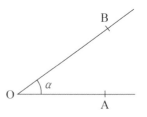

a) 점 두 개를 이용하여 각 α의 왼쪽 변과 오른쪽 변을 나타내시오.
b) 점 세 개를 이용하여 각 α를 나타내시오.

117 보기에서 다음을 모두 고르시오.

59°	180°	231°	360°	99°
359°	78°	90°	199°	45°
89°	266°			

a) 예각　　　　　　b) 둔각
c) 우각　　　　　　d) 직각
e) 평각

118 다각형 ABCD의 다음의 각들을 표기하시오.

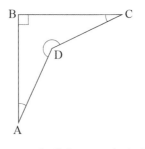

a) 직각　　　b) 예각　　　c) 우각

119 다음을 그리고 각의 이름을 쓰시오.

a) 예각 ABC
b) 둔각 PQR
c) 우각 NMP

120 다음 각들이 평각에서 차지하는 비율을 구하시오.

a) 90°　　　　　　b) 45°
c) 10°　　　　　　d) 60°

121 다음 그림에서 각 α와 β를 측정하시오.

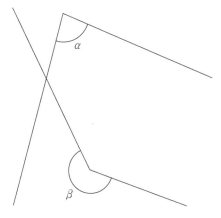

122 다음 각을 그리시오.

a) 9°   b) 100°   c) 200°

123 다음 삼각형 ABC의 각들을 측정하고 각의 크기의 합을 계산하시오.

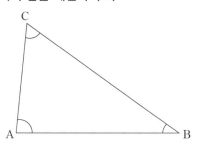

124 다음 물음에 답하시오.

a) 오각형 ABCDE를 그리시오.

b) 오각형의 각들을 측정하고 각의 크기의 합을 계산하시오.

125 다음 시간 동안 시계의 분침은 몇 도를 도는가?

a) 5분   b) 1시간

c) 1분   d) 45분

126 다음 그림을 보고 물음에 답하시오.

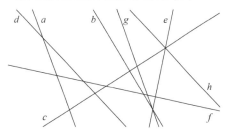

a) 서로 평행인 직선을 찾으시오.

b) 서로 수직인 직선을 찾으시오.

127 다음 두 직선이 이루는 각의 크기를 측정하시오.

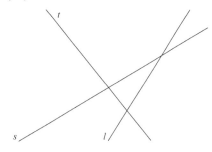

a) 직선 l과 s b) 직선 l과 t

c) 직선 s와 t

128 두 직선의 사이의 각이 다음과 같은 직선을 그리시오.

a) 60°   b) 15°

129 다음 물음에 답하시오.

a) 선분 AB를 그리시오.

b) 선분 AB의 중점을 지나는 수선 n을 그리시오.

130 다음 물음에 답하시오.

a) 점 P를 지나고 직선 l과 평행인 직선을 그리시오.

b) 점 Q를 지나는 직선 l의 수직선을 그리고, 점 Q와 직선 l의 거리를 측정하시오.

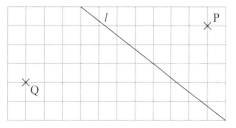

259

131 다음 그림에서 각 α와 β의 크기를 구하시오.

a)

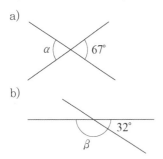

b)

132 크기가 115°인 각에 대하여 다음을 구하시오.

a) 맞꼭지각의 크기   b) 보각의 크기

133 다음과 같은 각을 그리시오.

a) 맞꼭지각이 30°인 각

b) 보각이 135°인 각

134 다음 그림에서 각 α와 β의 크기를 구하시오.

a)

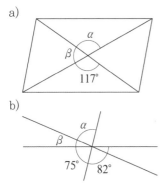

b)

135 점 세 개를 이용해서 각 α의 다음 각을 나타내시오.

a) 맞꼭지각   b) 보각

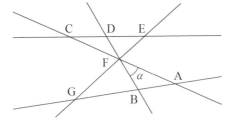

136 다음 각의 동위각을 구하시오.

a) 각 α b) 각 β

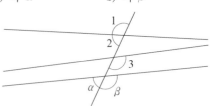

137 다음 그림에서 직선 l과 s는 평행인가, 아닌가? 그 이유를 설명하시오.

a)   b)

138 다음 그림에서 직선 l과 t 사이의 각의 크기를 구하시오.

a)   b)

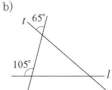

139 다음 그림에서 직선 s와 t는 평행이다. 각 α의 크기를 계산하시오.

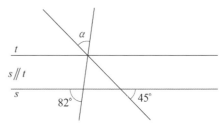

140 다음 그림에서 직선 s와 t는 평행이다. 각 α의 크기를 계산하시오.

a)   b)

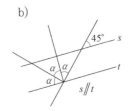

141 원 O에 대하여 다음을 나타내시오.

a) 반지름   b) 현
c) 할선   d) 지름
e) 접선   f) 호

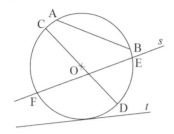

142 다음 물음에 답하시오.

a) 모눈종이에 반지름의 길이가 5인 원을 그리시오.
b) 위 a)의 원에 120°인 부채꼴의 각을 그리시오.

143 다음이 참인지 거짓인지 알아보시오. 거짓은 참이 되도록 고치시오.

a) 지름은 현이다.
b) 할선은 원과 한 점에서 만난다.
c) 접선은 원과 두 점에서 접한다.
d) 접선과 접점에 그린 반지름은 180°의 각을 이룬다.
e) 하나의 현은 원에서 언제나 한 개의 활꼴을 만든다.

144 모눈종이에 중심이 O이고 지름이 8인 원을 그리고, 다음을 표시하시오.

a) 반지름 OA
b) 지름 BC
c) 지름이 아닌 현 DE
d) 활꼴과 부채꼴

145 다음의 경우에 교점이 몇 개인지 모든 경우를 그려서 알아보시오.

a) 직선과 원
b) 반지름의 길이가 서로 다른 두 개의 원
c) 반지름의 길이가 서로 같은 두 개의 원

▌ **[146~149]** 다음 물음에 답하시오.

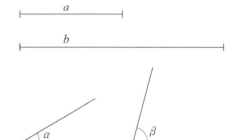

146 다음을 공책에 작도하시오.

a) 선분 a
b) 각 α

147 직선 l을 옆으로 향하게 그리고 점 P를 표시하고, 다음을 작도하시오.

a) 점 P가 끝점인 선분 b
b) 꼭짓점이 P인 각 β

148 길이가 다음과 같은 선분을 작도하시오.

a) $2 \cdot a$
b) $a+b$
c) $b-a$

149 크기가 다음과 같은 각을 작도하시오.

a) $\alpha + \beta$
b) $\beta - \alpha$

150 다음과 같은 삼각형을 공책에 작도하시오.

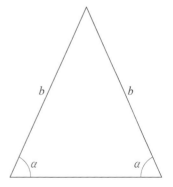

151 선분 AB의 수직이등분선을 작도하시오.

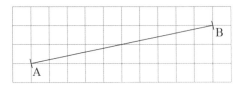

152 각 α를 이등분하시오.

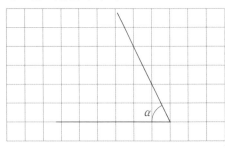

153 직각을 작도하시오.

154 길이가 다음과 같은 선분 CD를 작도하시오.

a) 길이가 선분 AB의 $\frac{1}{4}$

b) 길이가 선분 AB의 $\frac{5}{8}$

c) 길이가 선분 AB의 2.5배

155 선분 a와 b, 각 α를 이용해서 다음 그림과 같은 연을 공책에 작도하시오.

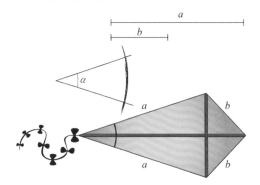

156 다음 물음에 답하시오.

a) 직선 l을 그리고 직선의 바깥에 점 P를 표시하시오.

b) 점 P를 지나면서 직선 l과 평행인 직선을 작도하시오.

157 다음 물음에 답하시오.

a) 직선 k를 그리고 직선 위에 점 R을 표시하고 직선 바깥에 점 Q를 표시하시오.

b) 점 R을 지나는 직선 k의 수선을 작도하시오.

c) 점 Q를 지나면서 직선 k와 수직인 선을 작도하시오.

158 다음 물음에 답하시오.

a) 직선 m과 점 P를 표시하시오.

b) 점 P를 지나는 직선 m의 수선 n을 작도하시오.

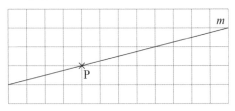

159 다음 물음에 답하시오.

a) 직선 m과 점 R을 그리시오.

b) 점 R을 지나면서 직선 m과 평행인 직선 l을 작도하시오.

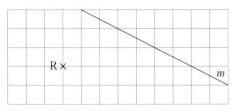

160 다음 물음에 답하시오.

a) 직선 l을 그리고 직선 위에 점 P를, 직선 바깥에 점 R을 표시하시오.

b) 직선 l 위의 점 P를 지나는 수선 n을 작도하시오.

c) 점 R을 지나는 직선 l의 수선 m을 작도하시오.

d) 직선 n과 m은 어떤 특징을 가지고 있는가?

161 다음 그림에서 찾을 수 있는 다각형을 모두 쓰시오.

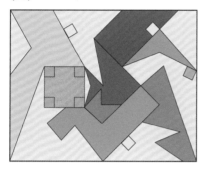

162 다각형에는 모두 10개의 색이 사용되었다. 위의 그림을 공책에 그리고 서로 만나는 다각형은 다른 색으로 색칠하시오. 색이 최소한 몇 개 필요한가?

163 직사각형도 아니고 정사각형도 아닌 큰 사각형을 그리시오.

a) 사각형의 각의 크기를 가능한 정확히 측정하시오.

b) 사각형의 각들의 합을 계산하시오.

164 다음 그림에서 다각형을 찾으시오.

a) 삼각형   b) 사각형
c) 오각형   d) 육각형
e) 칠각형   f) 구각형

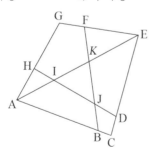

165 다음 물음에 답하시오.

a) 팔각형을 그리시오.

b) 팔각형 안의 모든 대각선을 그리시오.

c) 팔각형에는 대각선을 모두 몇 개 그릴 수 있는가?

166 다음에서 각 α의 크기를 구하시오.

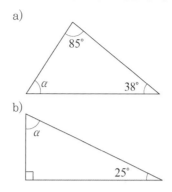

167 두 각의 크기가 17°와 121°인 삼각형이 있다. 삼각형의 나머지 한 각의 크기를 구하시오. 이 삼각형은 둔각, 예각 또는 직각삼각형 중 어느 삼각형인가?

168 다음 세 각으로 삼각형이 만들어지는가? 그 이유를 설명하시오.

a) 20°, 90°, 80°

b) 60°, 60°, 60°

c) 15°, 15°, 150°

169 다음은 참인가 거짓인가? 그 이유를 설명하시오.

a) 직각삼각형은 항상 두 개의 예각을 가지고 있다.

b) 삼각형의 한 각의 크기가 60°보다 크면, 이 삼각형에는 둔각이 있을 수 없다.

170 다음 그림에서 각 β의 크기를 계산하시오.

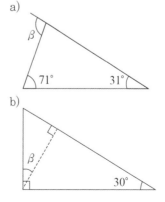

171 아래 삼각형을 측정하여 다음을 찾으시오.

　a) 정삼각형　　　b) 이등변삼각형

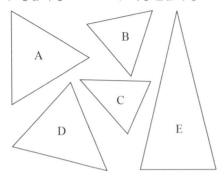

172 꼭지각의 크기가 다음과 같을 때, 이등변삼각형의 밑각의 크기를 구하시오.

　a) 110°　　　b) 90°　　　c) 24°

173 밑각의 크기가 다음과 같을 때, 이등변삼각형의 꼭지각의 크기를 구하시오.

　a) 53°　　　b) 60°　　　c) 88°

174 다음 물음에 답하시오.

　a) 꼭지각의 크기가 90°이고 길이가 같은 변의 길이가 6.3 cm인 이등변삼각형을 그리시오. 삼각형의 밑각을 측정하시오.
　b) 꼭지각의 크기가 60°이고 길이가 같은 변의 길이가 5.5 cm인 이등변삼각형을 그리시오. 밑변의 길이를 측정하시오.

175 다음 그림에서 각 α와 β의 크기를 계산하시오.

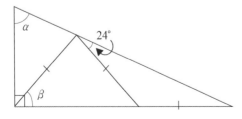

176 컴퍼스와 각도기와 자를 이용하여 다음과 같은 모양의 삼각형을 그리시오.

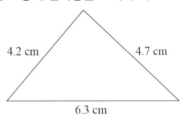

177 다음 선분 a와 b를 삼각형의 변으로 해서 다른 크기의 이등변삼각형을 네 개 그리시오.

　(힌트 : 정삼각형도 이등변삼각형이다.)

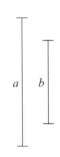

178 다음과 같은 모양의 삼각형을 그리시오.

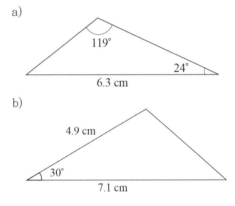

179 컴퍼스와 각도기를 이용하여 길이가 같은 변의 길이는 5.0 cm이고 밑변의 길이는 3.5 cm인 이등변삼각형을 그리시오.

180 모눈종이에 변의 길이가 9인 정삼각형을 그리시오.

181 다음 그림에서 아래 사각형을 찾으시오.

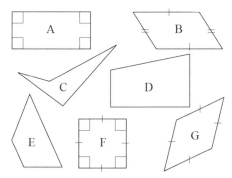

a) 사다리꼴   b) 평행사변형
c) 마름모   d) 직사각형
e) 정사각형

182 다음은 참인가 거짓인가? 거짓은 참이 되게 고치시오.

a) 모든 정사각형은 직사각형이다.
b) 모든 사다리꼴은 평행사변형이다.
c) 모든 마름모는 정사각형이다.
d) 모든 부등변사각형은 사각형이다.

183 다음 그림에서 각 α와 β의 크기를 계산하시오.

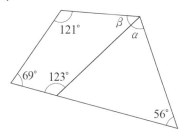

184 다음과 같은 사각형을 그리시오.

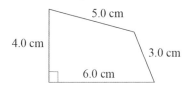

185 다음과 같은 사각형을 그리시오.

a) 단 한 개의 각이 90°이다.
b) 서로 옆에 있는 두 개의 각이 90°이다.
c) 대각선들이 수직으로 교차한다.

186 다음은 참인가 거짓인가? 그 이유를 설명하시오.

a) 평행사변형의 각들의 합은 360°이다.
b) 마름모는 사다리꼴이다.
c) 직사각형은 언제나 정사각형이다.
d) 평행사변형에서는 적어도 한 각은 90°보다 크다.
e) 직사각형은 평행사변형이다.
f) 정사각형은 평행사변형이다.
g) 마름모는 모든 변의 길이가 같은 평행사변형이다.

187 변의 길이가 7.0 cm와 4.5 cm이고 두 변의 사이의 각이 67°인 평행사변형을 그리시오.

188 평행사변형 ABCD에서 각 α와 β의 크기를 계산하시오.

a)

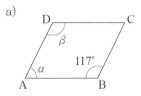

b)

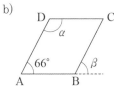

189 두꺼운 종이에 큰 평행사변형을 그리시오. 평행사변형에 대각선을 그리고 평행사변형을 오려내시오. 평행사변형의 대각선들이 만나는 점에 연필 끝을 대고 평행사변형을 수평으로 들어보시오. 무엇을 관찰할 수 있는가?

190 선분 a, b를 두 변으로 하고 두 변 사이의 각이 각 α의 크기인 평행사변형을 그리시오.

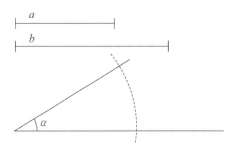

191 한 변의 길이가 3.0 cm인 정육각형을 그리시오.

192 다음을 계산하시오.

a) 정사각형의 중심각의 크기
b) 정육각형의 중심각의 크기
c) 정십이각형의 중심각의 크기

193 중심각의 크기가 45°인 정다각형은 무엇인가?

194 정육각형의 변들이 서로 만날 때까지 연장하시오. 각 α의 크기를 계산하시오.

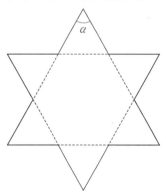

195 정육각형을 그리고 그 정육각형을 12개의 모양이 같고 크기가 같은 평행사변형으로 나누시오.

196 다음을 센티미터로 바꾸시오.

a) 4 m
b) 32 mm
c) 0.71 m
d) 0.1 mm

197 넓이의 단위로 무엇을 사용하는 것이 가장 적당할지 결정하시오.

a) 라플란드 지역의 넓이
b) 화학실험실의 넓이
c) 밀밭의 넓이
d) 유로화 동전의 넓이

198 다음 단위를 바꾸시오.

a) 2.1 km^{2}를 제곱데시미터로
b) 500 dm^{2}를 헥타르로
c) 1 500 000 000 000 mm^{2}를 제곱미터로
d) 1.7 km^{2}를 아르로

199 다음 표를 완성하시오.

m^2	dm^2	cm^2	mm^2
	45		
			5100
		378	
12			

200 다음 물음에 답하시오.

a) 다음 지역의 넓이를 추정하시오.

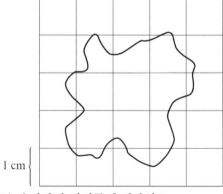

1 cm

b) 손바닥의 넓이를 추정하시오.

201 변이 길이가 다음과 같은 직사각형의 둘레의 길이와 넓이를 계산하시오.

    a) 30 cm, 13 cm

    b) 72 m, 420 m

202 색칠한 넓이를 계산하기 위해서 필요한 변의 길이를 밀리미터까지 측정하고 그 넓이를 계산하시오. 그림의 각들은 직각이다.

    a)

    b)

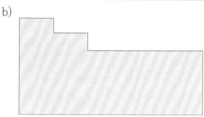

203 정사각형 모양의 땅의 세 변에만 80 cm 간격으로 나무를 심으려고 한다. 이 땅의 한 변의 길이가 40미터일 때, 나무가 몇 그루 필요한가?

204 정사각형의 둘레의 길이가 36 m이다. 이 정사각형의 넓이를 구하시오.

205 다음 물음에 답하시오.

    a) 비행장의 활주로의 길이는 3.0 km이고 너비는 66 m이다. 활주로의 넓이를 계산하시오.

    b) 제설차는 한 번에 너비 7.5미터의 길에 쌓인 눈을 치울 수 있다. 이 차는 활주로 안에서 왔다 갔다해서 눈을 치운다. 활주로 위 눈을 다 치울 때까지 제설차가 움직인 거리를 구하시오.
    (단, 회전반경은 고려하지 않는다.)

206 다음 도형의 둘레의 길이와 넓이를 계산하시오.

    a)

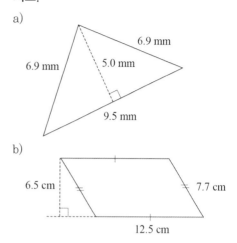

    b)

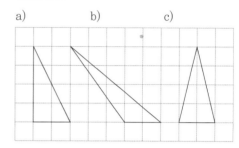

207 다음 그림의 삼각형의 넓이를 눈금으로 계산하시오.

    a)   b)   c)

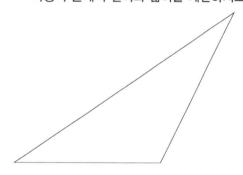

208 필요한 부분을 밀리미터까지 측정하고 삼각형의 둘레의 길이와 넓이를 계산하시오.

209 평행사변형의 높이가 14 cm이고 넓이가 84 cm^2일 때 밑변의 길이를 계산하시오.

210 모눈종이 위에 다음을 그리시오.

    a) 넓이가 26칸인 평행사변형

    b) 넓이가 12칸인 이등변삼각형

211 그림의 사다리꼴에서 다음을 구하시오.

a) 넓이   b) 둘레의 길이

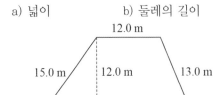

212 필요한 부분을 밀리미터까지 측정하고 사다리꼴의 넓이를 계산하시오.

213 미국의 네바다 주의 모양은 사다리꼴과 비슷하다. 네바다 주의 넓이를 계산하시오.

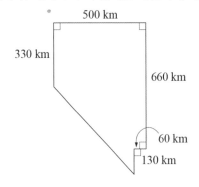

214 사다리꼴의 밑변은 46 mm와 29 mm 이다. 넓이가 9.00 cm^{2}일 때 이 사다리꼴의 높이를 계산하시오.

215 평행사변형 모양의 밀밭의 한가운데에 사다리꼴 모양의 작은 숲이 있다. 밀밭의 넓이를 헥타르로 나타내시오.

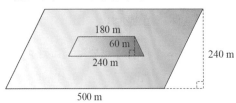

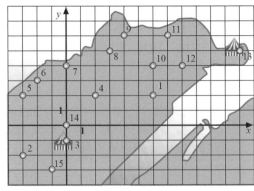

1. 토네이도
2. 협곡모험
3. 카라멜 회전목마
4. 메쿨라
5. 허리케인
6. 바이킹 호
7. 오를로클래스 탑
8. 수퍼벌레
9. 제트 스타
10. 스카이 플라이어 761
11. 프리스비
12. 날아가는 양탄자
13. 후비마야 회전목마
14. 나신네울라 전망탑
15. 돌고래 수족관

216 사르칸니에미 놀이공원에서 다음의 좌표에 있는 놀이기구는?

a) $(2, 2)$ b) $(-1, -3)$
c) $(-3, 2)$ d) $(12, 5)$

217 다음 놀이기구의 좌표는?

a) 제트 스타   b) 카라멜 회전목마
c) 날아가는 양탄자   d) 바이킹 호

218 다음 놀이기구는 좌표평면의 어느 사분면에 있는가?

a) 허리케인   b) 돌고래 수족관
c) 수퍼벌레   d) 협곡모험

219 사각형의 꼭짓점들의 좌표가 $(-3, 1)$, $(1, -3)$, $(4, -2)$, $(1, 4)$이다. 사각형의 넓이를 모눈종이의 눈금으로 계산하시오.

220 다음 물음에 답하시오.

a) 좌표 $(-2, 4)$와 $(3, -1)$을 지나는 직선을 그리시오.
b) 중심이 $(1, 2)$이고 반지름이 5인 원을 컴퍼스를 이용해서 그리시오.
c) 어느 점에서 직선과 원이 만나는가?

221 다음 교통표지판에 대칭축을 몇 개나 그릴 수 있는가?

a) 차량통행   b) 양보   c) 금지

222 각도기를 이용해서 어떤 점들이 직선 t에 대해서 대칭인지 알아보시오.

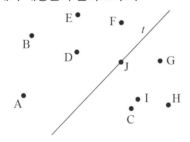

223 a) 직선 s를 비스듬히 그리고 직선의 바깥에 선분 AB를 그리시오.
b) 선분 AB를 직선 s에 대해서 대칭시키시오.
c) 선분 AB와 선분 A′B′의 길이를 측정하시오.

224 직선 l에 대해서 대칭되도록 도형을 완성하시오.

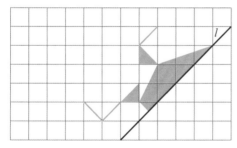

225 다음과 같은 사각형을 그리시오.

a) 대칭축이 1개 있다.
b) 대칭축이 2개 있다.
c) 대칭축이 4개 있다.
d) 대칭축이 없다.

226 원점에 대해서 다음 점들의 대칭인 점들의 좌표를 추정하시오.

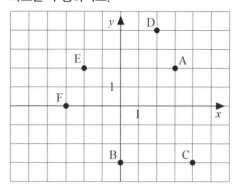

227 다음 물음에 답하시오.

a) 선분 AB를 그리고 그 바깥에 점 O를 표시하시오.
b) 선분 AB를 점 O에 대해 대칭시켜 선분 A′B′이라 하시오.
c) 선분 AB와 선분 A′B′의 길이를 측정하였을 때, 선분 AB와 A′B′ 사이의 특징을 말하시오.

228 다음 물음에 답하시오.

a) 좌표평면에 삼각형 ABC를 그리시오. 꼭짓점의 좌표는 A(1, −4) B(4, −3), C(3, −1)이다.
b) 삼각형 ABC를 x축에 대해 대칭시키고 대칭 삼각형 A′B′C′를 y축에 대해 대칭시키시오.
c) 원래의 삼각형 ABC를 원점에 대해 대칭하시오. 어떤 사실을 관찰할 수 있는가?

229 221번 문제의 교통표지판들 중에서 점대칭인 것은 어느 것인가?

230 다음 도형을 그리고 도형 안에 대칭축이 있는지 알아보시오.

a) 정사각형   b) 정삼각형
c) 평행사변형   d) 원
e) 사다리꼴

269

231 다음 수열이 유한수열인지 무한수열인지 구분하시오.

a) 주사위의 눈의 수열

b) 자연수의 홀수의 수열

c) 두 자리 수 중 짝수의 수열

d) 헬싱키 지역 전화번호부에 있는 전화번호들의 수열

232 다음 수직선에서 수열의 처음 다섯 개 항을 쓰고 수열의 규칙을 추정하시오.

a)

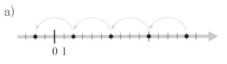

b)

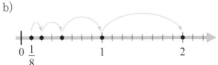

233 다음 수열의 규칙을 쓰고 수열의 다음 세 개 항을 계산하시오.

a) 13, 17, 21, 25, …

b) 0, 6, 12, 18, …

c) 160, 80, 40, 20, …

d) 8, 5, 2, −1, …

234 다음 수열의 규칙에 따라서 수열의 처음 다섯 개 항을 쓰시오.

a) 수열의 1항은 8이고 다음 항은 직전 항을 −2로 나눠서 얻는다.

b) 수열의 2항은 93이고 다음 항은 직전 항에서 7을 빼서 얻는다.

235 카이야는 엄마에게 일주일치 용돈을 매일 다음과 같이 주실 것을 제안했다. '월요일에 1유로, 다음 날에는 그 전날 금액의 두 배' 엄마가 이 제안에 동의하셨다면, 일주일 뒤에 카이야가 일주일 동안 받은 용돈의 총액은 얼마인가?

236 수열의 다음 세 개의 항을 그리시오.

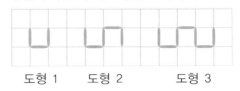

도형 1   도형 2   도형 3

237 다음 물음에 답하시오.

a) 도형수열의 처음 여섯개 항을 그리시오.

b) 도형에 들어 있는 점의 개수로 만들어지는 수열의 규칙을 쓰시오.

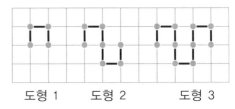

도형 1   도형 2   도형 3

238 다음 물음에 답하시오.

a) 도형수열의 처음 다섯 개 항을 그리시오.

b) 도형을 만드는 데 사용된 성냥개비의 개수를 표로 나타내고 그 수가 만드는 수열을 쓰시오.

도형 1   도형 2   도형 3

239 다음 물음에 답하시오.

도형 1   도형 2   도형 3

a) 도형의 주황색 부분을 나타내는 분수가 수열을 만든다. 수열의 규칙을 쓰고 처음 다섯 개 항을 쓰시오.

b) 도형의 흰색 부분을 나타내는 분수가 수열을 만든다. 처음 다섯 개 항을 쓰시오.

240 다음 물음에 답하시오.

a) 도형수열을 만들고 처음 다섯 개 도형을 그리시오.

b) 만들어진 수열의 규칙을 쓰시오.

|

241 아래 그림과 같은 함수가 있다. 다음과 같은 수를 입력했을 때 출력되는 수를 구하시오.

a) 3　　　b) 12　　　c) 0　　　d) -3

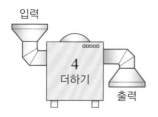

242 아래 그림과 같은 함수가 있다. 다음과 같은 수를 입력했을 때 출력되는 수를 구하시오.

1, 5, 0, 10

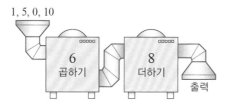

243 아래 그림과 같은 함수가 있다. 입력한 수를 구하시오.

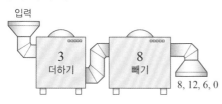

244 다음 물음에 답하시오.

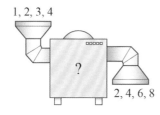

a) 이 함수의 규칙은 무엇인가?

b) 9가 입력되었을 때 출력은?

c) 출력이 -8이라면 입력된 수는?

245 함수를 나타내는 장치에 1, 2, 3, 4를 입력하면 기계는 1, 3, 5, 7이 출력된다.

a) 이 함수의 규칙은 무엇인가?

b) 7이 입력되었을 때 출력은?

c) 출력이 17이라면 얼마를 입력했는가?

246 다음 다각형의 둘레를 구하는 식을 쓰고 간단히 하시오.

a)　　　　　　　　　b)

247 다음 식을 간단히 하시오.

a) $10 \cdot x$　　　　　b) $1 \cdot x \cdot y$

c) $-3 \cdot x$　　　　　d) $x \cdot 2$

e) $-1 \cdot x \cdot y$　　　f) $-7 \cdot x$

248 다음 덧셈식을 곱셈식으로 고쳐 쓰고 간단히 하시오.

a) $10+10+10$

b) $x+x+x+x+x+x$

c) $3+3+3+3+3+3+3+3$

249 다음 표를 완성하시오.

식	계수	문자
x		
$5x$		
	-13	y
$-x$		
	1	a

250 다음과 같은 규칙을 식으로 쓰시오.

a) x에 11을 더한다.

b) x에서 5를 뺀다.

c) x에 7을 곱한다.

d) 3에서 x를 뺀다.

251 입력된 수에 2를 곱하고 15를 더할 때, 다음 표를 완성하시오.

입력	출력
1	
2	
5	
10	
0	
x	

252 x를 입력하면 결과는 $3x-1$이 된다. 다음과 같은 수를 입력할 때, 결과를 구하시오.

a) 7   b) 0

c) 12   d) -2

253 $x=7$일 때 다음 식의 값을 계산하시오.

a) $2x-14$ b) $7x$

c) $3x-20$ d) $7-3x$

254 다음 식의 값을 10으로 만드는 x의 값은 무엇인가?

a) $x+1$ b) $2x-6$

c) $5x-10$ d) $16-3x$

255 헤이디는 아기를 돌봐주고 $6x+5$의 급여를 받는다. x는 돌보는 시간이다. 아기를 다음 시간만큼 돌볼 때 헤이디가 받는 급여는 얼마인가?

a) 3시간   b) 4시간   c) 150분

256 입력된 수에 -2를 곱하고 11을 더할 때, 다음 표를 완성하시오.

입력	출력
4	
0	
-1	
-10	
x	

257 다음 표를 완성하시오.

x	$-x-5$
5	
1	
0	
-1	
-5	

258 $x=-3$일 때 다음 식의 값을 계산하시오.

a) $4x+1$ b) $-2x-6$

c) $x-7$ d) $-x+2$

259 $x=-2$일 때 보기의 식 중 식의 값이 4인 것은?

$x-4$	$2-x$	$-2 \cdot x$
$4-x$	$x-2$	$-8 \div x$

260 양말의 두께는 데니에로 나타낸다. 데니에는 양말을 만들 때 사용한 실의 1미터의 무게를 말한다. 1데니에$=0.111\,\mathrm{mg/m}$일 때 다음 표를 완성하시오.

데니에	mg/m
40	
70	
	1.332
	1.665
x	

261 다음 식의 동류항을 보기에서 모두 고르시오.

a	$-4a$	x	-1
y	2	$2a$	$-5x$

a) $3x$　　　b) -4　　　c) $-a$

262 다음을 간단히 하시오.

a) $4x+7x$　　　　b) $y+3y$

c) $6a-2a-4a$　　　d) $4h-13h$

263 다음을 간단히 하시오. a)부터 j)까지 해당 알파벳을 찾으면 어떤 단어가 완성되는지 알아보시오.

a) $4x+5x$　　　　b) $3x+6x-5$

c) $7x+2x+5$　　　d) $-3x-5x-5-x$

e) $9-2x-3x-18$　f) $3x-9+2x$

g) $-8x+13-x-8$　h) $14x-7-9x+16$

i) $2x-3-7x+12$　j) $7x-8x-4x$

H	$9x-5$		K	$-5x-9$
U	$9x$		I	$5x-9$
P	$-5x$		S	$-9x+5$
R	$9x+5$		S	$5x+9$
U	$-5x+9$		A	$-9x-5$

264 도형의 둘레를 구하는 식을 만들고 간단히 하시오.

a)

$7y$

b)

$3x$

$4x$

265 다음을 간단히 하시오.

a) $137a+67a-137a$

b) $375a-75a-299a$

c) $811a+a-812a$

d) $79a+2a-82a$

266 다음을 간단히 하시오.

a) $4 \cdot 10x$　　　　b) $3 \cdot 6x$

c) $5 \cdot 7x$　　　　d) $-7 \cdot 7x$

e) $7x \cdot 8$　　　　f) $4x \cdot (-2)$

267 다음을 간단히 하시오.

a) $\dfrac{60x}{3}$　　b) $\dfrac{-22x}{2}$　　c) $\dfrac{36x}{-9}$

268 다음 빈칸에 알맞은 수 또는 식을 쓰시오.

a) $3a \cdot \boxed{} = 12a$　　b) $\boxed{} \cdot 7 = 14a$

c) $2 \cdot \boxed{} = -10a$　　d) $\boxed{} \cdot 2a = -6a$

269 다음을 간단히 하시오.

a) $0.5a \cdot 4$　　　　b) $7 \cdot 1.1a$

c) $\dfrac{0.8a}{0.2}$　　　　d) $\dfrac{1.5a}{0.3}$

270 $4, 6, 6x, 12x$ 중 굵은 선 안의 빈칸에 알맞은 수나 식을 골라 쓰시오.

	·			=	$72x$
÷		·			
		·		=	$24x$
=		=			
$3x$		$36x$			

271 다음을 식으로 나타내시오.

a) x와 9의 합

b) x에서 13을 뺀 수

c) x와 2의 곱

272 다음을 식으로 나타내시오.

a) x에 9를 곱한 뒤에 19를 뺀다.

b) x에 17를 곱한 수를 37에서 뺀다.

c) x에 -21을 곱한 수에 42를 더한다.

d) x에 -6을 곱한 수를 26에서 뺀다.

273 다음 식을 말로 풀어서 쓰시오.

a) $x+4$ b) $2-3x$

c) $\dfrac{7-x}{12}$ d) $\dfrac{x+7}{12}$

274 니코는 x살이다. 가족들의 나이를 식으로 쓰시오.

a) 아빠는 니코보다 나이가 6배 더 많다.

b) 할아버지는 니코보다 나이가 12배 더 많다.

c) 형은 니코보다 x살 더 많다.

275 다음을 식으로 쓰시오.

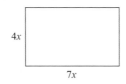

a) 직사각형의 둘레를 구하는 식을 만드시오.

b) $x=3.0$ cm일 때, 직사각형의 높이를 계산하시오.

c) $x=2.5$ cm일 때, 직사각형의 둘레의 길이를 계산하시오.

276 아키가 헤엄친 거리는 x미터이다. 아키의 친구들이 수영한 거리를 식으로 쓰시오.

a) 사리는 아키보다 세 배 더 긴 거리를 수영했다.

b) 에로는 아키보다 200 m 짧은 거리를 수영했다.

c) 니코는 사리보다 100 m 더 수영했다.

277 미아는 $3x$살이다. 미아의 사촌들의 나이를 식으로 나타내시오.

a) 네아는 미아보다 두 배 더 나이가 많다.

b) 미코는 네아보다 두 살 더 많다.

278 연초에 한누의 저금통에는 78유로가 있었다. 한누는 일주일에 4유로씩 더 저금할 예정이다. 다음 물음에 답하시오.

a) x주 후에 저금통에 있는 저축액의 액수를 나타내는 식을 쓰시오.

b) 식을 이용해서 15주 후 저금통에 있는 저축액을 계산하시오.

279 오토와 안티는 화요일에 월요일보다 4 km 더 자전거를 탔다. 수요일에 이 둘은 월요일과 화요일에 탄 거리를 합친 거리만큼 탔다. 목요일에 이들은 12 km를 탔다. 다음 물음에 답하시오.

a) 첫째 날 자전거 탄 거리가 a km일 때 4일간 자전거를 탄 총 거리를 나타내는 식을 만드시오.

b) 첫째 날 탄 거리가 8 km일 때, 식을 이용해서 자전거를 탄 총 거리를 계산하시오.

280 다음 물음에 답하시오.

a) 작은 정육면체의 한 면의 넓이가 A일 때 큰 도형의 넓이를 나타내는 식을 만드시오.

b) 작은 정육면체의 부피가 3 V일 때 큰 도형의 부피를 나타내는 식을 만드시오.

281 그림의 양팔저울은 평형 상태에 있다. 다음 물음에 답하시오.

a) 저울의 왼쪽과 오른쪽 접시 위의 추의 무게를 말하시오.

b) 양팔저울이 평형을 이룰 조건을 쓰고 이때의 x의 값을 구하시오.

282 양팔저울이 평형을 이루기 위한 식을 보기에서 찾고, x의 값을 구하시오.

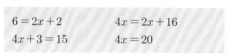

a)　　　　　　　　　b)

c)　　　　　　　　　d)

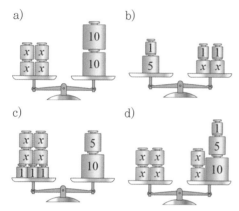

283 다음 식을 양팔저울로 그리고 x의 값을 구하시오.

a) $2x = 30$　　　　b) $x + 8 = 14$

c) $3x + 4 = 2x + 5$　　d) $4x + 1 = x + 7$

284 양팔저울의 왼쪽 접시에 추 x를 다음과 같이 놓을 때, 어떤 x의 값이 양팔저울이 평형을 이루게 하는가?

a) 2개

b) 4개

c) 3개

d) 1개

285 양팔저울의 오른쪽 접시에는 22 kg의 추가 있다. 양팔저울이 평형을 이루게 하려면 왼쪽 접시에 3 kg과 7 kg짜리 추를 각각 몇 개씩 올려 놓아야 하는가?

286 양팔저울이 평형을 이루기 위한 식과 x의 값을 구하시오.

a)　　　　　　　　　b)

c)

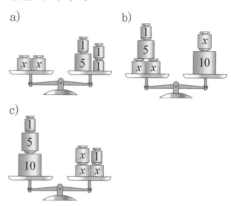

287 $x = 7$이 다음 방정식의 근인지 확인하시오.

a) $20 - x = 13$

b) $2x = x + 8$

c) $3x - 6 = 2x + 1$

d) $5 \cdot (x + 2) = 8x - 11$

288 다음 빈칸에 알맞은 수를 추정하시오.

a) $3 + \boxed{} = 9$　　b) $\boxed{} - 7 = 21$

c) $\boxed{} + 1 = -13$　d) $12 - \boxed{} = -15$

e) $0 \cdot \boxed{} = 0$　　f) $\boxed{} \div 9 = -2$

289 다음 물음에 답하시오.

$x - 4$	$-x + 3$	$5x + 4$
$-2x$	$2x + 9$	$-3x - 2$

a) $x = -2$일 때 보기의 식의 값을 구하시오.

b) $x = -2$일 때 식의 값이 같은 식을 보기에서 고르시오. 이를 등식으로 나타내시오.

290 다음 방정식을 만들고 식의 값을 추정하시오.

a) $7x$와 8의 합은 50이다.

b) 10과 x의 곱은 x와 18의 합이다.

c) 5와 x의 곱은 x와 24의 합이다.

291 다음 방정식을 풀고 답을 확인하시오.

a) $x + 11 = 17$ b) $x - 5 = 0$

c) $x - 9 = 5$ d) $-3 + x = 4$

292 다음 방정식의 근을 구하시오.

a) $10x = 9x + 3$

b) $15x = -13 + 14x$

c) $8x = 7x - 5$

d) $6x = 5x$

293 다음을 방정식으로 나타내고 근을 구하시오.

a) x에서 15를 빼면 18이 된다.

b) x에 7을 더하면 29가 된다.

294 다음 방정식의 근을 구하시오.

a) $3x + 9 = 2x + 13$

b) $4x + 25 = 150 + 3x$

c) $5x - 4 = 4x + 1$

d) $6x + 7 = 5x + 7$

295 다음 물음에 답하시오.

a) 식 $x + 9$의 값이 0이 되는 x의 값을 구하시오.

b) 식 $7x + 52$와 $6x - 15$의 값이 같은 x의 값을 구하시오.

296 다음 양팔저울이 평형을 이루기 위한 식과, x의 값을 구하시오.

a)   b)

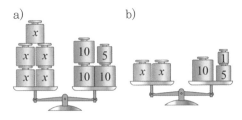

297 다음 방정식의 근을 구하시오.

a) $5x = 35$ b) $2x = 48$

c) $7x = 14$ d) $6x = 42$

e) $3x = 90$ f) $8x = 72$

298 다음 방정식의 근을 구하시오.

a) $\dfrac{x}{2} = 8$ b) $\dfrac{x}{3} = 6$

c) $\dfrac{x}{4} = 9$ d) $\dfrac{x}{15} = 2$

299 다음 방정식의 근을 구하시오. a)에서 g)까지 해당 알파벳을 찾으면 어떤 단어가 완성되는지 알아보시오.

a) $-5x = -60$ b) $\dfrac{x}{3} = -5$

c) $-x = 13$ d) $-x = -13$

e) $-3x = -45$ f) $\dfrac{x}{-7} = -2$

g) $\dfrac{x}{4} = -3$

E	R	I	H	I	L	L	O
−13	−15	14	−12	12	15	13	−14

300 다음을 방정식으로 나타내고 근을 구하시오.

a) x에 -4를 곱하면 18이 된다.

b) x를 -3으로 나누면 -5가 된다.

c) x에 -2를 곱한 뒤 5로 나누면 -7이 된다.

d) x를 40으로 나누면 650이 된다.

301 다음 방정식을 푸시오.

a) $7x - 16 = 5$ b) $2x + 5 = 5$

c) $7x = 4x + 21$ d) $5x = x - 44$

302 다음 방정식을 푸시오.

a) $\dfrac{2x}{3} = 6$ b) $\dfrac{2x}{7} = 2$

c) $\dfrac{3x}{8} = 9$ d) $\dfrac{5x}{12} = 10$

303 다음 방정식을 푸시오.

a) $\dfrac{x}{2} - 3 = 5$ b) $\dfrac{x}{3} + 1 = 4$

c) $\dfrac{x}{6} + 7 = 9$ d) $\dfrac{x}{10} - 6 = -2$

304 다음 방정식을 푸시오.

a) $3x - 6 = 5x$

b) $-3x - 21 = 8x - 10$

c) $-2x + 7 = 3x + 2$

d) $14x + 9 = 6x - 7$

305 다음 식의 값을 같게 해주는 x의 값은?

a) $5x$ 와 $4x - 20$

b) $8x - 5$ 와 $x + 16$

c) $2x + 11$ 과 $2 - x$

d) $7 - x$ 와 $x + 7$

306 다음을 방정식으로 나타내고 푸시오.

a) x와 2를 더하면 13이 된다.

b) x에서 2를 빼면 8이 된다.

c) x와 2를 곱하면 42가 된다.

d) x를 2로 나누면 9가 된다.

307 다음을 방정식으로 나타내고 푸시오.

a) x에 26을 더하면 9가 된다.

b) x에서 3을 빼면 -1이 된다.

c) 1에서 x를 빼면 7이 된다.

308 삼각형의 세 내각들의 합은 180°이다. 방정식을 세워 삼각형의 세 각의 크기를 구하시오.

a)

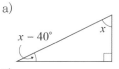

b)

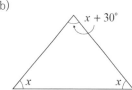

309 다음을 방정식으로 나타내고 푸시오.

a) x와 2의 곱에 7을 더하면 49가 된다.

b) x를 3으로 나누고 1을 빼면 19가 된다.

310 나무판의 길이가 1.4 m이다. 이 나무판을 여러 개로 자른 뒤 가장 짧은 것을 x로 나타낸다. 방정식을 세워 나무판 조각들의 길이를 구하시오.

a) 긴 조각은 짧은 것보다 76 cm 더 길다.

b) 두 조각으로 나눌 때 긴 조각은 짧은 것보다 3배 더 길다.

c) 세 조각으로 나눌 때 가장 긴 것은 중간 길이 조각보다 2배 더 길고 중간 길이는 가장 짧은 것보다 3배 더 길다.

d) 세 조각으로 나눌 때 가장 긴 것은 가장 짧은 것보다 60 cm 더 길고 가장 짧은 것은 중간 것보다 20 cm 더 짧다.

311 다음 방정식을 푸시오.

a) $x + 6 = 23$　　　b) $x - 14 = 15$

c) $2x = 42$　　　d) $3x = -36$

e) $5x + 1 = 26$　　　f) $7x - 1 = 3x - 11$

312 아이들이 가진 돈을 합치면 60유로이다. 아이들이 가진 돈을 계산하기 위한 방정식을 보기에서 고르시오.

> $3x + x = 60$　　$x - 3 + x = 60$
>
> $x + 4x = 60$　　$x + x + 4 = 60$

a) 투이레는 카이사보다 4배 더 많은 돈을 갖고 있다.

b) 이사는 로사보다 3배 더 많은 돈을 갖고 있다.

c) 시리는 율리아보다 4유로 더 많은 돈을 갖고 있다.

d) 크리스타는 베라보다 3유로 더 적은 돈을 갖고 있다.

313 다음에서 사람들의 나이를 구하시오.

a) 할아버지는 유시보다 나이가 4배 더 많고 이 둘의 나이의 합은 100살이다.

b) 아르토는 사무보다 4살 더 많고 이 둘의 나이의 합은 24살이다.

314 시니는 에어로빅 운동화와 모래주머니를 63유로 주고 샀다. 운동화의 가격은 모래주머니에 비해서 6배이다. 운동화와 모래주머니의 가격은 각각 얼마인가?

315 마티아스의 축구공, 운동화와 무릎보호대는 모두 115유로였다. 운동화는 공보다 3배 비쌌고 무릎보호대는 공보다 10유로 쌌다. 축구공, 운동화와 무릎보호대의 가격은 각각 얼마인가?

316 직선 t 위의 점 A, B, C, D의 좌표를 쓰시오.

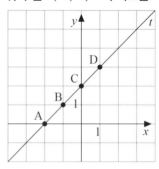

317 다음 물음에 답하시오.

a) 직선 s 위의 점 A, B, C, D의 좌표를 쓰시오.

b) 직선 s의 방정식을 구하시오.

c) 점 (12, 23)은 직선 s 위에 있는가?

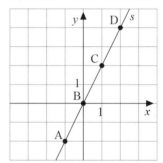

318 직선의 방정식이 $y = 3x + 2$이다. 다음 점들이 이 직선 위에 있는지 계산해서 알아보시오.

a) (6, 20)　　　b) (−5, −12)

319 직선의 방정식이 $y = 7x - 17$이다. 다음 점들이 이 직선 위에 있는지 계산해서 알아보시오.

a) (7, 66)　　　b) (−9, −80)

320 다음 표는 직선 위 점들의 좌표이다. 이 점들이 놓인 직선의 방정식을 구하시오.

a)

x	y
0	0
1	6
2	12
3	18

b)

x	y
0	0
1	−1
2	−2
3	−3

321 다음 물음에 답하시오.

x	$y=x+3$	$(x,\ y)$
0	$y=0+3=$	
1		
-2		

a) 표를 완성하시오.
b) 세 점을 좌표평면에 나타내시오.
c) 세 점을 이어서 직선을 그리시오.
d) 방정식 $y=x+3$을 직선 옆에 쓰시오.

322 다음 직선을 그리시오.

a) $y=x+4$ b) $y=3x+4$

323 다음 물음에 답하시오.

a) 직선 $y=x-9$를 그리시오.
b) 점 $(2,\ -7)$이 이 직선 위에 있는지 계산해서 알아보시오.
c) 점 $(10,\ 19)$가 이 직선 위에 있는지 계산해서 알아보시오.

324 다음 직선을 그리시오.

a) $y=2x+2$ b) $y=4x+4$

325 점 $(-2,\ -3)$이 다음의 직선 위에 있는지 계산해서 알아보시오.

a) $y=2x-1$ b) $y=4x+5$
c) $y=3x+3$ d) $y=7x+11$

326 다음 물음에 답하시오.

x	$y=-x+2$	$(x,\ y)$
0		
1		
3		

a) 표를 완성하시오.
b) 세 점을 좌표평면에 나타내시오.
c) 세 점을 이어서 직선을 그리시오.
d) 방정식 $y=-x+2$를 직선 옆에 쓰시오.

327 직선 $y=-2x+2$에 대하여 물음에 답하시오.

a) 위 326번과 같이 표를 만들고 x의 값을 3개 고르시오.
b) x값에 따른 y값을 계산하고 점 $(x,\ y)$를 쓰시오.
c) 세 점을 좌표평면에 표시하시오.
d) 세 점을 이어서 직선을 그리시오.
e) 방정식 $y=-2x+2$를 직선 옆에 쓰시오.

328 다음 직선을 그리시오.

a) $y=-2x+4$ b) $y=-x-1$

329 다음 물음에 답하시오.

a) 직선 $y=-3x+2$를 그리시오.
b) 점 $(21,\ -61)$이 이 직선 위에 있는지 계산하여 알아보시오.
c) 점 $(-21,\ 61)$이 이 직선 위에 있는지 계산하여 알아보시오.

330 다음 물음에 답하시오.

a) 직선 $y=x-3$과 $y=-2x+6$을 같은 좌표평면에 그리시오.
b) 두 직선과 y축이 만나서 만드는 삼각형을 색칠하시오.

331 다음 그림을 보고 물음에 답하시오.

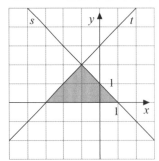

a) 직선 t와 s가 만나는 점을 구하시오.

b) 직선 t와 s가 x축과 만나는 점을 각각 구하시오.

c) 직선 t, s와 x축이 함께 만드는 삼각형의 넓이를 구하시오.

332 직선 $y = 2x + 4$를 좌표평면에 그리시오. 이 직선이 다음 축과 만나는 점을 구하시오.

a) x축

b) y축

333 다음 물음에 답하시오.

a) 한 좌표평면에 직선 $y = x - 3$과 $y = -2x + 3$을 그리시오.

b) 두 직선이 만나는 점을 구하시오.

334 다음 물음에 답하시오.

a) 좌표평면에 직선 $y = 2x - 6$을 그리시오.

b) 직선과 좌표축은 삼각형을 만든다. 이 삼각형의 넓이를 구하시오.

335 직선 $y = -x - 2$와 $y = 3x + 6$과 y축으로 둘러싸인 삼각형에 대하여 다음 물음에 답하시오.

a) 두 직선을 그리고 삼각형을 색칠하시오.

b) 삼각형의 세 꼭짓점의 좌표를 구하시오.

c) 삼각형의 넓이를 구하시오.

336 다음 그래프는 딸기의 가격과 양의 상관관계를 나타낸 것이다. 물음에 답하시오.

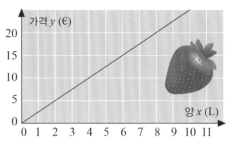

a) 딸기 8리터는 얼마인가?

b) 15유로로 살 수 있는 딸기의 양은?

c) 딸기의 리터당 가격은?

▥ [337~339] 다음은 티모가 집에서 도서관을 걸어갔다온 그래프이다. 물음에 답하시오.

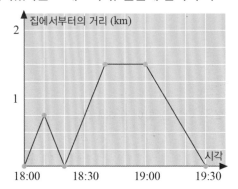

337 a) 티모가 집에 두고 온 책을 가지러 되돌아선 시각은?

b) 티모가 도서관에 가기 위해 다시 집을 나선 시각은?

338 a) 티모가 집에 책을 두고 온 것을 생각해냈을 때는 집에서 얼마나 떨어져 있었는가?

b) 티모의 집에서 도서관까지의 거리는?

339 a) 티모가 도서관에서 보낸 시간은?

b) 티모가 도서관에서 집에 올 때까지 걸은 시간은?

340 티모는 도서관에 다녀오느라 다 합해서 얼마를 걸었는가?

감사의 인사

핀란드 중학교 수학교과서는 새로운 콘텐츠, 새로운 방식의 수학책을 열망하는 많은 수학선생님들과 학부모님들의 후원으로 만들어질 수 있었습니다. 후원해주신 모든 분들께 감사의 인사를 드립니다. 그중에서도 이 책이 꼭 나와야 한다며, 후원을 제안하시고, 그 모든 진행에 관심과 열정을 쏟아주신, 다음(Daum) 수학세상(math114)의 운영자 이형원 선생님(아이디:한량)께 무한한 감사의 인사를 드립니다. 이형원 선생님의 제안과 응원이 없었다면 이 책은 나올 수 없었을 것입니다.

또 감사의 인사를 전할 분들이 계십니다. 처음 이 책을 기획했을 때 기꺼이 7학년의 수고로운 풀이를 맡고 전체 진행을 도와주신 전국수학교사모임의 남호영 선생님께도 특별한 감사의 인사를 드립니다. 책의 진행이 흔들리고 어려움을 겪는 가운데에서도 조용히 기다려주시고 응원해주신 남호영 선생님이 아니었다면 이 책의 완성도는 많이 낮았을 것입니다.

8학년의 풀이와 많은 조언과 도움을 주신 선생님들이 계십니다. 김교림 선생님과 윤상혁 선생님께도 이 자리를 빌려 진심어린 감사의 인사를 드립니다. 8학년의 풀이는 우리나라와 많이 달라서 특히 풀이가 힘들었습니다.

시간이 촉박한 상황에서도 9학년의 풀이를 맡아주신 김하정 선생님과 배유진 선생님께도 이 자리를 빌려 진심어린 감사의 인사를 드립니다.

또한 부족한 시간 가운데에서도 책의 완성도를 높이기 위해 기꺼이 풀이를 점검해주신, 수학세상의 운영진 이형원, 권태호, 김영진, 문기동, 이도형, 고인용, 김일태 선생님께도 감사의 인사를 전합니다.

생각보다 훨씬 힘든 책이었습니다. 용어를 통일시키는 것과 핀란드 책의 의도와 장점을 해치지 않으면서도 한국 수학교육의 방식대로 맞추는 것부터 풀이를 다 점검하는 것 등이 작은 출판사가 감당하기에는 너무나 버거운 책이었습니다. 어쨌든 오랜 고생 끝에 마무리를 합니다. 이 힘든 작업에 함께 동참해준 많은 분들에게 이 자리를 빌어 감사의 인사를 전합니다.

모쪼록 이 책이 새로운 수학교육을 꿈꾸는 선생님들과 수학에 흥미를 갖고 공부하고 싶은 학생들에게 도움이 되기를 바랍니다.

'이렇게 가르칠 수도 있구나'하며
한 장 한 장 넘기며 감탄하게 만드는 책 ★남호영

수학 이렇게 공부해야 한다에 한 표! ★이형원

수학을 구체적으로 경험하게 해주는 책 ★문기동

다양한 문제를 통해
재미있게 수학 공부를 하고 싶은 학생뿐만 아니라
지금까지와는 다른 방법으로 수학을 지도해보고 싶은
교사들에게 이 책을 추천한다. ★김하정

기본에 충실하면서도
생각하고 상상하게 만드는 수학책 ★윤상혁

수학 왜 배워요? 배워서 어디에 쓰나요?
이런 생각을 갖는 친구들이 꼭 한번 봤으면 하는 교과서!
우리 주변을 수학의 눈으로 볼 수 있게 해주는 책! ★김교림

반복되고, 깊어지고, 우리가 사는 세상이
모두 수학이라는 깨달음을 주는 책 ★배유진

핀란드인들의 실용주의를 느낄 수 있는
기본이 탄탄한 수학책 ★권태호

수학의 본질은
문제를 해결하는 데 있음을 보여주는 책 ★김일태

이 책으로 여러분과 함께 행복하고 싶습니다. ★고인용

Laskutaito

Teuvo Laurinolli,
Raija Lindroos-Heinänen,
Erkki Luoma-aho,
Timo sankilampi,
Riitta Selenius,
Kirsi Talvitie,
Outi Vähä-Vahe

핀란드 **중학교** 수학교과서
해설&정답

풀이 및 해설

남호영 전국수학교사모임 출판국장, 삼성고등학교

솔빛길

1   기온과 높이   9p

001 작은 수부터 큰 수의 순서로 나열하면 된다.

> $-183\,℃,\ -39\,℃,\ -18\,℃,\ 0\,℃,\ 100\,℃$

002 온도가 올라가면 더하고, 내려가면 뺀다.
a) $+5\,℃$ b) $+12\,℃$ c) $-5\,℃$ d) $+20\,℃$

003 a) $0\,℃$ b) $+8\,℃$ c) $+1\,℃$ d) $+2\,℃$

004 a) $-15\,℃$ b) $-13\,℃$ c) $-17\,℃$ d) $-10\,℃$

005 a) $1328\,m,\ 5140\,m,\ 5642\,m,\ 8850\,m$
b) $-2555\,m,\ -415\,m,\ -154\,m,\ -28,\ 0\,m$

006 a) $-3\,℃$ b) $+2\,℃$ c) $-12\,℃$ d) $-16\,℃$

007 a) $2\,℃$ b) $1\,℃$ c) $8\,℃$

008 a) $1478\,m$ b) $-265\,m$

009 a) $1743\,m$ b) $7695\,m$ c) $387\,m$

010 첫째 날 간 거리는 $7-3=4(km)$이고, 둘째 날 간 거리는 $4+7-3=8(km)$이다.
셋째 날 간 거리는 $8+7-3=12(km)$이다. 넷째 날에는 낮에 $12+7=19(km)$가서 도착하였으므로 밤에 뒤로 갈 필요가 없다.
따라서 출발에서 도착까지 4일 걸렸다.

2   정수   11p

011 $-10,\ -5,\ -3,\ -2,\ 0,\ 1,\ 2,\ 3$

012 a) 모두   b) $25,\ 99$
c) $25,\ 99$ d) $-2,\ -14,\ -146$
e) $0,\ 25,\ 99$

013 $A=-6,\ B=-3,\ C=2,\ D=5$

014 a) $5 < 7$ b) $9 > -11$
c) $0 > -9$ d) $-12 > -13$

015

016 $-17\,R \rightarrow -10\,I \rightarrow -8\,S \rightarrow -7\,T \rightarrow -5\,I \rightarrow -3\,L$ $\rightarrow -2\,U \rightarrow 6\,K \rightarrow 8\,K \rightarrow 10\,I \rightarrow 12$의 순서로 지나가서 RISTILUKKI라는 단어가 만들어진다. '거미줄'이라는 뜻이다.

017 a) $+9\,℃ = 9\,℃$ b) $-3\,℃ < 3\,℃$
c) $0\,℃ > -4\,℃$ d) $-8\,℃ > -10\,℃$

018 a) $1,\ 2,\ 3,\ 4,\ 5,\ 6$ b) $1,\ 2,\ 3,\ 4$
c) 제시된 조건에 맞는 자연수는 없다.

019 a) $74,\ 75,\ 76,\ 77,\ \cdots$ b) $-3,\ -2,\ -1,\ 0,\ \cdots$
c) $2,\ 1,\ 0,\ -1,\ \cdots$ d) $99,\ 98,\ 97,\ \cdots$

020 -11

021 a) $-3 < -2$ b) $-5 > -10$
c) $-23 > -24$ d) $-89 < -73$

022 a) -998 b) -1000 c) -13

023 a) 6 b) 15 c) 31

024 1097개

3   절댓값이 같고 부호가 다른 수   13p

025 a) $-1,\ 1$ b) $-1000,\ 1000$

026 a) -5 b) 2

027 a) -100 b) -100 c) 25
d) 25 e) -72 f) -72

028 a) -10 b) 13 c) -23

029

030 a) 음수   b) 양수

031

수	절댓값이 같고 부호가 다른 수
18	-18
-15	15
-29	29
31	-31
0	0

032 a) -155 b) 68

033 a) $0 > -6$ b) $8 > -8$
c) $-101 < 102$ d) $-52 > -53$

034 a) -112 b) 313 c) -233

035 a) $-4, -3, -2, -1, 0, 1, 2, 3, 4$
b) $8, 9, 10, \cdots, -8, -9, -10, \cdots$

036 a) $-3, -2, -1, \cdots$ b) $-12, -13, -14, \cdots$
c) $9, 10, 11, \cdots$

037 음의 부호가 짝수 개이면 양수가 되고, 음의 부호가 홀
수 개이면 음수가 된다.
a) 60 b) -61 c) -62 d) 63
e) -64 f) 65 g) 66 h) -67

---

4 **양의 정수의 덧셈과 뺄셈** 15p

038 a) $-4+7=3$ b) $-3-2=-5$

039 a) 7

b) -2

c) -2

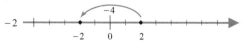

d) -5

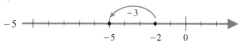

e) 0

f) 2

040

a) 11	V	d) 7	L	g) 0	I
b) -7	I	e) -5	I	h) 16	K
c) 4	L	f) -10	S	i) 1	A

VILLISIKA라는 단어가 만들어진다. '돼지'라는 뜻이다.

041 a) 10 b) 0 c) 0 d) 700

042 a) 3과 15 b) -27과 7
c) -27과 15 d) -1과 7

---

043 a) 5 b) 0 c) -10 d) -1

044 a) 7 b) -5 c) -4 d) -1

045 a) 30 b) -20 c) 6 d) 0

046

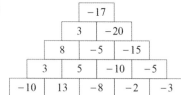

047

9	$-$	1	$-$	6	$=$	2
$-$		$-$		$-$		
5	$+$	4	$-$	8	$=$	1
$-$		$-$		$+$		
7		3	$+$	2	$=$	6
$=$		$=$		$=$		
-3		-6		0		

---

5 **음의 정수의 덧셈과 뺄셈** 17p

048 a)

b) -2

c) -3

d) 4

049 a) 114 b) 13 c) 1
d) -6 e) 5 f) 7

050 a) -10 b) 10 c) 20
d) 0 e) 0 f) -10

051

a) 4	A	d) 0	D	g) 8	N
b) -5	B	e) -7	J		
c) -3	I	f) 4	A		

ABIDJAN(아비장)은 코트디부아르의 도시이다.

052
a) 15, 7 또는 3, −5 또는 7, −1
b) 3, 7 또는 −1, 3 또는 −5, −1
c) 3, 15 또는 −5, 7
d) −1, 15

053 a) −19 b) 7 c) −5 d) 7

054 −13과 −9

055 a) −12 b) 0 c) 4 d) −10

056 a) −16 b) −5 c) −17 d) −19

6 정수의 덧셈과 뺄셈   19p

057 a) 2 b) 3 c) −8
d) 2 e) −9 f) 0

058

a) −10	S	d) −13	I	g) 4	L
b) 7	I	e) −9	V	h) −3	A
c) −5	N	f) 8	A	i) 12	S

SINIVALAS라는 단어가 만들어진다. '대왕고래'라는 뜻이다.

059
a) $25+(-11)=14$ b) $17+(-21)=-4$
c) $(-7)+(-13)=-20$ d) $(-1)+(-3)=-4$

060
a) $18-(-41)=59$ b) $(-5)-(-13)=8$
c) $12-(-4)=16$ d) $(-8)-(-22)=14$

061 a) 34 b) 49 c) 21 d) 35

062
a) $8+(-13)=-5$ b) $-7+(-16)=-23$
c) $2-(+12)=-10$ d) $-11-(-1)=-10$

063
a) $-2+(-9)+(+1)+(-3)+(+7)=-6$
b) $2+(+9)+(-1)+(+3)+(-7)=6$

064
a) $7-(-5+9)=3$
b) $(-7+5)-\{19-(-31)\}=-52$

065 a) 10 b) 1 c) 22 d) 5

7 두 정수의 곱셈과 나눗셈   21p

066
a) $-10+(-10)=-20$
b) $-4+(-4)+(-4)+(-4)=-16$
c) $-13+(-13)+(-13)=-39$
d) $-7+(-7)+(-7)+(-7)+(-7)=-35$

067 a) $5×(-6)=-30$ b) $4×(-11)=-44$

068

×	7	5	0	−5	−7
2	14	10	0	−10	−14
−2	−14	−10	0	10	14

069 a) −12 b) 45 c) −32 d) 0

070
a) −8, 검산 $6×(-8)=-48$
b) −8, 검산 $(-5)×(-8)=40$
c) −7, 검산 $6×(-7)=-42$
d) 7, 검산 $(-8)×7=-56$

071 a) 7 b) −7 c) 2 d) 0

072 a) −975 b) −1025 c) −25000 d) −40

073 a) −64 b) −56 c) 240 d) 15

074

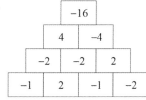

075 a) 147 b) −90 c) 52 d) −57

076 a) 84 b) −56 c) −27 d) −41

077

곱	×6	답
4		24
−2		−12
8		48
0		0
−5		−30

078 a) −6 b) −63 c) −16 d) −9

079 a) 4104 b) −4176 c) −4047 d) −8208

8 정수의 곱셈과 나눗셈   23p

080 a) 3개 b) −1800

081

a) −1000	K	d) 27	R	g) −40	A
b) 30	I	e) −6	U		
c) 140	I	f) −10	N		

KIIRUNA라는 단어가 만들어진다. '닭'이라는 뜻이다.

082 a) −36 b) 24 c) 70

083 a) 0 b) 0 c) 0

084 a) −3 b) 6 c) 8 d) 0
e) 10 f) −3

085 a) $<$　　　b) $>$　　　c) $<$　　　d) $=$

086 a) 2　　　b) -1　　　c) -12　　　d) 1
e) -4　　　f) -2

087 a) 21　　　　　　b) -4

088 a) -71　　　　b) -6

089 a) $\dfrac{-18}{-3}\times 2=12$　　　b) $\dfrac{-9\times 7}{-3}=21$

c) $\dfrac{98}{-2\times(-7)}=7$

090 4, 3 또는 4, -3

091

a) -3	A	e) 0	L	i) -4	P
b) -5	N	f) 4	O	j) -1	I
c) -8	T	g) 2	O		
d) 1	I	h) -11	P		

ANTILOOPPI란 단어가 만들어진다. '영양'이라는 뜻이다.

092 a) 7　　　b) -29　　　c) -44
d) 10　　　e) -1　　　f) -1

093 a) -32　　b) -26　　c) -24　　d) -1

094 a) -40　　b) -1　　c) -12　　d) 0

095 a) 2　　b) -24　　c) 3　　d) -4

096 a) -572　　b) -21　　c) -2　　d) 2

097 a) 1　　b) 18　　c) 10　　d) 3

098 a) $(-9-27)\cdot(-9+27)=-648$

b) $\dfrac{-9-27}{-9+27}=-2$

099 -4

100 $-8\,^{\circ}\mathrm{C}$

101 a) $-3\cdot(5-8)=9$
b) $-5\cdot(-6)+(-7)=23$
c) $-3\cdot(2+4)=-18$

102 a) 밑 5, 지수 4　　　b) 밑 4, 지수 5
c) 밑 8, 지수 3　　　d) 밑 1, 지수 8

103 a) $8\cdot 8=64$　　　b) $5\cdot 5\cdot 5=125$
c) $0\cdot 0\cdot 0\cdot 0\cdot 0=0$　　　d) $100\cdot 100=10000$

104 a) $10^2=100$　　　b) $0^3=0$
c) $3^3=27$　　　d) $1^5=1$

105 a) $2^3=8$　　b) $3^2=9$　　c) $1^4=1$

106

수	수의 제곱
1	$1^2=1$
2	$2^2=4$
3	$3^2=9$
4	$4^2=16$
5	$5^2=25$
6	$6^2=36$
7	$7^2=49$
8	$8^2=64$
9	$9^2=81$
10	$10^2=100$

107 a) 1　　　b) 32　　　c) 0
d) 10　　　e) 1600　　　f) 144

108 a) $2^6=64$　　　b) $11^2=121$
c) $6^1=6$　　　d) $13^2=169$
e) $6^3=216$

109

수	수의 세제곱
1	$1^3=1$
2	$2^3=8$
3	$3^3=27$
4	$4^3=64$
5	$5^3=125$

110

10의 거듭제곱	수	수의 이름
10^1	10	십
10^2	100	백
10^3	1000	천
10^4	10000	만
10^5	100000	십만
10^6	1000000	백만

111 a) $(3\,\mathrm{mm})^2=9\,\mathrm{mm}^2$　　　b) $(100\,\mathrm{cm})^2=10000\,\mathrm{cm}^2$
c) $(50\,\mathrm{m})^2=2500\,\mathrm{m}^2$

112 a) $(3\,\mathrm{mm})^3=27\,\mathrm{mm}^3$
b) $(100\,\mathrm{cm})^3=1000000\,\mathrm{cm}^3$
c) $(50\,\mathrm{m})^3=125000\,\mathrm{m}^3$

113 a) $3\cdot 2<2^3<3^2$　　　b) $5\cdot 2<5^2<2^5$

114 a) 7　　　b) 1　　　c) 30　　　d) 13

115 a) 0   b) 2   c) 10   d) 4

116 26살

자연수를 나열하였을 때, 1 작은 수는 제곱수, 1 큰 수는 세제곱수인 수는 26뿐이다. 이를 확인하기 위해 100 이하의 제곱수와 세제곱수를 나열하면 다음과 같다.

제곱수 : 1, 4, 9, 16, 25, 36, 49, 64, 81, 100

세제곱수 : 1, 8, 27, 64

11 ┃ 제곱식   29p

117

a) 49	M	d) 4	I	g) 20	T
b) 36	E	e) 64	K	h) 5	K
c) 45	R	f) 8	O	i) 19	A

MERIKOTKA라는 단어가 만들어진다. '흰꼬리수리'라는 뜻이다.

118 a) 37   b) 80   c) 8200   d) 300

119 a) 9   b) -5 c) 1427   d) -1000

120 a) 6   b) 2   c) 5   d) 100

121 a) 1024   b) 32768   c) 1048576

122 a) 0   b) 1   c) 1

123 a) 20   b) 1   c) 1   d) -2

124 a) $6^2 + 8^2 = 100$ b) $(-3+7)^3 = 4^3 = 64$

c) $\{8-(-3)\}^2 = (8+3)^2 = 11^2 = 121$

125 a) 2   b) 4   c) 9   d) 5

126 a) 2^6 또는 8^2 b) 2^4 또는 4^2

127 a) 겉넓이 $126\,\mathrm{cm}^2$, 부피 $81\,\mathrm{cm}^3$

정사각형 한 면의 넓이는 $3^2 = 9(\mathrm{cm}^2)$이고, 밖으로 보이는 면이 14개이므로 겉넓이는 $9 \times 14 = 126(\mathrm{cm}^2)$이다. 정육면체 한 개의 부피는 $3^3 = 27(\mathrm{cm}^3)$인데 정육면체가 3개이므로 부피는 $3^3 \times 3 = 27 \times 3 = 81(\mathrm{cm}^3)$이다.

b) 겉넓이 $270\,\mathrm{cm}^2$, 부피 $216\,\mathrm{cm}^3$

밖으로 보이는 면이 30개이므로 겉넓이는 $9 \times 30 = 270(\mathrm{cm}^2)$이고, 정육면체가 8개이므로 부피는 $27 \times 8 = 216(\mathrm{cm}^3)$이다.

12 ┃ 복습   30p

128

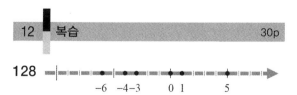

$-6 \quad -4\,-3 \qquad 0 \ 1 \qquad\quad 5$

129 a) $5 > -5$ b) $-6 < -4$

c) $0 > -1$ d) $+7 = 7$

130 a) $-13, 300, 0, -299, -1, 1$

b) 300, 1

c) 300, 1

d) $-13, -299, -1$

e) 300, 0, 1

131 a) 100, 101, 102, …

b) $-3, -2, -1, 0, 1, …$

c) 1, 0, $-1, -2, …$

d) 189, 188, 187, …

132

수	절댓값은 같고 부호는 다른 수
10	-10
-9	9
0	0
-12	12
15	-15

133 a) -23 b) -23 c) 45   d) 45

134 a) -3 b) -4 c) 13   d) -12

135 a) -9 b) -9 c) -16 d) -13

136 a) -20 b) -36 c) 6   d) -2

137 a) $-6 + 3 = -3$ b) $-6 - 3 = -9$

c) $-6 \cdot 3 = -18$ d) $\dfrac{-6}{3} = -2$

138 a) 16   b) 0   c) 100000

d) 25   e) 15   f) 1

139 a) $5^3 = 125$ b) $3^2 = 9$

c) $6^2 = 36$ d) $10^3 = 1000$

140 a) -7 b) -4 c) -21

141 a) -15 b) -1 c) 10   d) 2

e) 29   f) 3   g) -24 h 181

142 1 ℃

143 a) -2 b) -3 c) -9

144 a) $\div$ b) $+$ c) $-$ d) $\times$

145 a) 23, -70 b) 0, 1, 4, -5 c) 23, -70

146 a) $<$ b) $<$ c) $>$ d) $=$

147 a) 72   b) 11   c) 7   d) -8

148 a) 1   b) -10 c) 14

149 a) $(-3+4)\times(-3-4)=1\times(-7)=-7$

b) $(-4)\times(-5)-16\div(-8)=20-(-2)=20+2=22$

c) $8+(-12)=-4$, -4와 절댓값은 같고 부호는 다른 수는 4

150 a) $\dfrac{4^3-(-4)}{-4}=\dfrac{64+4}{-4}=\dfrac{68}{-4}=-17$

b) $\left(\dfrac{4}{2}\right)^5=2^5=32$

c) $2(3^3-3^2)=2(27-9)=36$

151 11과 5

152 a) 100   b) 20   c) 6   d) 4

153 a) -6 b) -63 c) -1 d) 7

154 a) 1024   b) 256   c) -1024 d) 2

---

13 배수와 약수

155 a) $64\div4=16$이므로 4는 64의 약수이다.

b) $454\div4=113.5$이므로 4는 454의 약수가 아니다.

c) $177\div7=25.2857\cdots$ 이므로 7은 177의 약수가 아니다.

d) $253\div11=23$이므로 11은 253의 약수이다.

156 a) $12=2\cdot6=3\cdot4$

b) $36=2\cdot18=3\cdot12=4\cdot9=6\cdot6$

c) $48=2\cdot24=3\cdot16=4\cdot12=6\cdot8$

157 a) 1, 2, 5, 10   b) 1, 2, 3, 6, 9, 18   c) 1, 13

158 a) 42의 약수는 1, 2, 3, 6, 7, 14, 21, 42이고, 63의 약수는 1, 3, 7, 9, 21, 63이다.

b) 1, 3, 7, 21   c) 21

159 a) 6의 약수는 1, 2, 3, 6이고 15의 약수는 1, 3, 5, 15이므로 두 수의 공약수 중 가장 큰 약수는 3이다.

b) 14

c) 36의 약수는 1, 2, 3, 4, 6, 9, 12, 18, 36이고 45의 약수는 1, 3, 5, 9, 15, 45이므로 두 수의 공약수 중 가장 큰 약수는 9이다.

d) 13

160

	2	3	5	9	10
30	O	O	O		O
45		O	O	O	
95			O		
423		O		O	
729		O		O	
1260	O	O	O	O	O

161 a) 531은 3과 9로 나누어떨어진다.

b) 49는 2, 3, 5, 9, 10 모든 수로 나누어떨어지지 않는다.

c) 1279는 2, 3, 5, 9, 10 모든 수로 나누어떨어지지 않는다.

d) 3은 3으로 나누어떨어진다.

e) 0은 2, 3, 5, 9, 10 모든 수로 나누어떨어진다.

f) 21780은 2, 3, 5, 9, 10 모든 수로 나누어떨어진다.

162 a) 0, 2, 4, 6, 8   b) 0, 3, 6, 9

c) 0, 5   d) 3

e) 0

163 a) 없음   b) 1, 4, 7   c) 없음

d) 7   e) 없음

164 a) 가로 1, 세로 16 또는 가로 2, 세로 8 또는 가로 4, 세로 4인 직사각형

b) 가로 1, 세로 24 또는 가로 2, 세로 12 또는 가로 3, 세로 8인 직사각형 또는 가로 4, 세로 6

165 a) 조별 2명 또는 4명

b) 조별 인원수가 3명 또는 5명

c) 조별 인원수가 2명 또는 3명 또는 5명 또는 6명 또는 10명 또는 15명

166 $480=2^5\times3\times5$이다. 이 수를 40, 30 이하의 두 수의 곱으로 나타내는 방법은 다음과 같다.

$480=2^5\times(3\times5)=32\times15$ → 한 줄에 15개씩 32줄로 놓는다.

$480=(2^4)\times(2\times3\times5)=16\times30$ → 한 줄에 16개씩 30줄 놓는다. 또는 한 줄에 30개씩 16줄 놓는다.

$480=(2^3\times3)\times(2^2\times5)=24\times20$ → 한 줄에 24개씩 20줄 놓는다. 또는 한 줄에 20개씩 24줄 놓는다.

$480=(2^2\times3)\times(2^3\times5)=12\times40$ → 한 줄에 12개씩 40줄 놓는다.

따라서 조건에 맞게 의자를 놓는 방법은 모두 6가지이다.

167 a) 970이 5의 배수이므로 구하는 수는 $970+5=975$이다.

b) $9+7+0=16$이 3의 배수가 되려면 18이 되어야 한다. 따라서 $970+2=972$는 $9+7+2=18$로 3의 배수이다.

c) $9+7+2=18$로 972가 9의 배수이므로 구하는 수는 972이다.

d) 970은 3의 배수가 아니다. 972는 3의 배수이면서 2의 배수이므로 972가 구하는 6의 배수이다.

168 a) 2는 4의 약수이므로 4와 7만 약수이면 된다. 따라서 구하는 수는 $4\times7=28$이다.

b) 3, 4, 7이 약수이어야 하므로 구하는 수는 $3\times4\times7=84$이다.

169 a) 세 자리 수 중 2의 배수는 100, 102, 104, $\cdots$, 3의 배수는 102, 105, $\cdots$이므로 구하는 수는 102이다.

b) 1000보다 작은 수 중 2의 배수는 $\cdots$, 994, 996, 998이고 3의 배수는 $\cdots$, 993, 996, 999이므로 구하는 수는 996이다.

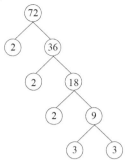

b) $2 \times 2 \times 2 \times 3 \times 3 = 72$

아래쪽부터 빈칸을 채워 나가도 210, 72를 구할 수 있다.

179 a) $56 = 2^3 \times 7$, $70 = 2 \times 5 \times 7$

b) 2와 7   c) 2, 7, 14

180 a) 참, 2와 3도 6의 약수이기 때문이다.

b) 거짓, 공약수는 1뿐이고 1은 소수가 아니기 때문이다.

c) 거짓, 3과 37도 111의 약수이기 때문이다.

181 수 2는 유일한 짝수인 소수이다. 다른 모든 짝수들은 2를 약수로 가지기 때문에 1과 자기 자신 이외의 약수가 있어 소수가 아니다.

182 4, 6, 8, 9, 10

183 구하는 세 자리 수를 $100a + 10b + c$라고 하면 주어진 조건에 의하여 a, b, c는 모두 소수이고

$a + b + c = 10$, $a\,b\,c = 30$이다.

$a\,b\,c = 30 = 2 \times 3 \times 5$이므로 a, b, c는 2, 3, 5 중 하나씩 정하면 된다.

세 수 2, 3, 5로 만들어지는 세 자리 수는 235, 253, 325, 352, 523, 532의 6가지인데, 이 중 소수는 523뿐이다.

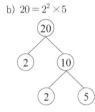

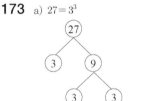

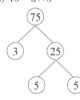

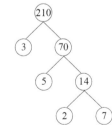

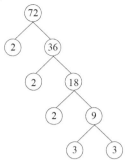

14   소수와 소인수   35p

170 a) 9의 약수는 1, 3, 9이므로 9는 소수가 아니다.

b) 23의 약수는 1, 23뿐이므로 23은 소수이다.

c) 68의 약수는 1, 2, 4, 17, 34, 68이므로 68은 소수가 아니다.

d) 123의 약수는 1, 3, 41, 123이므로 123은 소수가 아니다.

e) 29의 약수는 1, 29뿐이므로 29는 소수이다.

f) 소수는 1보다 큰 자연수이므로, 1은 소수가 아니다.

171 2, 3, 5, 7, 11, 13, 17, 19, 23, 29

172 a) $18 = 2 \times 3^2$ b) $20 = 2^2 \times 5$

173 a) $27 = 3^3$ b) $75 = 3 \times 5^2$

174 a) $126 = 2 \times 3^2 \times 7$ b) $180 = 2^2 \times 3^2 \times 5$

c) $350 = 2 \times 5^2 \times 7$

175 a) 11   b) 97

176 a) 2   b) 3   c) 2와 5

177 a) $612 = 2^2 \times 3^2 \times 17$ b) $1050 = 2 \times 3 \times 5^2 \times 7$

c) $1470 = 2 \times 3 \times 5 \times 7^2$

178 a) $3 \times 5 \times 2 \times 7 = 210$

15   분수   37p

184 a) $\dfrac{1}{2}$ b) $\dfrac{1}{4}$ c) $\dfrac{3}{8}$

185 a) $\dfrac{5}{10}$ b) $\dfrac{6}{8}$ c) $\dfrac{6}{15}$

186 a) $\dfrac{2}{3}$ b) $\dfrac{1}{4}$ c) $\dfrac{5}{6}$

187 $A = \dfrac{1}{8}$, $B = \dfrac{7}{8}$, $C = 1\dfrac{1}{4}$, $D = 1\dfrac{1}{2}$

188 a) $2\dfrac{1}{4}$ b) $7\dfrac{2}{3}$ c) $3\dfrac{5}{6}$

189 a) $\dfrac{13}{4}$ b) $\dfrac{17}{6}$ c) $\dfrac{27}{5}$

190 a) $3\dfrac{2}{5}$ b) $1\dfrac{4}{9}$ c) $3\dfrac{3}{4}$

191 a) $\dfrac{3}{4}$ b) $\dfrac{5}{6}$ c) $\dfrac{5}{7}$ d) $\dfrac{1}{3}$

192 a) $\dfrac{3}{10}$ b) $\dfrac{1}{5}$ c) $\dfrac{2}{5}$ d) $\dfrac{3}{5}$

193 a) 파란색 $\dfrac{3}{8}$, 노란색 $\dfrac{1}{4}$, 하늘색 $\dfrac{1}{4}$, 하얀색 $\dfrac{1}{8}$

b) 파란색 $\dfrac{3}{14}$, 노란색 $\dfrac{1}{7}$, 하늘색 $\dfrac{5}{14}$, 하얀색 $\dfrac{2}{7}$

194 a) $\dfrac{4}{8} < \dfrac{5}{8}$ 또는 $\dfrac{1}{2} < \dfrac{5}{8}$

b) $\dfrac{9}{15} < \dfrac{10}{15}$ 또는 $\dfrac{3}{5} < \dfrac{2}{3}$

c) $\dfrac{9}{12} < \dfrac{10}{12}$ 또는 $\dfrac{3}{4} < \dfrac{5}{6}$

195 $\dfrac{34}{60} < \dfrac{35}{60} < \dfrac{36}{60} < \dfrac{37}{60} < \dfrac{39}{60}$

또는 $\dfrac{17}{30} < \dfrac{7}{12} < \dfrac{3}{5} < \dfrac{37}{60} < \dfrac{13}{20}$

196 a) $\dfrac{3}{4} = \dfrac{6}{8}$ b) $\dfrac{8}{9} = \dfrac{40}{45}$

c) $\dfrac{5}{7} = \dfrac{20}{28} = \dfrac{40}{56} = \dfrac{50}{70}$

197 a) 1보다 작은 수인 $\dfrac{1}{5}$, $\dfrac{3}{7}$, $\dfrac{5}{35}$의 크기를 비교하기 위

하여 35로 통분하면 세 수는 $\dfrac{1}{5} = \dfrac{7}{35}$, $\dfrac{3}{7} = \dfrac{15}{35}$, $\dfrac{5}{35}$

이므로 0에 가장 가까운 수는 $\dfrac{5}{35}$이다.

b) $\dfrac{1}{2} = \dfrac{35}{70}$이고

$\dfrac{1}{5} = \dfrac{7}{35} = \dfrac{14}{70}$, $\dfrac{3}{7} = \dfrac{15}{35} = \dfrac{30}{70}$, $\dfrac{5}{35} = \dfrac{10}{70}$이므로

$\dfrac{1}{2}$에 가장 가까운 수는 $\dfrac{3}{7}$이다.

c) $1 = \dfrac{70}{70}$이고 $\dfrac{11}{10} = \dfrac{77}{70}$, $\dfrac{3}{2} = \dfrac{105}{70}$, $\dfrac{1}{5} = \dfrac{14}{70}$,

$\dfrac{3}{7} = \dfrac{30}{70}$, $\dfrac{5}{35} = \dfrac{10}{70}$이므로

1에 가장 가까운 수는 $\dfrac{11}{10}$이다.

198 피자를 먹은 양은

에투는 $\dfrac{3}{5}$, 유호는 $\dfrac{6}{8} = \dfrac{3}{4}$, 예레는 $1 - \dfrac{1}{4} = \dfrac{3}{4}$이다.

$\dfrac{3}{5}$과 $\dfrac{3}{4}$의 크기를 비교하기 위하여 통분하면

$\dfrac{3}{5} = \dfrac{12}{20}$, $\dfrac{3}{4} = \dfrac{15}{20}$이므로 가장 많이 먹은 사람은 유호와

예레, 가장 적게 먹은 사람은 에투이다.

199 a) $\dfrac{2}{7}$ b) $\dfrac{3}{5}$ c) $\dfrac{7}{10}$ d) 1

200 a) $\dfrac{4}{9}$ b) $\dfrac{3}{7}$ c) $\dfrac{2}{3}$ d) $\dfrac{1}{2}$

201 a) $\dfrac{5}{8}$ b) $\dfrac{7}{8}$ c) $\dfrac{8}{9}$ d) $\dfrac{2}{3}$

202 a) $\dfrac{5}{9}$ b) $\dfrac{3}{10}$ c) $\dfrac{3}{4}$ d) $\dfrac{1}{2}$

203 a) $\dfrac{2}{3}$ b) $1\dfrac{1}{4}$ c) $4\dfrac{1}{7}$ d) $8\dfrac{6}{11}$

204 a) $-\dfrac{1}{5}$ b) $-\dfrac{1}{2}$ c) $-\dfrac{1}{4}$ d) $-\dfrac{2}{9}$

205 a) $\dfrac{3}{5}$ b) $\dfrac{2}{3}$

206

a) $\dfrac{1}{3}$	R	d) $\dfrac{3}{5}$	K	g) $-\dfrac{1}{7}$	Ä
b) $\dfrac{3}{4}$	I	e) $\dfrac{3}{4}$	I		
c) $-\dfrac{1}{3}$	S	f) $-\dfrac{1}{4}$	L		

RISKILÄ라는 단어가 만들어진다. '바다비둘기'라는 뜻
이다.

207 a) $1\dfrac{1}{3}$ b) $1\dfrac{1}{4}$ c) $3\dfrac{1}{3}$ d) $2\dfrac{1}{4}$

208 a) $-\dfrac{1}{3}$ b) $\dfrac{1}{2}$ c) $8\dfrac{1}{2}$ d) $\dfrac{4}{5}$

209 a) 7 b) 2 c) 2 d) 8

210 a) $\dfrac{7}{10}$ b) $\dfrac{20}{21}$ c) $\dfrac{1}{12}$ d) $\dfrac{5}{18}$

211 a) $1\dfrac{5}{12}$ b) $1\dfrac{1}{35}$ c) $-\dfrac{3}{8}$ d) $-\dfrac{3}{20}$

212 a) $1\dfrac{3}{4}$ b) $1\dfrac{11}{15}$ c) $\dfrac{5}{6}$ d) $1\dfrac{3}{14}$

213

a) $-\dfrac{5}{8}$	T	d) $-\dfrac{5}{8}$	T	g) $-\dfrac{3}{8}$	N
b) $-\dfrac{3}{4}$	O	e) $-\dfrac{1}{4}$	A		
c) $-\dfrac{1}{3}$	U	f) $-\dfrac{1}{2}$	I		

TOUTAIN이라는 단어가 만들어진다. '살무사'라는 뜻이다.

214 a) $\dfrac{1}{4}$ b) $\dfrac{1}{6}$ c) $\dfrac{1}{8}$ d) $\dfrac{1}{2}$

215 a) $\dfrac{1}{4}$ b) $1\dfrac{1}{2}$ c) $-\dfrac{3}{20}$ d) $-2\dfrac{1}{10}$

216 a)

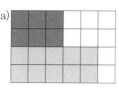

b) $\dfrac{1}{3}$

217 $10\dfrac{3}{4}$ mL b) 8 mL c) $2\dfrac{1}{4}$ mL

218 $1\dfrac{1}{2}-\left(\dfrac{3}{4}+\dfrac{1}{3}+\dfrac{1}{2}\right)=\dfrac{3}{2}-\left(\dfrac{9}{12}+\dfrac{4}{12}+\dfrac{6}{12}\right)$

$=\dfrac{18}{12}-\dfrac{19}{12}=-\dfrac{1}{12}$ 이기 때문에 다 담을 수 없다.

219 $1-\left(\dfrac{3}{8}+\dfrac{1}{4}\right)=1-\dfrac{5}{8}=\dfrac{3}{8}$

220 $1-\left(\dfrac{1}{5}+\dfrac{1}{4}+\dfrac{1}{3}\right)=1-\left(\dfrac{12}{60}+\dfrac{15}{60}+\dfrac{20}{60}\right)=1-\dfrac{47}{60}=\dfrac{13}{60}$

---

18 ▌ 정수와 유리수의 곱셈과 나눗셈   43p

221 a) $\dfrac{1}{2}\times2=1$ b) $\dfrac{1}{4}\times2=\dfrac{1}{2}$

     c) $\dfrac{2}{3}\times2=\dfrac{4}{3}$ d) $\dfrac{5}{6}\times2=\dfrac{5}{3}$

222 a) $\dfrac{1}{2}\div2=\dfrac{1}{2\times2}=\dfrac{1}{4}$ b) $\dfrac{1}{4}\div2=\dfrac{1}{4\times2}=\dfrac{1}{8}$

     c) $\dfrac{2}{3}\div2=\dfrac{2}{3\times2}=\dfrac{1}{3}$ d) $\dfrac{5}{6}\div2=\dfrac{5}{6\times2}=\dfrac{5}{12}$

223 a) 6 b) $\dfrac{2}{5}$ c) $3\dfrac{1}{3}$

     d) 12 e) 1 f) $\dfrac{3}{4}$

224 a) $\dfrac{1}{4}$ b) $\dfrac{1}{7}$ c) $\dfrac{2}{25}$

     d) $\dfrac{2}{9}$ e) $\dfrac{3}{64}$ f) $\dfrac{4}{13}$

225

a) $\dfrac{1}{3}$	K	d) $\dfrac{1}{3}$		K	
b) $\dfrac{3}{4}$	I	e) $\dfrac{1}{3}$		K	
c) 3	L	f) $3\dfrac{3}{4}$		I	

KILKKI라는 단어가 만들어진다. '등각류'라는 뜻이다.

226 a) $\dfrac{4}{13}\times3=\dfrac{12}{13}$ b) $\dfrac{4}{13}=\dfrac{12}{39}$

     c) $\dfrac{9}{12}\div3=\dfrac{1}{4}$ d) $\dfrac{9}{12}=\dfrac{3}{4}$

227 a) -6 b) $2\dfrac{1}{4}$ c) -24

     d) $-\dfrac{1}{2}$ e) $\dfrac{1}{15}$ f) $-\dfrac{9}{10}$

228 a) 32 b) 6 c) 75 d) 30

229

빵반죽

재료	양		
	분량	3배 분량	$\dfrac{1}{2}$ 배 분량
우유	$2\dfrac{1}{2}$ dL	$7\dfrac{1}{2}$ dL	$1\dfrac{1}{4}$ dL
생이스트	$\dfrac{1}{2}$ 개	$1\dfrac{1}{2}$ 개	$\dfrac{1}{4}$ 개
소금	1스푼	3스푼	$\dfrac{1}{2}$ 스푼
캐러웨이씨	$1\dfrac{1}{2}$ 스푼	$4\dfrac{1}{2}$ 스푼	$\dfrac{3}{4}$ 스푼
물엿	$\dfrac{3}{4}$ dL	$2\dfrac{1}{4}$ dL	$\dfrac{3}{8}$ dL
식용유	$\dfrac{1}{4}$ dL	$\dfrac{3}{4}$ dL	$\dfrac{1}{8}$ dL
밀가루	$\dfrac{1}{2}$ kg	$1\dfrac{1}{2}$ kg	$\dfrac{1}{4}$ kg

230 a) $\dfrac{3}{4}\times11=\dfrac{33}{4}$ (L)

     b) $\dfrac{3}{4}\times8+\dfrac{1}{2}\times5=6+\dfrac{5}{2}=\dfrac{17}{2}$ (L)

---

19 ▌ 분수의 곱셈   45p

231 a) $\dfrac{9}{20}$ b) $\dfrac{3}{20}$ c) $\dfrac{15}{24}=\dfrac{5}{8}$ d) $\dfrac{6}{28}=\dfrac{3}{14}$

232 a) $\dfrac{1}{20}$ b) $\dfrac{2}{21}$ c) $\dfrac{7}{8}$

     d) $\dfrac{4}{39}$ e) $2\dfrac{2}{9}$ f) $2\dfrac{7}{10}$

233 a) $\frac{3}{5} \times \frac{5}{3} = 1$ b) $\frac{4}{7} \times 7 = 4$

c) $-\frac{9}{4} \times \left(-\frac{4}{9}\right) = 1$ b) $5 \times \frac{1}{5} = 1$

234

수	역수	절댓값이 같고 부호가 다른 수
$\frac{1}{5}$	5	$-\frac{1}{5}$
$-\frac{3}{4}$	$-1\frac{1}{3}$	$\frac{3}{4}$
2	$\frac{1}{2}$	-2
$1\frac{2}{5}$	$\frac{5}{7}$	$-1\frac{2}{5}$

235

a) $1\frac{1}{6}$	O	b) $\frac{2}{15}$	R	c) $\frac{3}{4}$	A
d) $\frac{1}{2}$	N	e) 3	K	f) $\frac{2}{9}$	I

ORANKI라는 단어가 만들어진다. '오랑우탄'이라는 뜻이다.

236 a) $-\frac{1}{6}$ b) $\frac{1}{3}$ c) $\frac{1}{4}$ d) $-\frac{3}{13}$

237 a) 12   b) 3   c) 10   d) 6

238 a) $\frac{6}{7}$ b) $1\frac{1}{2}$

239 a) 축구를 하는 여자는 청소년의 $\frac{4}{5}$의 $\frac{7}{40}$의 $\frac{1}{7}$이므로

$\frac{4}{5} \times \frac{7}{40} \times \frac{1}{7} = \frac{1}{50}$, 즉 청소년 전체의 $\frac{1}{50}$이다.

a) 아이스하키를 하는 여자는 청소년의 $\frac{4}{5}$의 $\frac{1}{8}$의 $\frac{1}{20}$

이므로 $\frac{4}{5} \times \frac{1}{8} \times \frac{1}{20} = \frac{1}{200}$, 즉 청소년 전체의 $\frac{1}{200}$이다.

240 a) $\frac{1}{12}$ b) $\frac{3}{5}$ c) -1

20   분수의 나눗셈   47p

241 a) 4   b) 2

242 a) $\frac{3}{2}$ b) $\frac{8}{3}$ c) $\frac{5}{9}$

243 a) 10   b) 9   c) 36

244 a) 1   b) 8   c) $\frac{1}{3}$

d) $\frac{1}{2}$ e) $\frac{4}{81}$ f) $\frac{3}{26}$

245

a) 3	U	d) $\frac{1}{6}$	R	g) $1\frac{1}{2}$	T
b) 4	P	e) $2\frac{2}{3}$	A	h) 18	A
c) 2	A	f) $1\frac{1}{3}$	K	i) $1\frac{1}{5}$	K

KATKARAPU라는 단어가 만들어진다. '새우'라는 뜻이다.

246 a) $3\frac{1}{2} \div 2\frac{1}{2} = \frac{7}{2} \div \frac{5}{2} = \frac{7}{2} \times \frac{2}{5} = \frac{7}{5}$ (유로)

b) $2\frac{1}{5} \times 1\frac{1}{2} = \frac{11}{5} \times \frac{3}{2} = \frac{33}{10}$ (유로)

247 a) $\frac{5}{6} + \frac{3}{5} = \frac{25}{30} + \frac{18}{30} = \frac{43}{30} = 1\frac{13}{30}$

b) $\frac{5}{6} - \frac{3}{5} = \frac{25}{30} - \frac{18}{30} = \frac{7}{30}$

c) $\frac{5}{6} \times \frac{3}{5} = \frac{1}{2}$

d) $\frac{5}{6} \div \frac{3}{5} = \frac{5}{6} \times \frac{5}{3} = \frac{25}{18} = 1\frac{7}{18}$

248 a) $-\frac{1}{6}$ b) -10 c) $\frac{3}{8}$

d) $-1\frac{1}{4}$ e) $-\frac{11}{12}$ f) $\frac{2}{3}$

249 a) 5   b) 10   c) 3

250 a) 30   b) 14

21   유리식의 계산   49p

251 a) $\frac{3}{16}$ b) $\frac{1}{8}$ c) $\frac{1}{5}$ d) 10

252 a) $\frac{1}{81}$ b) $\frac{16}{25}$ c) $3\frac{1}{16}$

253 a) $-\frac{3}{5}$ b) 2   c) $\frac{1}{4}$ d) $1\frac{1}{7}$

254 a) $\frac{2}{3}$ b) $\frac{1}{4}$

255

a) $-\frac{1}{4}$	N	d) $1\frac{3}{8}$	R
b) 1	I	e) 1	I
c) $\frac{1}{2}$	E	f) $-\frac{2}{5}$	Ä

NIERIÄ라는 단어가 만들어진다. '북극민물송어'라는 뜻이다.

256 리사와 라우리가 받고 남은 유산은
$1-\left(\dfrac{2}{5}+\dfrac{1}{3}\right)=\dfrac{15}{15}-\left(\dfrac{6}{15}+\dfrac{5}{15}\right)=\dfrac{4}{15}$ 이다.

a) 구호 단체들에서 받은 유산은 전체의 $\dfrac{4}{15}$ 이다.

b) 핀란드 적십자사에서 받은 유산은 $\dfrac{4}{15}\times\dfrac{3}{4}=\dfrac{1}{5}$ 이다.

257 a) 한나가 원래 청소할 양인 $\dfrac{1}{3}$ 의 절반을 욘나가 했으
므로 욘나는 $\dfrac{1}{3}\times\dfrac{1}{2}=\dfrac{1}{6}$ 만큼 더 청소했다. 한나가
원래 청소할 양의 $\dfrac{1}{5}$ 을 이로가 했으므로 이로는
$\dfrac{1}{3}\times\dfrac{1}{5}=\dfrac{1}{15}$ 만큼 더 청소했다. 따라서 한나가 청소
한 양은
$\dfrac{1}{3}-\left(\dfrac{1}{6}+\dfrac{1}{15}\right)=\dfrac{10}{30}-\left(\dfrac{5}{30}+\dfrac{2}{30}\right)=\dfrac{3}{30}=\dfrac{1}{10}$
욘나가 청소한 양은 $\dfrac{1}{3}+\dfrac{1}{6}=\dfrac{1}{2}$, 이로가 청소한 양
은 $\dfrac{1}{3}+\dfrac{1}{15}=\dfrac{2}{5}$ 이다.

b) 한나는 $20\times\dfrac{1}{10}=2$유로, 욘나는 $20\times\dfrac{1}{2}=10$유로,
이로는 $20\times\dfrac{2}{5}=8$유로를 받으면 된다.

258 a) $\dfrac{23}{100}$

b) 1가지 또는 2가지를 즐기는 청소년의 비를 구하면
$\dfrac{11}{50}+\dfrac{23}{100}=\dfrac{22}{100}+\dfrac{23}{100}=\dfrac{45}{100}=\dfrac{9}{20}$ 이다.

c) 2가지 이상을 즐기는 청소년의 비를 구하면
$\dfrac{23}{100}+\dfrac{6}{25}+\dfrac{31}{100}=\dfrac{23}{100}+\dfrac{24}{100}+\dfrac{31}{100}=\dfrac{78}{100}=\dfrac{39}{50}$
이다.

d) 3가지 또는 4가지를 즐기는 청소년의 비를 구하면
$\dfrac{6}{25}+\dfrac{31}{100}=\dfrac{24}{100}+\dfrac{31}{100}=\dfrac{55}{100}=\dfrac{11}{20}$ 이다.

22 소수 51p

259 a) 소수 둘째 자리($\dfrac{1}{100}$ 의 자리)

b) 십의 자리

c) 백의 자리, 소수 셋째 자리($\dfrac{1}{1000}$ 의 자리)

260 a) 영 점 삼영오   b) 오십일 점 삼
c) 육백사십이 점 일

261 a) A$=5.1$, B$=5.5$, C$=5.95$
b) A$=-2.9$, B$=-2.5$, C$=-2.05$

262 $-0.321<-0.320<-0.312<-0.302<-0.3$
<-0.03

263 a) 0.3   b) -0.87 c) 2.175

264 a) 0.5   b) 1.25   c) -2.2
d) -1.5 e) $0.333\cdots$ f) $0.272727\cdots$

265 a) $0.6=\dfrac{6}{10}=\dfrac{3}{5}$ b) $0.75=\dfrac{75}{100}=\dfrac{3}{4}$

c) $0.125=\dfrac{125}{1000}=\dfrac{1}{8}$ d) $5.5=\dfrac{55}{10}=\dfrac{11}{2}$

e) $1.7=\dfrac{17}{10}$ f) $1.25=\dfrac{125}{100}=\dfrac{5}{4}$

266 a) $-0.8=-\dfrac{8}{10}=-\dfrac{4}{5}$ b) $-0.64=-\dfrac{64}{100}=-\dfrac{16}{25}$

c) $0.725=\dfrac{725}{1000}=\dfrac{29}{40}$ d) $1.15=\dfrac{115}{100}=\dfrac{23}{20}$

e) $4.45=\dfrac{445}{100}=\dfrac{89}{20}$ f) $7.52=\dfrac{752}{100}=\dfrac{188}{25}$

267 90.33 m$>$88.61 m$>$86.21 m$>$85.19 m$>$85.16 m$>$
84.52 m$>$83.38 m$>$82.10 m

268 a) 0.956   b) 12.033   c) 0.0092

269 2.31, 2.32, 2.33, 2.34, 2.35, 2.36, 2.37, 2.38, 2.39

270 a) 4.66, 4.67, 4.68
b) -0.079, -0.078, -0.077

271 수직선을 그려서 두 수의 가운데 위치한 수를 구해도 되
고 두 수를 더해서 2로 나누어도 된다.

a) $\dfrac{8+9}{2}=8.5$ b) $\dfrac{6.5+6.6}{2}=6.55$

c) $\dfrac{4.50+4.55}{2}=4.525$ d) $\dfrac{-0.3+0.2}{2}=-0.05$

272 $-2.10<-2.01<-1.20<-1.02<-0.21<-0.12$

23 소수의 계산 53p

273 a) 314.15   b) 717   c) 64500
d) 2.7   e) 0.421   f) 0.003

274 a) 12.34   b) 0.0973   c) 0.0076
d) 16   e) 1250   f) 13930

275

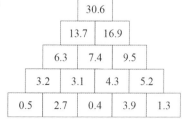

			30.6			
		13.7		16.9		
	6.3		7.4		9.5	
3.2		3.1		4.3		5.2
0.5	2.7		0.4		3.9	1.3

276 a) 0.46   b) 3.3   c) -0.068

d) -0.424 e) -0.442 f) -0.45

277 a) $\dfrac{5}{45} = \dfrac{1}{9}$ b) $\dfrac{90}{72} = \dfrac{5}{4}$

c) $\dfrac{14}{280} = \dfrac{1}{20}$ d) $\dfrac{160}{25} = \dfrac{32}{5}$

278 a) 21   b) 0.7   c) 3.1   d) 50

279 a) 2.80€   b) 1.40€   c) 7.00€

280 아이스크림 : 2.78€/L   요구르트 : 2.25 €/kg

치즈 : 14 €/kg   우유 : 0.92 €/L

281 a) 6.40 €   b) 4팩

282 $10 - (0.5 + 1.5 \times 2) = 5.85$ €

283 4명의 학생이 무료로 입장할 수 있으므로 입장권은 20장만 사면 된다.

따라서 입장권의 총 가격은 $2.30 \times 20 = 46(€)$이다.

284 $\dfrac{20 - 2.60}{6} = 2.90(€)$

24	**근삿값**	55p

285 a) 20명, 32.50 €   b) 5300만, 167 cm

286 a) 3   b) 3   c) 2

d) 2   e) 3   f) 4

287 a) 소수 둘째 자리에서 반올림하여 1.4가 되려면 1.4보다 작은 경우는 1.35, 1.36, 1.37, 1.38, 1.39이고 1.4보다 큰 경우는 1.41, 1.42, 1.43, 1.44이다.

b) 2.95, 2.96, 2.97, 2.98, 2.99, 3.00, 3.01, 3.02, 3.03, 3.04

c) 0.85, 0.86, 0.87, 0.88, 0.89, 0.90, 0.91, 0.92, 0.93, 0.94

288 a) 6400 km   b) 300000 km/s   c) 2.8 kg

289 a) 300 K   b) 273 K   c) 273.2 K

290 두 근삿값을 곱한 수의 유효숫자는 두 수 중 유효숫자가 적은 수와 그 개수가 같다.

a) $3.1 \text{ m} \cdot 4.66 \text{ m} = 14.446 \text{ m}^2 \approx 14 \text{ m}^2$

b) $11.2\text{s} \times 15 \text{ m/s} = 168 \text{ m} \approx 170 \text{ m}$ (일의 자리의 0은 유효숫자가 아니다.)

c) $1300 \text{ kg/m}^3 \cdot 0.23 \text{ m}^3 = 299 \text{ kg} \approx 300 \text{ kg}$ (일의 자리의 0은 유효숫자가 아니다.)

d) $1.2 \text{ m} \cdot 0.32 \text{ m} \cdot 0.15 \text{ m} = 0.0576 \text{ m}^3 \approx 0.058 \text{ m}^3$

291 두 근삿값을 더하거나 뺄 때는 유효숫자의 끝자리를 맞춘다.

a) $2.3 \text{ m} - 0.42 \text{ m} = 1.88 \text{ m} \approx 1.9 \text{ m}$

b) $25.3\text{s} + 13.9\text{s} - 33.55\text{s} = 5.65\text{s} \approx 5.7\text{s}$

c) $32.0 \text{ kg} - 2370\text{g} = 32.0 \text{ kg} - 2.4 \text{ kg} = 29.6 \text{ kg}$

d) $120.0 \text{ cm} - 232 \text{ mm} - 16 \text{ mm}$
$= 120.0 \text{ cm} - 23.2 \text{ cm} - 1.6 \text{ cm} = 95.2 \text{ cm}$

292 a) $1.05 € \div 0.351 \text{ kg} \approx 2.9914 €/\text{kg} \approx 2.99 €/\text{kg}$

b) $10.36 € \div 613\text{g} = 10.36 € \div 0.613 \text{ kg} \approx$
$16.90 €/\text{kg} \approx 16.90 €/\text{kg}$

c) $162.50 € \div 126 \text{ m} \approx 1.289 €/\text{m} \approx 1.29 €/\text{m}$

d) $26.88 € \div 160 \text{ cm} = 26.88 € \div 1.6 \text{ m}$
$= 16.80 €/\text{m} \approx 17 €/\text{m}$

293 a) $0.636 \text{ kg} \times 1.99 €/\text{kg} \approx 1.265 € \approx 1.27 €$

b) $1.389 \text{ kg} \times 2.15 €/\text{kg} \approx 2.9863 € \approx 2.99 €$

c) $0.556 \text{ kg} \times 2.45 €/\text{kg} \approx 1.362 € \approx 1.36 €$

294 a) $165 \text{ g} \times \dfrac{164 \text{ kJ}}{100 \text{ g}} = 270.6 \text{ kJ} \approx 271 \text{ kJ}$,

$165 \text{ g} \times \dfrac{39 \text{ kcal}}{100 \text{ g}} = 64.35 \text{ kcal} \approx 64 \text{ kcal}$

b) $165 \text{ g} \times \dfrac{3.3 \text{ g}}{100 \text{ g}} = 5.445 \text{ g} \approx 5.4 \text{ g}$

c) $165 \text{ g} \times \dfrac{3.1 \text{ g}}{100 \text{ g}} = 5.115 \text{ g} \approx 5.1 \text{ g}$

d) $165 \text{ g} \times \dfrac{1.5 \text{ g}}{100 \text{ g}} = 2.475 \text{ g} \approx 2.5 \text{ g}$

e) $165 \text{ g} \times \dfrac{120 \text{ mg}}{100 \text{ g}} = 198 \text{ mg}$

f) $165 \text{ g} \times \dfrac{0.5 \text{ μg}}{100 \text{ g}} = 0.825 \text{ μg} \approx 0.8 \text{ μg}$

25	**여행지에서**	57p

295 a) 7.86 NOK   b) 0.80 GBP   c) 162.82 JPY

296 a) 929.93 SEK   b) 3717.10 RUB

297 소수 셋째 자리까지 계산하여 소수 둘째 자리로 반올림한다.

a) $1 \div 7.8550 \approx 0.127 \approx 0.13€$

b) $1 \div 1.6228 \approx 0.616 \approx 0.62€$

c) $1 \div 37.1710 \approx 0.026 \approx 0.03€$

298 a) $100 \div 9.2993 \approx 10.753 \approx 10.75€$

b) $100 \div 162.8200 \approx 0.614 \approx 0.61€$

299

EUR	SEK	CHF	RUB
1	$9.299 \approx 9.30$	$1.622 \approx 1.62$	$37.171 \approx 37.17$
5	$46.496 \approx 46.50$	$8.114 \approx 8.11$	$185.855 \approx 185.86$
10	$92.993 \approx 92.99$	$16.228 \approx 16.23$	371.71
20	$185.986 \approx 185.99$	$32.456 \approx 32.46$	743.42

300 유효숫자의 개수를 4개로 한다.

$33580 \div 1.5753 \approx 21316.57 \approx 21320 €/\text{kg}$

301 $\dfrac{56}{1.6228} \approx 34.508 \approx 34.51\,€$

302 $(70 \times 7) \times 0.80 = 392.7105\,€ \approx 392.71\,€$

303 a) 헬싱키 - 오울루 $\dfrac{72.00}{680} \approx 0.105\,€ \approx 0.11\,€$

스톡홀름 - 말뫼 $\dfrac{801}{597} \div 9.2993 \approx 0.144\,€ \approx 0.14\,€$

오슬로 - 베르겐 $\dfrac{739}{489} \div 7.8550 \approx 0.192\,€ \approx 0.19\,€$

b) 헬싱키 - 오울루

304 1000 km를 갈 때 연료는 65 L 필요하다.
캘리포니아에서의 기름 1L의 가격을 $x\,€$라고 하면
$1\,€ : 1.5753\ USD = x\,€ : 0.956\ USD$

$x = \dfrac{0.956}{1.5753} ≒ 0.607\,€$ 이다.

기름 1L의 가격은 캘리포니아보다 핀란드에서
$1.569 - 0.607 = 0.962\,€$
더 비싸므로 기름 값은 $0.962 \times 65 = 62.53\,€$ 더 든다.

305 a) $\dfrac{21500}{162.8200} \approx 132.047\,€ \approx 132.05\,€$

b) $\dfrac{2940}{162.8200} \approx 18.056\,€ \approx 18.06\,€$

---

26 음표와 쉼표의 길이 59p

306 a) $\dfrac{3}{4}$ b) 1 c) $\dfrac{3}{8}$ d) $\dfrac{3}{8}$

307 a) $\dfrac{3}{16}$ b) $\dfrac{3}{4}$ c) $\dfrac{3}{8}$ d) $\dfrac{3}{32}$

308 a) ♪.H   b) ♪Ä   c) ♩N

d) ♩D   e) ♩E   f) ○L

HÄNDEL이라는 단어가 만들어진다. 음악가 '헨델'의 이름이다.

309 a) $\dfrac{3}{8}$ b) $\dfrac{11}{16}$ c) $\dfrac{13}{16}$ d) $\dfrac{7}{32}$

310 a) $\dfrac{4}{4}$ b) $\dfrac{2}{4}$ c) $\dfrac{2}{4}$ d) $\dfrac{3}{4}$

311 a) A = ♪ , B = ♩

b) A = ♪ , B = ♩.

c) A = ♪. , B = ♪ , C = ♩

d) A = ♪ , B = ♩ , C = ♩

---

312 a)

b)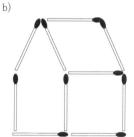

c)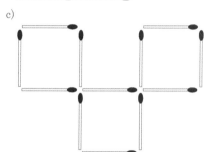

313 a)

2	3	1	4
4	1	2	3
3	2	4	1
1	4	3	2

b)

1	2	3	4
3	4	1	2
4	1	2	3
2	3	4	1

314

2	3	4	5	6	1
6	1	5	2	3	4
1	5	3	4	2	6
4	2	6	3	1	5
5	6	2	1	4	3
3	4	1	6	5	2

315 세 명은 5유로씩 내서 15유로를 냈다. 피잣값은 13유로
이므로 직원이 2유로 가진 것이 맞다.

316 일라리가 6유로의 절반인 3유로를 주면 일라리가 가진
돈은 (이미 갖고 있던 돈)−3유로, 세이야가 가진 돈은
(이미 갖고 있던 돈)+3유로이므로 세이야가 6유로 더
많게 된다.

317 5, 8, 20의 합과 차로 원하는 수를 만들어내면 된다.

   a) $8+8-5-5-5=1$이므로 8 L짜리 용기로 물을 두 번 부은 후, 5L짜리 용기에 세 번 따르면 남는 양이 1 L이다.

   b) $20-8-5-5=2$이므로 20 L짜리 용기에 물을 가득 채운 후, 8 L짜리 용기에 한 번, 5 L짜리 용기에 두 번 따르면 남는 양이 2 L이다

   c) $8-5=3$이므로 8 L짜리 용기에 물을 가득 채운 후, 5 L짜리 용기에 한 번 따르면 남는 양이 3 L이다.

   d) $20-8-8=4$이므로 20 L짜리 용기에 물을 가득 채운 후, 8 L짜리 용기에 두 번 따르면 남는 양이 4 L이다.

   e) $8+8-5-5=6$이므로 8 L짜리 용기로 물을 두 번 부은 후, 5 L짜리 용기에 두 번 따르면 남는 양이 6 L이다.

   f) $20-8-8=4$, $20-5+4=19$이므로 20 L짜리 용기에 물을 가득 채운 후, 8 L짜리 용기에 두 번 따라서 4 L를 남긴다. 다시 20 L짜리 용기에 물을 가득 채운 후, 5 L짜리 용기에 한 번 따르고 4 L를 더 부으면 남는 양이 19 L이다.

318 6유로는 마티가 먹은 소시지에 대해서 지불한 것이라고 보아야 타당하다. 마티가 삼포의 소시지를 2개, 페카의 소시지를 1개 먹었으므로 삼포는 $6 \times \dfrac{2}{3} = 4$유로로, 페카는

$6 \times \dfrac{1}{3} = 2$유로를 가지면 된다.

319 강을 오가는 횟수에 제한이 없음에 주의한다. 개를 싣고 강을 건너가서 내려놓고 돌아온다. 이번에는 개 사료를 싣고 가서 내려놓고 개를 싣고 돌아온다. 개를 내려놓고 고양이를 태우고 가서 고양이를 내려놓고 빈 배로 돌아온다. 다시 개를 싣고 간다.

320 조건 6가지 중 일부를 다음과 같이 표로 나타내면 에스코의 아버지가 요키넨임을 알 수 있다.

	요키넨 씨	야르비넨 씨	비르타넨 씨
아스코	3에 의해 비행기 탄 적 없다.	1에 의해 대머리이다.	5에 의해 조종사이고 머리 길다.
에스코	비르타넨 씨는 머리가 길고, 야르비넨 씨는 대머리이므로 4에 의해 요키넨 씨가 에스코의 아버지이다.	4에 의해 에스코의 아버지는 머리 짧으므로 야르비넨 씨는 에스코의 아버지가 아니다.	
우스코			6에 의해 비르타넨시 씨는 우스코의 아버지가 아니다.

에스코의 아버지는 요키넨 씨이고 비르타넨 씨는 우스코의 아버지가 아니므로 우스코의 아버지는 야르비넨 씨이다. 따라서 아스코의 아버지는 비르타넨 씨임을 알 수 있다.

   a) 비르타넨   b) 비르타넨   c) 요키넨

28 복습   62p

321 a) $1\dfrac{3}{4}$ b) $3\dfrac{2}{5}$ c) $2\dfrac{3}{4}$ d) $1\dfrac{1}{5}$

322 a) 0.8 b) 0.2 c) 3.75 d) 1.15

323 a) $\dfrac{9}{10}$ b) $\dfrac{13}{20}$ c) $\dfrac{1}{25}$

324 a)

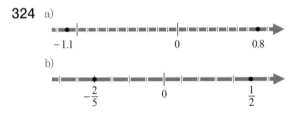

    b)

325 a) $\dfrac{6}{7}$ b) $-\dfrac{1}{2}$ c) $-2\dfrac{3}{4}$

326 a) $0.32 > 0.30$ b) $-1.1 < 0.1$
     c) $-0.01 > -0.011$ d) $-1.26 < 0.25$

327 a) 103.2 cm   b) 228€
     c) 55400 km   d) 500 kg

328

	2	3	5	9	10
6	○	○			
27		○		○	
39		○			
85			○		
102	○	○			
1044	○	○		○	
4230	○	○	○	○	○

329 a) $42 = 2 \cdot 3 \cdot 7$ b) $180 = 2 \cdot 2 \cdot 3 \cdot 3 \cdot 5$
     c) $105 = 3 \cdot 5 \cdot 7$

330 a) 2 b) $\dfrac{1}{3}$ c) $\dfrac{5}{6}$

331 a) -4 b) $\dfrac{2}{3}$ c) $\dfrac{2}{3}$
     d) $\dfrac{16}{25}$ e) $\dfrac{11}{10}$ f) $\dfrac{1}{6}$

332 a) 4.04 b) 1500 c) 1.28
     d) 0.0068 e) 0.104 f) 0.075

333 a) 60 b) 0.7 c) 0.2

334 3.85, 3.86, 3.87, 3.88, 3.89, 3.90, 3.91, 3.92, 3.93, 3.94

335 a) 1, 2, 7, 14   b) 24

336 a) $2\frac{2}{3}+\frac{5}{6}=\frac{8}{3}+\frac{5}{6}=\frac{16}{6}+\frac{5}{6}=\frac{21}{6}=\frac{7}{2}$

b) $2\frac{2}{3}-\frac{5}{6}=\frac{8}{3}-\frac{5}{6}=\frac{16}{6}-\frac{5}{6}=\frac{11}{6}$

c) $2\frac{2}{3}$ 와 $\frac{5}{6}=\frac{8}{3}\times\frac{5}{6}=\frac{4}{3}\times\frac{5}{3}=\frac{20}{9}$

d) $2\frac{2}{3}$ 와 $\frac{5}{6}=\frac{8}{3}\div\frac{5}{6}=\frac{8}{3}\times\frac{6}{5}=\frac{8}{1}\times\frac{2}{5}=\frac{16}{5}$

337 a) $1\frac{1}{3}+\frac{3}{8}\div\frac{1}{2}=\frac{4}{3}+\frac{3}{8}\times\frac{2}{1}=\frac{4}{3}+\frac{3}{4}$

$\qquad\qquad =\frac{16}{12}+\frac{9}{12}=\frac{25}{12}$

b) $\frac{2}{9}\div4+\frac{1}{2}\cdot\frac{5}{9}=\frac{2}{9}\times\frac{1}{4}+\frac{5}{18}=\frac{1}{18}+\frac{5}{18}=\frac{6}{18}=\frac{1}{3}$

338 a) $\frac{43}{36}$ b) 0.78

339 $1-\left(\frac{1}{6}+\frac{1}{5}+\frac{1}{4}\right)=1-\frac{10+12+15}{60}=1-\frac{37}{60}=\frac{23}{60}$,

$120\times\frac{23}{60}=46$(개)

340 처음에는 모두 $\frac{1}{3}$ 씩 가지고 있었다. 닐로가 먹은 양은

$\frac{1}{3}\times\frac{1}{2}=\frac{1}{6}$, 투오마스가 먹은 양은 $\frac{1}{3}\times\frac{3}{4}=\frac{1}{4}$ 이므로

올리가 먹은 양은 $1-\frac{1}{6}-\frac{1}{4}=\frac{7}{12}$ 이다.

닐로 : $\frac{1}{6}$, 투오마스 : $\frac{1}{4}$, 올리 : $\frac{7}{12}$

341 $4\frac{1}{2}\div\frac{3}{4}=\frac{9}{2}\times\frac{4}{3}=6$(개)

342 a) 3.98€/kg   b) 7.90€/kg   c) 2.00€/kg

343 a) 0.26€   b) 1.56€

344 a) 6.0 kg   b) 1.5 kg

345 a) 1.62€   b) 1.1 kg

346 a) $\frac{11}{12}-\frac{8}{12}=\frac{6}{12}+\frac{3\times\square}{12}$

$\qquad \frac{3}{12}=\frac{6+3\times\square}{12}$

$\qquad 3=6+3\times\square$

$\qquad \square=-1$

b) $-\frac{15}{16}+\frac{4}{16}=-\frac{2\times\square}{16}-\frac{5}{16}$

$\qquad -\frac{11}{16}=-\frac{(2\times\square+5)}{16}$

$\qquad 11=2\times\square+5$

$\qquad \square=3$

347 a) 0.25 L는 250 mL이므로 $250\div0.2=1250$(방울)

b) $1250\times4=5000$방울의 물이 모여야 1 L가 되므로 1 L 가 모이는데 걸리는 시간은 $5000\div20=250$분이다. 따라서 72 L가 모이려면 250분$\times72=18000$분, 즉 300시간이 걸린다.

29 **각과 각의 종류**   67p

348 a) 점 Q   b) 선분 CD

     Q ×   C   D

c) 직선 t

                               t

d) 반직선 RS

     R   S

349 a) $\angle\alpha$, $\angle\beta$, $\angle\gamma$ b) $\angle$ABC, $\angle$DEF, $\angle$GHI

c) $\angle$B, $\angle$E, $\angle$H

350 $\angle\beta$, $\angle$B, $\angle$ABC

351 a) $\angle$A, $\angle$E   b) $\angle$B, $\angle$G

c) $\angle$C   d) $\angle$D, $\angle$F

352 a)

b)

c)

d)

353 a)
b)

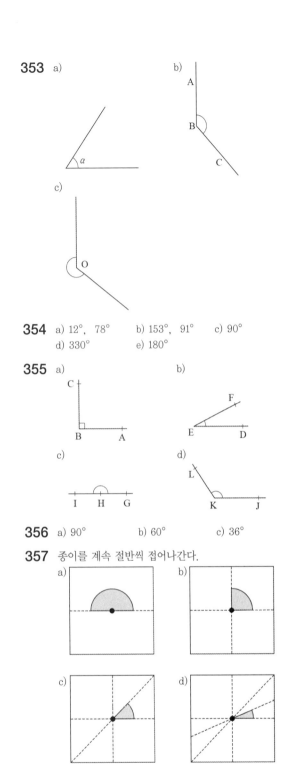

354 a) 12°, 78°   b) 153°, 91°   c) 90°
d) 330°   e) 180°

355 a)
b)
c)
d)

356 a) 90°   b) 60°   c) 36°

357 종이를 계속 절반씩 접어나간다.
a)   b)
c)   d)

358 빛은 프리즘에 부딪힐 때 두 번 꺾인다.
a) 3개   b) 1개   c) 없다   d) 없다

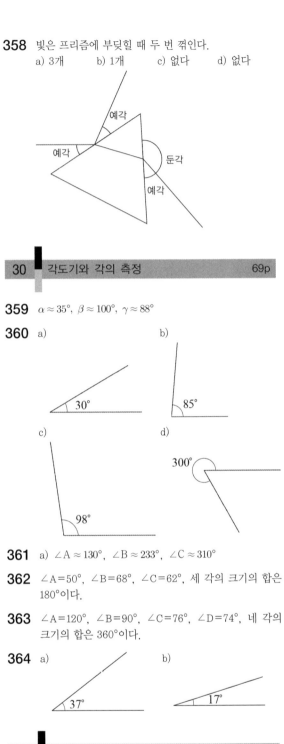

359 $\alpha \approx 35°$, $\beta \approx 100°$, $\gamma \approx 88°$

360 a)
b)
c)
d)

30°

85°

98°

300°

361 a) $\angle A \approx 130°$, $\angle B \approx 233°$, $\angle C \approx 310°$

362 $\angle A = 50°$, $\angle B = 68°$, $\angle C = 62°$, 세 각의 크기의 합은 180°이다.

363 $\angle A = 120°$, $\angle B = 90°$, $\angle C = 76°$, $\angle D = 74°$, 네 각의 크기의 합은 360°이다.

364 a)
b)

37°

17°

365 a) a와 c, b와 g b) b와 d, g와 d

366 $\angle BOC$

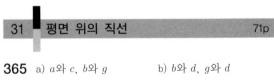

367

368 a) 약 23 mm   b) 약 8 mm   c) 26°

369 a)   b)

c)   d)

370 a) 직선 k, s b) 직선 k

371

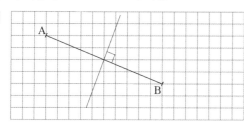

372 a) 1개   b) 1개 또는 그릴 수 없다.

c) 무한히 많이 그릴 수 있다.

373 다음 그림에서 $x = 50°$이므로 두 수직선 사이의 각 $y = 40°$이다.

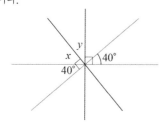

374 다음과 같이 두 가지 색을 번갈아 칠하면 되므로 두 가지 색이면 된다.

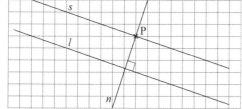

32 **맞꼭지각과 보각**   73p

375 a) α는 155°의 보각이므로 $\alpha = 180° - 155° = 25°$
     b) α는 32°의 맞꼭지각이므로 $\alpha = 32°$

376 a) $\alpha = 180° - 142° = 38°$
        $\beta = 180° - 123° = 57°$
        $\gamma = 85°$
     b) $\alpha + \beta + \gamma = 38° + 57° + 85° = 180°$

377 a) 25°   b) 155°

378 α는 168°의 보각이므로 $\alpha = 180° - 168° = 12°$
     β는 102°의 보각이므로 $\beta = 180° - 102° = 78°$

379 a) 137°   b) 43°

380 a)

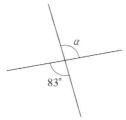

b)

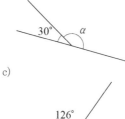

c)

381 a) 38°   b) 43°

382 a) $\alpha = 40°$, $\beta = 67°$, $\gamma = 73°$
     b) $\alpha = 90°$, $\beta = 40°$, $\gamma = 50°$

383 a) 예각

예각 둔각

b) 예각
c) $90°$
d) 각의 크기가 $180°$가 넘기 때문이다.

384 a) 구하는 각을 x라고 하면 $x=(180°-x)+18°$이므로
$x=99°$
b) 구하는 각을 x라고 하면 $x=(180°-x)-24°$이므로
$x=78°$
c) 구하는 각을 x라고 하면 $x=180°-x$이므로 $x=90°$

33	**동위각**	75p

385 a) 각 1 b) 각 2

386 a) 동위각의 크기가 $49°$로 같으므로 두 직선 l과 s는 평행이다.
b) 직선 s에서 $47°$의 맞꼭지각은 $47°$이다. 동위각의 크기가 $47°$로 같으므로 두 직선 l과 s는 평행이다.
c) 동위각의 크기가 $60°$, $61°$로 다르므로 두 직선 l과 s는 평행이 아니다.

387

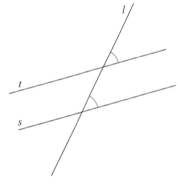

388 a) α의 동위각이 직선 s에서 $30°$의 맞꼭지각이므로
$\alpha=30°$
b) α의 동위각이 직선 s에서 $147°$의 보각이므로
$\alpha=180°-147°=33°$
c) α의 동위각이 직선 s에서 $150°$의 맞꼭지각이므로
$\alpha=150°$

389 3α의 동위각이 $150°$이므로
$3\alpha=150°$, $\alpha=50°$
$\beta=180°-3\alpha=180°-3\times50°=30°$

390 a) 그림에서 점선은 직선 l과 평행선이라고 하면 $99°-47°=52°$는 구하는 각의 맞꼭지각이다. 따라서 구하는 각의 크기는 $52°$이다.

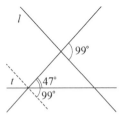

b) 그림과 같이 $50°$의 꼭짓점을 지나고 직선 l에 평행한 직선을 그으면 새로 그은 직선과 직선 t 사이의 각은 $1°$이고, 이 각이 직선 l과 직선 t 사이의 각이다.

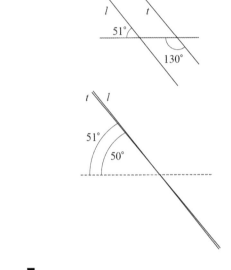

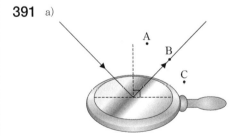

34	**대칭**	77p

391 a)

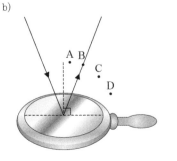

b)

392 a) E b) E c) E d) B

393 a)

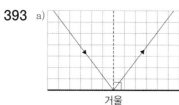

거울

b)

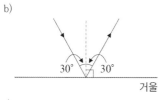

거울

거울

394 a)

75° 75°

거울

b)

30° 30°

거울

c)

0°

거울

395 a) 3가지

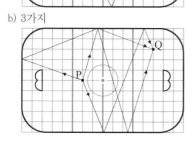

b) 3가지

396 a)

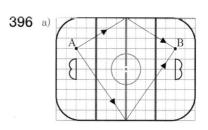

b)

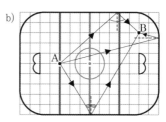

35 원 79p

397 a) $\overline{FA}$, $\overline{FB}$, $\overline{FD}$ b) 현 AD, 현 CE
c) $\overline{AD}$

398 a는 활꼴, b는 반지름, c는 현, d는 중심, e는 접선, f는 할선, g는 지름, h는 원, i는 부채꼴의 중심각, j는 부채꼴

400 a) 4.2 cm b) 11.4 cm

401 a) b) c) 8.0cm

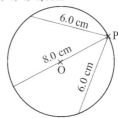

403 a) b)

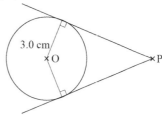

3.0 cm ×O ×P

404 a) b)

135°

405 a) b) c) 60°

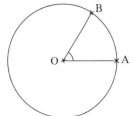

406 a) $360° \div 5 = 72°$ b) $360° \div 12 = 30°$

407 a) b) c) d) 56°

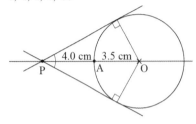

36 선분과 각의 이동 81p

408 a) ① 자로 직선 l을 긋고 그 위에 점 P를 잡는다.
② 컴퍼스로 책의 $\overline{AB}$의 길이를 잰다.
③ 점 P를 중심으로 반지름의 길이가 $\overline{AB}$인 원을 그려서 직선 l과의 교점을 Q라고 하면 $\overline{PQ}$가 선분 AB와 길이가 같은 선분이다.

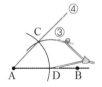

b) ① 각 α의 꼭짓점을 중심으로 원을 그려서 두 변과의 교점을 각각 P, Q라고 한다.
② 점 A를 중심으로 반지름의 길이가 $\overline{OP}$인 원을 그려서 $\overrightarrow{AB}$와의 교점을 D라고 한다.
③ 점 D를 중심으로 반지름의 길이가 $\overline{PQ}$인 원을 그려서 ②의 원과의 교점을 C라고 한다.
④ 반직선 AC를 그으면 ∠CAB가 작도된다.
∠CAB = α이다.

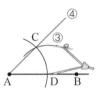

410 a)

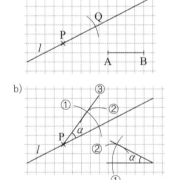

b)

411 a)

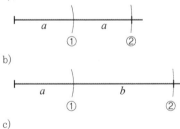

b)

c)

412 a)

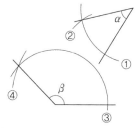

b)

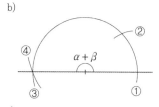

c)

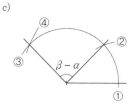

413 직선을 그어 그 위에 선분 a를 옮기고, 선분 a의 양 끝에 각 α를 작도하면 된다.

37 선분의 수직이등분선과 각의 이등분선 83p

414 a) 점 A와 B를 각각 중심으로 하여 반지름의 길이가 같은 원을 그린다. 두 원의 교점을 이은 직선이 선분 AB와 만나는 점이 이등분점이다.
b) 점 A와 선분 AB의 중점을 다시 이등분하면 된다.

415 b) 점 A와 B를 각각 중심으로 하여 반지름의 길이가 같은 원을 그린다. 두 원의 교점을 이은 직선과 선분 AB가 만나는 점이 중점이다.
c) 위 b)에서 그은 직선이 선분 AB의 수직이등분선이다.

416 c) 점 P에서 두 점 A, B까지의 거리가 같다.

417 a) 반직선 OB가 각 AOC의 이등분선이다.
b) 반직선 OC

420 a) b)

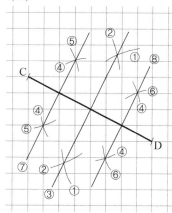

421 b) 두 점 A, B를 각각 중심으로 하여 반지름의 길이가 같은 원을 그렸을 때, 두 교점에서 선분 AB의 양 끝점까지의 거리가 같다.

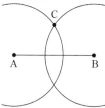

c) 위 b)의 두 교점을 이은 직선은 선분 AB의 수직이등분선으로 이 선 위의 모든 점에서 선분 AB의 양 끝점까지의 거리는 같다.

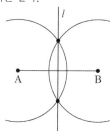

422

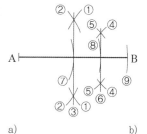

a)   b)

c)

424 a)

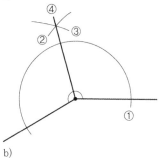

b)

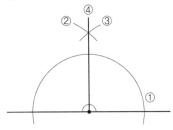

425

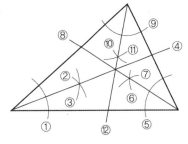

426 a) 평각 180°의 각 이등분선을 작도하여 90°를 만든 후,
90°의 각 이등분선을 작도한다.
b) 위 a)의 보각이다.

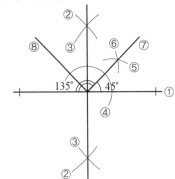

c) 위 a)의 각 이등분선을 작도하면 된다.

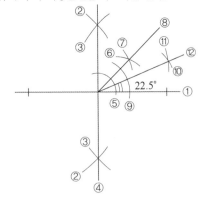

38 수직선과 평행선 85p

427

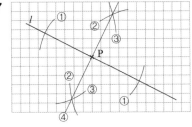

428

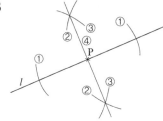

429 a) b)

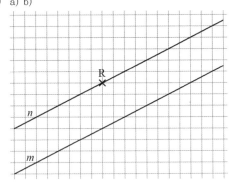

430 a) b)

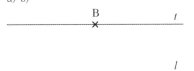

431 a) b)

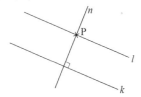

c) 90°

432 a) b)

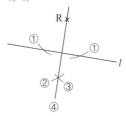

433 a) b) c)

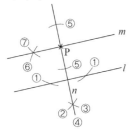

d) 직선 l과 m은 평행이다.

434 a) b)

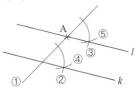

435

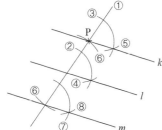

436 a) $\alpha = \angle ABC$, $\beta = \angle HIJ$
   c) $\alpha = 65°$, $\beta = 120°$

437 a) 33°, 52°   b) 91°, 109°, 178°
   c) 90°   d) 263°, 355°
   e) 180°

438 각도기를 이용하여 각을 그린다.
   a)   b)

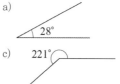

   c)

439 a)   b)

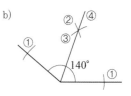

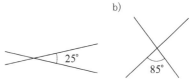

440 a)   b)

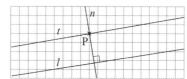

441

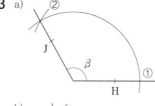

442 a 중심   b 반지름   c 부채꼴
   d 부채꼴의 중심각   e 현   f 활꼴
   g 원   h 지름   i 접선
   j 할선

443 a)

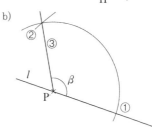

   b)

444 a) 45°   b) $180° - 45° = 135°$

445 $\alpha = 180° - 51° - 37° = 92°$

446 a) 2와 4   b) 3과 5

447 a) 평행이다. 각 130°의 보각은 50°이다. 동위각의 크기가 50°로 같으므로 두 직선 l(엘)과 s는 평행이다.

b) 평행이 아니다. 각 41°의 보각은 139°이다. 동위각의 크기가 139°와 140°로 다르므로 두 직선 l(엘)과 s는 평행이 아니다.

448
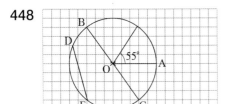

449 420번과 같다.

450 a)   b)
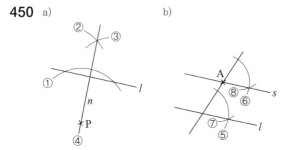

451
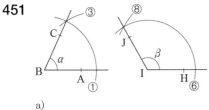

a)
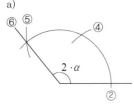

b)
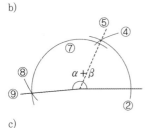

c)
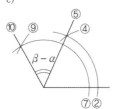

452 $\alpha = 180° - 60° - 50° = 70°$, $\beta = 60°$

453 $\alpha = 180° - 75° - 35° = 70°$, $\beta = 35°$, $\gamma = \alpha = 70°$

454 $180° - 150° = 30°$를 그리면 된다.

455 $90° - 30° \times \dfrac{1}{2} = 75°$

456 a) 평각 180°의 각 이등분선을 그린다.
b) 90°의 각 이등분선을 그린다.
c) 360°에서 45°를 뺀다.

40 다각형   89p

457 A, B, E, G, H, I (H는 오목 다각형이다.)

458
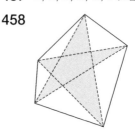

459 a) $\overline{AB} = 33$ mm, $\overline{BC} = 27$ mm, $\overline{AC} = 38$ mm
둘레의 길이는 98 mm이다.

b) $\overline{AB} = 16$ mm, $\overline{BC} = 17$ mm, $\overline{CD} = 21$ mm
$\overline{DE} = 12$ mm, $\overline{AE} = 21$ mm
둘레의 길이는 87 mm이다.

460 a)
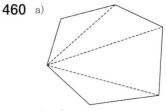

b) 4개

461 a) $\overline{AB} = 50$ mm, $\overline{AB} = 36$ mm, $\overline{CD} = 30$ mm,
$\overline{AD} = 27$ mm
둘레의 길이는 143 mm이다.

b) $\angle A = 74°$, $\angle B = 68°$, $\angle C = 97°$, $\angle D = 121°$
내각의 크기의 합은 360°이다.

462 a)   b)
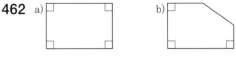

463 오각형 : CDEFJ 등, 육각형 : ADEGJH 등
칠각형 : AHBCIEG 등
팔각형 : AICDEFJG 등
구각형 : AHBCIEFJG 등
십각형 : ABHICDEFJG 등

464 a) 거짓 b) 참 c) 거짓
d) 거짓 e) 참 f) 참

41 삼각형의 각

465 a) $\alpha = 65°$ b) $\alpha = 54°$

466 a) 둔각삼각형 b) 직각삼각형
c) 예각삼각형 d) 예각삼각형

467 c) 항상 180°이다.

468 a) $180° - 26° - 67° = 87°$
b) $180° - 30° - 45° = 105°$

469 a) 60° b) 22°

470 a) $\alpha = 47°$ b) $\alpha = 59°$

471 50°

472 a) $180° - 25° - 25° = 130°$
b) $\dfrac{180° - 68°}{2} = 56°$

473 세 내각의 크기가 각각 α, 40°, 124°이므로
$\alpha + 40° + 124° = 180°$, $\alpha = 16°$

474 $87° + 30° + \angle C = 180°$에서 $\angle C = 63°$, $\angle C$의 삼등분
각은 21°이다.
$21° + 87° + (180° - \alpha) = 180°$에서 $\alpha = 108°$
$21° + 30° + (180° - \beta) = 180°$에서 $\beta = 51°$

475 $\alpha = 180° - 54° - 88° = 38°$

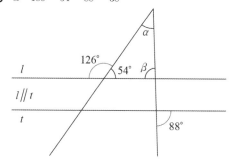

476 a) $\alpha + \beta = 90°$, $\alpha = 2\beta$이므로
$3\beta = 90°$, $\alpha = 60°$, $\beta = 30°$
b) $\alpha + \beta = 90°$, $\alpha = 5\beta$이므로
$6\beta = 90°$, $\alpha = 75°$, $\beta = 15°$

42 이등변삼각형과 정삼각형

477 a) $\overline{DF}$, $\overline{EF}$ b) $\angle F$ c) $\overline{DE}$

478 a) F b) A, B, E, F

479 b)가 정삼각형이다.

480 a) $\beta = 40°$, $\alpha = 100°$ b) $\alpha = \beta = 30°$

481 a) 80° b) 140°

482 55°

483 a) $\triangle ABC$ b) $\triangle BCD$, $\triangle ABD$
c) $\triangle ABD$ d) $\triangle BCD$

484 a) 80° b) 150°

485

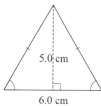

486 삼각형의 양 변의 길이는 약 5.8 cm, 밑각은 약 59°, 꼭
지각은 약 62°이다.

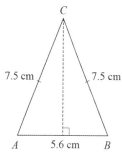

487 삼각형의 높이는 약 7.0 cm, 밑각은 약 68°, 꼭지각은
약 44°이다.

488

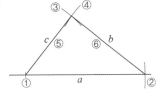

489 a) 길이가 6.2 cm인 변을 그린다. 크기가 43°인 각을 그린다. 각의 한 변의 길이가 7.9 cm가 되도록 한다.

b) 길이가 5.5 cm인 변을 그린다. 양쪽에 크기가 50°, 65°인 각을 그려 교점을 구한다. 이 교점과 길이가 5.5 cm인 변의 양 끝점을 잇는다.

490

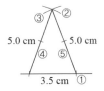

491

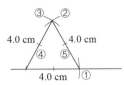

492

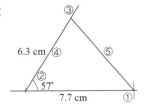

493 길이가 6.5 cm인 선분을 그린다. 이 선분의 수직이등분선을 그린다. 밑변과 65°를 이루는 각을 그린다. 이 각의 변과 수직이등분선의 교점이 삼각형의 또 하나의 꼭짓점이다.

494

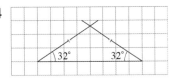

495

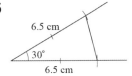

496

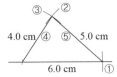

497

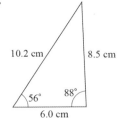

498

499 a)

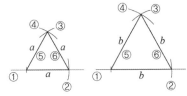

b)

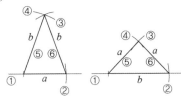

500 a)

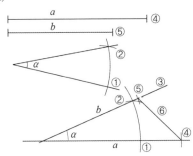

b)

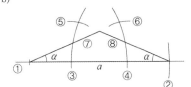

c)

501 a) A, C, D, E, F, G, H b) A, C, D, E, G
c) A, D, G   d) A, C, D
e) A, D

502 a) $\overline{\mathrm{AD}}$ b) $\angle \mathrm{B}$ c) $\overline{\mathrm{AD}}$, $\overline{\mathrm{BC}}$
d) $\angle \mathrm{B}$, $\angle \mathrm{D}$ e) $\overline{\mathrm{AC}}$, $\overline{\mathrm{BD}}$

503 a) $110° + 78° + 102° + \alpha = 360°$, $\alpha = 70°$
b) $62° + 44° + 107° + \alpha = 360°$, $\alpha = 147°$

504 a) 각 변의 길이는 22 mm, 27 mm, 36 mm, 32 mm이
므로 둘레의 길이는 117 mm이다.
b) 네 각의 크기는 83°, 127°, 69°, 81°이므로 네 각의
크기의 합은 360°이다.

505 그림에서
$\beta = 360° - 122° - 72° - 92° = 74°$,
$\gamma = 360° - 96° - 86° - 110° = 68°$,
$\alpha = 180° - \beta - \gamma = 180° - 74° - 68° = 38°$

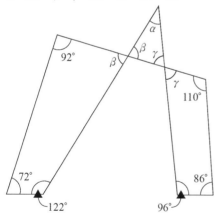

506 $109° + 87° + 82° + \alpha = 360°$, $\alpha = 82°$
$35° + (180° - 82°) + \beta = 180°$, $\beta = 47°$

507 1) 두 변의 길이가 5.0 cm이고 끼인각의 크기가 80°인
삼각형을 작도하여 △ABC라 한다.
2) 두 변의 길이가 5.0 cm, 4.0 cm이고 끼인각의 크기
가 130°인 삼각형을 작도하여 △BCD라 한다.
3) 사각형 ABCD가 그리려는 사각형이다.

508 a)  b)

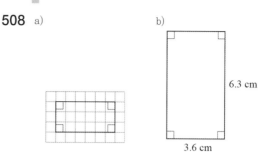

509 a) $\overline{\mathrm{AD}} = 6.0$ cm, $\overline{\mathrm{DC}} = 8.0$ cm
b) $\alpha = 110°$, $\beta = 70°$

510

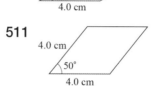

511

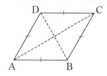

512 b) 항상 180°이다.

513 b) 항상 90°이다.
c) 네 개의 각은 대각선에 의해 이등분된다.

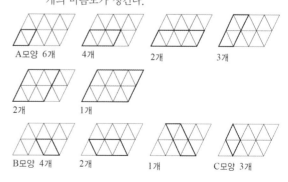

514 그림에서 삼각형을 두 개 붙인 모양은 마름모이다. 삼각
형을 두 개 붙이는 모양은 A, B, C 모양으로 세 가지가
가능하다. A 모양을 2개, 3개, 4개씩 붙여나가면서 마
름모가 되는 경우, B 모양을 2개, 3개 붙여나가면서 마
름모가 되는 경우 등을 알아보면 다음과 같이 모두 28
개의 마름모가 생긴다.

515 a) 마름모, 정사각형
b) 평행사변형, 직사각형, 마름모, 정사각형
c) 직사각형, 정사각형
d) 직사각형, 정사각형
e) 사다리꼴, 평행사변형, 직사각형, 마름모, 정사각형
f) 평행사변형, 직사각형, 마름모, 정사각형
g) 평행사변형, 직사각형, 마름모, 정사각형
h) 마름모, 정사각형

516 a) $\alpha = 72°$, $\beta = 108°$
b) $\alpha = 122°$, $\beta = 58°$

517 $62° + \alpha + 28° = 180°$, $\alpha = 90°$

518
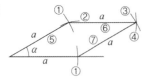

519
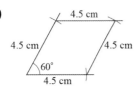

520 a) 정사각형
b) 정사각형(안에 있는 사각형)
c) 정삼각형
d) 정다각형이 아니다.
e) 정삼각형
f) 정다각형이 아니다.
g) 정다각형이 아니다.
h) 정오각형
i) 정팔각형

521 컴퍼스를 5 cm만큼 벌려서 예제 1과 같은 방법으로 그린다.

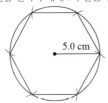

522 원 위에 정육각형을 그린 후, 6개의 꼭짓점 중 하나씩 걸러서 연결한다.

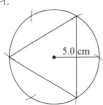

523 1) 먼저 정오각형의 변을 포함하는 삼각형을 생각하자. 첫째, 정오각형의 변을 한 개만 포함하는 경우, 정오각형의 변 AB를 포함하는 삼각형은 ABE, ABF, ABI, ABD이므로 정오각형의 변 5개에 대하여 각각 4개씩 있다. 따라서 정오각형의 변을 한 개만 포함하는 삼각형은 20개이다.
둘째, 정오각형의 변을 두 개 포함하는 삼각형은 ABC, BCD, CDE, DEA, EAB로 5개이다.
이제 정오각형의 변을 포함하지 않는 삼각형을 생각하자. 꼭짓점 A를 포함하는 삼각형은 AEI, ACH, AFD, 꼭짓점 B를 포함하는 삼각형은 BEF, BGE, BDI. 이와 같이 꼭짓점 5개에 대하여 3개씩 있는데, 그 중 2개는 겹치므로 전체 개수는 10개이다.
따라서 삼각형은 35개이다.

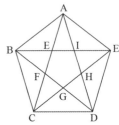

2) 다각형 ABCE는 사다리꼴이다. 이것을 정오각형의 변 AB를 포함하는 사다리꼴이라고 하면, 정오각형의 5개의 변을 포함하는 사다리꼴은 각각 한 개씩 있다. 따라서 사다리꼴은 5개이다.

3) 다각형 ABGE는 마름모이다. 이것을 정오각형의 변 AB를 포함하는 마름모라고 하면, 정오각형의 5개의 변을 포함하는 마름모가 각각 한 개씩 있다. 따라서 마름모는 5개이다.

524

525 a) $\alpha = \dfrac{360°}{5} = 72°$

b) $\beta = \dfrac{180° - 72°}{2} \times 2 = 108°$

526 a) $\alpha = 360° \div 8 = 45°$
b) 팔각형을 대각선을 이용하여 삼각형으로 나누면 6개가 된다. 따라서 내각의 합은 $180° \times 6 = 1080°$이다.

c) $\beta = 1080° \div 8 = 135°$

527 a) 36°
b) 십각형을 대각선을 이용하여 삼각형으로 나누면 8개가 되어 내각의 합은 $180° \times 8 = 1440°$이다. 따라서 정십각형의 한 내각의 크기는 $1440° \div 10 = 144°$이다.

528

529 수직으로 만나는 두 지름을 정사각형의 대각선으로 한다. 이때, 정사각형의 한 변의 길이는 4.2 cm이다.

530 a) 정십오각형　　　　　　b) 정십각형

531 a) 정구각형　　　　　　　b) 정이십사각형

| 47 | 길이와 넓이의 단위 | 103p |

532 a) 250 m　　b) 45 m　　c) 0.03 m　　d) 97 m

533 a) 120 cm　　b) 13000 m　c) 0.06d m　d) 5800 mm

534 a) 260 m²　　　　b) 528 km²　　　　c) 1 m²
　　　d) 338000 km²　　e) 1600 cm²　　　f) 230 a

535

km²	ha	a	m²
0.00012	0.012	1.2	120
0.02	2	200	20000
3.1	310	31000	3100000
0.95	95	9500	950000
0.0054	0.54	54	5400

536 빨간색 부분은 1, 노란색 부분은 $\frac{1}{2}$로 계산하면 표시한 부분은 6이고 날개가 2개이므로 넓이는 12이다. 그런데, 일부 표시가 안 된 부분을 고려하면 넓이는 12 cm²에서 13 cm² 사이 정도 될 것이다.

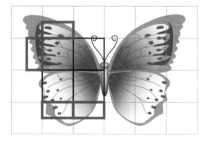

537 a) 320 ha　　　　b) 150000 a　　　c) 2200 a
　　　d) 30000 m²　　e) 15 km²

538 a) 1.2 dm²　　b) 5 cm²　　c) 0.159 m²　　d) 8.9 a

539 주황색 부분은 모두 넓이가 1칸으로 20칸, 빨간 동그라미 부분은 넓이가 $\frac{1}{2}$칸으로 6칸, 빨간 삼각형 부분은 꼬리 쪽에 표시 안 된 부분과 합쳐서 1이라고 보면 2칸이다. 즉, 개의 넓이는 20+6+2＝28칸이므로 넓이가 28칸인 그림을 그리면 된다.

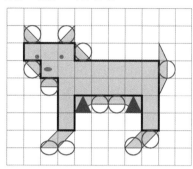

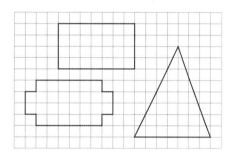

540 a) 506 cm　　　　　　　b) 22.6 cm≒23 cm
　　　c) 약 126.91 m　　　　d) 4.068 km≒4.07 km

541 a) 9.3 m²　　b) 55.1 cm²　c) 8.7 ha　　d) 1.13 km²

542 a) 1.5 km는 1500 m이므로 1500÷100=15(분) 걸린다.
　　　b) 1.5 km=1500 m=150000 cm이므로 150000÷2=75000(분)＝걸린다. 하루는 24시간×60분=1440분이므로 75000=1440×52+120, 75000분은 52일 2시간이다.

| 48 | 직사각형의 둘레의 길이와 넓이 | 105p |

543 a) 둘레의 길이 : 18.6 cm, 넓이 : 18.9 cm²≒19 cm²
　　　b) 둘레의 길이 : 16 cm, 넓이 : 16 cm²

544 a) 둘레의 길이 : 10.4 cm, 넓이 : 6.76 cm²
　　　b) 둘레의 길이 : 9.8 cm, 넓이 : 5.28 cm²

545 a) 5.5 cm · 4.3 cm = 23.65 cm² ≈ 24 cm²
　　　b) 5.5 cm+5.5 cm+4.3 cm+4.3 cm = 19.6 cm

546 둘레의 길이 : 116.0 cm, 넓이 : 312 cm² ≈ 310 cm²

547 a) 2.5 m · 80 cm = 2.5 m · 0.8 m = 2 m²

b) 매트리스 한 개는 넓이가 2 m²이므로 실은 3 kg 필요하다. 실은 6 €/kg이므로 매트리스 한 개를 짤 때 필요한 실의 가격은 18 €이다. 따라서 매트리스 3개를 짤 때 필요한 실의 가격은 54 €이다.

548 1.35 ha ≈ 1.4 ha

549 둘레의 길이 232.0 cm, 넓이 3200 cm²

550 한 변의 길이는 48 ÷ 4 = 12이므로 넓이는
$12 \times 12 = 144 (cm^2)$이다.

551 $4.62a = 462\ m^2$, $462 \div 38.5 = 12.0\ m$

552 a) 곱해서 20이 되는 두 수가 가로, 세로의 길이가 된다.
따라서 가로, 세로의 길이가 각각 1 cm, 20 cm 또는 2 cm, 10 cm 또는 4 cm, 5 cm.

b) 가로, 세로의 길이의 합이 15인 두 수가 가로, 세로의 길이가 된다.
따라서 가로, 세로의 길이가 각각 2 cm, 13 cm 또는 3 cm, 12 cm 또는 5 cm, 10 cm.

553 a) $105\ m \cdot 68\ m = 7140\ m^2 \approx 7100\ m^2$

b) $100\ m \cdot 64\ m = 6400\ m^2$

---

49   평행사변형과 삼각형의 넓이   107p

554 a) 둘레의 길이 : 10.0 cm, 넓이 : 5.0 cm²

b) 둘레의 길이 : 29.4 m, 넓이 : 50.7 m² ≈ 51 m²

555 a) 둘레의 길이 : 14.0 cm , 넓이 : 8.925 cm² ≈ 8.9 cm²

b) 둘레의 길이 : 17.5 mm, 넓이 : 9.635 mm² ≈ 9.6 mm²

c) 둘레의 길이 : 26.1 km, 넓이 : 27.93 km² ≈ 28 km²

d) 둘레의 길이 : 30.0 cm, 넓이 : 30 cm²

556 a) 두 변의 길이가 각각 1.8 cm, 2.9 cm이므로 둘레의 길이는 2(1.8 cm + 2.9 cm) = 9.4 cm, 점선인 높이는 1.6 cm이므로
넓이는 1.6 cm · 2.9 cm = 4.64 cm² ≈ 4.6 cm²이다.

b) 세 변의 길이가 3.1 cm, 4.5 cm, 4.8 cm이므로 둘레의 길이는 12.4 cm,
점선인 높이는 3.0 cm이므로 넓이는
$\frac{1}{2} \cdot 4.5\ cm \cdot 3.0\ cm = 6.75\ cm^2 \approx 6.8\ cm^2$이다.

557 50.585 cm² ≈ 51 cm²

558 a) $75\ cm^2 \div 15\ cm = 5.0\ cm$

b) $2 \cdot 72\ dm^2 \div 15\ dm = 9.6\ dm$

559 a) 밑변의 길이와 높이의 곱이 24인 이등변삼각형이면 된다. 예를 들어, 밑변의 길이 6 cm, 높이 4 cm인 이등변삼각형의 넓이는 12 cm²이다.

b) 직각을 낀 두 변의 길이의 곱이 24인 직각삼각형이면 된다. 예를 들어, 직각을 낀 두 변의 길이가 6 cm, 4 cm인 직각삼각형의 넓이는 12 cm²이다.

560 a) 96 ha

b) $60\ m \cdot 80\ m \div 2 = 2400\ m^2 = 0.24\ ha$

561 a) 밑변의 길이는 1.2 m + 50 cm = 1.2 m + 0.5 m = 1.7 m
이므로 둘레의 길이는
$1.7\ m + 2 \times 1.2\ m = 4.1\ m$이다.

b) 밑변의 길이는 $42\ cm \times \frac{1}{3} = 14\ cm$이므로 둘레의 길이는 14 cm + 2 × 42 m = 98 cm이다.

562 a) 43칸   b) 50칸

---

50   사다리꼴의 넓이   109p

563 a) 3   b) 4   c) 2   d) 12

564 a) 둘레의 길이 : 34.0 cm, 넓이 : 54 cm²

b) 둘레의 길이 : 28.0 cm, 넓이 : 36 cm²

565 a) 405 m² ≈ 400 m²   b) 204 m² ≈ 200 m²

566

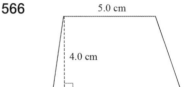

$\dfrac{5.0\ cm + 7.0\ cm}{2} \cdot 4.0\ cm = 24\ cm^2$

567 5.69 a, 6.66 a

568 2.1 ha

569 $\dfrac{5.5\ cm + 11\ cm}{2} \cdot 4.1\ cm = 33.825\ cm^2 \approx 34\ cm^2$

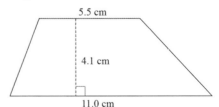

570 $\dfrac{3.2\ m + 5.2\ m}{2} \cdot 3.5\ m + 1.5\ m \cdot 1.0\ m$

$= 16.2\ m^2 \approx 16\ m^2$

571 $22\ cm^2 \div \left(\dfrac{3.0\ cm + 8.0\ cm}{2} \right) = 4.0\ cm$

572 $\dfrac{430+570}{2} \cdot 180 + \dfrac{240+400}{2} \cdot 250 + \dfrac{300+420}{2} \cdot 240$

$= 90\,000 + 89\,600 + 86\,400 = 266\,000 \text{ km}^2$

51 좌표평면   111p

573 a) A(2, 4), B(−2, 3), C(−4, −3), D(4, −2)

b) A − 제1사분면, B − 제2사분면, C − 제3사분면,
D − 제4사분면

574 a)

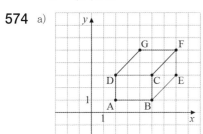

b) 직육면체

575 a)

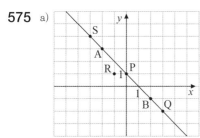

b) 점 P, Q, S

576 a)

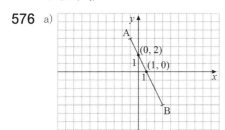

b) x축과 만나는 점은 (1, 0), y축과 만나는 점은 (0, 2)

577 a) (−1, 6)과 (3, 6) 또는 (1, 0)과 (1, 4) 또는
(−1, −2)와 (3, −2)

b) 3개

578 21칸

579 a) ORANKI 오랑우탄   b) VOMPATTI 웜뱃
c) MYSKIHÄRKÄ 사향소

580 a)

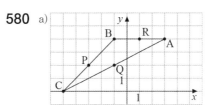

b) P(−3, 2), Q(−1, 2), R(1, 4)
c) 8칸

581 a) 10.5칸   b) 12칸   c) 10칸

582 a) 14칸   b) 9.5칸

52 선대칭   113p

583 a) 2   b) 1   c) 1
d) 0   e) 4   f) 1

584

	a)	b)
A(−1, 3)	(−1, −3)	(1, 3)
B(−3, 1)	(−3, −1)	(3, 1)
C(2, 0)	(2, 0)	(−2, 0)
D(3, 1)	(3, −1)	(−3, 1)

585

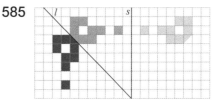

586 C와 E, A와 D

587 a) 4   b) 3   c) 1
d) 2   e) 무수히 많음

589

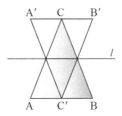

53 점대칭   115p

590 점대칭도형은 a), e)이다.

591 a)

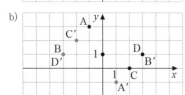

b)

592 a)

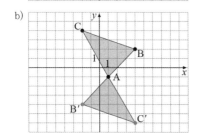

b)

593 A와 F, D와 E

594

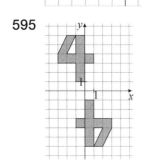

595

596

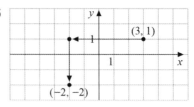

597 a) (3, 1)   b) (1, −1)   c) (4, −3)

598 a) b) d)

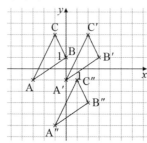

c) A′ (0, −1), B′ (3, 1), C′ (2, 3)
e) A″ (−1, −5), B″ (2, −3), C″ (1, −1)

599 a) x축 방향으로 5만큼 평행이동
b) y축 방향으로 −4만큼 평행이동
c) x축 방향으로 5, y축 방향으로 −4만큼 평행이동
d) x축 방향으로 −2, y축 방향으로 1만큼 평행이동

600 a) (2, −3)   b) (−2, 3)

601 a) (1, 4)   b) (4, −1)

602

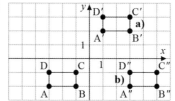

603

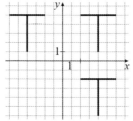

점 (0, 0)이 (0, −7)로 이동하므로 y축 방향으로 −7만큼 평행이동하면 된다.

604 a) A′(−3, 2), B′(−1, 0), C′(1, 1)
b) A″(22, −14), B″(24, −16), C″(26, −15)

605 a) A′(2, −1), B′(1, −6)
    b) A′(5, 6), B′(4, 1)

606 d) 위 b)와 c)의 결과는 같다.

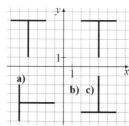

607

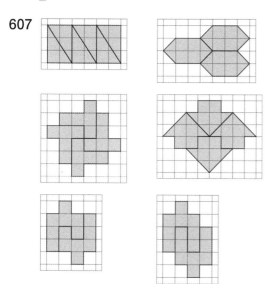

609 두 귀 사이에 또 다른 여우의 입을 넣으면 테셀레이션된다.

차 ②와 차 ③ 두 대가 경기를 한다고 하자. 두 선수가 번갈아서 속도를 말하고 그 경로를 그리는 과정을 12회까지 한 결과가 다음과 같다고 하자. 지금은 차 ③이 차 ②를 앞지르고 있는 상태이다. 완전히 한 바퀴를 돌아서 결승선에 먼저 도착하는 차가 이긴다. 만약 두 차가 동시에 도착한다면 바깥쪽에서 출발한 차 ③이 이기는 것으로 한다.

차	1회	2회	3회	4회	5회	6회
②	(1, 0)	(2, −1)	(3, 0)	(2, 1)	(1, 2)	(0, 3)
③	(1, 0)	(1, 1)	(2, 1)	(3, 1)	(2, 2)	(1, 3)

차	7회	8회	9회	10회	11회	12회
②	(1, 4)	(0, 4)	(−1, 3)	(−2, 2)	(−3, 1)	(−4, 0)
③	(0, 4)	(−1, 3)	(−2, 2)	(−3, 1)	(−4, 1)	(−5, 0)

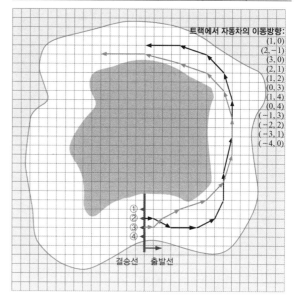

612 a) $\overline{AB}$, $\overline{AE}$ b) $\overline{AC}$, $\overline{AD}$

613 a) $\overline{AB}$, $\overline{BC}$
    b) $\angle ABC = \angle B$
    c) $\overline{AC}$
    d) $\angle CAB = \angle A$, $\angle BCA = \angle C$

614 a) E, H, O, X   b) H, N, O, S, X

615 a) $180° − 34° − 56° = 90°$ (직각삼각형)
    b) $180° − 67° − 45° = 68°$ (예각삼각형)
    c) $180° − 23° − 33° = 124°$ (둔각삼각형)
    d) $180° − 101° − 14° = 65°$ (둔각삼각형)

616

km^2	ha	a	m^2
1.7	170	17000	1700000
0.089	8.9	890	89000
0.0042	0.42	42	4200
0.0135	1.35	135	13500

617   a) 130°   b) 26°

618   a) $\alpha = 82\,^\circ$ b) $\alpha = 51\,^\circ$

619   a) 둘레의 길이 $2(4.7 + 6.3) = 22$ dm

         넓이 $6.3 \cdot 4.1 = 25.83$ dm^2

     b) 둘레의 길이 $51.1 + 32 + 49.3 = 132.4$ m

         넓이 $\frac{1}{2} \cdot 32 \cdot 47.5 = 760$ m^2

     c) 둘레의 길이 $5.8 + 5.1 + 4.3 + 7.6 = 22.8$ m,

         다음 그림과 같이 평행사변형과 삼각형으로 나누어

         넓이를 구하면 사각형의 넓이는

$$5.1 \times 3.9 + \frac{1}{2} \times 3.9 \times (7.6 - 5.1) = 24.765 \text{ m}^2$$

         (다른 풀이 – 사다리꼴의 넓이 공식)

$$\frac{5.1 + 7.6}{2} \times 3.9 = 24.765 \text{ m}^2$$

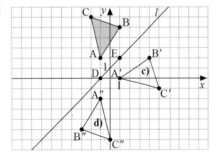

620 2.3 cm $\cdot 4.5$ cm $= 10.35$ cm^2

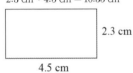

621

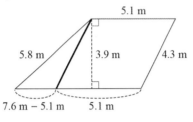

622   a) 삼각형 : 10.3 cm, 사다리꼴 : 11.5 cm

     b) 삼각형 : 3.68 cm$^2 \approx 3.7$ cm^2,

         사다리꼴 : 5.92 cm$^2 \approx 5.9$ cm^2

623   a) $\alpha = 42°$ b) $\alpha = 30°$

624   a) $\alpha = \beta = 152° \div 2 = 76°$

     b) $\alpha = 54°, \ \beta = 60°$

     c) $\alpha = 40°, \ \beta = 35°$

625   a)   b)

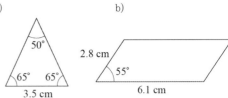

626   a)

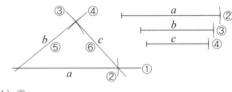

     b)

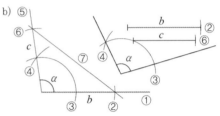

     c) 100쪽을 참고하시오.

627   a) 72°   b) 52.5°

628   a) 110°

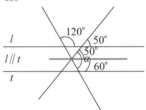

     b) 83°

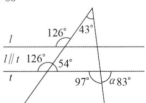

629   a) 40°   b) 30°

58　수열　　127p

630　a) 유한수열　　　　b) 무한수열
　　　c) 유한수열　　　　d) 무한수열

631　a) 1　　　　b) 7　　　　c) 21

632　a) 4, 11, 18, 25　　b) 4, 3, 2, 1
　　　c) 4, 12, 36, 108　　d) 4, 2, 1, $\dfrac{1}{2}$

633　a) 5, 2, −1, −4, −7. 이전 항에서 3을 뺀다.
　　　b) −3, 2, 7, 12, 17. 이전 항에 5를 더한다.
　　　c) 16, 8, 4, 2, 1. 이전 항을 2로 나눈다.

634　a) 8, 10, 12, 14, 16
　　　b) 3, 6, 12, 24, 48
　　　c) 48, 24, 12, 6, 3

635　a) 17　　　b) 1280　　　c) 30　　　d) 4

636　a) 1항을 $\dfrac{1}{1}$로 보면 다음 항의 분모는 이전 항의 분모에

　　　　1을 더한 수이다. 따라서 5항은 $\dfrac{1}{5}$이다.

　　　b) 1항은 $\dfrac{1}{2}$이고 다음 항의 분자, 분모는 이전 항의 분

　　　　자, 분모에 1을 더한 수이다. 따라서 5항은 $\dfrac{5}{6}$이다.

637　2년 후에 같아진다.

	지금	반년 후	1년 후	1년 반 후	2년 후
니나의 열대어 수	2	4	8	16	32
리사의 열대어 수	20	23	26	29	32

638　일정한 수가 더해지고 있는 경우라고 하자. 1과 7의 차
　　　는 6이고 1과 7 사이에 두 개의 항이 있어야 하므로 수
　　　는 세 번 더해져야 한다. 따라서, 두 수의 차는 6 ÷ 3 = 2
　　　이므로 구하는 수열은 1, 3, 5, 7, 9, … 이다.

639　a) 2+4=6, 4+6=10과 같이 다음 항은 이전의 두 항
　　　　을 더한 수이다. 따라서 다음 세 개의 항들은 16, 26,
　　　　42이다.
　　　b) 수열은 1^3, 2^3, 3^3, … 이다. 따라서 다음 세 개의 항
　　　　들은 125, 216, 343이다.
　　　c) 4=1×4, 16=4×4와 같이 다음 항은 이전 항에 4를
　　　　곱해서 만들어진다. 따라서 다음 세 개의 다음 항들
　　　　은 256, 1024, 4096이다.

640　a) $5 \cdot 3^4 \cdot 10 \text{ g} = 4050 \text{ g} \approx 4.1 \text{ kg}$
　　　b) $5 \cdot 3^9 \cdot 10 \text{ g} = 984150 \text{ g} \approx 980 \text{ kg}$

59　도형수열　　129p

641
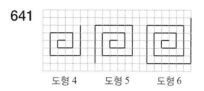
도형 4　　도형 5　　도형 6

642　a)
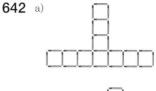

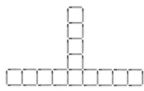

　b)

순서	개수
1	1
2	4
3	7
4	10
5	13

1항은 1이고 다음 항은 이전 항에 3을 더한다.

　c)

순서	개수
1	4
2	13
3	22
4	31
5	40

1항은 4이고 다음 항은 바로 앞의 항에 9를 더한다.

643　a)
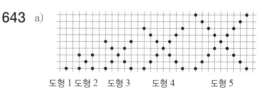
도형 1　도형 2　　도형 3　　　도형 4　　　　도형 5

b) 1항은 1이고 다음 항은 바로 앞의 항에 4를 더한다.

순서	1	2	3	4	5
점의 개수	1	5	9	13	17

c) 10항은 1항에 4를 아홉 번 더해서 만들어지므로
$1+9 \times 4 = 37$이다.

644 a) 1항은 6이다.
다음 항은 바로 앞의 항에 5를 더해서 만들어진다.

순서	변의 개수
1	6
2	11
3	16
4	21
5	26

b) $6 + 99 \times 5 = 501$

645 a)
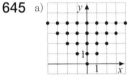

b) 1항은 1이다. 다음 항은 바로 앞의 항에 2를 더해 얻는다.

순서	점의 개수
1	1
2	3
3	5
4	7
5	9

c) $1 + 99 \times 2 = 199$

646 a) 6, 8, 10, 12, 14. 1항은 6이다. 다음 항은 바로 앞의 항에 2를 더해서 얻는다.
b) 8, 12, 16, 20, 24. 1항은 8이다. 다음 항은 바로 앞의 항에 4를 더해서 얻는다.

60 **함수** 131p

647 a) 8   b) 20   c) 0   d) -28

648 a) 10   b) 4   c) 14   d) 0

649 a) -1 b) 3   c) 10   d) 12

650 a) 6을 더한다.   b) 3

651 a) -5, -2, 1, 4   b) 6, 9, 14, 21

652 4, 5, 6, 7

653 a) 2를 곱한 후, 1을 더한다.
b) 31   c) 10

61 **문자와 식** 133p

654 a) $8 + 8 + 8 = 3 \cdot 8 = 24$
b) $7 + 7 + 7 + 7 = 4 \cdot 7 = 28$
c) $x + x + x + x = 4 \cdot x = 4x$
d) $y + y + y + y + y = 5 \cdot y = 5y$

655 a) d   b) 5y   c) $-c$
d) $-4x$ e) 6ab   f) $-5xy$

656
식	계수	변수
3a	3	a
$-7x$	-7	x
y	1	y
$8y$	8	y
$-a$	-1	a

657 a) $5 \cdot 3$ b) $3m$ c) $6u$

658 a) $n + 7$ b) $\dfrac{p}{4}$ c) $9x$ d) $5 - m$

659 a) $n + 2$ b) $2n + 10$

660 a)

도형 1   도형 2   도형 3   도형 4   도형 5

b) 1항은 3이고 다음 항은 바로 앞의 항에 2를 곱한다.

순서	수열
1	3
2	6
3	12
4	24
5	48

c) 10은 1항에 2를 9번 곱해야 하므로
$3 \times 2^9 = 1536$이다.

661 a) x에 4를 곱한다.
b) 3에서 x를 뺀다.
c) x에 1을 더한다.

662 a) $4p$ b) $2q$ c) 0   d) $10s$

663 a) $3x$ b) $6x$ c) $4x$

664 a) $x + 2$ b) $-3x$ c) $\dfrac{x}{2}$ d) $2x$

62 식의 값　135p

665

입력	출력
1	6
4	27
10	69
0	-1
x	$7x-1$

666 a) 5　　b) 13　　c) 21　　d) 3

667

x	$2x+6$
10	26
6	18
2	10
1	8
0	6

668 a) -4　b) 14　c) 3　d) 1

669 a) 2　b) 4　c) 0　d) 1

670 $x+3$, $11x-17$, $1+2x$, $9x-13$

671 a) $x=2$　b) $x=3$　c) $x=11$　d) $x=1$

672 a) 15€　　　b) 18 km

673 a) 17.05€　b) 23.49€　c) 27.63€　d) 12.45€

674 a) 261€　　　b) 약 164 km

63 식의 값 계산하기　137p

675 a) 2　　b) 5　　c) -3　　d) -6

676

입력	출력
1	-1
0	-6
-1	-11
-4	-26
-10	-56
x	$5x-6$

677

x	$-3x-2$
2	-8
0	-2
-1	1
-6	16
-9	25

678 a) 3　　b) 28　　c) -14　　d) 55

679 a) 0　　b) 0　　c) -13　　d) -1

680 $-2x-5$

681 a) $x=0$　b) $x=10$　c) $x=-3$　d) $x=-1$

682 a) 35 ℃　　b) 56.7 ℃　　c) -89.4 ℃

683 a) 96.6°F　　b) -60.0°F　　c) -129°F

684

	m/s	km/h
단거리선수(남)	10	36
급강하하는 송골매	110	396
영양	22	79.2
토끼	20	72
표범	33	118.8
아프리카 코끼리	11	39.6
그레이하운드	18	64.8

64 식의 덧셈과 뺄셈　139p

685 a) x, $8x$, $-x$　b) $-3y$, $2y$　c) -4, 13

686 a) $8p+9k$　　　b) $5k+7l$

687 a) $5x$　　b) $13a$　　c) 0
　　 d) $2k$　　e) x　　f) $3a$

688 a) $15a+4b$　　　b) $23a+9b$
　　 c) $10a+5b$　　　d) $12a+19b$

689 a) $7x+2$　　　b) 3
　　 c) $-8a+11$　　 d) $-z$

690 a) $3x+5x+3x+5x=16x$
　　 b) $5x+13x+12x=30x$

691 a) a　　b) 0　　c) a　　d) -1

692

			7			
		$7x+7$		$-7x$		
	$7x+4$		3		$-7x-3$	
$2x+3$		$5x+1$		$-5x+2$		$-2x-5$

693 a) $5x + 6x + 5x + 7x + 10x + 13x = 46x$

b) $8y + 5y + 8y + 5y = 26y$

694 a) $5x - 6$, $2x + 3$ b) x, $-7x + 4$

c) $8x + 1$, $-4x - 5$ d) $2x + 3$, $x - 5$

---

65   식의 곱셈과 나눗셈   141p

695 a) $10x$ b) $36x$ c) $9x$

d) $40x$ e) $12x$ f) $28x$

696 a) $35x$ K   b) $24x$ O   c) $32x$ S

d) $21x$ K   e) $39x$ I   f) $48x$ K

g) $30x$ A   h) $28x$ R   i) $45x$ A

KOSKIKARA라는 단어가 만들어진다. '국자'라는 뜻이다.

697 a) $3x$ b) $8x$ c) $3x$ d) $3x$

698 a) $-16x$ b) $9x$ c) $-48x$ d) $-6x$

699 a) 3 b) $9x$ c) 5 d) $33x$

700 a) $90x$ b) $42x$ c) $-11x$ d) $60x$

701 a) $-6x$ b) $4x$

c) $-2x$ d) $18x$

702

6	$\cdot$	$12x$	$\div$	3	$=$	$24x$
$\cdot$		$\cdot$		$\cdot$		
$3x$	$\cdot$	-8	$\div$	-2	$=$	$12x$
$=$		$=$		$=$		
$18x$		$-96x$		-6		

703 a) a, 3a, 9a, 27a, 81a   b) 16a, -8a, 4a, -2a, a

704 a) $p = 2 \cdot 5x + 2 \cdot 2 = 10x + 4$

$A = 5x \cdot 2 = 10x$

b) $p = 7y + 3y + 12 = 10y + 12$

$A = \dfrac{3y \cdot 12}{2} = 18y$

---

66   식 만들기   143p

705 a) $x + 4$ b) $x - 3$ c) $8x$ d) $\dfrac{x}{2}$

706 a) $11x - 12$ b) $33 - 7x$ c) $-2x + 4$

707 a) $\dfrac{x + 3}{17}$ b) $\dfrac{19 - x}{2}$

708 a) x에 3을 곱한 후 2를 더한다.

b) 7에서 x에 3을 곱한 수를 뺀다.

c) 4에 x를 더한 수를 5로 나눈다.

d) x에서 4를 뺀 수를 5로 나눈다.

709 a) $3a + 4a + 5a = 12a$ b) 36 m

710 a) $x + 3$ b) $x - 4$ c) $x + x = 2x$

711 a) $2x + x + 2x + 3x + 4x + 4x = 16x$, 80 cm

b) $7 \cdot 2x = 14x$, 70 cm

712 a) $7x$ b) $7n + 3$ c) 28 m $+ 21$

713 a) $x + 4$ b) $x - 2$ c) $2x$

714 a) $x + 6$ b) $5x$ c) $5x + 1$

---

67   식 문제   145p

715 a) $x + 200$ b) $2x$

c) $2x - 200$ d) $x + 400$

716 a) $x + 6$ b) $4x$

c) 한누는 11살이고, 페카는 20살이다.

717 a) $90° - x$ b) $180° - 3x$

718 a) $x - 32$ b) $x + 50$ c) $2x$

719 a) $4x + 21$ (€)   b) 69€

720 a) $0.5x + 20$ (€)   b) 38.50€

721 a) $180° - x$ b) $170° - 2x$

722 a) $5a - 3.2$ (km)   b) 약 29 km

---

68   복습   146p

723 a) 3, 5, 7, 9, 11   b) 3, 7, 11, 15, 19

c) 3, 0, -3, -6, -9

724 a) 4, 8, 16, 32   b) 4, -8, 16, -32

c) 4, 2, 1, $\dfrac{1}{2}$

725 a) 1항은 7이고 다음 항은 바로 앞의 항에 2를 곱한다.
다음 항은 112, 224, 448이다.

b) 1항은 7이고 다음 항은 바로 앞의 항에서 3을 뺀다.
다음 항은 -5, -8, -11이다.

726 a)

5항

6항

b)

도형의 순서	점의 개수
1	3
2	4
3	5
4	6
5	7
6	8

1항은 3이고 다음 항은 바로 앞의 항에 1을 곱한다.

c) $3 + 19 \cdot 1 = 22$

727 a) a b) $5b$ c) $-a$
d) $12b$ e) $-3x$ f) $-12x$

728 a) 계수는 2, 문자는 x
b) 계수는 -1, 문자는 y
c) 계수는 1, 문자는 x

729 a) x, $2x$, $-5x$ b) $3y$, $-7y$ c) 4, 8

730 a) $4a$ b) $4b$ c) $8y$ d) $17x$

731 a) $-2x+4$ b) $-y+5z$
c) $11x+1$ d) $3x-3y$

732 a) $7x$ b) $-4x$ c) $9x$

733 a) 5 b) -7 c) -16

734

x	$-2x-11$
8	-27
1	-13
-4	-3
-12	13

735 a) $x+5$ b) $3x-4$ c) $\dfrac{x}{3} \cdot 6$ d) $-3x+7$

736 a) $x+10$ b) $x-2$ c) $10x$

737 a) $x+200$ b) $x-300$ c) $\dfrac{x}{2}$

738 a)

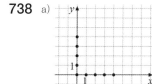

b) 1, 3, 5, 7, 9, …

c) 규칙 : $1+(n-1) \times 2$
$1+99 \times 2 = 199$

739 a) 둘째 부분의 길이를 x라고 하면 나머지 두 부분의 길이는 $x-2$, $x+4$이므로 줄의 길이는
$x+x-2+x+4 = 3x+2$이다.
b) $x+4 = 7$에서 $x = 3$이므로 줄의 길이는
$3x+2 = 3 \times 3 + 2 = 11\,\text{m}$이다.

740 a) $x = 7$ b) $x = \dfrac{1}{2}$ c) $x = 3$

741 a) 입력한 수에 -3을 곱한다.
b) $-3x$ c) $-6x$

742 a) $7.47\,€$ b) $12.41\,€$ c) $25.15\,€$

743 a) $8x-7$, $-2x+1$
b) $7x-6$, $-2x+1$
c) $-2x+1$, $-3x+1$
d) $-3x+1$, $8x-7$

744 a) 39 b) 32 c) 53 d) 37

69 양팔저울 149p

745 a) 왼쪽은 $x+1$, 오른쪽은 6
b) $x+1 = 6$, $x = 5$

746 a) $x+2 = 20$, $x = 18$ b) $2x = 20$, $x = 10$

747 a) $x+4 = 6$, $x = 2$ b) $2x+1 = 15$, $x = 7$

748 a) $4x = 8$, $x = 2$ b) $4x+2 = 30$, $x = 7$

749 a) $3x+6 = 30$, $x = 8$ b) $4x+3 = x+12$, $x = 3$

750 a)

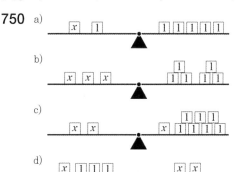

a) $x = 4$ b) $x = 2$ c) $x = 7$ d) $x = 3$

751 a) $x+4 = 2x+2$, $x = 2$ b) $4x+1 = 3x+2$, $x = 1$

752 a) $x+20 = 3x$, $x = 10$ b) $3x = x+6$, $x = 3$

753 a) $x=3$

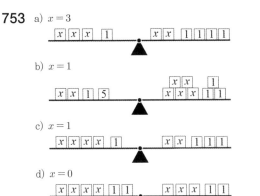

b) $x=1$

c) $x=1$

d) $x=0$

70   방정식   151p

754 $3x=6$, $x \div 2 = 7$, $5x+2 = x+4$, $x=0$, $x+2=1$

755 a) 5   b) 2   c) 9   d) 5

756 a) $4x=20$, $x=5$ b) $x+5=15$, $x=10$
c) $2x+4=36$, $x=16$ d) $2x=x+10$, $x=10$

757 a) 근이 아니다.   b) 근이다.
c) 근이다.   d) 근이 아니다.

758 a) $x=2$ b) $x=4$ c) $x=1$ d) $x=1$

759 a) $x+4=9$, $x=5$ b) $x-2=13$, $x=15$
c) $2x=6$, $x=3$ d) $\dfrac{x}{3}=7$, $x=21$

760 a) $2x=x+6$, $x=6$ b) $3x+1=7$, $x=2$

761 a) 근이다.   b) 근이다.
c) 근이 아니다.   d) 근이다.

762 a) -2, 5, -4, -4, -2, 5
b) $2x=x-1$ 또는 $-3x+2=x+6$ 또는 $4x=-2x-6$

763 a) $x=-18$ b) $x=-6$
c) $x=-9$ d) $x=-7$

764 a) $x=1$ b) $x=0$ c) $x=5$ d) $x=-2$

765 a) 8분   b) 4분   c) 2분

71   더하거나 빼서 풀기   153p

766 a) $x=8$ b) $x=9$ c) $x=26$
d) $x=0$ e) $x=-3$ f) $x=20$

767 a) $x=4$ b) $x=11$ c) $x=-9$
d) $x=6$ e) $x=-36$ f) $x=-58$

768

a) $x=-10$	R	b) $x=-11$	A	c) $x=-13$	U
d) $x=-8$	S	e) $x=9$	K	f) $x=0$	U

RAUSKU라는 단어가 만들어진다. '광선'이라는 뜻이다.

769 a) $x=-4$ b) $x=11$ c) $x=-52$

770 a) $x=33$ b) $x=11$ c) $x=-48$

771 a) $x+21=29$, $x=8$ b) $x-8=17$, $x=25$

772 a) $x=2$

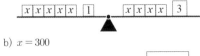

b) $x=300$

773 a) $x=-9$ b) $x=-3$
c) $x=10$ d) $x=-13$
e) $x=0$ f) $x=-10$

774 a) $3x+5=2x$, $x=-5$
b) $2x-1=x+4$, $x=5$

775 a) $x=-54$ b) $x=137$ c) $x=25$ d) $x=5$

776 a) $x=3$ b) $x=1$ c) $x=-4$ d) $x=19$

72   곱하거나 나누어서 풀기   155p

777 a) $\dfrac{x}{2}=5$, $x=10$ b) $\dfrac{x}{3}=5$, $x=15$
c) $\dfrac{x}{5}=5$, $x=25$ d) $2x=5$, $x=2.5$

778 a) 10   b) 6   c) 24

779 a) $3x=27$, $x=9$ b) $2x=12$, $x=6$

780 a) $x=4$ b) $x=9$ c) $x=3$
d) $x=7$ e) $x=3$ f) $x=8$

781 a) $x=10$ b) $x=21$ c) $x=40$ d) $x=12$

782 a) $x=11$ b) $x=48$ c) $x=6$ d) $x=34$

783 a) $x=-7$ b) $x=-24$ c) $x=5$
d) $x=-14$ e) $x=38$ f) $x=0$

784 a) $x=-15$ b) $x=-27$ c) $x=42$ d) $x=6$

785 a) $x=-2$ b) $x=0$ c) $x=9$

786) $\dfrac{-2x}{3}=4$, $x=-6$ b) $\dfrac{1}{4}x=-6$, $x=-24$

787 a) $x=1\dfrac{1}{2}$ b) $x=-\dfrac{1}{3}$ c) $x=2\dfrac{1}{2}$ d) $x=-\dfrac{3}{4}$

788 a) $2x=120$, $x=60$g b) $5x=20$, $x=4$g

73 방정식을 정리하여 풀기 157p

789 a) $x=2$ b) $x=3$ c) $x=1$
d) $x=4$ e) $x=1$ f) $x=6$

790 a) $x=-9$ b) $x=-2$ c) $x=-3$ d) $x=-3$

791 a) $x=7$ b) $x=-5$ c) $x=7$ d) $x=5$

792 a) $x=12$ b) $x=20$ c) $x=9$ d) $x=12$

793 a) $x=-36$ b) $x=20$ c) $x=10$ d) $x=0$

794

a) $x=-4$	G	d) $x=4$	B	g) $x=6$	I
b) $x=6$	I	e) $x=-5$	O		
c) $x=4$	B	f) $x=-9$	N		

GIBBONI라는 단어가 만들어진다. '긴팔원숭이'라는 뜻이다.

795 a) $x=8$ b) $x=-13$ c) $x=1$ d) $x=0$

796 a) $x=\dfrac{4}{3}$ b) $x=\dfrac{14}{3}$ c) $x=\dfrac{15}{2}$ d) $x=\dfrac{9}{2}$

797 a) $x=-6$ b) $x=4$ c) $x=-3$ d) $x=5$

798 a) $x=-13$ b) $x=8$ c) $x=1$ d) $x=-4$

799 a) $x=3$ b) $x=0$ c) $x=-2$

800 a) $x=4$ b) $x=-16$

74 방정식 만들기 159p

801 a) $x+8=17$, $x=9$ b) $x-8=11$, $x=19$

802 a) $4x=20$, $x=5$. 구하는 한 변의 길이는 5 cm이다.
b) $5x=20$, $x=4$. 구하는 한 변의 길이는 4 cm이다.

803 a) $x+7=21$, $x=14$ b) $x-4=11$, $x=15$

804 a) $2x=14$, $x=7$ b) $9x=-36$, $x=-4$
c) $\dfrac{x}{4}=5$, $x=20$ d) $\dfrac{x}{2}=-10$, $x=-20$

805 a) $8.0x=24$, $x=3.0$. 변의 길이는 8.0 cm, 3.0 cm이다.
b) $4.0x=24$, $x=6.0$. 변의 길이는 6.0 cm, 4.0 cm이다.

806 a) $6x=x+35$, $x=7$ b) $6x=28-x$, $x=4$

807 a) $5x-7=28$, $x=7$ b) $\dfrac{x}{3}+1=7$, $x=18$

808 a) $x+x+2.0+x+x+2.0=14.0$, $x=2.5$
b)
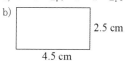
2.5 cm
4.5 cm

809 a) $3x+4=x+10$, $x=3$
b) $\dfrac{x}{2}-1=4$, $x=10$

810 a) $x+3x=28$, $x=7$. 두 부분의 길이는 각각 7 cm, 21 cm이다.
b) $x+x+6=28$, $x=11$. 두 부분의 길이는 각각 11 cm, 17 cm이다.

811 a) $-2x+5+4x-3-2x+5+4x-3=12$, $x=2$
b) 1 m, 5 m

75 방정식의 활용 161p

812 a) $x=21$ b) $x=16$
c) $x=5$ d) $x=-15$

813 a) $x-5=14$, $x=19$ b) $x+9=1$, $x=-8$
c) $8x=64$, $x=8$ d) $\dfrac{x}{8}=7$, $x=56$

814 a) $x+2x=12$, $x=4$, 요나스는 4유로, 미코는 8유로를 가졌다.
b) $x+x+2=12$, $x=5$, 토니는 5유로, 헨리는 7유로를 가졌다.
c) $x+3x=12$, $x=3$, 토피아스는 3유로, 에르키는 9유로를 가졌다.
d) $x+x-4=12$, $x=8$, 안시는 8유로, 얀네는 4유로를 가졌다.

815 헨나가 x유로를 받았다고 하면 밀라는 $x+9$유로를 받았으므로 $x+x+9=25$, $2x=16$, $x=8$.
따라서 헨나는 8유로, 밀라는 17유로를 받았다.

816 울라의 나이를 x살이라고 하면 아빠의 나이는 $4x$살이므로 $4x-x=27$, $3x=27$, $x=9$. 따라서 울라의 나이는 9살, 아빠의 나이는 36살이다.

817 새끼 늑대를 x마리라고 하면 새끼 곰은 $x+130$마리이므로 $x+x+130=310$, $2x=180$, $x=90$
따라서 새끼 늑대는 90마리, 새끼 곰은 220마리이다.

818 베라를 x살이라고 하면 라우라, 엠마의 나이는 각각 $x+2$살, $x+5$살이므로
$x+x+2+x+5=22$, $3x+7=22$, $3x=15$, $x=5$
따라서 베라는 5살, 라우라는 7살, 엠마는 10살이다.

819 유하가 가진 돈을 x유로라고 하면 토피아스 $x+4$유로,
페르티는 $x+4+3$유로를 가졌으므로
$x+x+4+x+7=56$, $3x+11=56$, $3x=45$, $x=15$.
따라서 유하는 15유로, 토피아스는 19유로, 페르티는
22유로를 가졌다.

820 곰이 x마리라고 하면 늑대는 $x-720$마리, 울버린은
$x-760$마리, 스라소니는 $x+500$마리이므로
$x+x-720+x-760+x+500=2700$, $4x=3680$,
$x=920$.
따라서 곰은 920마리, 늑대는 200마리, 울버린은 160
마리, 스라소니는 1420마리가 있었다.

821 가장 작은 사슴의 가지의 개수를 x라고 하면 중간 크기
사슴과 가장 큰 사슴은 각각 $x+8$, $4x$개의 가지가 있
으므로 $x+x+8+4x=32$, $6x=24$, $x=4$.
따라서 가장 작은 사슴, 중간 크기의 사슴, 가장 큰 사슴
의 가시의 개수는 각각 4개, 12개, 16개이다.

<table>
<tr><td>76</td><td>직선의 방정식</td><td>163p</td></tr>
</table>

822 A(3, 6), B(1, 4), C(0, 3), D(−2, 1)

823

점	x	y
A	0	2
B	1	3
C	2	4
D	3	5

824 a)

점	x	y
A	0	0
B	1	1
C	2	2
D	3	3

b) $y=x$
c) 만족한다.

825 a)

점	x	y
A	−1	−3
B	0	0
C	1	3
D	2	6

b) $y=3x$
c) 만족하지 않는다.

826 a)

점	x	y
A	−2	4
B	−1	2
C	0	0
D	1	−2

b) $y=-2x$
c) 만족하지 않는다.

827 a) $y=4x$ b) $y=5x$

<table>
<tr><td>77</td><td>방정식을 이용하여 직선 그리기</td><td>165p</td></tr>
</table>

828 a)와 b)는 일직선이고, c)는 일직선이 아니다.

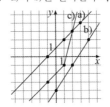

829 a)

x	$y=x+1$	(x, y)
0	$y=0+1=1$	$(0, 1)$
1	$y=1+1=2$	$(1, 2)$
2	$y=2+1=3$	$(2, 3)$

b) c) d)

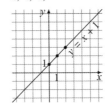

830 a) b)

x	$y=2x-1$	(x, y)
0	$y=2\cdot 0-1=-1$	$(0, -1)$
1	$y=2\cdot 1-1=1$	$(1, 1)$
2	$y=2\cdot 2-1=3$	$(2, 3)$

c) d) e)

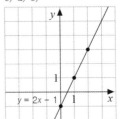

831 a) b)

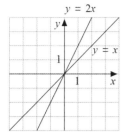

832 a) b)

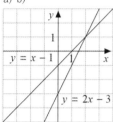

833 a)

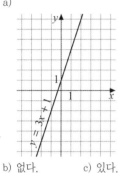

b) 없다.　　　　c) 있다.

834 a) b)

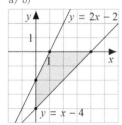

835 a) 있다.　　　　　　　b) 없다.
c) 있다.　　　　　　　d) 없다.

836 a) $y=-1$　　　　　b) $x=2$
c) $x=-6$　　　　　d) $y=-9$

837 a) b)

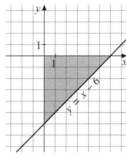

c) 18칸

838 a) A, B　　　　　　　b) A, D
c) C, D　　　　　　　d) B, D

78　여러 가지 직선　　　　167p

839 a) 있다　　　b) 없다　　　c) 있다

840 a)

x	$y=-x+3$	(x, y)
0	$y=-0+3=3$	$(0, 3)$
2	$y=-2+3=1$	$(2, 1)$
4	$y=-4+3=-1$	$(4, -1)$

b) c)

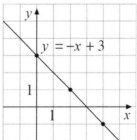

841 a) b)

x	$y=-3x+3$	(x, y)
0	$y=-3 \cdot 0+3=3$	$(0, 3)$
1	$y=-3 \cdot 1+3=0$	$(1, 0)$
2	$y=-3 \cdot 2+3=-3$	$(2, -3)$

c) d)

842 $y = -2x - 2$

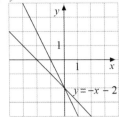

843

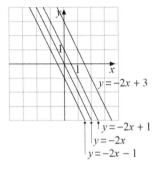

$y = -2x + 3$
$y = -2x + 1$
$y = -2x$
$y = -2x - 1$

844 a) 없다.　　　b) 있다.　　　c) 있다.

845 a) 있다.　　b) 없다.　　c) 없다.　　d) 있다.

846 a) b)

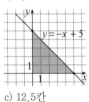

$y = -x + 5$

c) 12.5칸

847 a)

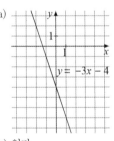

$y = -3x - 4$

b) 없다.　　　　c) 없다.

848 a) b)

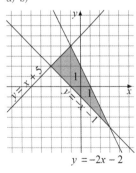

$y = x + 5$
$y = -2x - 2$

849 a) C, D　　　b) A, B　　　c) A, C　　　d) B, C

79 만나는 직선　　　　　169p

850 a) $(2, 3)$
b) $t : (-1, 0)$, $s : (3, 0)$
c) 6칸

851
a) $(-5, 0)$　b) $(0, -5)$

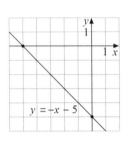

$y = -x - 5$

852
a)

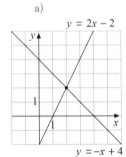

$y = 2x - 2$
$y = -x + 4$

b) $(2, 2)$

853

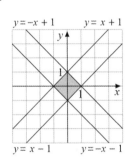

$y = -x + 1$　　$y = x + 1$
$y = x - 1$　　$y = -x - 1$

854
a)

$y = -2x + 4$

b) 4칸

855 a)

$y = 2x$
$y = -x + 6$

b) $(0, 0)$, $(6, 0)$, $(2, 4)$
c) 12칸

856 a) 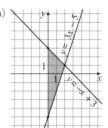 b) (0, 3), (0, −5), (2, 1)

c) 8칸

857 a)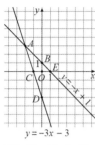

b) O(0, 0), A(−2, 3), B(0, 1), C(−1, 0), D(0, −3), E(1, 0)

c) △CEA, △DBA, △CDO, △OEB

d) 사각형 DOEA, 사각형ACOB

858 a) 16시 10분   b) 16시 40분

c) 10 km

d) A : 17시10분   B : 17시20분

e) A : 20 km/h   B : 15 km/h

80   그래프 분석하기   171p

859 a) 1.5시간   b) 120 km   c) 80 km

d) 30분   e) $\frac{120}{1.5} = 80$ km/h

860 a) 80 km   b) 5시간   c) 1시간 20분

d) 50 km   e) 2시간   f) 25 km/h

861 a) 집에서 출발한 지 1시간 만에 1.25 km를 간 후, 15분 동안 출발한 곳에서 0.5 km 거리까지 되돌아와서 45분 동안 쉬었다. 다시 출발하여 1시간 동안 집에서 2.0 km 떨어진 곳까지 가서 30분간 일을 본 후, 버스를 타고 15분 만에 1.75 km를 되돌아오고 다시 30분 동안 0.25 km를 걸어서 집에 왔다.

b) 5.5 km

862 a)

시간 t(h)	거리 s(km)
0	0
0.5	2
1	4
1.5	6
2	8

b)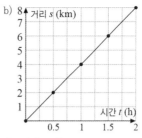

c) 1시간 45분

863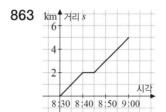

81   생태적 배낭   173p

864 a) $7 \times 0.75 = 5.25$ kg   b) $85 \times 0.75 = 63.75$ kg

c) $400 \times 0.75 = 300$ kg

865 $40g + 540000 \times 40g ≒ 22000$ kg

866 무게를 x kg이라고 하면

$x + 85x = 1.2$, $86x = 1.2$, $x ≈ 0.014$ kg $= 14$g

867 $(0.2 + 100 \times 0.2) \times 360 = 7272$ kg

868 a) 각각의 투입물질지수 MI와 생태적 배낭 EBP를 구하면 다음과 같다.

		MI	EBP
물질	29.66	$\frac{29.660}{0.558} \approx 53.15$	$0.558 + 53.15 \times 0.558 \approx 30.22$
물	2720.6	$\frac{2720.6}{0.558} \approx 4875.63$	$0.558 + 4875.63 \times 0.558 \approx 2721.16$
공기	3.65	$\frac{3.65}{0.558} \approx 6.54$	$0.558 + 6.54 \times 0.558 \approx 4.21$
토양 물질	3.0	$\frac{3}{0.558} \approx 5.38$	$0.558 + 5.38 \times 0.558 \approx 3.56$
합계			2759.15

청바지를 만드는 데는 네 종류의 재료가 모두 필요하므로 청바지의 생태적 배낭은 청바지를 만드는 데 사용된 생태적 배낭을 모두 더하여 약 2759.15인데, 유효숫자는 토양물질 3.0의 유효숫자의 개수에 맞추어야 하므로 2800 kg이다.

b) 청바지 1 kg을 만드는 데 필요한 생태적 배낭이 2800 kg이므로 투입물질지수를 MI라고 하면
$0.558+0.558x$ MI $=2800$을 만족한다.
식을 만족하는 MI는 5016인데 유효숫자는 2개이므로 5000이다.

869 MI지수를 x라고 하면
$0.2+0.2x=116$, $x=579$

870 a) 1일 평균 기온이 10 ℃ 이상일 때
b) 1일 평균 기온이 5 ℃일 때
c) 1일 평균 기온이 0 ℃에서 10 ℃ 사이일 때
d) 1일 평균 기온이 0 ℃ 이하일 때

871 a) 약 4개월   b) 약 2.5개월

872 a) 약 6개월   b) 약 4개월

873 a) 약 22 ℃   b) 약 30 ℃

874 7월 중순

875 a) 약 12 mg   b) 약 4 mg
c) 약 6 mg   d) 약 5 mg

876 a) 4월   b) 12월

877 4월에 약 23 mg, 1월 말과 12월에 약 1 mg이라고 보면 23배이다.

878 2008년은 약 32 mg, 1992년부터 2007년까지의 주 평균양은 약 24 mg이므로 구하는 답은 약 7 mg이다.

880 $2x-1=5y+8$, $31x=601$
$x÷4=-11$, $7(x+6)=0$

881 b), c)

882 a) $x=3$ b) $x=18$ c) $x=6$ d) $x=24$

883 a) $x=7$ b) $z=18$ c) $y=5$
d) $x=6$ e) $x=-7$ f) $x=-30$

884 a) $x=-5$ b) $x=5$ c) $x=-13$ d) $x=9$

885 a) $x=9$ b) $x=-15$

886 a) $x=1$ b) $x=-4$ c) $x=10$ d) $x=-3$

887 a) $x=0$ b) $x=-5$ c) $x=1$ d) $x=0$

888 a) $x=1$ b) $x=3$ c) $x=-4$

889 a) $x+3=-11$, $x=-14$
b) $5-x=3$, $x=2$
c) $7x=3x+8$, $x=2$

890 40°, 50°, 90°

891 얼룩큰점박이 바다표범 100 kg, 회색 바다표범 300 kg

892
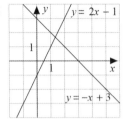

893 a) 있다.   b) 있다.   c) 있다.

894 없다.   **895** 교점(-2, 3)

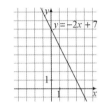 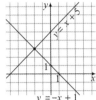

896 a) $x=11$ b) $x=-15$ c) $x=53$ d) $x=10$

897 $x=-3$

898 a) $3x-8=12-x$, $x=5$ b) $\dfrac{x}{5}+1=7$, $x=30$

899 50°, 50°, 80°

900 59, 60

901
$x+5x+x+5x=228$, $x=19$
가로 95 cm, 세로 19 cm

902 얼룩돌고래 500마리, 얼룩큰점박이 바다표범 10000마리, 회색바다표범 13000마리

903 막내의 최대 통화액을 x유로라고 하면 둘째는 $x+4$, 첫째는 $x+4+6$이므로 $x+x+4+x+4+6=50$을 만족해야 한다. $x=12$이므로 최대 통화액은 막내 12유로, 둘째 16유로, 첫째 22유로이다.

904 a) 1칸 b) 9칸

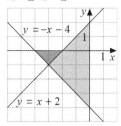

905 a) $y=8$ b) $y=-22$ c) $x=13$ d) $x=-11$

906 a) 14 km b) 2시간 30분 c) 4 km
d) 3 km e) 8 km/h f) 6 km/h

|심화학습

심화학습 8-9p

001 함부르크 -8 ℃, 도르트문트 -4 ℃, 베를린 -3 ℃, 하노버 -2 ℃, 쾰른 -1 ℃, 프랑크푸르트 -1 ℃, 뮌헨 +2 ℃, 뉘른베르크 +3 ℃, 수투트가르트 +4 ℃

002 a) 뮌헨, 뉘른베르그, 수투트가르트
b) 함부르크, 도르트문트, 베를린, 하노버

003 a) 함부르크가 가장 춥고 뉘른베르크가 가장 따뜻하다.
b) 베를린에서 뉘른베르그, 뮌헨에서 도르트문트로 갈 때 온도 차가 모두 6 ℃이다.

004 a) 3 ℃ 올라가서 -14 ℃가 되었다.
b) 5 ℃ 내려가서 -22 ℃가 되었다.
c) 11 ℃ 내려가서 -28 ℃가 되었다.

005 10시간 동안 기온이 8 ℃변했으므로 한 시간에는 평균 $\dfrac{8℃}{10시간}=0.8$ ℃만큼 변했다.

006 a) 금, 철 b) 브롬, 수은 c) 산소

007 a) 브롬, 수은, 금, 철
b) 없다.
c) 산소

008 a) -7 ℃ 이하 b) -39 ℃ 이상 357 ℃ 이하
c) 2750 ℃ 이상

009 a) 고체에서 액체로 변한다.
b) 계속 고체이다.

심화학습 10-11p

010 a) $12<13<15$
b) $-7<0<17$
c) $-79<-78<-77$

011 a) $21-(-81)=102$ b) $-72-(-81)=9$
c) $-81-(-100)=19$

012 a) A$=-20$, B$=50$, C$=80$, D$=130$
b) A$=-150$, B$=-45$, C$=60$, D$=135$

013

014 $1789<1798<1879<1897<1978<1987$

015 a) 3A69 또는 3B79의 꼴이다. 모든 수가 다르므로 A가 될 수 있는 수는 0, 1, 2, 4, 5, 7, 8의 7가지, B가 될 수 있는 수는 0, 1, 2, 4, 5, 6, 8의 7가지로 총 14가지이다.
b) 3A69 꼴일 때는 3369, 3669, 3969의 3가지, 3B79 꼴일 때는 3379, 3779, 3979의 3가지로 모두 6가지이다.
c) 위 a)와 b)의 경우를 모두 포함하므로 20가지이다.

심화학습 12-13p

016 a) 참. b) 참. c) 양수에 대하여 절댓값은 같고 부호만 다른 수는 음수이고, 음수는 양수보다 작다. d) 참. e) 0에 대해서는 성립하지 않는다. f) 참.

017 a) $-(-(+10)=10$
b) $-(-(-20)=-20$
c) $-(-30)=30$

018 a) 0 b) 10 c) 10

019 a) -188 ℃ b) -269 ℃ c) -35 ℃

020 a) -7, -8, -9, -10, -11
b) 2, 1, 0, -1, -2, -3

심화학습 14-15p

021 $107€+24€-15€-60€+28€+20€=104€$

022 a) $-3+8=5$ 또는 a) $-4+8=4$
b) $3+(-5)=-2$ 또는 b) $3+(-5)=-2$
c) $-8+4=-4$ 또는 c) $-8+5=-3$

023 a) $-4+4+8=8$, $-7+4+5+8+(-2)=8$,
  $-2+1+4+5=8$
  b) $-15+(-4)=-19$, $4+(-2)+(-21)=-19$,
  $-21+(-2)+4=-19$

024 a) -5, -1, 3 또는 7, -5, -5
  b) -1, 7, 15 또는 15, 3, 3
  c) -27, -1, 7 또는 -27, 3, 3

025

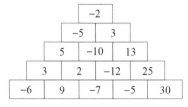

026 a) $-3-(-8)=-3+8=5$
  b) $-(-6)+(-2)=6-2=4$

027 a) 0 b) 1 c) 0
  d) 1 e) 0

028 a) $1-1=0$이고, $1-1$을 10번 더한 셈이므로 결과는 0이다.
  b) 마지막 1이 남으므로 결과는 1이다.

029 A : $2-3+6+4-1-5=3$
  B : $6-5-3-1-1+4=0$
  A가 이겼다.

030 a) 0 b) -38 c) -1 d) 26

031 a) -124 b) 9 c) 10

032 a) $+(-5)+(-8)-(+3)=-5-8-3=-16$
  b) $-(-5)-(-8)+(+3)=5+8+3=16$

033 a) $-2-4=-6$
   $-21-(-15)=-6$
   $-15-(-7)-(-2)=-6$
   $-4-4-(-2)=-6$
  b) $-21-(-2)=-19$
   $-15-4=-19$
   $-15-(-4)-8=-19$

034 a) 8, -21 b) -21, 8

035

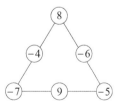

036 a) $\boxed{9} - \boxed{7} = 2$ b) $\boxed{-8} - \boxed{-7} = -1$
  c) $-10 - \boxed{-6} = \boxed{-4}$ d) $\boxed{2} - 5 = \boxed{-3}$

037 a)

-10	$+$	12	$=$	2
$-$		$-$		
8	$+$	-4	$=$	4
$=$		$=$		
-18		16		

  b)

-5	$+$	4	$+$	-3	$=$	-4
$-$		$-$		$-$		
6	$+$	2	$+$	-1	$=$	7
$=$		$=$		$=$		
-11		2		-2		

  또는

-5	$+$	-1	$+$	2	$=$	-4
$-$		$-$		$-$		
6	$+$	-3	$+$	4	$=$	7
$=$		$=$		$=$		
-11		2		-2		

038 a) 0 b) 120

039 a) $10+8-(-4)-(-5)=10+8+4+5=27$
  b) $-4+(-5)-8-10=-27$
  c) $-5-8+10-(-4)=1$

040 a) $-5+(-6)=-11$
  b) $6+(+6)=12$ 또는 $6-(-6)=12$
  c) $-8+(+8)=0$ 또는 $-8-(-8)=0$
   또는 $+8-(+8)=0$ 또는 $+8+(-8)=0$
  d) $+6+(+10)-(+4)=12$
   또는 $+6+(+10)+(-4)=12$
   또는 $+6-(-10)-(+4)=12$
   또는 $+6-(-10)+(-4)=12$

041 a) -8 b) -5 c) -56

042 a) -12
  b)

-1	-7	-1
-3	-3	-3
-5	1	-5

045 a) $-\dfrac{-18}{-3}=-6$　　　　　b) $-(-9\cdot 7)=63$

046 $6=1\cdot 6=2\cdot 3=-2\cdot(-3)=-1\cdot(-6)$

047 a) $\dfrac{-184}{8}=-23$　　　　　b) $\dfrac{-455}{7}=-65$

　　　c) $-8\cdot(-14)=112$　　　d) $-15\cdot 12=-180$

048 a)

-2	$\cdot$	12	$\div$	-3	$=$	8
$\cdot$		$\div$		$\cdot$		
-4	$\cdot$	3	$\div$	2	$=$	-6
$\div$		$\div$		$\cdot$		
-1	$\cdot$	4	$\cdot$	5	$=$	-20
$=$		$=$		$=$		
-8		1		-30		

b)

12	$\div$	4	$\cdot$	-2	$=$	-6
		$\div$		$\cdot$		
8	$\cdot$	-4	$\div$	-4	$=$	8
$\div$				$\cdot$		
4	$\cdot$	-1	$\cdot$	-5	$=$	20
$=$		$=$		$=$		
24		1		-40		

049 -16

050 a) 1　　　　　　　　　　b) -1

051 　　　　　　　　　　　　　　　답 : -72

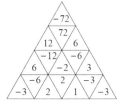

052 a) 4　　　　b) -10　　　c) 36　　　d) -4

053 ♥$=8$, ◆$=-2$ 또는 ♥$=-8$, ◆$=2$

054

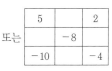

$\times$	7	-3	-5
-5	-35	15	25
4	28	-12	-20
1	7	-3	-5

$\times$	1	-3	-5
-5	-5	15	25
4	4	-12	-20
7	7	-21	-35

$\times$	-1	-3	-5
-5	5	15	25
4	-4	-12	-20
-7	7	21	35

$\times$	-7	-3	-5
-5	35	15	25
4	-28	-12	-20
-1	7	3	5

055 a) -16　　　b) 0　　　c) 40　　　d) -45

056 $-5\cdot(-4)\cdot(-3)\cdot(-2)=120$

057 -6을 나누어떨어지게 하는 수는

　　　1, 2, 3, 6, -1, -2, -3, 6이므로 구하는 곱은

　　　$1\times(-1)\times 6$, $2\times 3\times(-1)$,

　　　$2\times(-3)\times 1$, $(-2)\times 3\times 1$이다.

058 a) 4　　　　　　　　b) -18

059

-10		5
	-8	
-4		2

또는

5		2
	-8	
-10		-4

060 a) 20　　　　　b) -48　　　　c) 6

061 　　　　　　　　　　　　　　답 : -256

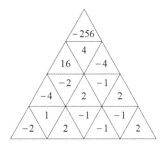

062 a) 144　　　　　　b) 항상 144이다.

　　　c) 유지되지 않는다.　　d) 유지된다.

063 a) $\dfrac{8-(-10)}{8+(-10)}=\dfrac{18}{-2}=-9$

　　　b) $(-12+8)\cdot(-12-8)=-4\cdot(-20)=80$

064 a) -45　　　　　b) -1　　　　c) 2

065 a) $(-3+11) \div (-4) = -2$
b) $17 - 3 \cdot 7 = -4$
c) $(-11-2) \cdot 2 - (-45) \div 3 = -11$

066 a) $\dfrac{14 - 2 \cdot 4}{-3} = -2$ b) $\dfrac{-42}{24 \div (-8) - 4} = 6$
c) $\dfrac{1 + (-17) \cdot 3}{32 \div (-16) - 3} = 10$

067

수	$\times (-2) \div 3$	결과
6	▶	-4
-3	▶	2
-18	▶	12
21	▶	-14
12	▶	-8

068 0

069 a) 47   b) -11 c) 34

070 a) 1과 -5, 2와 -6, -1과 -3
b) -2와 2, -3과 1, -4와 0
c) 2와 -2, 1과 -4, -2와 2
d) -16과 4, 8과 -2, 4와 -1

071 a) A=1, B=3, C=3, D=7
또는 A=2, B=6, C=1, D=9
b) A=4, B=2, C=1, D=8

072 $2 = 4 - 3 + 2 - 1$ $3 = (4-1) \cdot 2 - 3$
$4 = 4 \cdot 2 - 3 - 1$ $5 = 4 \cdot 2 - 3 \cdot 1$
$6 = 4 + 3 + 1 - 2$ $7 = (4+1) \cdot 2 - 3$
$8 = 4 + 3 + 2 - 1$ $9 = 2 \cdot 1 + 3 + 4$
$10 = 1 + 2 + 3 + 4$

심화학습   26−27p

073 a) 128   b) 5   c) 3.9   d) 1000

074 a) 주황색 16, 보라색 20
b) 주황색 $10^2 = 100$, 보라색 $12^2 - 10^2 = 44$

075 a) 10, $10^4 = 10000$
b) 2, $2^4 = 16$
c) 5, $5^4 = 625$

076 a) 2   b) 9   c) 8   d) 8

077 a) 1024   b) 4096

078 a) 16
b)

세대	1.	2.	3.	4.	5.
거듭제곱	2^1	2^2	2^3	2^4	2^5
조상의 수	2	4	8	16	32

c) $2^{12} = 4096$
d) $1000 \div 30 ≒ 33$이므로 구하는 조상의 수는 약 2^{33}명 이다.

079 a)

정육면체	A	B	C	D
한 모서리의 길이(cm)	1	2	4	8
부피(cm³)	1	8	64	512

b) 8   c) 8
d) 8   e) $2^3 = 8$배가 된다.
f) $3^3 = 27$배가 된다.

심화학습   28−29p

080 a) $4^2 + 3^2 = 25$ b) $(4+3)^2 = 7^2 = 49$
c) $4^2 - 3^2 = 7$ d) $(4-3)^2 = 1^2 = 1$

081 a) $(5-2)^2 = 3^2 = 9$
b) $5^2 - 2^2 = 25 - 4 = 21$

082 a) $6^2 + 3^2 = 36 + 9 = 45$
b) $7^2 + 2^2 = 49 + 4 = 53$
c) $8^2 + 6^2 = 64 + 36 = 100$

083 a) $2^3 + 1^3 = 8 + 1 = 9$
b) $4^3 + 3^3 = 64 + 27 = 91$
c) $5^3 + 2^3 = 125 + 8 = 133$

084 a) $4^3 + 4^2 = 64 + 16 = 80$
b) $5^3 - 5^2 = 125 - 25 = 100$
c) 6과 7, $6+7=13$, $7^2 - 6^2 = 49 - 36 = 13$
d) 8과 4, $8^2 - 4^3 = 0$

085 a) $88\ \text{cm}^3$ b) $144\ \text{cm}^2$

086 a) 60   b) -1

087 a) $2^2 = 4$ b) $2^3 = 8$ c) $2^6 = 64$

088 6개

089 a) 24개   b) 54개   c) 96개

090 a) 15, 30, 45, 60, 75, 90
b) 7, 21, 35, 49, 63, 77, 91
c) 없다.

091 a) 495   b) 498   c) 495   d) 498

092 a) 있다.   b) 없다.   c) 있다.

093 a) 있다.   b) 있다.   c) 있다.
여섯 자리 수를 abcabc라고 하면 이 수는
100000a+10000b+1000c+100a+10b+c이다.
위 식을 정리하면
100000a+10000b+1000c+100a+10b+c
$=1000(100a+10b+c)+100a+10b+c$
$=1001(100a+10b+c)$이다.
 a) $1001=7\times143$로 1001은 7로 나누어떨어지므로
 $1001(100a+10b+c)$도 7로 나누어떨어진다.
 b) $1001=11\times91$로 1001은 11로 나누어떨어지므로
 $1001(100a+10b+c)$도 11로 나누어떨어진다.
 c) $1001=13\times7$로 1001은 13으로 나누어떨어지므로
 $1001(100a+10b+c)$도 13으로 나누어떨어진다.

094 a), b) 두 자리 정수를 ab라고 하면 이 수는 10a+b이
다. 자리 수를 바꾸어 만든 새로운 수는 10b+a이다.
이제 a>b라고 하면 큰 수에서 작은 수를 뺀 수는
$10a+b-(10b-a)=9(a-b)$이므로
9의 약수, a−b의 약수는 모두 이 수의 약수이다.
9의 약수는 1, 3, 9로 3개이므로 이 수의 약수는 적
어도 3개이다.
예를 들어, 처음 수가 43이면 43에서 34를 뺀 수는 9
이므로 약수는 3개이고, 처음 수가 53이면 53에서
35를 뺀 수는 $18=9\times2$이므로 약수는 5개이다(2의
약수, 9의 약수를 모두 센다).
c) 큰 수에서 작은 수를 뺀 수 9(a−b)의 약수의 개수는
a, b에 따라 달라지지만 모든 경우에 대하여 9의 약
수 3개는 항상 이 수의 약수가 된다. 따라서 약수의
최소 개수는 3개이다.

095 12로 나누어떨어지려면 $12=2^2\times3$이므로 2와 3으로 나
누어떨어져야 한다. 주어진 수의 각 자리의 수를 모두
더하면 4+2+5+7+9+1+1+2=32이므로 3으로 나
누어떨어지지 않는다. 따라서 주어진 수는 3으로 나
누어떨어지지 않는다.

096 6리터짜리 물통에 물을 가득 담아 5리터짜리 물통에 따
르면 1리터가 남는다. 이것을 큰 물통에 옮겨 담고 이
과정을 한 번 더 하면 2리터의 물이 담긴다.
5리터짜리 물통에 물을 가득 담아 큰 물통에 4번 붓는
다. 큰 물통에서 6리터짜리 물통에 물을 3번 옮기면 큰
물통에는 $4\times5-3\times6=2$(리터)가 남는다.

097 3리터짜리 물통에 물을 가득 담아 큰 물통에 2번 붓는
다. 큰 물통에서 5리터짜리 물통에 물을 한 번 옮기면
큰 물통에는 1리터가 남는다.
5리터짜리 물통에 물을 가득 담아 큰 물통에 2번 붓는
다. 큰 물통에서 3리터짜리 물통에 물을 3번 옮기면 큰
물통에는 $2\times5-3\times3=1$(리터)가 남는다.

098 a) 나누어 떨어지지 않는다.
b) 나누어 떨어진다.
c) 나누어 떨어진다.

099 a) 나누어 떨어진다.(차는 0)
b) 나누어 떨어지지 않는다.(차는 14)
c) 나누어 떨어진다.(차는 22)

100 a) $4=2+2$
b) $8=3+5$
c) $12=5+7$
d) $28=5+23=11+17$
e) $98=19+79=31+67=37+61$
f) $100=3+97=11+89=17+83$
 $=29+71=41+59=47+53$

101 a) $1155=3\cdot5\cdot7\cdot11$
b) $2210=2\cdot5\cdot13\cdot17$
c) $37037=7\cdot11\cdot13\cdot37$

102 a) 113, 131, 311   b) 151

103 a) "생략"
b) 2, 3, 5, 7, 11, 13, 17, 19, 23, 29, 31, 37, 41, 43,
47, 53, 59, 61, 67, 71, 73, 79, 83, 89, 97

104 a) 101
b) 3과 5, 5와 7, 11과 13, 17과 19, 29와 31, 41과 43,
59와 61, 71과 73

105 자는 시간 $\frac{8}{24}=\frac{1}{3}$, 학교생활 $\frac{7}{24}$
취미활동 $\frac{2}{24}=\frac{1}{12}$, 숙제 $\frac{2}{24}=\frac{1}{12}$
이동 $\frac{1}{24}$

106 a) $\frac{8}{32}=\frac{1}{4}$ b) $\frac{4}{32}=\frac{1}{8}$
c) $\frac{6}{32}=\frac{3}{16}$ d) $\frac{14}{32}=\frac{7}{16}$

107 a) 커진다.   b) 작아진다.

108 a) 분자가 분모보다 작다.
b) 분자가 분모보다 크다.

110 a) $\dfrac{1}{4}$ b) $\dfrac{3}{16}$

111 a) $\dfrac{3}{4}$ b) $\dfrac{9}{16}$ c) $\dfrac{27}{64}$ d) $\dfrac{81}{256}$

112 색칠하지 않은 부분이 전체에서 차지하는 비는 단계마다
$\dfrac{3}{4}$, $\dfrac{9}{16}=\left(\dfrac{3}{4}\right)^2$, $\dfrac{27}{64}=\left(\dfrac{3}{4}\right)^3$, ⋯ 이다.

그런데 $\dfrac{3}{4}$ 는 거듭제곱을 할수록 작아지므로 색칠하지 않은 부분이 전체에서 차지하는 비는 결국 0에 가까워 진다고 볼 수 있다. 따라서 색칠된 부분의 넓이와 원래 의 삼각형의 넓이의 비는 1이라고 볼 수 있다.

심화학습   38−39p

113 a) 4   b) 8   c) 10
114 a) 4   b) 7   c) 10
115 a) $\dfrac{1}{2}+\dfrac{1}{4}=\dfrac{3}{4}$

$\dfrac{1}{2}+\dfrac{1}{4}+\dfrac{1}{8}=\dfrac{3}{4}+\dfrac{1}{8}=\dfrac{7}{8}$

$\dfrac{1}{2}+\dfrac{1}{4}+\dfrac{1}{8}+\dfrac{1}{16}=\dfrac{7}{8}+\dfrac{1}{16}=\dfrac{15}{16}$

b) $\dfrac{31}{32}$

c) 1

116 2, 3, 6 또는 3, 3, 3 또는 2, 4, 4

117 a) $A=\dfrac{1}{4}$, $B=\dfrac{1}{8}$

b) $A=\dfrac{1}{12}$, $B=\dfrac{1}{6}$

c) $A=\dfrac{2}{3}$, $B=\dfrac{1}{18}$, $C=\dfrac{1}{3}$

d) $A=\dfrac{8}{5}$, $B=\dfrac{2}{15}$, $C=\dfrac{4}{15}$

심화학습   40−41p

118 a) $\dfrac{-5}{-2}+\dfrac{4}{3}=3\dfrac{5}{6}$ b) $\dfrac{-5}{-2}-\dfrac{3}{4}=1\dfrac{3}{4}$

119 $\dfrac{3}{5}+\dfrac{1}{2}+\dfrac{2}{3}-1\dfrac{1}{2}=\dfrac{18}{30}+\dfrac{15}{30}+\dfrac{20}{30}-\dfrac{3}{2}$

$=\dfrac{53}{30}-\dfrac{45}{30}=\dfrac{8}{30}=\dfrac{4}{15}$

$\dfrac{4}{15}$ 억 유로를 초과달성했다.

120 a) $\dfrac{1}{75}+\dfrac{5}{75}+\dfrac{15}{75}=\dfrac{21}{75}=\dfrac{7}{25}$

b) $1-\dfrac{7}{25}=\dfrac{18}{25}$

121 $1-\dfrac{7}{10}-\dfrac{1}{25}=\dfrac{50}{50}-\dfrac{35}{50}-\dfrac{2}{50}=\dfrac{13}{50}$

122 a) $\dfrac{1}{3}+\dfrac{1}{5}=\dfrac{5}{15}+\dfrac{3}{15}=\dfrac{8}{15}$

b) $1-\dfrac{8}{15}=\dfrac{15}{15}-\dfrac{8}{15}=\dfrac{7}{15}$

123 $1-\dfrac{1}{6}-\dfrac{1}{3}=\dfrac{6}{6}-\dfrac{1}{6}-\dfrac{2}{6}=\dfrac{3}{6}=\dfrac{1}{2}$

124 $1-\dfrac{1}{6}-\dfrac{1}{5}-\dfrac{1}{4}=\dfrac{60}{60}-\dfrac{10}{60}-\dfrac{12}{60}-\dfrac{15}{60}=\dfrac{23}{60}$

125 주스도 마시지 않았고 자전거를 타고 오지도 않은 학생 이 $\dfrac{1}{6}$ 이므로 주스를 마시거나 자전거를 타고온 학생은 $\dfrac{5}{6}$ 이다. 이제 주스도 마시고 자전거도 타고 학교에 온 학생들의 비율을 x라고 하면
(주스만 마신 학생) + (자전거만 타고 온 학생) + (주스도 마시고 자전거도 타고 학교에 온 학생) = $\dfrac{5}{6}$ 즉,
$\left(\dfrac{1}{2}-x\right)+\left(\dfrac{2}{3}-x\right)+x=\dfrac{5}{6}$, $\dfrac{3}{6}+\dfrac{4}{6}-x=\dfrac{5}{6}$, $x=\dfrac{1}{3}$
따라서 주스도 마시고 자전거도 타고 학교에 온 학생들 은 $\dfrac{1}{3}$ 이다.

126 라우리를 제외하든, 라우라를 제외하든 한 명을 빼면 인 원은 전체인원에서 한 명을 뺀 수가 된다. $\dfrac{1}{2}$ 과 $\dfrac{1}{3}$ 을 고 려하면, 이 형제들의 숫자는 '6의 배수+1명'이 된다. 그 러므로 7, 13, 19명⋯ 이런 식인데, 문제에서 주는 조건 대로 계산해보면, 7명일 때만 답이 된다. 그러므로 형제 자매들은 모두 7명이다.

127 a) $\dfrac{7}{10}=\dfrac{5}{10}+\dfrac{2}{10}=\dfrac{1}{2}+\dfrac{1}{5}$

b) $\dfrac{5}{8}=\dfrac{4}{8}+\dfrac{1}{8}=\dfrac{1}{2}+\dfrac{1}{8}$

c) $\dfrac{2}{5}=\dfrac{6}{15}-\dfrac{5}{15}$ | $\dfrac{1}{15}=\dfrac{1}{3}+\dfrac{1}{15}$

d) $\dfrac{2}{7}=\dfrac{8}{28}=\dfrac{7}{28}+\dfrac{1}{28}=\dfrac{1}{4}+\dfrac{1}{28}$

심화학습   42−43p

128 a) $7\dfrac{1}{3}$ b) 4   c) $6\dfrac{2}{3}$

d) $7\dfrac{1}{3}$ e) $15\dfrac{1}{3}$ f) $23\dfrac{2}{3}$

129 a) 6   b) 3   c) 5   d) 3

130 a)

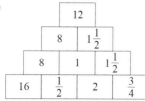

b)

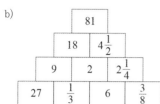

131 a) $\frac{1}{3} \times 4 \div 6 = \frac{4}{3} \times \frac{1}{6} = \frac{2}{9}$ 리터

b) $\frac{2}{9} \approx 0.22 \text{(L)}$이고 $2\,\text{dL} = 0.2\,\text{L}$이다. $\frac{2}{9}$ L가 $2\,\text{dL}$보다 더 많으므로 음료수는 한꺼번에 한 잔에 다 들어갈 수 없다.

132 $1\,\text{L} \div 1\frac{1}{4}\,\text{dL} = 10\,\text{dL} \div 1\frac{1}{4}\,\text{dL} = 10 \times \frac{4}{5} = 8$

8번 만들 수 있다.

133 여자 형제가 있는 있는 학생은 12명인데, 여동생이 있는 학생은 $24 \times \frac{1}{4} = 6$명, 누나나 언니가 있는 학생은 $24 \times \frac{1}{3} = 8$명이다. 여동생도 있고 누나나 언니도 있는 학생을 x명이라고 하면 $6 + 8 - x = 12$, $x = 2$이다. 따라서 구하는 비는 $\frac{1}{12}$ 이다.

134 a)   b)

135

심화학습   44 − 45p

136 a) $\frac{1}{16}$ b) $\frac{8}{27}$ c) $2\frac{1}{4}$

137 23명이 한 명당 $\frac{1}{2}$ L를 마시므로 필요한 주스는 $\frac{23}{2}$ L 이다. 이 양의 $\frac{1}{6}$ 은 농축액, $\frac{5}{6}$ 은 물이므로 농축액은 $\frac{23}{2}$ L $\times \frac{1}{6} = \frac{23}{12}$ L, 물은 $\frac{23}{2}$ L $\times \frac{5}{6} = \frac{115}{12}$ L가 필요하다.

138 a) $\frac{4}{5}$ b) $\frac{1}{3}$ c) $\frac{3}{7}$

d) 120   e) $\frac{15}{2} = 7\frac{1}{2}$ f) $\frac{4}{9}$

139 a) 헤이키 $\frac{2}{3} \cdot \frac{1}{3} = \frac{1}{3}$ b) 야나 $1 - \frac{1}{3} = \frac{2}{3}$

140 데이지꽃 위에 앉은 꿀벌들의 수는 $3\left(\frac{1}{3} - \frac{1}{5}\right) = \frac{2}{5}$ 이므로 꽃 위에 앉은 꿀벌들의 수는 $\frac{1}{3} + \frac{1}{5} + \frac{2}{5} = \frac{14}{15}$ 이다. 따라서 아직 날고 있는 꿀벌 1마리는 $\frac{1}{15}$ 에 해당하므로 꿀벌 한 무리에는 15마리의 꿀벌이 있었다.

142 a) $\frac{2}{3}$ b) $\frac{2}{3}$ c) $\frac{2}{3}$

143 a) $\frac{2}{3}$ b) $\left(\frac{2}{3}\right)^9 = \frac{4}{9}$

c) $\left(\frac{2}{3}\right)^3 = \frac{8}{27}$ d) $\left(\frac{2}{3}\right)^9 = \frac{512}{19683}$

e) 0에 가깝다.

144 a) 남아 있는 부분은 길이가 0이므로 구하는 비는 0이다.
b) 무수히 많은 조각들로 만들어진다.

심화학습   46 − 47p

145 a) $3\frac{1}{2} + 1\frac{3}{4} = 5\frac{1}{4}$ b) $3\frac{1}{2} - 1\frac{3}{4} = 1\frac{3}{4}$

c) $3\frac{1}{2} \cdot 1\frac{3}{4} = 6\frac{1}{8}$ d) $3\frac{1}{2} \div 1\frac{3}{4} = 2$

146 a) $\dfrac{\frac{1}{5}}{\frac{3}{25}} = \frac{1}{5} \cdot \frac{25}{3} = \frac{5}{3} = 1\frac{2}{3}$

b) $\dfrac{-\frac{8}{9}}{1\frac{1}{3}} = \dfrac{-\frac{8}{9}}{\frac{4}{3}} = -\frac{8}{9} \cdot \frac{3}{4} = -\frac{2}{3}$

c) $\dfrac{-2\frac{1}{5}}{-1\frac{1}{10}} = \dfrac{\frac{11}{5}}{\frac{11}{10}} = \frac{11}{5} \cdot \frac{10}{11} = 2$

147 a) $\frac{2}{3}$ b) 2   c) $\frac{3}{5}$ d) 3

148 플라스틱 병 6개에 든 탄산음료의 양은

$1\frac{1}{2}\times 6=\frac{3}{2}\times 6=9$리터이므로 $\frac{1}{3}$ 리터짜리 캔에 넣는

다면 $9\div\frac{1}{3}=9\times 3=27$개의 캔이 필요하다.

149 a) $1\frac{1}{4}=\frac{5}{4}$ 는 $1\frac{1}{2}=\frac{3}{2}$ 보다 작으므로 6 dL보다 적은 양

의 주스를 사용하게 된다.

$\frac{5}{4}\div\frac{3}{2}=\frac{5}{6}$ 이므로 6 dL의 $\frac{5}{6}$ 만 잼을 만드는 데 사

용된다.

b) $6\times\frac{5}{6}=5$ 이므로 잼을 만드는 데 5 dL의 베리주스를

사용했고, 따라서 3 dL의 주스가 남았다.

151 a) 1단계에서 색칠되지 않은 부분의 $\frac{8}{9}$ 이 색칠되지 않

는다.

b) 2단계에서 색칠되지 않은 부분의 $\frac{8}{9}$ 이 색칠되지 않

는다.

152 a) $\frac{8}{9}$ b) $\frac{8}{9}\cdot\frac{8}{9}=\frac{64}{81}$

c) $\left(\frac{8}{9}\right)^{10}$ d) 0에 가깝다.

153 a) 위 152번에 의하면 색칠하지 않은 부분의 넓이가 0이

므로 색칠된 부분의 넓이는 전체가 된다.

b) 196쪽의 칸토르의 집합에는 무한히 많은 조각이 남

아 있는데, 그 길이는 0인 도형이다. 반면에 시에스

핀스키의 카펫과 192쪽의 시어핀스키의 삼각형은 색

칠된 부분의 넓이가 원래 도형의 넓이와 같은 도형이다.

154 a) $\frac{1}{36}$ b) $-\frac{5}{36}$ c) $\frac{25}{36}$ d) $\frac{33}{35}$

155 a) $\left(1-\frac{1}{2}\right)\cdot\left(1-\frac{1}{3}\right)=\frac{1}{2}\cdot\frac{2}{3}=\frac{1}{3}$

b) $\left(1-\frac{1}{2}\right)\cdot\left(1-\frac{1}{3}\right)\cdot\left(1-\frac{1}{4}\right)=\frac{1}{2}\cdot\frac{2}{3}\cdot\frac{3}{4}=\frac{1}{4}$

c) 괄호 안을 정리하여 약분한다. $\frac{1}{10}$

156 $\frac{1}{2}+\frac{1}{3}\cdot\frac{1}{2}=\frac{1}{2}+\frac{1}{6}=\frac{3}{6}+\frac{1}{6}=\frac{4}{6}=\frac{2}{3}$

157 a) 바닐라아이스크림 $\frac{1}{8}$ L, 딸기 $\frac{1}{20}$ L, 우유 $\frac{1}{8}$ L,

설탕 $\frac{1}{2}$ 스푼

b) 바닐라아이스크림 $1\frac{1}{4}$ L, 딸기 $\frac{1}{2}$ L, 우유 $1\frac{1}{4}$ L,

설탕 5스푼

158 a) 25   b) 67

159 $\frac{8.5+9.5+8+9+x}{5}=9$ 라고 하면 $x=10$

160 a) $\frac{2}{3}$ b) $\frac{13}{36}$

161 a) $-\frac{1}{4}$ b) $-\frac{7}{16}$

162 a) $\frac{3}{4}$ b) $-\frac{1}{2}$

163 a) A=0.11, B=0.15, C=0.175, D=0.195

b) A=−5.48, B=−5.4

C=−5.37, D=−5.31

164 a) 0.6666···   b) 1.8333···

c) 0.2727···   d) 0.7777···

165 a) 75.41   b) 14.57

166 a) 전개도와 비교하여 뒷면의 수를 모두 구하면 차례대

로 3.9, −2.2, −4.5, 6.3이다. 따라서 모두 더하면

3.5이다.

b) 전개도와 비교하여 바닥면의 수를 모두 구하면 차례

대로 1.8, −3.7, −5.3, −7.8이다.

따라서 모두 더하면 −15이다.

167 a) 0.333···에 10을 곱한 수에서 0.333··· 을 빼면

$10\times 0.333\cdots - 0.333\cdots$

$=3.333\cdots - 0.333\cdots$

$=3\,(10-1)\times 0.333\cdots$

$=3\cdot 9\times 0.333\cdots$

$=3$

$0.333\cdots=\frac{3}{9}=\frac{1}{3}$

b) $\frac{5}{3}$ c) 3

d) $\frac{37}{33}$ e) $\frac{7}{11}$

f) 1.0222··· 에 100을 곱한 수에서 1.0222··· 에 10을

곱한 수를 빼면

$100\times 1.0222\cdots - 10\times 1.0222\cdots$

$=102.222\cdots - 10.222\cdots$

$=92(100-10)\times 1.0222\cdots$

$=92\cdot 90\times 1.0222\cdots$

$=92$

$1.0222\cdots=\frac{92}{90}=\frac{46}{45}$

168 26.2 km, 약 26 km

169 13시 43분, 약 14시

170 5.8 km/h

171 a) $50.00 € - 3.63 € - 9.70 € - 12.02 € = 24.65 €$

b) $2.7 \cdot 28.60 € = 77.22 €$

172 $7 \cdot 23 € + 7 \cdot 27 € - 82 € - 131 € = 137 €$

$137 € \div 7 \approx 19.60 €$

하루에 19.60 €가 싸다.

173 a) $2 \cdot 54 \text{ km} \div 17 \text{ km/h} \approx 6.35$시간 ≈ 6시간 20분

b) 8.5시간 $\cdot 17 \text{ km/h} = 144.5 \text{ km} \approx 140 \text{ km}$

c) $18 \text{ L} \cdot 1.445 = 26.01 \text{ L} \approx 26 \text{ L}$

174 우유 100g에 칼슘이 120 mg 들어 있고 칼슘의 1일 섭취
권장량은 900 mg이다. 900 mg을 채우기 위해서는
$100 \times \dfrac{900}{120} = 750$g을 마셔야 한다.

1 L = 10 dL, 1 L = 1 kg이라고 하면

10 dL = 1 kg = 1000 g, 1dL = 100 g이다.

우유 한 잔은 2 dL = 200 g이므로 750 g은

$750 \div 200 = 3.75$(잔), 따라서 4잔을 마시면 된다.

175 a) 여러 가지 방법이 있다. 예를 들면, 다음과 같이 섭취
하면 총 열량은

$190 \times 3 + 190 \times 3 + 151 \times 1 + 117 \times 0.5 = 1349.5 \text{ kJ}$

이 된다.

	열량(kJ/100g)	섭취량
물에 끓인 오트밀	190	300
우유	190	300
블루베리	151	100
당근	117	50

176 a)

	아침	점심	저녁	합계
열량	100 kJ	2200 kJ	3200 kJ	6400 kJ
칼슘	270 mg	78 mg	380 mg	730 mg
비타민 A	5.2 μg	1400 μg	37 μg	1400 μg
비타민 C	31 mg	22 mg	53 mg	110 mg

하루 동안 섭취한 열량이 6400 kJ인데, 표2에 의하면
여자는 8400 kJ, 남자는 9900 kJ가 필요하므로 열량이
부족하다. 또한 칼슘도 여자, 남자 모두 부족하고 비타
민 A는 여자만 부족하다. 비타민 C는 기준량보다 많이
섭취했다.

b)

	아침	점심	저녁	합계
열량	950 kJ	4500 kJ	4200 kJ	9600 kJ
칼슘	260 mg	58 mg	120 mg	440 mg
비타민 A	30 μg	40 μg	39 μg	79 μg
비타민 C	2.2 mg	31 mg	31 mg	64 mg

하루 동안 섭취한 열량이 9600 kJ이므로 여자의 기준량
보다 많고 남자의 기준량보다는 적다. 칼슘, 비타민 A
는 모두 부족하고, 비타민 C는 여자, 남자의 기준량보
다 많이 섭취했다.

177 a) 북동　　　　　　　b) 남서

c) 315°　　　　　　　d) 45°

e) 90°　　　　　　　f) 135°

178 a) 둔각　　　　　　　b) 둔각

179 a) 323′

b) 11530″

c) 9° 36′ 2″

180 a) ENIGMA

b) 222° 125° 327° 38° 1° 73° 314°

181 a) 180°　　　b) 30°　　　c) 60°

d) 360°　　　e) 540°

182 a) 15°　　　b) 90°　　　c) 45°

183 약 3 cm

185 a) 원의 중심각은 360°이므로 1 포인트는

$360° \times \dfrac{1}{32} = 11.25°$

b) $11.25° \times 2 = 22.5°$

c) $11.25° \times 10 = 112.5°$

d) $11.25° \times 12 = 135°$

186 $\alpha = 45°,\ \beta = 15°,\ \gamma = 30°$

187 a) 거짓　　　b) 참　　　c) 참

d) 거짓　　　e) 참　　　f) 거짓

188

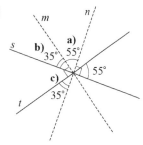

189 a) 두 점 P, Q의 위치에 따라 그림의 순서대로 두 점 P, Q 사이의 거리는 $10+3+5=18$ cm 또는 $10-3+5=12$ cm 또는 $10+3-5=8$ cm 또는 $10-3-5=2$ cm 이다.

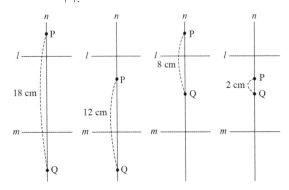

b) 4 cm 또는 10 cm

190

191 만나는 점의 개수가 차례로 0개, 1개, 2개, 3개이다.

192 a) 2부분

b) 다음과 같이 2부분(두 직선이 겹칠 때), 3부분(두 직선이 평행할 때), 4부분(두 직선이 만날 때)으로 나눌 수 있다.

c) 2, 3, 4, 6, 7 부분으로 나눌 수 있다.

193 b) 삼각형이 균형을 잡지 못하고 기울어진다.
c) 삼각형이 균형을 잡고 한동안 돌아간다.

d) 삼각형에서 세 중선의 교점은 삼각형의 무게의 중심점이다. 즉, 삼각형의 무게가 이 한 점에 작용한다. 따라서 무게중심에 구멍을 내고 돌리면 균형을 잡은 채 한동안 돌아갈 수 있다.

194 a) 2개   b) 1개

195 a) 143°   b) 65°   c) 102°

196 54°

197 a) 60°   b) 135°

198 a) $180°-\alpha$ b) $90°-\alpha$

199 a) $180°-\beta$ b) $180°-\omega$ c) $\gamma+\delta$

200 a) 예   b) 아니오.

201 a) 66°   b) 2°   c) $90°-\alpha$

202 a) 135°   b) 69°   c) $180°-\alpha$

203 a) 260°   b) 143°   c) $360°-\alpha$

204 a) 2   b) 3   c) 4, 6

205 a) $55°+59°+\alpha=180°$, $\alpha=66°$
b) $s /\!/ t$이고 β와 55°가 동위각이므로 $\beta=55°$
c) $s /\!/ t$이고 γ와 59°가 동위각이므로 $\gamma=59°$

206 $l /\!/ s$이므로 α는 동위각 1과 크기가 같다.

207 a) 2°   b) 0°

208 a) 85°

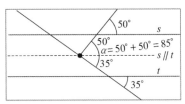

b) 95°

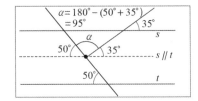

c) 100°

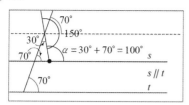

d) 50°

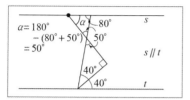

209 세 수선은 원의 중심에서 만난다.

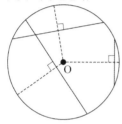

210 209번의 방법을 사용하시오.

211

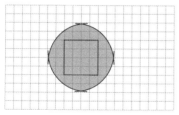

212 a) 두 원의 교점과 두 원의 중심을 잇는다.
b) 가운데 원을 그리고 6등분한 원주 위에 똑같은 크기의 원을 그린다.

213

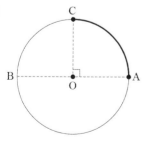

214 a) 2 cm보다 작거나 8 cm보다 크다.
b) 2 cm 또는 8 cm
c) 2 cm보다 크거나 8 cm보다 작다.

215 a) 1개
b) 반지름의 길이가 7 m, 3 m인 부채꼴 2개
c) 반지름의 길이가 13 m, 9 m, 4 m, 1 m인 부채꼴 4개

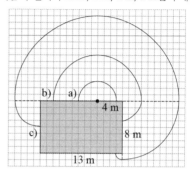

216 색칠한 부분은 세 지역의 방송을 모두 들을 수 있는 지역이다.

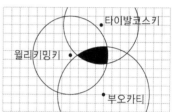

217

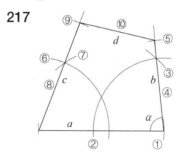

218

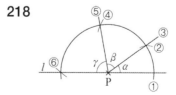

219 a) b)

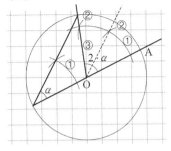

222 a) 가장 짧은 두 선분 c, d의 길이를 더하면 a보다 길기
때문에 어느 3개를 골라도 삼각형이 만들어진다. 따
라서 4개의 선분 중에 3개를 고르는 경우이므로 abc,
abd, acd, bcd의 4가지 삼각형이 만들어진다(변의
순서가 abc, acb인 경우는 같은 삼각형으로 본다).

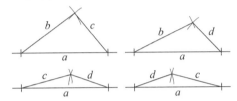

b) 한 선분을 세 번 사용하는 경우는 aaa, bbb, ccc,
ddd의 4가지, 한 선분을 두 번 사용하는 경우는
aab, aac, aad, bba, bbc, bbd, cca, ccb, ccd,
dda, ddb, ddc의 12가지이므로 총 16가지의 삼각형
이 만들어진다.

심화학습 82–83p

223 정사각형

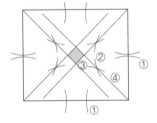

224 90°

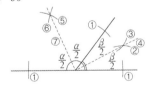

225 90°로 만난다.

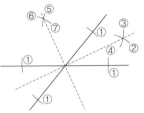

226 두 선분 AB와 AC의 수직이등분선의 교점이다.

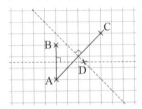

227

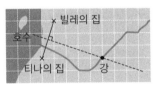

228 a) 만난다.
b)

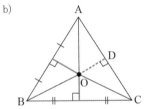

위 그림과 같이 △ABC에서 두 변 AB와 BC의 수직
이등분선의 교점을 O라고 하고, 점 O에서 변 AC에
내린 수선의 발을 D라고 할 때, $\overline{OD}$가 변 AC의 수
직이등분선임을 밝혀 보자.
점 O는 선분 AB의 수직이등분선 위에 있으므로
$\overline{OA} = \overline{OB}$이고, 마찬가지로 점 O는 선분 BC의 수
직이등분선 위에 있으므로 $\overline{OB} = \overline{OC}$이므로
$\overline{OA} = \overline{OC}$이다.
한편, △AOD와 △COD에서
$\angle ADO = \angle CDO = 90°$, $\overline{OA} = \overline{OC}$, $\overline{OD}$ 는 공
통으로 두 삼각형 AOD와 COD는 합동이다.
따라서 $\overline{AD} = \overline{CD}$, 즉 $\overline{OD}$는 변 AC의 수직이등분
선이다. 따라서 세 변의 수직이등분선은 한 점에서
만난다.
c) 위 b)의 교점을 중심, 교점에서 꼭짓점까지의 거리를
반지름의 길이로 하여 그리면 된다.

229 a) 만난다.

b)

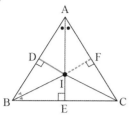

위 그림과 같이 △ABC에서 ∠A와 ∠B의 이등분선이 만나는 교점을 I라고 할 때, $\overline{CI}$가 ∠C의 이등분선임을 밝혀 보자.

먼저 점 I에서 세 변 AB, BC, CA에 내린 수선의 발을 차례로 D, E, F라고 하면, 점 I는 ∠A의 이등분선 위에 있으므로 $\overline{ID} = \overline{IF}$, 마찬가지로 점 I는 ∠B의 이등분선 위에 있으므로 $\overline{ID} = \overline{IE}$이므로 $\overline{IE} = \overline{IF}$이다.

한편, △CEI와 △CFI에서

∠CEI = ∠CFI = 90°, $\overline{IC}$는 공통인 빗변,

$\overline{IE} = \overline{IF}$이므로 두 삼각형 CEI와 CFI는 합동이다.

따라서 ∠ECI = ∠FCI, 즉, $\overline{CI}$는 ∠C의 이등분선이다. 따라서 세 내각의 이등분선은 한 점에서 만난다.

c) 위 b)의 교점을 중심, 교점에서 변까지의 거리를 반지름의 길이로 하여 그리면 된다.

심화학습   84 – 85p

230 직선 l 위에 임의의 점을 잡아 이 점을 지나고 직선 l에 수직인 선을 그으면 이 수선은 직선 s와도 수직으로 만난다. 두 교점 사이의 거리를 자로 재면 된다.

1.4 cm

231 선분 AB = 4.0 cm

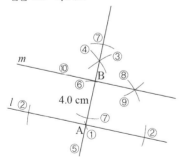

232

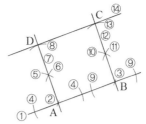

233 만난다.

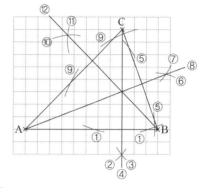

234 b)

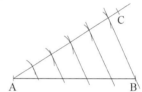

심화학습   88 – 89p

235 a) 볼록 다각형이다.   b) 볼록 다각형이 아니다.

236 a) 대각선이 모두 육각형 안에 있다. b) 육각형 밖에 있는 대각선이 있다.

237

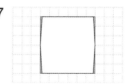

6 × 6 직사각형의 둘레의 길이인 24보다 작다.

238 a) 0, 1, 2, 4   b) 0, 1, 2, 3

239 a)   b)

c)

242

다각형	한 꼭짓점에서 시작하는 대각선의 수	만들어지는 삼각형	다각형의 각의 합
사각형	1	2	360°
오각형	2	3	540°
육각형	3	4	720°
칠각형	4	5	900°
팔각형	5	6	1080°
구각형	6	7	1260°

b) n각형은 대각선에 의해서 n-2개의 삼각형으로 나누어진다. 따라서 n각형의 내각의 합은 180°에 n-2를 곱한 값이다.

c) $(10-2) \times 180° = 1440°$

심화학습　　　　　　　　90-91p

243 a) $\alpha = 101°$, $\beta = 47°$
　　　b) $\alpha = 123°$, $\beta = 32°$
　　　c) $\alpha = 25°$, $\beta = 84°$

244 $\alpha = 30°$, $\beta = 24°$

245 a) $\alpha = 63°$, $\beta = 57°$　　　b) $\alpha = 46°$, $\beta = 37°$

246 28°, 변의 길이는 세 번째 각의 크기에 영향을 미치지 않는다.

247 $\alpha = 81°$

248 a) $\alpha = 85°$　　　b) $\alpha = 65°$　　　c) $\beta + 25°$

심화학습　　　　　　　　92-93p

249 a) 또 다른 각이 50°이므로 이등변삼각형이 아니다.
　　　b) 또 다른 각이 62°이므로 이등변삼각형이다.

250 $\alpha = 32°$, $\beta = 42°$

251 $\alpha = 45°$

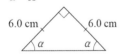

252 a) 예　　　b) 예　　　c) 예

253 $\alpha = 80°$, $\beta = 60°$

254 a) 참
　　　b) 거짓. 정삼각형은 직각삼각형이 아니다.
　　　c) 참
　　　d) 참
　　　e) 참

255 만약 직각이 2개이면 세 내각의 합이 180°보다 크게 되고, 크기가 같은 두 각이 둔각이어도 세 내각의 합이 180°보다 크게 되어 모순이다.

256

257

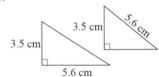

1단계　　　　2단계　　　　3단계

심화학습　　　　　　　　94-95p

258

260 길이가 주어진 두 변의 위치에 따라 두 종류의 삼각형이 그려진다.

261

4.2 cm　33°　6.3 cm　　4.2 cm　6.3 cm　33°

265 a) 있다.　　　b) 없다.　　　c) 없다.

266 두 변의 길이의 합이 나머지 한 변의 길이보다 길어야 한다.

267 a) 있다.　　　b) 없다.

268 $\alpha=32°$, $\beta=122°$, $\gamma=18°$

269 a) 0, 1, 2, 3   b) 0, 1, 2, 4
c) 0, 1, 2, 3   d) 0, 1

270 예각

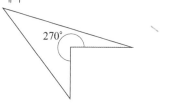

271 나머지 두 각 모두 90°이든지 한 각은 예각, 또 한 각은 둔각이다.

272

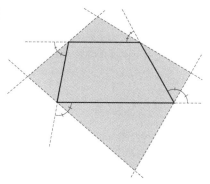

274

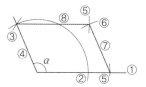

275 직사각형

276 b) 평행사변형에서 ∠A+∠B=180°이므로
$$\frac{∠A+∠B}{2}=90°$$이다.
그림의 △ABE에서 ∠AEB=90°가 되므로
∠FEH=90°이다. 마찬가지로 하여
∠F, ∠G, ∠H도 모두 90°이다.
따라서 사각형 EFGH는 직사각형이다.

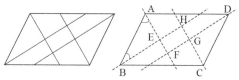

277 $\alpha=180°-2\cdot30°=120°$

278 그림에서 점 E, F, G, H는 각 선분의 중점이다. △ABD에서 선분 EH는 선분 BD와 평행이고 △BCD에서 선분 FG는 선분 BD와 평행이다. 따라서 선분 EH와 FG도 평행이다. 마찬가지로 생각하면 선분 EF와 FG도 평행이다. 그러므로 사각형 EFGH는 평행사변형이다.

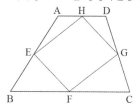

279 $\beta=180°-\alpha$, $\alpha+\beta=\alpha+180°-\alpha=180°$

280 a) 55°   b) α

282

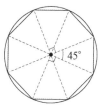

임의의 지름을 그은 후, 중심을 지나는 수직선을 긋는다. 그런 다음 중심각의 이등분선(중심각이 45°인 선)을 그린다. 이 선들이 원과 만난 여덟 개의 점을 이으면 정팔각형이 된다.

283 a)

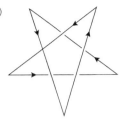

b) 정오각형의 내각의 합은 $180° \times 3 = 540°$이므로 한 각의 크기는 $540° \div 5 = 108°$이다.
그림에서
$\beta = 180° - 108° = 72°$이고
$\alpha + \beta + \beta = \alpha + 72° + 72° = \alpha + 144° = 180°$
그러므로 $\alpha = 36°$

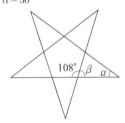

284 a) $150°$ b) $157.5°$

285 중심 O와 6개의 꼭짓점을 이으면 합동인 정삼각형 6개가 생긴다. 사각형 AOEF는 2개의 정삼각형을 합친 모양이므로 네 변의 길이가 같아 마름모이다.

286

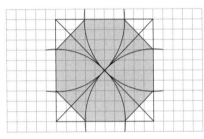

d) 정팔각형

심화학습 102–103p

288 a) 4배 b) $\frac{1}{4}$ 배

289 $110000 \,\mathrm{mm}^2 \,(= 0.11 \,\mathrm{m}^2) < 100 \,\mathrm{dm}^2 \,(= 1 \,\mathrm{m}^2)$
$< 47000 \,\mathrm{cm}^2 \,(= 4.7 \,\mathrm{m}^2) < 6200 \,\mathrm{dm}^2 \,(= 62 \,\mathrm{m}^2)$
$< 3.5 \,\mathrm{a} \,(= 350 \,\mathrm{m}^2) < 0.1 \,\mathrm{ha} \,(= 1000 \,\mathrm{m}^2)$

290 a) 약 $440 \,\mathrm{cm}^2$ b) 약 $6.6 \,\mathrm{m}^2$

291 $96.5 \,\mathrm{ha}$

292 a) $\frac{1}{4}$ b) $\frac{1}{16}$ c) $\frac{1}{64}$

293 a) $\dfrac{1}{2^{10}} = \dfrac{1}{1024}$ b) $\dfrac{1}{2^{20}} = \dfrac{1}{1048576}$

294 22번

심화학습 104–105p

295 $770 \,\mathrm{m}^2$

296 a) $880 \,\mathrm{cm}^2$ b) $30 \,\mathrm{m}^2$

297 가로 20 m, 세로 15 m

298 세로 10 cm, 가로 16 cm

299 a) 창문과 문을 포함한 벽의 넓이는
$(3.4 \times 1.9) \times 2 + (2.2 \times 1.9 + 0.66) \times 2$이고
창문과 문의 넓이는 $(0.9 \times 0.9) \times 3 - 1.6 \times 0.65$이다. 두 식을 계산해서 빼면 창고의 바깥벽의 넓이는 $19.13 \,\mathrm{m}^2$이다.
b) 충분하다.

300 흰색 직사각형의 가로의 길이를 x라고 하면
$4.44 + (0.6x \times 4) = 1.2 \times 4.5$, $x = 0.4 \,\mathrm{m}$

301 a) 55 m b) 50 m c) 40 m
d) 30 m e) 20 m f) 5 m

302 b) $275 \,\mathrm{m}^2$, $500 \,\mathrm{m}^2$, $800 \,\mathrm{m}^2$, $900 \,\mathrm{m}^2$, $800 \,\mathrm{m}^2$, $275 \,\mathrm{m}^2$
c) 한 변의 길이가 30인 경우, $30 \,\mathrm{m} \times 30 \,\mathrm{m} = 9 \,\mathrm{a}$

심화학습 106–107p

303 삼각형에서 밑변의 길이와 높이를 계산하면 넓이이다.
그런데 $\frac{1}{2} \times (18.1 \times 16.2) = \frac{1}{2} \times 293.22$, $\frac{1}{2} \times (14.4 \times 21.5) = \frac{1}{2} \times 309.6$으로 서로 다르므로 측정이 올바르지 않다.

304 밑변과 높이를 어느 것으로 택하든 넓이는 동일하다.

305 약 $7.05 \,\mathrm{m}$

306 직각을 낀 나머지 한 변의 길이를 x라고 하면
$10.0 \times 4.8 = 8.0 \times x$이므로 $x = 6$이다.
따라서 삼각형의 둘레의 길이는
$10.0 + 8.0 + 6.0 = 24.0 \,\mathrm{cm}$이다.

307

308 평행사변형의 높이를 x라고 하면
$2.1x - 1.1 \times 0.8 = 3.32$이므로 $x = 2.0 \,\mathrm{m}$

309 $\dfrac{2.7 \times 2.5}{2} \times 4 + 2.7 \times 2.7 = 20.79\ \text{m}^2$, 약 $21\ \text{m}^2$

310 다음 그림에서 녹색 삼각형 2개는 합동이고 넓이가 같다. 즉 두 정사각형이 겹친 부분의 넓이는 항상 원래의 정사각형의 $\dfrac{1}{4}$ 이다. **답 : 36 cm²**

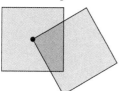 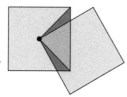

311 약 $65\ \text{cm}^2$

심화학습 108–109p

312 a) $12\ \text{cm}^2$ b) $2.4\ \text{cm}$

313 $210\ \text{cm}^2$

314 $\triangle$DEF는 $\triangle$FGH와 합동이므로 색칠한 도형은 사각형 ICGH와 넓이가 같다.
사각형 ICGH에서 $\overline{\text{CG}} = 2.5$, $\overline{\text{IH}} = 1.5$, $\overline{\text{HG}} = 1$이므로 그 넓이는 $\dfrac{1(2.5 + 1.5)}{2} = 2\ \text{cm}^2$이다.

315 전체 넓이에서 3개의 삼각형의 넓이를 빼면 된다.
전체 넓이
$$A = \dfrac{8.2\ \text{m} + 1.5\ \text{m} + 2.5\ \text{m}}{2} \cdot 4.5\ \text{m} = 27.45\ \text{m}^2$$
세 삼각형의 넓이
$$\dfrac{8.2\ \text{m} \cdot 2.8\ \text{m}}{2} = 11.48\ \text{m}^2$$
$$\dfrac{2.5\ \text{m} \cdot 4.5\ \text{m}}{2} = 5.625\ \text{m}^2$$
$$\dfrac{1.5\ \text{m} \cdot (4.5\ \text{m} - 2.8\ \text{m})}{2} = 1.275\ \text{m}^2$$
따라서 구할 넓이는
$27.45\ \text{m}^2 - 11.48\ \text{m}^2 - 5.625\ \text{m}^2 - 1.275\ \text{m}^2$
$= 9.07\ \text{m}^2 \approx 9.1\ \text{m}^2$

316 정사각형의 넓이는 $8 \times 8 = 64$이고 직사각형의 넓이는 $5 \times 13 = 65$이므로 b)가 옳다.

심화학습 110–111p

317 a) C, F b) B, E, F

318 a) y좌표가 0이다. b) x좌표가 0이다.

319

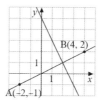

320 a) 평행사변형 b) 평행사변형
c) 사다리꼴 d) a) 4칸 b) 15칸 c) 9칸

321 a) 5 b) 2

322 a) $(3, -2)$ 또는 $(-3, 0)$ 또는 $(5, 2)$
b) 7

323 a) $(0, 0)$
b) x축 $(-5, 0)$, y축 $(0, 5)$
c) x축 $(2, 0)$, y축 $(0, 2)$

324 a) $(-2, -3)$, $(-1, -1)$, $(0, 1)$, $(1, 3)$, $(2, 5)$
b) $(1, -3)$, $(2, -2)$, $(3, -1)$, $(4, 0)$, $(5, 1)$

325 a) b)

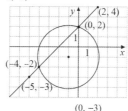

c) $(-4, -2)$, $(0, 2)$

326 a) $(-3, 0)$, $(3, 0)$ b) $(0, -3)$, $(0, 3)$

327

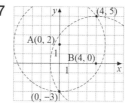

심화학습 112–113p

329 a) C, D, E, H, I, O, X
b) A, H, I, M, O, T, U, V, W, X, Y, Å, Ä, ö
c) H, I, O, X

330

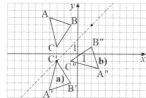

331 a) 이등변삼각형   b) 정삼각형

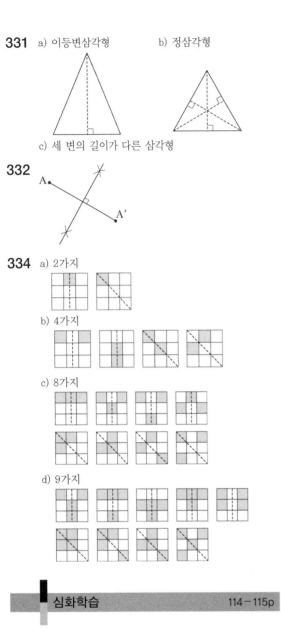

c) 세 변의 길이가 다른 삼각형

332

334 a) 2가지

b) 4가지

c) 8가지

d) 9가지

심화학습   114-115p

335

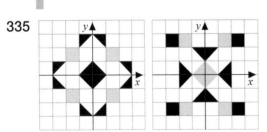

336 H, I, N, O, S, X, Z

337

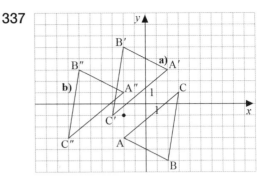

338 예를 들면 다음과 같은 도형들이 있다.
a) 마름모   b) 이등변삼각형
c) 원, 정삼각형

339

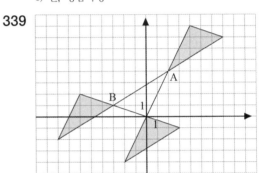

340 (8, 1)

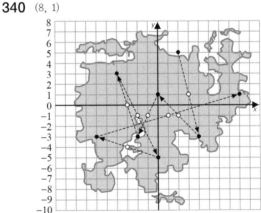

심화학습   126-127p

341 a) 1항은 2이고 다음 항은 직전 항에 2를 더하는 수열이다. 10항은 20이다.
b) 1항은 2이고 다음 항은 직전 항에 2를 곱하는 수열이다. 10항은 1024이다.

342 a) 1항은 7이고 홀수번째 항은 7에 2, 3, 4, …를 곱한 수이고, 짝수번째 항은 항상 2이다. 따라서 구하는 네 개의 항은 28, 2, 35, 2이다.
b) 8, 7, 10, 9   c) 7, 10, 9, 13

343 a) 81, 54, 36, 24, 16　　b) $\dfrac{5}{6}$, $\dfrac{7}{12}$, $\dfrac{1}{3}$, $\dfrac{1}{12}$, $-\dfrac{1}{6}$

344 a) 21　　　　　　　　b) 31

345 a) 1항과 2항은 2이고 다음 항은 바로 앞의 두 항을 곱하여 얻는다. 다음 항은 256이다.
　　b) 1항과 2항은 2, 3이고 다음 항은 바로 앞의 두 항을 곱하여 얻는다. 다음 항은 1994이다.

346 a) 1, 121, 12321, 1234321, 123454321, 12345654321
　　b) 12345678987654321

347 a) 11, 34, 17, 52, 26, 13, 40, 20, 10, 5, 16, 8, 4, 2, 1
　　b) 14, 7, 22, 11, 34, 17, 52, 26, 13, 40, 20, 10, 5, 16, 8, 4, 2, 1

348

1		
2	2, 1	2
3	3, 10, 5, 16, 8, 4, 2, 1	8
4	4, 2, 1	3
5	5, 16, 8, 4, 2, 1	6
6	6, 3, 10, 5, 16, 8, 4, 2, 1	9
7	7, 22, 11, 34, 17, 52, 26, 13, 40, 20, 10, 5, 16, 8, 4, 2, 1	17
8	8, 4, 2, 1	4
9	9, 28, 14, 7, 22, 11, 34, 17, 52, 26, 13, 40, 20, 10, 5, 16, 8, 4, 2, 1	20
10	10, 5, 16, 8, 4, 2, 1	7

　　a) 2　　　　　　　　b) 9

심화학습　128－129p

349 a)　　　　　b)　　　　　c)

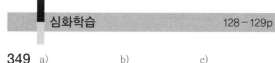

350 a) 1, 3, 6, 10, 15　　　b) 1, 4, 9, 16, 25
　　c) 1, 5, 12, 22, 35

351 a) n번째 항은 $\dfrac{n(n+1)}{2}$ 이고 6항은 21이다.
　　b) n번째 항은 n^2이고 6항은 36이다.

352 a) 1, 5, 14, 30　　　b) 91

353 a) 256　　　b) 128　　　c) 64

354 a) 1항은 256이고 다음 항은 바로 앞의 항을 2로 나누어서 얻어진다.
　　256, 128, 64, 32, 16, 8

b) $256 \cdot \left(\dfrac{1}{2}\right)^9 = \dfrac{256}{512} = \dfrac{1}{2}$

c) $256 \cdot \left(\dfrac{1}{2}\right)^{14} = \dfrac{256}{16384} = \dfrac{1}{64}$

355 a) 10항　　　　　　　b) 16항

심화학습　130－131p

356 a) 2　　　b) -2　　　c) 0

357

입력	출력	
	함수 A	함수 B
4	32	72
0	8	48
1	14	54
-2	-4	36

358 a) 1을 더한다.　　　　b) 1을 뺀다.
　　c) 7로 나눈다.　　　d) 제곱을 한다.

심화학습　132－133p

359 a) $5 \cdot 2$　　　　　b) $12 \cdot 5$
　　c) $35y$　　　　　　d) $90z$

360 a) $x+x+x+x$
　　b) $y+y+\cdots+y$: 8개
　　c) $a+a+\cdots+a$: 18개
　　d) $c+c+\cdots+c$: 150개

361 a) $4x+11$　　　　b) $-x-23$
　　c) $15x \div 3$　　　d) x^3-3

362 a) x　　b) x^2　　c) $6x^2$　　d) x^3

363 a) 8　　b) -4　　c) 0　　d) $2 \cdot a$

364 a) $x \mapsto 2 \cdot x - 5$　　　b) $x \mapsto \dfrac{x}{4}+7$

　　c) $x \mapsto 7 \cdot (x+2)$　　d) $x \mapsto \dfrac{x-3}{6}$

365 a) 입력된 수에서 4를 뺀다.
　　b) 4에서 입력된 수의 2배를 뺀다.
　　c) 입력된 수를 제곱한다.
　　d) 입력된 수를 제곱한 후 3을 곱한다.

366 a) $x=2$ b) $x=4$

367 a) $320-80\cdot3.5=320-280=40(\text{km})$
      b) 4시간

368 a) 10.20€   b) 21.90€   c) 12.80€

369 a) $4\cdot\dfrac{3}{2}+1=\dfrac{12}{2}+1=6+1=7$

      b) $2\cdot\left(\dfrac{3}{2}-\dfrac{1}{2}\right)=2\cdot\dfrac{2}{2}=2\cdot1=2$

      c) $\left(\dfrac{3}{2}\right)^2-3=\dfrac{9}{4}-\dfrac{12}{4}=-\dfrac{3}{4}$

370 a) 2, 3, 4, 5, 6, 7
      b) 5, 7, 9, 11, 13, 15
      c) -4, 1, 6, 11, 16, 21

371 a) 307   b) -383 c) 32

372 a) 4   b) 5   c) 499

373 a) $7+3(n-1)$ b) $25-2(n-1)$

374 a) 3   b) 5   c) 7

375 a)

당구대	부딪히는 횟수
2×3	3
2×5	5
2×7	7
2×9	9
2×11	11

      b) n

376 a) 0, 1, 2   b) $\dfrac{n}{2}-1$

377 a)

당구대	부딪히는 횟수
3×4	5
3×5	6
3×7	8
3×8	9
3×10	11
3×11	12

      b) n이 4 이상일 때, $n+1$

378 $n+2$

379 $(6x+2)+(8x+1)+(6x+2)+(8x+1)=28x+6$

380

		$x+1$		
	$-2x-1$		$3x+2$	
	$-x+3$	$-x-4$		$4x+6$
$3x+1$	$-4x+2$	$3x-6$		$x+12$

381 a) $3x+6x+x+7x+6x=23x$
      b) $3x+8x+5x+9x+4x+7x+8x+6x+11x$
        $+7x+x+7x+6x+22x+6x=110x$

382 a) $6k+k=7k$
      b) $k+(-3)+7k=8k-3$
      c) $2k-8k-6=-6k-6$

383 a) $3x+2x=5x$
        $-8x+(-5x)=-8x-5x=-13x$
        $-4x+7x=3x$
      b) $-2y+(-3y)=-2y-3y=-5y$
        $3y+5y=8y$
        $-y+y=0$

384 a) $-2x+3$ b) $-4x-3$ c) $27x-37$

385

$8x$	$+$	$2x$	$+$	$7x$	$=$	$17x$
$+$		$+$		$+$		$+$
$12x$	$-$	$3x$	$+$	$4x$	$=$	$13x$
$+$		$+$		$-$		$+$
x	$+$	$6x$	$+$	$3x$	$=$	$10x$
$=$		$=$		$=$		$=$
$21x$	$+$	$11x$	$+$	$8x$	$=$	$40x$

386 a) $4\cdot12a=48a$, $3\cdot16a=48a$, $8\cdot6a=48a$

      b) $\dfrac{1}{6}\cdot30x=5x$, $\dfrac{1}{8}\cdot40x=5x$, $\dfrac{1}{7}\cdot35x=5x$

387 a) $A=6x$, $B=4x$ b) $A=16x$, $B=32x$

388 a) $A=\dfrac{1}{9}$, $B=\dfrac{1}{2}$ b) $A=40x$, $B=\dfrac{1}{5}$

389 a) $38x$ b) $-3x$ c) 0
      d) $14x+3$ e) $-2x$ f) $-26x$

390 a) $\boxed{2} \cdot 3x + 5 = 6x + 5$

b) $\boxed{-1} \cdot x - \boxed{-2} \cdot 7 = -x + 14$

c) $\boxed{\dfrac{1}{2}} \cdot 8x + \boxed{\dfrac{1}{2}} \cdot 14 = 4x + 7$

d) $\boxed{0} \cdot 5x - \boxed{0} \div 2 = 0$

391 a) $8x \boxed{+} 3 \boxed{\cdot} 5x = 23x$

b) $7x \boxed{+} 8x \boxed{\div} 4 = 9x$

c) $12x \boxed{\div} 3 \boxed{-} 14x = -10x$

d) $225x \boxed{\div} 5 \boxed{\div} 9 \boxed{+} 5x = 10x$

392 a) $28x \cdot 50 \div 14 = 28x \cdot \dfrac{1}{14} \cdot 50 = 2x \cdot 50 = 100x$

b) $110 \cdot 17x \div 11 = 100 \cdot \dfrac{1}{11} \cdot 17x = 10 \cdot 17x = 170x$

c) $100x \div 3 \div 5 \cdot 9 = 100x \cdot \dfrac{1}{5} \cdot \dfrac{1}{3} \cdot 9 = 20x \cdot 3 = 60x$

393 a) $63x$ b) $2x$ c) $11x$

심화학습 142–143p

394 a) $3x - 7$ b) $\dfrac{5x}{8}$

c) $\dfrac{x}{2} + 5$ d) $\dfrac{11x}{12}$

395

시간			
초	분	시	일
21600	360	6	$\dfrac{1}{4}$
7200	120	2	$\dfrac{1}{12}$
36000	600	10	$\dfrac{5}{12}$
$3600x$	$60x$	x	$\dfrac{x}{24}$

396 a) $x + 50$ b) $2x$

c) $x - 4$ d) $\dfrac{x}{3}$

397 a) $1000s$ b) $1.825s$

398 a) $a + 20$ b) $2a$

c) $\dfrac{a}{2}$ d) $a + 2a = 3a$

399 a) $t + 70$ b) $t - 10$

c) $4t$ d) $t + 2 \cdot 20 = t + 40$

e) $t + t + 70 + t - 10 + 4t + t + 40$
$= 8t + 100 = 8 \cdot 15 + 100 = 220$

심화학습 144–145p

400 a) $50 \cdot 50 \cdot x = 2500x$

b) $50 \cdot 50 \cdot 50 - 50 \cdot 50 \cdot x = 125000 - 2500x$

401 a) $56 - 16t$ b) $56 - 16 \cdot 3 = 56 - 48 = 8(\text{km})$

c) 3시간 후에 남은 거리 8 km는 30분 만에 갈 수 있으므로 전체 걸리는 시간은 3시간 30분이다. 따라서 도착하는 시간은 오후 2시이다.

402 a) $6000 - 20x$

b) $6000 - 20 \cdot 3 \cdot 60 = 6000 - 3600 = 2400(\text{L})$

c) $6000 - 20x = 0$, $20x = 6000$

$x = 300$, $300 \cdot \dfrac{1}{60} = 5$시간

403 $5 + 3(n-1) = 5 + 3n - 3 = 3n + 2$

404 a) $1000 - 0.125x$

b) $1000 - 0.125 \cdot 1029$
$= 1000 - 128.625 = 871.375 \approx 871(\text{hPa})$

405 a) $2 \cdot (x+7) - x + 11 - x$
$= 2 \cdot x + 2 \cdot 7 - x + 11 - x$
$= 2x + 14 - 2x + 11 = 25$

b) 25

심화학습 148–149p

407 a) $2x + 1 = 3x$, $x = 1$

b) $2x + 1 = 2x + 1$, $0 = 0$, 모든 x의 값에 대하여 성립한다.

c) $2x + 1 = 2x + 2$, $0 = 1$, 식이 성립하는 x의 값은 없다.

408 a) $x = 3$ b) $x = 2$

c) $x = \dfrac{1}{2}$ d) $x = 1\dfrac{1}{2}$

409 a) 54 b) 27 c) 36

410 a) 녹색 4g, 주황색 2g, 파란색 8g, 회색 4g, 보라색 6g

b) 보라색 4g, 파란색 3g, 녹색 2g, 회색 1g, 주황색 5g

411 주황색 20g, 회색 10g, 파란색 5g, 녹색 5g, 보라색 7.5g

412 파란색 별 8g, 노란색 구 4g, 보라색 뿔 6g, 녹색 원뿔 2g, 갈색 뿔 1g, 주황색 구 10g, 회색 정육면체 3g.

심화학습 150–151p

414 a) $7x - 1 = -3x + 19$

b) $6x + 5 = 2x - 11$, $3x + 23 = 7 - x$

415
a) $x=-1$
b) 1, -1, 0
c) $x=1$과 $x=0$

416 정육면체

417 A=4, B=5, C=8, D=0

418 a), c), d)

419 마리 13, 헨리 7, 야코 -2

420
a) $2 \cdot (x-3)+8-x+1$
$=2 \cdot x-2 \cdot 3+8-x+1$
$=2x-6+8-x+1=x+3$

심화학습   152−153p

421
a) $x=9$ b) $x=-14$
c) $x=-9$ d) $x=31$

422
a) $4x=3(x+4)=3x+12$, $4x-3x=12$, $x=12$
b) 정사각형의 한 변의 길이는 12, 정삼각형의 한 변의 길이는 $12+4=16$이다.

423
a) $x=18$
b) 직사각형 변의 길이는 11, 19, 삼각형의 변의 길이는 19, 20, 21

424
a) -8 b) 12   c) -1 d) 13

425
a) $x=-8.8$ b) $x=6$
c) $x=4.6$ d) $x=-0.4$

426
a) $x=11$ b) $x=112$
c) $x=84$ d) $x=-15$

427
a) $x=41$ b) $x=-33$
c) $x=282$ d) $x=-63$

428

x	$-$	4	$=$	-1
$+$		$+$		
$4x$	$-$	$2x$	$=$	6
$=$		$=$		
15		10		

$x=3$

429 삼각뿔을 x로 놓으면, 첫 번째 그림에서 구는 $2x$가 된다. 두 번째 그림에서 정육면체를 y로 놓으면 별은 $2y$가 된다. 세 번째 그림에서 $x+2y=y+4x$에서 $y=3x$가 된다.
따라서 $y+2x+x+2y=12x=96$, $x=8$ g이다.
정육면체 24g, 구 16g, 삼각뿔 8g, 별 48g.

심화학습   154−155p

430
a) $x=\dfrac{12}{8}=\dfrac{3}{2}=1\dfrac{1}{2}$ b) $x=\dfrac{5}{2}=2\dfrac{1}{2}$
c) $x=\dfrac{13}{7}=1\dfrac{6}{7}$ d) $x=\dfrac{2}{6}=\dfrac{1}{3}$
e) $x=\dfrac{5}{10}=\dfrac{1}{2}$ f) $x=\dfrac{6}{9}=\dfrac{2}{3}$

431
a) $x=14$ b) $x=4$ c) $x=2$ d) $x=120$

432
a) $x=19$ b) $x=64$ c) $x=35.5$ d) $x=8.6$

433
a) $x=\dfrac{2}{3}$ b) $x=\dfrac{8}{9}$ c) $x=\dfrac{10}{11}$ d) $x=\dfrac{21}{25}$

434
a) $x=5$ b) $x=80$ c) $x=8$ d) $x=20$

435
a) $x=5$ b) $x=2.5$ c) $x=3.5$
d) $x=2.6$ e) $x=4.5$ f) $x=1.5$

436
a) $x=64$ b) $x=32$ c) x d) $x=64$

437
a) 2.0 kg   b) 4.0 kg   c) 10.0 kg   d) 500 g

438
a) 3.00 kg   b) 7.00 kg   c) 1.20 kg

심화학습   156−157p

439
a) $x=-9$ b) $x=-3$ c) $x=-3$ d) $x=4$

440
a) $x=-7$ b) $x=54$ c) $x=33$ d) $x=2$

441
a) $x=-3$
b) $x=-\dfrac{12}{8}=-\dfrac{3}{2}=-1\dfrac{1}{2}$

442
a) $x=2$ b) 9, 7, 19, 1

443
a)

b) $x=3$
c)
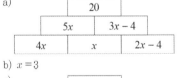

444
a) $x=3$ b) $x=0.3$ c) $x=2$ d) $x=-2$

445
a) $x=2$ b) $x=6$ c) $x=4$ d) $x=-23$

446

a)

x	$+$	7	$=$	11
$+$		$-$		
5	$-$	$2x$	$=$	-3
$=$		$=$		
9		-1		

b)

$-4x$	$-$	$4x$	$=$	8
$+$		$+$		
x	$+$	$-2x$	$=$	1
$=$		$=$		
3		-2		

447 a) $x=5$ b) $x=16$ c) $x=130$ d) $x=-140$

448 a) $x=22$ b) $x=3$ c) $x=30$ d) $x=-47$

심화학습   158-159p

449 a) $h=7.5\,\mathrm{m}$ b) $h=10\,\mathrm{m}$

450 a) $5x-7=x+21$, $x=7$
b) $2x-7x=20-x$, $x=-5$

451 b) $x+x+(x-27°)=180°$, $x=69°$
c) $69°$

452 a) 세로의 길이를 x라고 할 때
$x+3x+x+3x=12$, $x=1.5$
세로 $1.5\,\mathrm{cm}$, 가로 $4.5\,\mathrm{cm}$

453 b) $x+(x+14°)+90°=180°$, $x=38°$
$38°$, $52°$

454 밑변을 x라고 할 때 $x+(x+2)+(x+2)=16$, $x=4$
$4\,\mathrm{m}$, $6\,\mathrm{m}$, $6\,\mathrm{m}$

455 밑변을 x라고 할 때 $x+(x-1)+(x-1)=19$, $x=7$
$7.0\,\mathrm{m}$, $6.0\,\mathrm{m}$, $6.0\,\mathrm{m}$

456 길이가 같은 두 변을 x라고 할 때
$x+x+x-20=190$, $x=70$
$70\,\mathrm{cm}$, $70\,\mathrm{cm}$, $50\,\mathrm{cm}$

457 $\angle$A를 x라고 할 때
$x+(x-8)+2x=180$, $x=47$
$\angle$A$=47°$, $\angle$B$=39°$, $\angle$C$=94°$

458 $x+(x+2)+(x+4)+(x+6)+(x+8)+(x+10)=42$,
$x=2$
$2.0\,\mathrm{cm}$, $4.0\,\mathrm{cm}$, $6.0\,\mathrm{cm}$, $8.0\,\mathrm{cm}$, $10\,\mathrm{cm}$, $12\,\mathrm{cm}$

459 $31\,\mathrm{cm}$

460 $\overline{\mathrm{AC}}$를 x라고 할 때 $x+3x+3x+3=80$, $x=11$
$\overline{\mathrm{AC}}=11\,\mathrm{cm}$, $\overline{\mathrm{BC}}=33\,\mathrm{cm}$, $\overline{\mathrm{AB}}=36\,\mathrm{cm}$

심화학습   160-161p

461 호수의 넓이를 x라고 할 때
$x+(x+270000)=338000$
$x=34000$
호수 $34000\,\mathrm{km^2}$, 땅 $304000\,\mathrm{km^2}$

462 양의 머릿수를 x라고 할 때
$9x+x+9x+50만=240만$
$x=10만$
양 10만 마리, 소 90만 마리, 돼지 140만 마리

463 가을밀의 수확량을 x라고 할 때
$x+(x-6천만)+(x+4억9천만)=8억8000만$
$x=1억\ 5천만$
가을밀 1억 5천만 kg, 호밀 9천만 kg
봄밀 6억 4천만 kg

464 말의 마릿수를 x라고 할 때
$4\cdot x+4\cdot 20\cdot x+2\cdot 2.5\cdot 20\cdot x=184$
$x=1$
말 1마리, 닭 50마리, 돼지 20마리

465 헤이키가 스케이드보드를 탄 시간을 x라고 할 때
$x+(x+12)+2x=100$
$x=22$
라우리 44시간, 헤이키 22시간, 테무 34시간

466 헤이키가 갖게 되는 돈을 x라고 할 때
$x+(x+10)+(x+10+30)=200$
$x=50$
안티 90 €, 엘레나 60 €, 헤이키 50 €

467 a) 별 13g, 공 26g, 원뿔 39g, 정육면체 26g
b) 공 5g, 원뿔 15g, 별 25g, 정육면체 35g
c) 정육면체 6g, 원뿔 12g, 별 30g, 공 36g

심화학습   162-163p

468 a) 아니오.   b) 예

469 a) $(-4, -2)$, $(-2, -1)$, $(0, 0)$, $(2, 1)$, $(4, 2)$ 등
b) $y=\dfrac{x}{2}$
c) 아니오.

470 직선 r, $y=x-1$

x	y
-1	-2
0	-1
1	0
2	1

직선 s, $y=-2x$

x	y
-1	2
0	0
1	-2
2	-4

471 c) $(-3, -2)$, $(-2, -1)$, $(-1, 0)$, $(0, 1)$, $(1, 2)$ 등
의 식을 만족하는 모든 좌표가 답이 된다.

d) $y=x+1$ e) 예

472 a) b)

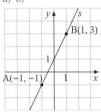

c) $y=2x+1$ d) 예

473 a)

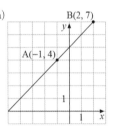

b)

x	y
-1	4
0	5
1	6
2	7

$y=x+5$

474 a)

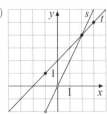

b) 직선 $t : y=x+2$, 직선 $s : y=2x$ c) $(2, 4)$

심화학습 164−165p

475 a) x축 $(-1, 0)$, y축 : $(0, 5)$
b) x축 $(2, 0)$, y축 : $(0, -4)$

476 a) x축 : $(-\frac{1}{2}, 0)$, y축 : $(0, 1)$

b) x축 : $(3, 0)$, y축 : $(0, -3)$

477 a) 2 b) 4

478

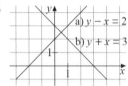

479 b) $90°$

480 a) $(0, 4)$ b) $(0, -2)$ c) $(0, -13)$

481 $s : y=x+4$, $t : y=x+2$, $r : y=x+1$

482 a) b)

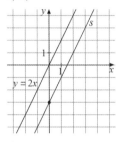

c) 3

483 a) b)

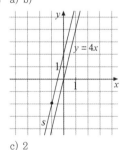

c) 2

심화학습 166−167p

484 d) $y=-x+2$ e) 만족한다.

485 d) $y=-\dfrac{x}{2}$ e) 직선 위에 있지 않다.

486 a)

x	$y = \dfrac{x}{2} - 1$	(x, y)
0	-1	$(0, -1)$
2	0	$(2, 0)$
4	1	$(4, 1)$

b) c)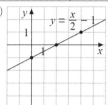

487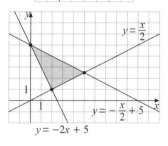

488 a)

x	$y = -\dfrac{x}{3} + 2$	(x, y)
0	2	$(0, 2)$
3	1	$(3, 1)$
6	0	$(6, 0)$

b) c)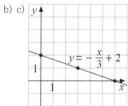

489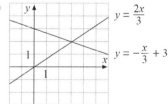

490 a) 직선 위에 있다. b) 직선 위에 있다.
c) 직선 위에 있지 않다. d) 직선 위에 있다.

491 a)

x	$y = \dfrac{x}{4} - 3$	(x, y)
0	$y = \dfrac{0}{4} - 3 = 0 - 3 = -3$	$(0, -3)$
4	$y = \dfrac{4}{4} - 3 = 1 - 3 = -2$	$(4, -2)$
-4	$y = \dfrac{-4}{4} - 3 = -1 - 3 = -4$	$(-4, -4)$

b) c)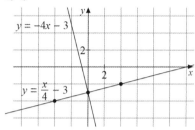

d) $90°$

심화학습 168−169p

492 a) 점 A에서 점 B로 이동할 때 y의 값이 1 감소하면 x의
값은 2 감소하였다. 점 B에서 점 C로 이동할 때도 y의
값이 1 감소하면 x의 값은 2 감소하였으므로 계속 이렇
게 이동한다면 x축과 만나는 점의 좌표는 $(-8, 0)$이다.
b) 점 A에서 점 B로 이동할 때 x의 값이 4 증가하면 y
의 값은 1 증가하였다. 이와 같이 이동하면 x축과 만
나는 점의 좌표는 $(12, 0)$이다.

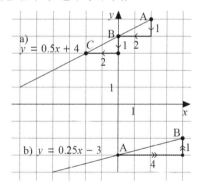

493 a) $(0, 3)$ b) $(0, -5)$

494 a) $(-6, 0)$ b) $(1, 0)$

495 $(2, 2)$

496 $(-2, -5)$

497 $(2, -3)$

498

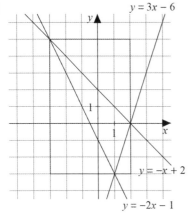

$5 \cdot 8 - \dfrac{4 \cdot 8}{2} - \dfrac{5 \cdot 5}{2} - \dfrac{1 \cdot 3}{2} = 40 - 16 - 12.5 - 1.5 = 10$

넓이는 10

499 넓이는 20

500 넓이는 24

| 심화학습 | 170 − 171p |

501 a) C   b) B   c) A

502 a) 지구 600N, 달 100N
b) 10 kg   c) 600N

503 a) 페코 : 10시 00분, 파보 : 11시 00분
b) 5 km
c) 13시 00분
d) 30 km
e) 페코 : 10 km/h, 파보 : 15 km/h
f) 약 7 km

| |숙제 | 해설 및 정답 |

| 숙제 | 8 − 9p |

001 −272 ℃, −259 ℃ −249 ℃, 1455 ℃, 1495 ℃

002 a) −3 ℃   b) −3 ℃   c) −11 ℃

003 a) 12 ℃   b) −2 ℃

004 a) −1 ℃   b) 2 ℃   c) −8 ℃   d) −12 ℃

005 a) 약 70 cm   b) 약 30 cm   c) 약 100 cm

| 숙제 | 10 − 11p |

006 −128, −83, −27, −19, −15, 0, 5, 9, 33, 79, 111

007 a) −128   b) −15   c) 5   d) 5

008

009 a) 11   b) 13   c) 22

010 a) −1, 0, 1, 2, 3, ⋯
b) 36, 37, 38, 39, 40, ⋯
c) −4, −5, −6, −7, −8, ⋯
d) 2, 1, 0, −1, −2, ⋯

| 숙제 | 12 − 13p |

011 a) −3   b) −(−1) = 1

012 a) +(+88) = 88   b) +(−63) = −63
c) −(−35) = 35   d) −(+93) = −93

013 a) −(+12) = −12   b) −(−19) = 19
c) −0 = 0

014

수	절댓값은 같고 부호가 다른 수
56	−56
99	−99
−43	43
−70	70

015 a) −4, −3, −2, −1, 0, 1, 2, ⋯
b) 1, 0, −1, −2, −3, ⋯

| 숙제 | 14 − 15p |

016 a) 2

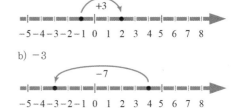

b) −3

c) −6

d) 0

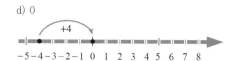

017 a) -59 b) -86 c) -41 d) -79

018 a) 20   b) 0   c) -16 d) 6

019

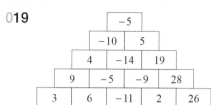

020

7	$-$	5	$-$	4	$=$	-2
$-$		$-$		$-$		
2	$-$	9	$+$	1	$=$	-6
$+$		$-$		$+$		
6	$+$	3	$-$	8	$=$	1
$=$		$=$		$=$		
11		-7		11		

숙제   16−17p

021 a) -5

b) 7

c) 3

d) -1

022 a) -33 b) 66   c) 33   d) -66

023 a) 7   b) 2   c) -7
     d) -1 e) -13 f) 15

024

025 $219.00 € - 20.00 € - 12.00 € + 33.00 € - 30.00 € + 20.00 € - 41.00 € = 169.00 €$

숙제   18−19p

026 a) 7   b) -12 c) 0   d) -3

027 a) $-(-2)+(-2)-(-1)=2-2+1=1$ K
b) $-(8-1)-(-5+2)=-7-(-3)=-7+3=-4$ A
c) $34-(+4)+(-7-1)=34-4-8=22$ U
d) $-(-3+7)+9=-4+9=5$ R
e) $2-(-4)-9=2+4-9=-3$ I
f) $-13+6-(-11)=-13+6+11=4$ S
알파벳의 순서대로 쓰면 KAURIS가 된다. '산양'이라는 뜻이다.

028 a) $-29+(-15)=-29-15=-44$
b) $-29-(-15)=-29+15=-14$

029 a) $100-(99-101)=100-(-2)=100+2=102$
b) $-36-(47+7)=-36-54=-90$
c) $-23-(-4-16)+12=-23-(-20)+12$
$=-23+20+12=9$
d) $75+16-(-9)-(9-18)=75+16+9-(-9)$
$=75+16+9+9=109$

030 a) $18+(-18)=18-18=0$
b) $15+(-15)=0$
c) $23-(-23)=23+23=46$

숙제   20−21p

031 a) $2 \cdot 100=100+100=200$
b) $5 \cdot (-1)=-1+(-1)+(-1)+(-1)+(-1)=-5$
c) $3 \cdot (-6)=-6+(-6)+(-6)=-18$

032 a) $8 \cdot (-3)=-24$ N
b) $\dfrac{-56}{-4}=14$ A
c) $-4 \cdot 2=-8$ A
d) $\dfrac{63}{-7}=-9$ L
e) $-36 \div 12=-3$ I
알파벳의 순서대로 쓰면 NAALI가 된다. '북극여우'라 는 뜻이다.

033 a) -27 b) -7 c) -8

034 a) $-8+4=-4$ b) $-8-4=-12$
c) $-8 \cdot 4=-32$ d) $-8 \div 4=-2$

035

나누어지는 수	$\div 4$	몫
8	▶	2
-20	▶	-5
12	▶	3
-4	▶	-1
-36	▶	-9

숙제　　　　　　　　　　　　　22−23p

036 a) $2 \cdot (-2) \cdot 5 = -20$
b) $-2 \cdot 3 \cdot (-4) = 24$
c) $3 \cdot (-3) \cdot (-7) = 63$
d) $2 \cdot (-2) \cdot 4 \cdot (-6) = 96$

037 a) $-3 \cdot 2 \cdot (-5) \cdot (-1) = -30$
b) $-1 \cdot (-7) \cdot 0 \cdot (-4) = 0$
c) $0 \div 97 = 0$

038 a) -6
b) -14
c) 0
d) 3

039 a) -3 b) 3 c) 21

040 a) $\dfrac{-45 \cdot (-5)}{-25} = -9$ b) $\dfrac{-72}{-8 \cdot (-3)} = -3$

숙제　　　　　　　　　　　　　24−25p

041 a) $\dfrac{-26+(-4)}{-3} = \dfrac{-26-4}{-3} = \dfrac{-30}{-3} = 10$

b) $\dfrac{33-1}{-8} = \dfrac{32}{-8} = -4$

c) $\dfrac{-4 \cdot (-7)}{-1-1} = \dfrac{28}{-2} = -14$

d) $\dfrac{-10 \cdot 12}{1+(-9)} = \dfrac{-120}{1-9} = \dfrac{-120}{-8} = 15$

042 a) $12-6 \cdot 7 = -30$　　　　　　A
b) $(5-3) \cdot 7 \cdot (-2) = -28$　　　L
c) $(16-13) \cdot (-7+3) = -12$　　E
d) $-15 \div 5+4 \cdot 2 = 5$　　　　　P
e) $(-3+4) \cdot 5-(-4) \cdot 4 = 21$　M
f) $-7 \cdot (-4+6)+(-2) = -16$　　A
g) $-(-10 \div 5+1) \cdot (-3) = -3$　K
알파벳의 순서대로 쓰면 ALEPMAK이고 사람 이름이다.

043 a) $\dfrac{8 \cdot (-3)}{-7+1} = \dfrac{-24}{-6} = 4$

b) $\dfrac{-50-6}{8-4} = \dfrac{-56}{4} = -14$

c) $\dfrac{4-(-2+6)}{7 \cdot 3-78} = \dfrac{4-4}{21-78} = \dfrac{0}{-57} = 0$

d) $\dfrac{3 \cdot (21-33)}{(8-11) \cdot (-2)} = \dfrac{3 \cdot (-12)}{-3 \cdot (-2)} = \dfrac{-36}{6} = -6$

044 $\dfrac{-1+(-7)+0+6+9+5}{6} = \dfrac{-1-7+0+6+9+5}{6}$

$= \dfrac{12}{6} = 2$

045 a) $\dfrac{-3+(-9)}{-3-(-9)} = \dfrac{-3-9}{-3+9} = \dfrac{-12}{6} = -2$

b) $(-3+(-9)) \cdot (-3-(-9)) = (-3-9) \cdot (-3+9)$
$= -12 \cdot 6 = -72$

숙제　　　　　　　　　　　　　26−27p

046 a) $6 \cdot 6 = 6^2 = 36$　　　b) $1^7 = 1$
c) $3^4 = 81$　　　　　　　　d) $50 \cdot 50 = 50^2 = 2500$

047 a) $7^2 = 49$　　　　　　　b) $12^2 = 144$
c) $10^3 = 1000$　　　　　　d) $11^2 = 121$
e) $4^3 = 64$

048

2^1	2
2^2	4
2^3	8
2^4	16
2^5	32
2^6	64

049 a) 1　　　　　b) 25　　　　c) 0
d) 9　　　　　e) 9　　　　f) 729

050 a) 3.20 €　　　　b) 102.40 €
c) 주마다 두 배씩 용돈이 늘어나게 되면 1주 후에는 첫 번째 주의 2배, 2주 후에는 첫 번째 주의 2^2배, 3주 후에는 첫 번째 주의 2^3배를 받게 된다. 이와 같이 하면 10주 후에는 첫 번째 주의 $2^{10} = 10240$배로 102.40유로, 11주 후에는 $2^{11} = 2048$배로 204.80유로를 받게 된다. 용돈이 매우 빨리 커지므로 울라의 계획대로 용돈을 받기는 어려울 것이다.

051

a) $5-2^3=5-8=-3$	K
b) $(5-3)^3=3^3=27$	I
c) $3\cdot4^2=48$	I
d) $7-2\cdot5^2=7-2\cdot25=-43$	T
e) $8^2-6^2=64-36=28$	Ä
f) $5^2+5^3=25+125=150$	J
g) $(-11+13)\cdot7^2=2\cdot49=98$	Ä

KIIT ÄJ Ä가 된다. '박각시'라는 뜻이다.

052
a) $\dfrac{3\cdot2^2-3^2+7}{3\cdot(-4)+7}=\dfrac{3\cdot4-9+7}{-12+7}=\dfrac{12-9+7}{-5}$
$$=\dfrac{10}{-5}=-2$$

b) $2\cdot6^2-4\cdot2^3=2\cdot36-4\cdot8=72-32=40$

053
a) $10\cdot7^2-9\cdot40=10\cdot49-360=490-360=130$

b) $\dfrac{8^2}{16}=\dfrac{64}{16}=4$

c) $9^2\cdot10^2-2^3\cdot10^3=81\cdot100-8\cdot1\cdot1000$
$$=8100-8000=100$$

d) $\dfrac{3\cdot10^2}{6^2+8^2}=\dfrac{3\cdot100}{36+64}=\dfrac{3\cdot100}{100}=3$

054
a) $5^3-1^3=125-1=124$ b) $(-3+10)^2=7^2=49$
c) $(1-(-1))^3=(1+1)^3=2^3=8$

055
a) 20   b) 1   c) 11   d) 10

056
a) $38\div2=19$이므로 2는 38의 약수이다.
b) $99\div3=33$이므로 3은 99의 약수이다.
c) $136\div6$은 나누어떨어지지 않으므로 6은 13의 약수가 아니다.
d) $252\div12=21$이므로 12는 252의 약수이다.

057
a) 3, 5로 나누어떨어진다.
b) 3으로 나누어떨어진다.
c) 2, 3, 5, 9, 10 어느 수로도 나누어떨어지지 않는다.
d) 2, 3, 9로 나누어떨어진다.
e) 2, 3, 5, 9, 10 어느 수로도 나누어떨어지지 않는다.
f) 2, 5, 10으로 나누어떨어진다.

058
a) 예   b) 예   c) 아니오.

059
a) 6
   18의 1, 2, 3, 6, 9, 18
   24의 1, 2, 3, 4, 6, 8, 12, 24
b) 22
   22의 1, 2, 11, 22, 44의 1, 2, 4, 11, 22, 44
c) 7
   21의 1, 3, 7, 21, 28의 1, 2, 4, 7, 14, 28
d)1
   13의 1, 13, 15의 1, 3, 5, 15

060
a) 0, 1, 2, 3, 4, 5, 6, 7, 8, 9
b) 0, 3, 6, 9   c) 없다.
d) 3   e) 없다.

061
a) 7은 약수가 1과 7밖에 없으므로 소수이다.
b) 25는 1과 25 이외에 다른 약수(5)가 있으므로 소수가 아니다.
c) 31은 약수가 1과 31밖에 없으므로 소수이다.

062
a)   b)

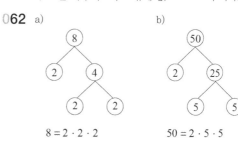

$8=2\cdot2\cdot2$ $50=2\cdot5\cdot5$

063
a) $150=2\cdot3\cdot5\cdot5$ b) $234=2\cdot3\cdot3\cdot13$
c) $690=2\cdot3\cdot5\cdot23$

064
a) 52의 소인수 : 2, 13
   78의 소인수 : 2, 3, 13
b) 예   c) 2, 13, 2×13 d) 26

065
세 자리 수의 곱이 0이므로 한 수는 0이다. 두 수의 합이 5이므로 두 수는 1, 4 또는 2, 3인데, 각 자리의 수는 소수가 아니라고 하였으므로 두 수는 1, 4이다.
따라서 세 자리 수의 각 자리 수는 4, 1, 0인데, 이 세 수로 만들어지는 수 중에 소수인 수는 401뿐이다.
답 : 401

066 a) $\dfrac{2}{3}=\dfrac{6}{9}$ b) $\dfrac{16}{24}=\dfrac{4}{6}$

c) $3\dfrac{4}{5}=\dfrac{15}{5}+\dfrac{4}{5}=\dfrac{19}{5}$

067 a) $\dfrac{12}{60} = \dfrac{1}{5}$ b) $\dfrac{48}{60} = \dfrac{4}{5}$

c) $\dfrac{15}{24} = \dfrac{5}{8}$ d) $\dfrac{3}{12} = \dfrac{1}{4}$

068 a) $\dfrac{3}{5}$, $\dfrac{3}{5} = \dfrac{9}{15} > \dfrac{8}{15}$ b) $\dfrac{3}{4}$, $\dfrac{5}{7} = \dfrac{20}{28}$, $\dfrac{3}{4} = \dfrac{21}{28}$

069 a) 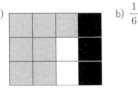 b) $\dfrac{1}{6}$

※ 여러가지 모양이 나올 수 있다.

070 a) $\dfrac{3}{10}$ b) $\dfrac{7}{10}$

숙제 38－39p

071 a) $\dfrac{1}{11} + \dfrac{4}{11} = \dfrac{5}{11}$ b) $\dfrac{1}{2} + \dfrac{1}{2} + \dfrac{1}{2} = \dfrac{3}{2} = 1\dfrac{1}{2}$

c) $\dfrac{20}{27} + \dfrac{4}{27} = \dfrac{24}{27} = \dfrac{8}{9}$ d) $\dfrac{17}{25} - \dfrac{2}{25} = \dfrac{15}{25} = \dfrac{3}{5}$

072 a) $\dfrac{1}{2} + \dfrac{3}{10} = \dfrac{5}{10} + \dfrac{3}{10} = \dfrac{8}{10} = \dfrac{4}{5}$

b) $\dfrac{4}{9} - \dfrac{1}{3} = \dfrac{4}{9} - \dfrac{3}{9} = \dfrac{1}{9}$

c) $\dfrac{17}{18} - \dfrac{5}{6} = \dfrac{17}{18} - \dfrac{15}{18} = \dfrac{2}{18} = \dfrac{1}{9}$

d) $\dfrac{1}{6} - \dfrac{2}{3} = \dfrac{1}{6} - \dfrac{4}{6} = -\dfrac{3}{6} = -\dfrac{1}{2}$

073 a) $1 - \dfrac{4}{5} = \dfrac{5}{5} - \dfrac{4}{5} = \dfrac{1}{5}$

b) $4 - \dfrac{5}{8} = \dfrac{32}{8} - \dfrac{5}{8} = \dfrac{27}{8} = 3\dfrac{3}{8}$

c) $\dfrac{3}{5} + \dfrac{9}{10} = \dfrac{6}{10} + \dfrac{9}{10} = \dfrac{15}{10} = \dfrac{3}{2} = 1\dfrac{1}{2}$

d) $1\dfrac{2}{3} + \dfrac{1}{12} = \dfrac{5}{3} + \dfrac{1}{12} = \dfrac{20}{12} + \dfrac{1}{12} = \dfrac{21}{12} = \dfrac{7}{4} = 1\dfrac{3}{4}$

074 a) $1 - \dfrac{1}{4} = \dfrac{3}{4}$ b) $2 - \dfrac{3}{4} = 1\dfrac{1}{4}$

075 a) 2 b) 5 c) 20 d) 2

숙제 40－41p

076 a) $\dfrac{5}{8} + \dfrac{3}{4} = \dfrac{5}{8} + \dfrac{6}{8} = \dfrac{11}{8} = 1\dfrac{3}{8}$

b) $\dfrac{5}{6} - \dfrac{2}{3} = \dfrac{5}{6} - \dfrac{4}{6} = \dfrac{1}{6}$

c) $-2 - \dfrac{1}{2} = -2\dfrac{1}{2}$

d) $1\dfrac{1}{5} - \dfrac{3}{5} = \dfrac{6}{5} - \dfrac{3}{5} = \dfrac{3}{5}$

077 a) $\dfrac{2}{3} - \left(-\dfrac{1}{4}\right) = \dfrac{2}{3} + \dfrac{1}{4} = \dfrac{8}{12} + \dfrac{3}{12} = \dfrac{11}{12}$

b) $-\dfrac{1}{5} - \dfrac{1}{6} = -\dfrac{6}{30} - \dfrac{5}{30} = -\dfrac{11}{30}$

c) $1\dfrac{3}{7} - \dfrac{1}{2} = \dfrac{10}{7} - \dfrac{1}{2} = \dfrac{20}{14} - \dfrac{7}{14} = \dfrac{13}{14}$

d) $2 - \left(\dfrac{1}{2} + \dfrac{7}{8}\right) = 2 - \left(\dfrac{4}{8} + \dfrac{7}{8}\right) = \dfrac{16}{8} - \dfrac{11}{8} = \dfrac{5}{8}$

078 $1 - \dfrac{2}{3} - \dfrac{2}{7} = \dfrac{21}{21} - \dfrac{14}{21} - \dfrac{6}{21} = \dfrac{1}{21}$

079 a) 1 b) 7 c) 4 d) 23

080 $1\dfrac{1}{5} + \dfrac{1}{2} + \dfrac{1}{3} = \dfrac{6}{5} + \dfrac{1}{2} + \dfrac{1}{3} = \dfrac{36}{30} + \dfrac{15}{30} + \dfrac{10}{30}$

$= \dfrac{61}{30} = 2\dfrac{1}{30} > 2$

세 개의 합이 2 kg을 넘으므로 만들 수 없다.

숙제 42－43p

081 a) $3 \cdot \dfrac{2}{3} = \dfrac{2 \cdot 3}{3} = 2$ b) $\dfrac{2}{3} \div 3 = \dfrac{2}{3 \cdot 3} = \dfrac{2}{9}$

082 a) 2 b) 6 c) $1\dfrac{2}{3}$

d) $\dfrac{1}{8}$ e) $\dfrac{1}{9}$ f) $\dfrac{3}{10}$

083 a) $6 \cdot 1\dfrac{1}{3} = 6 \cdot \dfrac{4}{3} = \dfrac{6 \cdot 4}{3} = 8$

b) $4 \cdot 2\dfrac{3}{4} = 4 \cdot \dfrac{11}{4} = \dfrac{4 \cdot 11}{4} = 11$

c) $-2 \cdot \dfrac{5}{8} = -\dfrac{2 \cdot 5}{8} = -\dfrac{5}{4} = -1\dfrac{1}{4}$

d) $1\dfrac{2}{3} \div 5 = \dfrac{5}{3} \div 5 = \dfrac{5}{3 \cdot 5} = \dfrac{1}{3}$

e) $1\dfrac{1}{2} \div 6 = \dfrac{3}{2} \div 6 = \dfrac{3}{2 \cdot 6} = \dfrac{1}{4}$

f) $2\dfrac{4}{5} \div 4 = \dfrac{14}{5} \div 4 = \dfrac{14}{5 \cdot 4} = \dfrac{7}{10}$

084 a) $2\dfrac{1}{4}$ L b) $\dfrac{1}{4}$ L

085 a) 5 b) 15 c) 6 d) 18

086 a) $\dfrac{3}{4}$ b) $\dfrac{2}{15}$ c) 1   d) $\dfrac{1}{6}$

087 a) $\dfrac{8}{11} \cdot \dfrac{11}{8} = 1$ 역수이다.

    b) $\dfrac{1}{3} \cdot 3 = 1$ 역수이다.

    c) $\dfrac{2}{3} \cdot 1\dfrac{1}{2} = \dfrac{2}{3} \cdot \dfrac{3}{2} = 1$ 역수이다.

    d) $\dfrac{5}{9} \cdot 9 = 5$ 역수는 아니다.

088 a) $5\dfrac{1}{2} \cdot \dfrac{4}{11} = \dfrac{11}{2} \cdot \dfrac{4}{11} = 2$

    b) $3\dfrac{1}{2} \cdot \dfrac{2}{3} = \dfrac{7}{2} \cdot \dfrac{2}{3} = \dfrac{7}{3} = 2\dfrac{1}{3}$

    c) $2\dfrac{3}{5} \cdot \dfrac{5}{6} = \dfrac{13}{5} \cdot \dfrac{5}{6} = \dfrac{13}{6} = 2\dfrac{1}{6}$

    d) $3\dfrac{3}{8} \cdot 2\dfrac{2}{3} = \dfrac{27}{8} \cdot \dfrac{8}{3} = 9$

089 a) 32 €   b) $\dfrac{1}{9}$

090 a) $2\dfrac{1}{2}$ 배

    b) 우유 $8\dfrac{3}{4}$ dL, 물 $2\dfrac{1}{2}$ dL, 소금 $1\dfrac{1}{4}$ 스푼

     밀가루 $5\dfrac{5}{6}$ dL ≒ 6 dL, 마가린 $2\dfrac{1}{2}$ 스푼

     계란 $2\dfrac{1}{2}$ 개, 즉 3개

091 a) 3   b) $\dfrac{4}{5}$ c) $1\dfrac{1}{6}$ d) $\dfrac{2}{3}$

092 a) 20   b) 4   c) 1   d) $\dfrac{4}{9}$

093 a) $\dfrac{1}{10}$

    b) -14

    c) $-\dfrac{7}{12} \div \left(-\dfrac{1}{6}\right) = \dfrac{7}{12} \cdot \dfrac{6}{1} = \dfrac{7}{2} = 3\dfrac{1}{2}$

    d) $\dfrac{7}{9} \div \dfrac{2}{3} = \dfrac{7}{9} \cdot \dfrac{3}{2} = \dfrac{7}{6} = 1\dfrac{1}{6}$

094 a) $5\dfrac{1}{2} \div \dfrac{1}{2} = \dfrac{11}{2} \cdot \dfrac{2}{1} = 11$

    b) $5\dfrac{1}{4} \div \dfrac{7}{8} = \dfrac{21}{4} \cdot \dfrac{8}{7} = 6$

    c) $\dfrac{7}{9} \div 4\dfrac{2}{3} = \dfrac{7}{9} \div \dfrac{14}{3} = \dfrac{7}{9} \cdot \dfrac{3}{14} = \dfrac{1}{6}$

    d) $2\dfrac{1}{3} \div 1\dfrac{1}{6} = \dfrac{7}{3} \div \dfrac{7}{6} = \dfrac{7}{3} \cdot \dfrac{6}{7} = 2$

095 $9\dfrac{1}{2} \div \dfrac{3}{4} = \dfrac{19}{2} \cdot \dfrac{4}{3} = \dfrac{38}{3} = 12\dfrac{2}{3}$, 13개

096 a) $\left(\dfrac{5}{8} - \dfrac{3}{8}\right) \cdot \dfrac{4}{5} = \dfrac{2}{8} \cdot \dfrac{4}{5} = \dfrac{1}{5}$

    b) $\dfrac{4}{3} \cdot \dfrac{3}{5} + \dfrac{1}{5} = \dfrac{4}{5} + \dfrac{1}{5} = 1$

097 a) $\dfrac{1}{49}$ b) $\dfrac{64}{121}$ c) $11\dfrac{1}{9}$

098 a) $\dfrac{1}{2} \cdot \dfrac{4}{7} - \dfrac{1}{7} = \dfrac{2}{7} - \dfrac{1}{7} = \dfrac{1}{7}$

    b) $\left(\dfrac{4}{5} - \dfrac{1}{5}\right) \div \dfrac{4}{5} = \dfrac{3}{5} \div \dfrac{4}{5} = \dfrac{3}{5} \cdot \dfrac{5}{4} = \dfrac{3}{4}$

    c) $-\dfrac{2}{3} \cdot \left(\dfrac{1}{4} - \dfrac{1}{5}\right) = -\dfrac{2}{3} \cdot \left(\dfrac{5}{20} - \dfrac{4}{20}\right)$

                   $= -\dfrac{2}{3} \cdot \dfrac{1}{20} = -\dfrac{1}{30}$

    d) $\left(\dfrac{1}{2} - \dfrac{3}{4}\right) \div \dfrac{5}{4} = \left(\dfrac{2}{4} - \dfrac{3}{4}\right) \div \dfrac{5}{4} = -\dfrac{1}{4} \cdot \dfrac{4}{5} = -\dfrac{1}{5}$

099 a) $\dfrac{1}{6}$ b) 12명

100 a) $\dfrac{1}{2}$ b) $\dfrac{3}{10}$

    c) 새 15마리, 기니피그 25마리

101 a) 0.7   b) 0.55   c) $1.833\cdots$

102 a) $\dfrac{4}{10} = \dfrac{2}{5}$ b) $1\dfrac{6}{10} = 1\dfrac{3}{5}$

    c) $\dfrac{15}{100} = \dfrac{3}{20}$ d) $6\dfrac{25}{100} = 6\dfrac{1}{4}$

    e) $-\dfrac{48}{100} = -\dfrac{12}{25}$ f) $-1\dfrac{8}{10} = -1\dfrac{4}{5}$

103 12.46초, 12.49초, 12.50초, 12.51초, 12.55초
12.62초, 12.64초, 12.66초

104 a) 5.509   b) 0.552   c) -2.0125

105 1.231, 1.232, 1.233, 1.234

106   a) 635   b) 250   c) 0.008
     d) 0.0976   e) 36   f) 7830

107   a) 0.98   b) 3.9   c) 0.039
     d) -3.9 e) 0.039   f) 9.8

108   a) 엘사 16.3 km, 밀라 47.1 km
     b) 30.8 km

109   a) 16.8 km   b) $2\frac{1}{2}$ 바퀴

110 $-6.2℃+(-7.8℃)+(-10.9℃)+(-8.1℃)+$
     $(-6.1℃)+(-4.9℃)+(-2.9℃)$
     $=-46.9℃, \ -46.9℃\div7=-6.7℃$

111   a) 4개, 1.5 €/L   b) 3개, 370 km   c) 3개, 31℃
     d) 3개, 1.4 €   e) 4개 또는 5개, 13000 €

112   a) 175300, 유효숫자 : 4개
     b) 175000, 유효숫자 : 3개

113   a) 1.27 €/L   b) 1.88 €/kg

114   a) 106.3 ℃   b) 1.72 m²   c) 1.58 €/L

115   a) 0.15 g ≈ 0.2 g   b) 330 kJ
     c) 0 g   d) 4.5 g
     e) 9.3 g   f) 300 mg

116   a) 변 OB, 변 OA
     b) $\alpha=\angle\text{AOB}$ 또는 $\alpha=\angle\text{BOA}$

117   a) 45°, 59°, 78°, 89°   b) 99°
     c) 199°, 231°, 266°, 359°
     d) 90°   e) 180°

118   a) $\angle$B   b) $\angle$A, $\angle$C   c) $\angle$D

119   a)   b)

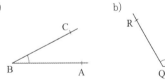

120   a) $\frac{1}{2}$ b) $\frac{1}{4}$ c) $\frac{1}{18}$ d) $\frac{1}{3}$

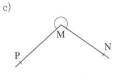

121 $\alpha=82°, \ \beta=360°-137°=223°$

122   a)

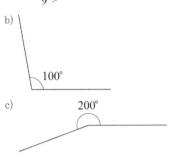

b)

c)

123 $\angle$A $=84°$, $\angle$B $=35°$, $\angle$C $=61°$, 각의 크기의 합은 180°

124   b) 540°

125   a) $\frac{5}{60}\cdot360°=30°$ b) 360°
     c) $\frac{1}{60}\cdot360°=6°$
     d) $\frac{45}{60}\cdot360°=270°$

126   a) a와 g, d와 h b) b와 c, e와 f

127   a) 27°   b) 73°   c) 80°

128   a)

b)

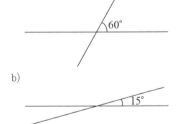

129 a) b)

130 a)

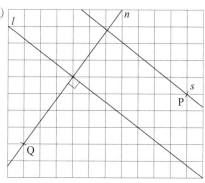

b) 2.5 cm

131 a) $\alpha = 67°$ b) $\beta = 180° - 32° = 148°$

132 a) $115°$ b) $180° - 115° = 65°$

133 a)

b)

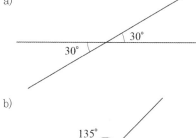

134 a) $\alpha = 117°$, $\beta = 180° - 117° = 63°$
b) $\alpha = 82°$, $\beta = 180° - 75° - 82° = 23°$

135 a) $\angle DFC$ b) $\angle AFD$, $\angle CFB$

136 a) 2   b) 3

137 a) 78°의 맞꼭지각은 78°이다. 두 직선에서 동위각의 크기가 같으므로 두 직선은 평행이다.
b) 78°의 보각은 102°이다. 두 직선에서 동위각의 크기가 같으므로 두 직선은 평행이다.

138 a) $20°$ b) $40°$

139 $\alpha = 180° - 82° - 45° = 53°$

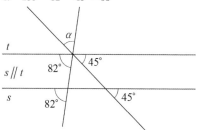

140 a) $10°$ b) $45°$

141 a) 선분 OC, 선분 OD
b) 선분 AB, 선분CD, 선분FE
c) 직선 s d) 선분 CD
e) 직선 t f) 호 AB

142

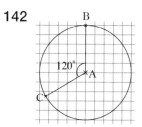

143 a) 참
b) 거짓, 할선은 원과 두 점에서 만난다.
c) 거짓, 접선은 원과 한 점에서 접한다.
d) 거짓, 접선과 접점에 그린 반지름은 90°의 각을 이룬다.
e) 거짓, 하나의 현은 원에서 언제나 두 개의 활꼴을 만든다.

144

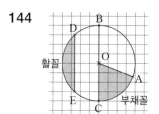

145 a)

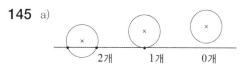

b)

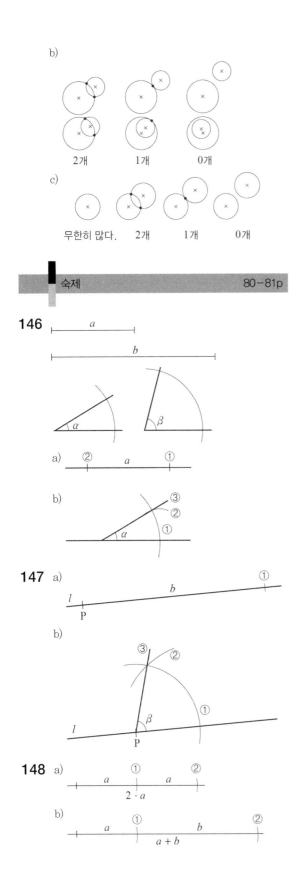

2개   1개   0개

c)

무한히 많다.   2개   1개   0개

146

a)

b)

147 a)

b)

148 a)

b)

c)

$b - a$

149 a)

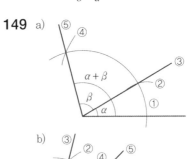

$\alpha + \beta$

b)

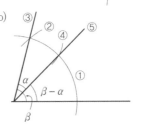

$\beta - \alpha$

150   150. p80의 예제2 참조

151 p82의 예제1 참조   **152** p82의 예제2 참조

153 p82의 예제1 참조

154 a)

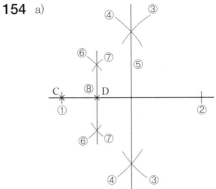

b)

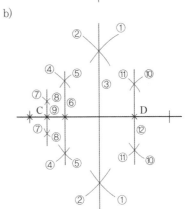

158 a) b)

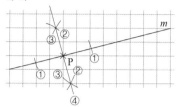

159 a) b)

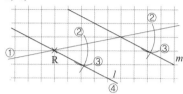

160 a) b) c)

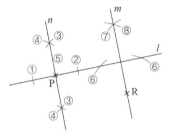

d) 서로 평행하다.

161 삼각형, 사각형, 오각형, 육각형, 칠각형, 팔각형, 십각형, 십이각형

162 4개

163 b) 360°

164 a) IJK 등   b) BCDJ 등
c) HIKFG 등   d) AIJKEG 등
e) JDEGHIK 등   f) ABJDEFKIH 등

165 a) b)   c) 20

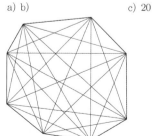

166 a) $\alpha = 57°$ b) $\alpha = 65°$

167 42°, 둔각삼각형

168 a) 세 각의 크기의 합이 190°이므로 삼각형이 만들어지지 않는다.
b) 세 각의 크기의 합이 180°이므로 삼각형이 만들어진다.
c) 세 각의 크기의 합이 180°이므로 삼각형이 만들어진다.

169 a) 참. 직각을 제외한 두 각의 크기의 합이 90°이므로 예각이 2개가 된다.
b) 거짓. 세 각의 크기가 61°, 9°, 110°인 삼각형은 둔각삼각형이다.

170 a) $180° - 71° - 31° = 78°$, $\beta = 180° - 78° = 102°$
b) $180° - 90° - 30° = 60°$, $\beta = 180° - 90° - 60° = 30°$

171 a) A, B   b) A, B, C, E

172 a) 35°   b) 45°   c) 78°

173 a) 74°   b) 60°   c) 4°

174 a) 45°   b) 5.5 cm

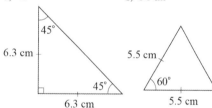

175 $\alpha = 180° - 90° - 24° = 66°$
$\beta = 180° - (180° - 24° - 24°) = 48°$

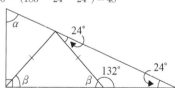

177

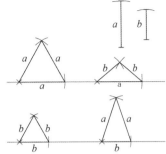

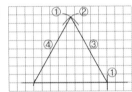

178 a) 2.9 cm, 4.3 cm   b) 3.8 cm

179 69.5°, 41°

180

181 a) A, B, D, E, F, G   b) A, B, F, G
c) F, G   d) A, F
e) F

182 a) 참
b) 거짓, 모든 평행사변형은 사다리꼴이다.
c) 거짓, 모든 정사각형은 마름모이다.
d) 참

183 $\beta = 360° - 123° - 69° - 121° = 47°$,
$\alpha = 180° - 56° - (180° - 123°) = 67°$

185 a)   b)

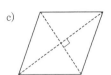
c)

186 a) b) e) f) g) : 참
c) 거짓, 정사각형은 직사각형이다.
d) 거짓, 직사각형이 아닌 평행사변형에서는 적어도 한 각은 90°보다 크다.

187

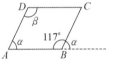

4.5 cm 67° 7.0 cm

188 a) $\beta = 117°$, $\alpha = 180° - 117° = 63°$

b) $\beta = 66°$, $\alpha = 180° - 66° = 114°$

189 평행사변형이 균형을 잡고 수평을 유지한다. 이 점이 평행사변형의 무게중심이기 때문이다.

190

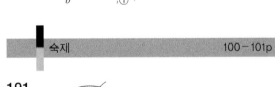

191

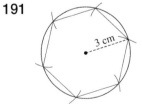

3 cm

192 a) $360° \div 4 = 90°$ b) $60°$
c) $30°$

193 정팔각형, $360° \div 8 = 45°$

194 $\alpha = 60°$

195

■ 숙제   102−103p

196 a) 400 cm   b) 3.2 cm   c) 71 cm   d) 0.01 cm

197 a) km^2 b) m^2 c) ha   d) cm^2

198 a) $2.1\ km^2 = 210\ 000\ 000\ dm^2$

b) $500\ dm^2 = 0.0005\ ha$

c) $1\ 500\ 000\ 000\ 000\ mm^2 = 1\ 500\ 000\ m^2$

d) $1.7\ km^2 = 17\ 000\ a$

199

m^2	dm^2	cm^2	mm^2
0.45	45	4 500	450 000
0.0051	0.51	51	5 100
0.0378	3.78	378	37 800
12	1 200	120 000	12 000 000

200 a) $9\ cm^2$

b) 각자 그려서 추정해 보자.

■ 숙제   104−105p

201 a) 둘레의 길이 86 cm, 넓이 $390\ cm^2$

b) 둘레의 길이 984 m, 넓이 $30\ 240\ m^2 \fallingdotseq 30\ 000\ m^2$

202 a) $23\ mm \cdot 50\ mm - 10\ mm \cdot 25\ mm = 900\ mm^2$

b) $4\ mm \cdot 9\ mm + 4\ mm \cdot 19\ mm + 17\ mm \cdot 50\ mm$

$= 962\ mm^2 \approx 960\ mm^2$

203 151

204 $81\ m^2$

205 a) 약 20 ha 또는 약 $200\ 000\ m^2$ b) 27 km

■ 숙제   106−107p

206 a) 둘레의 길이 23.3 mm, 넓이 $24\ mm^2$

b) 둘레의 길이 40.4 cm, 넓이 $81\ cm^2$

207 a) 4칸   b) 4칸   c) 4칸

208 둘레의 길이 157 mm, 넓이 $800\ mm^2$

209 6.0 cm

210 a)

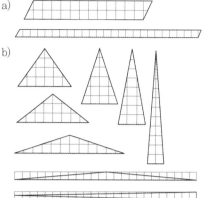

b)

■ 숙제   108−109p

211 a) $228\ m^2$ b) 66.0 m

212 $420\ mm^2$

213 $\dfrac{330\ km + 790\ km}{2} \cdot 440\ km + 60\ km \cdot 660\ km$

$= 286\ 000\ km^2$

214 24 mm

215 $10.74\ ha \approx 11\ ha$

■ 숙제   110−111p

216 a) 메쿨라   b) 돌고래 수족관

c) 허리케인   d) 후비마야 회전목마

217 a) $(4, 6)$ b) $(0, -1)$ c) $(8, 4)$ d) $(-2, 3)$

218 a) 제2사분면   b) 제3사분면

c) 제1사분면   d) 제3사분면

219 24.5칸

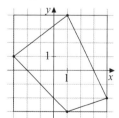

220 a) b)

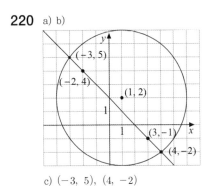

c) $(-3, 5), (4, -2)$

숙제　　　　　　　　　　　112−113p

221 a)　　　무한히 많다.

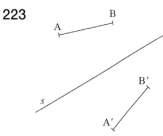

b)

c)

222 F와 G, E와 H, D와 C

223

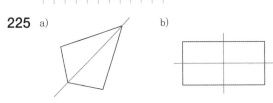

224

225 a)　　　　　　　b)

c)

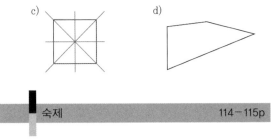

d)

숙제　　　　　　　　　　　114−115p

226 A′$(-3, -2)$, B′$(0, 3)$, C′$(-4, 3)$, D′$(-2, -4)$,
E′$(2, -2)$, F′$(3, 0)$

227

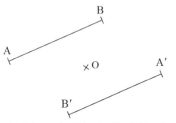

c) 선분 AB와 선분 A′B′의 길이는 같다.

228

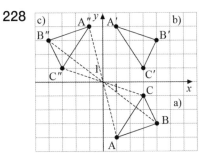

c) x축에 대해 대칭시키고 다시 y축에 대해서 대칭시키
면 원점에 대해 대칭시킨 것과 같다.

229 a) 원의 중심이 대칭의 중심이다.
b) 무게중심이 대칭의 중심이다.
c) 두 대각선의 교점이 대칭의 중심이다.

230 a)　　　　　b)　　　　　c)

있다.　　　있다.　　　있다.

d)

무한히 많다.

e)　　　없다.

231 a) 유한수열   b) 무한수열
c) 유한수열   d) 유한수열

232 a) 14, 10, 6, 2, −2. 1항은 14이고 다음 항은 수열이다.

b) $\frac{1}{8}$, $\frac{1}{4}$, $\frac{1}{2}$, 1, 2. 1항은 $\frac{1}{8}$이고 다음 항은 직전 항에 2를 곱하는 수열이다.

233 a) 1항은 13이고 다음 항은 직전 항에 4를 더하는 수열이다. 29, 33, 37

b) 1항은 0이고 다음 항은 직전 항에 6을 더하는 수열이다. 24, 30, 36

c) 1항은 160이고 다음 항은 직전 항에 $\frac{1}{2}$을 곱하는 수열이다. 10, 5, 2.5

d) 1항은 8이고 다음 항은 직전 항에서 3을 빼는 수열이다. −4, −7, −10

234 a) 8, −4, 2, −1, $\frac{1}{2}$ b) 100, 93, 86, 79, 72

235 127 €

236

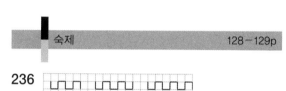

4항   5항   6항

237 a)

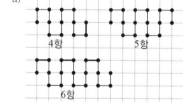

4항   5항

6항

b) 1항은 4이고 다음 항은 직전 항에 3을 더하는 수열이다.

238 a)

4항   5항

b) 1항은 3이고 다음 항은 직전 항에 2를 더하는 수열이다.

239 a) 1항은 1이고 다음 항은 직전 항에 $\frac{1}{2}$을 곱하는 수열이다. 1, $\frac{1}{2}$, $\frac{1}{4}$, $\frac{1}{8}$, $\frac{1}{16}$

b) 0, $\frac{1}{2}$, $\frac{3}{4}$, $\frac{7}{8}$, $\frac{15}{16}$

240 답은 여러가지로 나타낼 수 있다.

241 a) 7   b) 16   c) 4   d) 1

242 a) 14   b) 38   c) 8   d) 68

243 a) 13   b) 17   c) 11   d) 5

244 a) 입력된 수에 2를 곱한다.
b) 18   c) −4

245 a) 입력된 수에 2를 곱하고 1을 뺀다.
b) 13   c) 9

246 a) $6 \cdot x = 6x$ b) $8 \cdot y = 8y$

247 a) $10x$ b) xy c) $-3x$
d) $2x$ e) $-xy$ f) $-7x$

248 a) $3 \cdot 10 = 30$ b) $6 \cdot x = 6x$ c) $8 \cdot 3 = 24$

249

식	계수	문자
x	1	x
$5x$	5	x
$-13y$	-13	y
$-x$	-1	x
a	1	a

250 a) $x+11$ b) $x-5$
c) $7x$ d) $3-x$

251

입력	출력
1	17
2	19
5	25
10	35
0	15
x	$2x+15$

252 a) $3 \cdot 7 - 1 = 20$ b) $3 \cdot 0 - 1 = -1$
c) $3 \cdot 12 - 1 = 35$ d) $3 \cdot (-2) - 1 = -7$

253 a) $2 \cdot 7 - 14 = 0$ b) $7 \cdot 7 = 49$
c) $3 \cdot 7 - 20 = 1$ d) $7 - 3 \cdot 7 = -14$

254 a) $x = 9$ b) $x = 8$
c) $x = 4$ d) $x = 2$

255 a) 23 €   b) 29 €   c) 20 €

숙제   136−137p

256

입력	출력
4	3
0	11
-1	13
-10	31
x	$-2x + 11$

257

x	$-x - 5$
5	-10
1	-6
0	-5
-1	-4
-5	0

258 a) $4 \cdot (-3) + 1 = -12 + 1 = -11$
b) $-2 \cdot (-3) - 6 = 6 - 6 = 0$
c) $-3 - 7 = -10$
d) $-(-3) + 2 = 3 + 2 = 5$

259 $2 - x$, $-2 \cdot x$, $-8 \div x$

260

데니에	mg/m
40	4.44
70	7.77
12	1.332
15	1.665
x	$0.111x$

숙제   138−139p

261 a) x, $-5x$ b) -1, 2   c) a, $-4a$, $2a$

262 a) $11x$ b) $4y$ c) 0   d) $-9h$

263

a) $9x$	U	b) $9x - 5$	H
c) $9x + 5$	R	d) $-9x - 5$	A
e) $-5x - 9$	K	f) $5x - 9$	I
g) $-9x + 5$	S	h) $5x + 9$	S
i) $-5x + 9$	U	j) $-5x$	P

알파벳의 순서대로 쓰면 UHRAKISSUP가 된다. '코알
라'라는 뜻이다.

264 a) $7y + 7y + 7y = 21y$
b) $3x + 4x + 3x + 4x = 14x$

265 a) $67a$ b) a c) 0   d) $-a$

숙제   140−141p

266 a) $40x$ b) $18x$ c) $35x$ d) $-49x$
e) $56x$ f) $-8x$

267 a) $20x$ b) $-11x$ c) $-4x$

268 a) 4   b) $2a$ c) $-5a$ d) -3

269 a) $2a$ b) $7.7a$ c) $4a$ d) $5a$

270

$12x$	$\cdot$	6	$=$	$72x$
$\div$		$\cdot$		
4	$\cdot$	$6x$	$=$	$24x$
$=$		$=$		
$3x$		$36x$		

숙제   142−143p

271 a) $x + 9$ b) $x - 13$ c) $2x$

272 a) $9x - 19$ b) $37 - 17x$
c) $-21x + 42$ d) $26 - (-6x) = 26 + 6x$

273 a) x에 4를 더한다.
b) 3에 x를 곱한 식을 2에서 뺀다.
c) 7에서 x를 뺀 식을 12로 나눈다.
d) x에 7을 더한 식을 12로 나눈다.

274 a) $6x$ b) $12x$ c) $x + x = 2x$

275 a) $4x + 7x + 4x + 7x = 22x$
b) $4 \cdot 3.0$ cm $= 12$ cm
c) $22 \cdot 2.5$ cm $= 55$ cm

숙제   144−145p

276 a) $3x$ b) $x - 200$ c) $3x + 100$

277 a) $2 \cdot 3x = 6x$ b) $6x + 2$

278 a) $78 + 4x$ (€)   b) 138 €

279 a) $a + (a + 4) + (a + a + 4) + 12 = 4a + 20$
b) 52 km

280 a) $36\,\text{A}$ b) $12 \cdot 3\,\text{V} = 36\,\text{V}$

숙제 148−149p

281 a) $x+10,\ 17$ b) $x+10=17,\ x=7$

282 a) $4x=20,\ x=5$ b) $6=2x+2,\ x=2$
c) $4x+3=15,\ x=3$ d) $4x=2x+16,\ x=8$

283 a) $x=15$ b) $x=6$
c) $x=1$ d) $x=2$

284 a) $x=12$ b) $x=6$
c) $x=8$ d) $x=24$

285 3 kg짜리 5개, 7 kg짜리 1개

숙제 150−151p

286 a) $2x=8,\ x=4$ b) $2x+6=x+10,\ x=4$
c) $16=3x+1,\ x=5$

287 a) 근이다. b) 근이 아니다.
c) 근이다. d) 근이다.

288 a) 6 b) 28 c) -14 d) 27
e) 모든 수 f) -18

289 a) $-6,\ 5,\ -6,\ 4,\ 5,\ 4$
b) $x-4=5x+4,\ -x+3=2x+9,\ -2x=-3x-2$

290 a) $7x+8=50,\ x=6$
b) $10x=x+18,\ x=2$
c) $5x=x+24,\ x=6$

숙제 152−153p

291 a) $x+11=17,\ x=6$ b) $x=5$
c) $x=14$ d) 7

292 a) $10x=9x+3,\ x=3$ b) $x=-13$
c) $x=-5$ d) $x=0$

293 a) $x-15=18,\ x=33$ b) $x+7=29,\ x=22$

294 a) $3x+9=2x+13,\ x+9=13,\ x=4$
b) $x=125$ c) $x=5$ d) $x=0$

295 a) $x+9=0,\ x=-9$
b) $7x+52=6x-15,\ x+52=-15,\ x=-67$

숙제 154−155p

296 a) $5x=35,\ x=7$ b) $2x=16,\ x=8$

297 a) $x=7$ b) $x=24$
c) $x=2$ d) $x=7$
e) $x=30$ f) $x=9$

298 a) $\dfrac{x}{2}=8,\ x=16$ b) $x=18$
c) $x=36$ d) $x=30$

299

a) $x=12$	I	b) $x=-15$	R	c) $x=-13$	E
d) $x=13$	L	e) $x=15$	L	f) $x=14$	I
g) $x=-12$	H				

알파벳의 순서대로 쓰면 HILLERI가 된다. '족제비'라는 뜻이다.

300 a) $-4x=18,\ x=-4\dfrac{1}{2}$ b) $\dfrac{x}{-3}=-5,\ x=15$
c) $\dfrac{-2x}{5}=-7,\ x=17\dfrac{1}{2}$ d) $\dfrac{x}{40}=650,\ x=26000$

숙제 156−157p

301 a) $7x-16=5,\ 7x=21,\ x=3$
b) $x=0$
c) $x=7$
d) $x=-11$

302 a) $\dfrac{2x}{3}=6,\ 2x=18,\ x=9$
b) $x=7$
c) $x=24$
d) $x=24$

303 a) $\dfrac{x}{2}-3=5,\ \dfrac{x}{2}=8,\ x=16$
b) $x=9$
c) $x=12$
d) $x=40$

304 a) $3x-6=5x,\ -2x-6=0,\ -2x=6,\ x=-3$
b) $x=-1$
c) $x=1$
d) $x=-2$

305 a) $5x=4x-20,\ x=-20$
b) $8x-5=x+16,\ 7x-5=16,\ 7x=21,\ x=3$
c) $2x+11=2-x,\ 3x+11=2,\ 3x=-9,\ x=-3$
d) $7-x=x+7,\ 7-2x=7,\ -2x=0,\ x=0$

306 a) $x+2=13$, $x=11$ b) $x-2=8$, $x=10$

c) $2x=42$, $x=21$ d) $\dfrac{x}{2}=9$, $x=18$

307 a) $x+26=9$, $x=-17$

b) $x-3=-1$, $x=2$

c) $1-x=7$, $x=-6$

308 a) $x+x-40°+90°=180°$, $2x+50°=180°$,

$2x=130°$, $x=65°$, 세 각의 크기는 $90°$, $65°$, $25°$

b) $x+x+x+30°=180°$, $3x+30°=180°$,

$3x=150°$, $x=50°$, 세 각의 크기는 $80°$, $50°$, $50°$

309 a) $2x+7=49$, $x=21$ b) $\dfrac{x}{3}-1=19$, $x=60$

310 a) $x+x+76=140$, $x=32$

나무판의 길이 : 32 cm, 108 cm

b) $x+3x=140$, $x=35$

나무판의 길이 : 35 cm, 105 cm

c) $x+3x+6x=140$, $x=14$

나무판의 길이 : 14 cm, 42 cm, 84 cm

d) $x+x+20+x+60=140$, $x=20$

나무판의 길이 : 20 cm, 40 cm, 80 cm

311 a) $x=17$ b) $x=29$

c) $x=21$ d) $x=-12$

e) $x=5$ f) $x=-2\dfrac{1}{2}$

312 a) $x+4x=60$ b) $3x+x=60$

c) $x+x+4=60$ d) $x-3+x=60$

313 a) $x+4x=100$, $5x=100$, $x=20$

유시는 20살이고 할아버지는 80살이다.

b) $x+x+4=24$, $2x+4=24$, $2x=20$, $x=10$

사무는 10살이고 아르토는 14살이다.

314 $x+6x=63$, $x=9$

모래주머니는 9유로이고 운동화는 54유로이다.

315 $x+3x+x-10=115$, $x=25$

공은 25유로, 운동화는 75유로, 무릎보호대는 15유로이다.

316 $A(-2,\ 0)$, $B(-1,\ 1)$, $C(0,\ 2)$, $D(1,\ 3)$

317 a)

점	x	y
A	-1	-2
B	0	0
C	1	2
D	2	4

b) $y=2x$ c) 아니오

318 a) 좌변 : $y=20$, 우변 : $3\cdot6+2=20$

좌변과 우변이 같으므로 이 점은 직선 $y=3x+2$ 위에 있다.

b) 좌변 : $y=-12$, 우변 : $3\cdot(-5)+2=-13$

좌변과 우변이 같지 않으므로 이 점은 직선 $y=3x-2$ 위에 있지 않다.

319 a) 좌변 : $y=66$, 우변 : $7\cdot7-17=32$

좌변과 우변이 같지 않으므로 이 점은 직선 $y=7x-17$ 위에 있지 않다.

b) 좌변 : $y=-80$, 우변 : $7\cdot(-9)-17=-80$

좌변과 우변이 같으므로 이 점은 직선 $y=7x-17$ 위에 있다.

320 a) $y=6x$ b) $y=-x$

321 a)

x	$y=x+3$	$(x,\ y)$
0	$y=0+3=3$	$(0,\ 3)$
1	$y=1+3=4$	$(1,\ 4)$
-2	$y=-2+3=1$	$(-2,\ 1)$

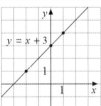

322

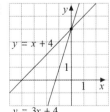

323 a)

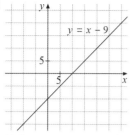

$y = x - 9$

b) 있다.   c) 없다.

324

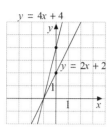

$y = 4x + 4$

$y = 2x + 2$

325 a) 아니오   b) 예   c) 예   d) 예

숙제   166−167p

326 a)

x	$y = -x + 2$	(x, y)
0	$y = 0 + 2 = 2$	$(0, 2)$
1	$y = -1 + 2 = 1$	$(1, 1)$
3	$y = -3 + 2 = -1$	$(3, -1)$

b) $y = -x + 2$

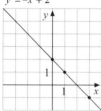

327

x	$y = -2x + 2$	(x, y)
0	$y = -2 \cdot 0 + 2$	$(0, 2)$
1	$y = -2 \cdot 1 + 2$	$(1, 0)$
3	$y = -2 \cdot 3 + 2$	$(3, -4)$

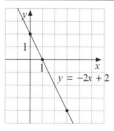

$y = -2x + 2$

328

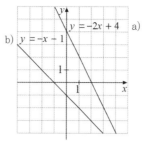

$y = -2x + 4$ a)

b) $y = -x - 1$

329 a)

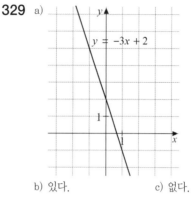

$y = -3x + 2$

b) 있다.   c) 없다.

330 a) b)

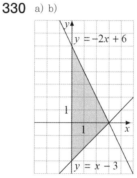

$y = -2x + 6$

$y = x - 3$

숙제   168−169p

331 a) $(-1, 2)$
b) 직선 t는 $(-3, 0)$, 직선 s는 $(1, 0)$
c) 4칸

332 a) $(-2, 0)$ b) $(0, 4)$

333 a)

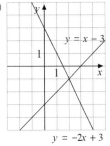

$y = x - 3$
$y = -2x + 3$

b) $(2, -1)$

334 a)

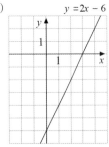

$y = 2x - 6$

b) 9칸

335 a)

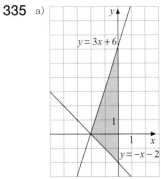

$y = 3x + 6$
$y = -x - 2$

b) $(-2, 0)$, $(0, 6)$, $(0, -2)$
c) 8칸

숙제   170 – 171p

336 a) 20 €   b) 6 L   c) 2.50 €/L

337 a) 18시 10분   b) 18시 20분

338 a) 750 m   b) 1.5 km

339 a) 20분   b) 30분

340 4.5 km

1. 그리스 문자

대문자	소문자	읽는 법		대문자	소문자	읽는 법	
A	α	Alpha	알파	N	ν	Nu	뉴
B	β	Beta	베타	Ξ	ξ	Xi	크시
Γ	γ	Gamma	감마	O	O	Omikron	오미크론
Δ	δ	Delta	델타	Π	π	Pi	파이
E	ε	Epsilon	엡실론	P	ρ	Rho	로
Z	ζ	Zeta	제타	Σ	σ	Sigma	시그마
H	η	Eta	에타	T	τ	Tau	타우
Θ	θ	Theta	세타	Y	υ	Upsilon	입실론
I	ι	Iota	요타	Φ	ϕ	Phi	피
K	κ	Kappa	카파	X	χ	Khi	키
Λ	λ	Lambda	람다	Ψ	ψ	Psi	프시
M	μ	Mu	뮤	Ω	ω	Omega	오메가

2. 소수(1−100)

1	2	3	4	5	6	7	8	9	10
11	12	13	14	15	16	17	18	19	20
21	22	23	24	25	26	27	28	29	30
31	32	33	34	35	36	37	38	39	40
41	42	43	44	45	46	47	48	49	50
51	52	53	54	55	56	57	58	59	60
61	62	63	64	65	66	67	68	69	70
71	72	73	74	75	76	77	78	79	80
81	82	83	84	85	86	87	88	89	90
91	92	93	94	95	96	97	98	99	100

(소수: 2, 3, 5, 7, 11, 13, 17, 19, 23, 29, 31, 37, 41, 43, 47, 53, 59, 61, 67, 71, 73, 79, 83, 89, 97)

한국 수학교육의
새로운 패러다임을 제시한다

최초로 전국의 **수학선생님 260명**의 후원으로 만들어진 수학책!
수학교육의 현장에 있는 선생님들이 먼저 반한,
그래서 나올 수 있었던 수학책!

기본 설명 **+** 기본 문제 **▶** 응용 문제 ⋯ 심화 ⋯ 숙제 의 반복

깊고 자연스럽게 알게 되는 수학의 개념
수학의 유용성을 인정하게 되는 수학책!

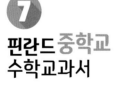

7
핀란드중학교
수학교과서

● 수와 식
● 평면도형
● 식과 방정식

8
핀란드중학교
수학교과서

● 백분율과 거듭제곱의 계산
● 대수학
● 삼각형과 원의 기하학

9
핀란드중학교
수학교과서

● 삼각비와 공간기하학
● 함수
● 방정식과 연립방정식

EBS와 한겨레신문에서 격찬한
핀란드 초등수학교과서 시리즈

즐거운 수학의 길잡이, 핀란드 초등수학교과서

초등 1학년 　　초등 2학년 　　초등 3학년

초등 4학년 　　초등 5학년 　　초등 6학년

EBS ◯◯ 꿈꾸는 책방에서 적극 추천한
즐거운 수학의 길잡이

서울 유현초 1, 2학년 학생들은 다른 학교에서 집에서 과제로 풀어오는 익힘책을 학교에서 풀고, 집에서는 이 핀란드 교과서로 공부한다. 하루에 한 장 이상 풀고, 학교로 가져오는 식이다. 재작년, 한 교사가 우연히 딸에게 권했다가 아이의 반응을 보고, 학교 쪽에 소개했다. 당시 일곱 살이었던 딸은 "재미있다"며 혼자서 하루에 열 장씩 풀었다. 한 교사는 "가정에서 해오도록 만든 우리나라 익힘책은 학부모 등 어른의 도움이 있어야 풀 수 있지만 핀란드 수학교과서는 아이 혼자서도 얼마든지 할 수 있는 체계"라고 했다. 실제로 학부모들에게 설문조사를 한 결과, 이 교과서로 가정학습을 하게 된 것에 대해 90% 이상이 만족스러워했다. ● 2013. 9. 17, 한겨레신문 보도 중에서

후원해 주신 분들

김병준 류창석 이흔철 이준희 김영진 백승학 이경민 이경민 이도경 전대룡 구정모 서영빈 권혁일 정주옥

임병국 변성환 김상백 우형원(정필) 함정용 김종호 이명기 김진환 김태호 김민경 한광희 황종인 김재홍

김은수 홍승재 이미화 김희현 배경빈 유태숙 황인현 장유진 강진우 강희정 여영동 윤석주 조종규 윤영이

김선혁 하경희 김용관 김병일 김상길 허국행 김옥경 오혜령 선철 김성은 임효선 이상화 이병인 서지애

최선목 이성민 박정현 박지수 채홍순 조주영 강호균 최선주 조현공 임해식 유병근 김태업 오혜진 이현서

최창진 박수진 신선호 박찬호 이상진 이해경 김수 박유미 김하민 김종현 정미란 전하경 노종만 조정기

박미연 정원영 이우진 윤상조 김대우 임해경 이선희 소영덕 송정도 김수지 김기태 이은주 심우섭 김은주

지영란 오민석 최태진 유승민 김종필 구병수 김지영 장석두 용혜숙 김태령 이지훈 최대철 안병률 김지현

정준성 이승연 정은주 김형철 김희정 신현준 하은실 오치윤 문은영 강영주 이형로 윤종창 유진영 송경관

최은숙 백중권 임성택 조한글 윤재훈 정영미 송신영 신영자 정은향 이혜원 이향랑 정도근 박봉출 유창현

조형준 최지영 최훈 박균홍 박소영 이형원 최우광 이상숙 최은주 한미경 이서연 오혜경 김대영 김이화

문경란 이홍석 석현욱 이상미 김혜정 문선자 신성광 최승찬 윤재성 한광호 박원철 조영미 박성수 하상우

김대홍 김애희 최성영 김진희 조상희 최승규 박세영 김윤미 김병헌 신종식 김수정 김혜리 김한열 강혜란

이정아 최숙 박혜미 주용희 이희원 용덕중 정희정 김진우 김선경 이선재 김윤경 민수현 이기훈 고재영

이수진 한미경 박여옥 전우권 권오익 박영웅 백경관 이금주 고은혜 이정화 오원식 정윤수 박형용 김아랑

박성모 길이숙 문혜영 박애란 신상윤 이신실 이명훈 이혜정 박기혁 유복상 이진희 안창훈 조정기 서석균

최재은 최세연 김미정 정성택 김은선 박기목 안영준 김영석 김세영 권영은 구수해 김숙림 이지훈 강창훈

박천량 현대철 홍준기 채정우 김상한 구자득 최유정 지종영 김세희 유희석 김은미 최윤호 지영호 성채원

김근해 조창묵 이장식 이규철 박석성 권수경 (과천)수학세상 신왕교

여러분의 응원 감사드리고 잊지 않겠습니다.